U0225610

深入浅出
Spring Boot 2.x

杨开振 著

人民邮电出版社
北 京

图书在版编目（CIP）数据

深入浅出Spring Boot 2.x / 杨开振著. -- 北京：
人民邮电出版社，2018.8（2023.11重印）
ISBN 978-7-115-48638-7

Ⅰ. ①深… Ⅱ. ①杨… Ⅲ. ①JAVA语言—程序设计
Ⅳ. ①TP312.8

中国版本图书馆CIP数据核字(2018)第124270号

内 容 提 要

　　Spring 框架是 Java EE 开发的强有力的工具和事实标准，而 Spring Boot 采用"约定优于配置"的原则简化了 Spring 的开发，从而成为业界最流行的微服务开发框架，已经被越来越多的企业采用。2018年 3 月 Spring Boot 的版本正式从 1.x 升级到了 2.x，为了适应新潮流，本书将对 Spring Boot 2.x 技术进行深入讲解。

　　本书从一个最简单的工程开始讲解 Spring Boot 企业级开发，其内容包含全注解下的 Spring IoC 和 AOP、数据库编程（JDBC、JPA 和 MyBatis）、数据库事务、NoSQL（Redis 和 MongoDB）技术、Spring MVC、Spring 5 新一代响应式框架 WebFlux、互联网抢购业务、部署与监控、REST 风格和 Spring Cloud 分布式开发等。

　　本书内容紧扣互联网企业的实际要求，从全注解下 Spring 知识讲到 Spring Boot 的企业级开发，对于 Java 开发人员，尤其是初学 Spring Boot 的人员和需要从传统 Spring 转向 Spring Boot 开发的技术人员，具有很高的参考价值。

◆ 著　　　　杨开振

　责任编辑　杨海玲

　责任印制　焦志炜

◆ 人民邮电出版社出版发行　　北京市丰台区成寿寺路 11 号
　邮编　100164　电子邮件　315@ptpress.com.cn
　网址　http://www.ptpress.com.cn
　北京天宇星印刷厂印刷

◆ 开本：800×1000　1/16
　印张：27.75　　　　　　　　　2018 年 8 月第 1 版
　字数：686 千字　　　　　　　 2023 年 11 月北京第 24 次印刷

定价：99.00 元

读者服务热线：(010)81055410　印装质量热线：(010)81055316
反盗版热线：(010)81055315
广告经营许可证：京东市监广登字 20170147 号

前　言

本书的缘起

当前互联网后端开发中，Java EE 占据了主导地位。对于 Java EE 开发，首选框架和事实标准是 Spring 框架。在传统的 Spring 开发中需要使用大量的 XML 配置才能使 Spring 框架运行起来，这备受许多开发者诟病。随着 Spring 4.x 的发布，Spring 已经完全可以脱离 XML，只使用注解就可以运行项目。近两三年里，互联网世界掀起了"微服务"热潮。"微服务"将一个大的系统拆分为多个子系统，然后通过 REST 风格的请求将它们集成起来，进一步简化了分布式系统的开发。为了进一步简化 Spring 的开发，2014 年 Spring Boot 诞生了，它是一个由 Pivotal 团队提供的全新框架，其设计目的是简化 Spring 应用的搭建以及开发过程，并迎合时下流行的微服务思维，越来越多的企业选择了 Spring Boot。随着 2017 年 9 月 Spring 5.x 的推出，2018 年 Spring Boot 也推出了 2.x 版本，进入 2.x 版本时代。

基于这样的趋势，在我和朋友合作创作完成《Java EE 互联网轻量级框架整合开发：SSM 框架（Spring MVC+Spring+MyBatis）和 Redis 实现》后，收到了许多的读者、前同事和业内朋友的建议，他们希望我创作一本关于 Spring Boot 的书，来给需要学习 Spring Boot 的从业人员提供参考，这就是创作本书的缘起。Spring Boot 采用了"约定优于配置"的规则，大部分情况下依赖它提供的 starter 后，就可以使用默认的约定，加上属性文件，做大量的自定义配置，使开发更为简单；对于部署，Spring Boot 提供了内嵌服务器和 Maven（或 Gradle）打包，进一步降低了企业部署的难度；对于测试，它提供了快速测试的环境，进一步提高了开发效率，因此它渐渐成为中小型企业甚至是一些大型企业开发的主流选择。加上在互联网世界中，分布式已经是一种必然的趋势，而分布式的治理和组件研发成本并非一般公司所能承担，为此 Spring 社区还在 Spring Boot 的基础上提供了 Spring Cloud 分布式开发组件，从而进一步简化了企业级分布式开发，这让 Spring Boot 和 Spring Cloud 都站到了互联网后端开发的主流方向上，越来越受到企业的青睐。

本书的安排

Spring Boot 不是代替 Spring，而是使 Spring 项目可以更加快速地开发、部署和测试。它采用了"约定优于配置"的理念，在内部提供了大量的 starter，而这些 starter 又提供了许多自动配置类，让开发者可以奉行"拿来主义"，开箱即用。虽然这样能够快速地开发、部署和测试，但是也会带来很大的问题，那就是，如果不懂 Spring 的原理，一旦出现开发的问题，开发者就很容易陷入困境，难以找到问题的根源，造成开发者的困扰。所以要学习 Spring Boot 就必须掌握 Spring 的基础知识。基于这种情况，本书结合 Spring 的原理讨论 Spring Boot 的应用。

为了更好地讨论 Spring Boot 的相关知识，本书内容安排如下。

- 第 1 章和第 2 章先讲 Spring Boot 和传统 Spring 开发的区别，以及如何搭建 Spring Boot 开发环境。
- 第 3 章和第 4 章讨论在全注解下的 Spring 基础 IoC 和 AOP，让初学者可以无缝对接 Spring Boot 的全注解开发方式。
- 第 5 章和第 6 章讲述数据库的开发、基于 SSM 框架（Spring MVC+Spring+MyBatis）的流行以及数据库事务的重要性，除了讨论传统的 JDBC 和 JPA 开发，还会重点讨论和 MyBatis 框架的整合，以及 Spring 数据库事务的编程。
- 第 7 章和第 8 章主要讲互联网中广泛使用的两种 NoSQL 数据库（即 Redis 和 MongoDB），使用它们可以极大地提高系统的性能。
- 第 9 章和第 10 章讲解在 Spring Boot 和全注解下的 Spring MVC 开发，从 Spring MVC 的基础讲到实际的开发和应用，让读者能够掌握各种 Spring Web 后端的开发技巧。
- 第 11 章讲构建 REST 风格的网站。因为当前各个微服务是以 REST 风格请求相互融合的，所以时下它已经成为一种广泛使用的风格。
- 第 12 章讲 Spring Security，通过它可以保护我们的站点，使其远离各种各样的攻击，保证网站安全，这是互联网应用必须做到的。
- 第 13 章讲一些 Spring 常用的技术，如异步线程、定时器、消息机制和 WebSocket 等，以满足企业的其他开发需要。
- 第 14 章讲解 Spring 5 推出的新的非阻塞框架 WebFlux，介绍非阻塞编程的技巧，通过它可以构建非阻塞的网站。
- 第 15 章讲 SSM 整合，并通过抢购场景讲述互联网中的高并发与锁的应用。
- 第 16 章讲 Spring Boot 的打包、部署、测试和监控。
- 第 17 章讲基于 Spring Cloud 的分布式开发入门知识，使用它可以构建企业级分布式系统。

上述内容可以让读者对 Spring Boot 有深入的了解，并且通过进一步学习掌握企业级应用的开发技巧。

阅读本书的要求和目标读者

阅读本书前，读者需要具备 Java 编程语言基础、Java EE（Servlet 和 JSP）基础、前端（HTML、JavaScript 和 JQuery）基础和数据库（MySQL、Redis 和 MongoDB）基础。当然读者也可以根据自己感兴趣的技术选择部分章节来学习。

本书使用全注解讲解 Spring 基础技术（IoC 和 AOP），因此适合使用或者即将使用 Spring Boot 开发的人员阅读和学习，也适合基于传统 Spring 需要转向 Spring Boot 开发方式的开发者阅读，当然也适合作为大中专院校作为教材，帮助在校师生贴近企业级 Java EE 开发。读者通过本书的学习可以有效地提高自身的技术能力，并能将这些技术应用于实际学习和工作当中，当然读者也可以把本书当作工作手册来查阅。

本书使用的 Spring Boot 版本

Spring Boot 作为一个被市场高度关注的微服务开发框架，版本迭代十分频繁，这给我创作本书带来了极大的挑战。本书出版前还有一个有趣的插曲，在本书初创时，Spring Boot 的最新正式版是 1.5.4，到我最初定稿时更新到了 1.5.9，这都是基于 Spring Boot 的 1.x 版本。2018 年 3 月初，在书稿进入复审环节之前，Spring Boot 发生了重大的版本更替，正式更新到了 2.x 的正式（GA）版本。为了与时俱进，保证本书更有参考价值，我决定将本书采用的 Spring Boot 版本从最初定稿的 1.5.9 更新到 2.0.0。因此，本书采用版本 2.0.0.RELEASE 进行讲解。Spring Boot 2.x 和 Spring Boot 1.x 在使用上有很多地方存在很多不同，并且只能支持 JDK 8 或者以上版本，这些是读者在阅读本书和实践中需要注意的。

致谢

本书得以顺利出版要感谢人民邮电出版社的编辑们，尤其是杨海玲编辑，她以编辑的专业精神时常鞭策我，并给予我很多帮助和支持，没有编辑的付出就不会有本书的出版。

感谢我的家人对我的支持和理解，因为我在电脑桌前写书、写代码和录视频课程时，牺牲了很多本该好好陪伴他们的时光。

感谢鼓励我编写本书的读者和朋友们，没有他们的鼓励，就不会有本书的缘起。

纠错、源码和课程

Spring 和 Spring Boot 技术的使用面和涉及面十分广泛，版本更替也十分频繁，加上本人能力有限，所以书中错误之处在所难免。但是，正如没有完美的技术一样，也没有完美的书籍。尊敬的读者，如果你对本书有任何意见或建议，欢迎给我发送邮件（ykzhen2013@163.com），或者在我的博客（https://blog.csdn.net/ykzhen2015）上留言，以便于及时修订本书的错漏。

为了更好地帮助读者学习和理解本书内容，本书还免费提供基础入门视频课程（扫封面上的二维码在线观看）和源代码下载，相关信息会发布到异步社区（https://www.epubit.com）和作者博客上，欢迎读者关注。

杨开振

2018 年 5 月

资源与支持

本书由异步社区出品，社区（https://www.epubit.com/）为您提供相关资源和后续服务。

配套资源

本书提供如下资源：
- 本书源代码；
- 书中彩图文件。

要获得以上配套资源，请在异步社区本书页面中点击 配套资源 ，跳转到下载界面，按提示进行操作即可。注意：为保证购书读者的权益，该操作会给出相关提示，要求输入提取码进行验证。

提交勘误

作者和编辑尽最大努力来确保书中内容的准确性，但难免会存在疏漏。欢迎您将发现的问题反馈给我们，帮助我们提升图书的质量。

当您发现错误时，请登录异步社区，按书名搜索，进入本书页面，点击"提交勘误"，输入勘误信息，点击"提交"按钮即可。本书的作者和编辑会对您提交的勘误进行审核，确认并接受后，您将获赠异步社区的 100 积分。积分可用于在异步社区兑换优惠券、样书或奖品。

详细信息	写书评	提交勘误

页码：[　　]　　页内位置（行数）：[　　]　　勘误印次：[　　]

B I U ABC ≡ ▾ ≡ ▾ " ↺ 🖼 ≡

字数统计

提交

扫码关注本书

扫描下方二维码，您将会在异步社区微信服务号中看到本书信息及相关的服务提示。

与我们联系

我们的联系邮箱是 contact@epubit.com.cn。

如果您对本书有任何疑问或建议，请您发邮件给我们，并请在邮件标题中注明本书书名，以便我们更高效地做出反馈。

如果您有兴趣出版图书、录制教学视频，或者参与图书翻译、技术审校等工作，可以发邮件给我们；有意出版图书的作者也可以到异步社区在线提交投稿（直接访问 www.epubit.com/selfpublish/submission 即可）。

如果您是学校、培训机构或企业，想批量购买本书或异步社区出版的其他图书，也可以发邮件给我们。

如果您在网上发现有针对异步社区出品图书的各种形式的盗版行为，包括对图书全部或部分内容的非授权传播，请您将怀疑有侵权行为的链接发邮件给我们。您的这一举动是对作者权益的保护，也是我们持续为您提供有价值的内容的动力之源。

关于异步社区和异步图书

"异步社区"是人民邮电出版社旗下 IT 专业图书社区，致力于出版精品 IT 技术图书和相关学习产品，为作译者提供优质出版服务。异步社区创办于 2015 年 8 月，提供大量精品 IT 技术图书和电子书，以及高品质技术文章和视频课程。更多详情请访问异步社区官网 https://www.epubit.com。

"异步图书"是由异步社区编辑团队策划出版的精品 IT 专业图书的品牌，依托于人民邮电出版社近 30 年的计算机图书出版积累和专业编辑团队，相关图书在封面上印有异步图书的 LOGO。异步图书的出版领域包括软件开发、大数据、AI、测试、前端、网络技术等。

异步社区

微信服务号

目　录

第 1 章

Spring Boot 来临

　　当今许多互联网企业采用 Java EE 的技术开发自己的后端服务器，原因在于 Java 语言简单、安全、支持多线程、高性能以及 Java EE 具有多年技术积累，能够快速、安全、高性能地构建互联网项目。而如果你身处 Java EE 的领域，那么你一定听过 Spring 的大名，它是当今 Java EE 开发的事实标准，也是绝大部分企业构建 Java EE 应用的基础。开启 Spring Boot 讲解之前，让我们先回顾 Spring Framework 的历史。

1.1　Spring 的历史

　　在 Spring 框架没有开发出来时，Java EE 是以 Sun 公司（已经被 Oracle 公司收购，不复存在，但为了纪念其对 Java 发展进程的巨大影响力，全书还是保留其名称，以表致敬之意）所制定的 EJB（Enterprise Java Bean）作为标准的。在"遥远"的 EJB 年代，开发一个 EJB 需要大量的接口和配置文件，直至 EJB 2.0 的年代，开发一个 EJB 还需要配置两个文件，其结果就是配置的工作量比开发的工作量还要大。EJB 是运行在 EJB 容器中的，而 Sun 公司定义的 JSP 和 Servlet 却是运行在 Web 容器中的，于是可以想象，你需要使用 Web 容器去调用 EJB 容器的服务。这就意味着存在以下的弊端：需要增加调用的配置文件才能让 Web 容器调用 EJB 容器；与此同时需要开发两个容器，非常多的配置内容和烦琐的规范导致开发效率十分低下，这非常让当时的开发者诟病；Web 容器调用 EJB 容器的服务这种模式，注定了需要通过网络传递，因此性能不佳；对于测试人员还需要了解许多 EJB 烦琐的细节，才能进行配置和测试，这样测试也难以进行。

　　就在大家诟病 EJB 的时候，2002 年，澳大利亚工程师 Rod Johnson（论学历他应该是音乐家，因为他是音乐博士）在其著名的著作 *Expert One-on-One J2EE Design and Development* 中提出了 Spring 的概念。按书中的描述，Spring 是如下的框架。

We believe that:

J2EE should be easier to use.

It is best to program to interfaces, rather than classes. Spring reduces the complexity cost of using interfaces to zero.

JavaBean offers a great way of configuring applications.

OO design is more important than any implementation technology, such as J2EE.

Checked exceptions are overused in Java. A platform should not force you to catch exceptions you are unlikely to recover from Testability is essential and a platform such as spring should help make your code easier to test.

We aim that:

Spring should be a pleasure to use.

Your application codes should not depend on Spring APIs.

Spring should not compete with good existing solutions, but should foster integration.

2004 年，由 Rod Johnson 主导的 Spring 项目推出了 1.0 版本，这彻底地改变了 Java EE 开发的世界，很快人们就抛弃了繁重的 EJB 的标准，迅速地投入到了 Spring 框架中，于是 Spring 成为了现实中 Java EE 开发的标准。Spring 以强大的控制反转（IoC）来管理各类 Java 资源，从而降低了各种资源的耦合；并且提供了极低的侵入性，也就是使用 Spring 框架开发的编码，脱离了 Spring API 也可以继续使用；而 Spring 的面向切面的编程（AOP）通过动态代理技术，允许我们按照约定进行配置编程，进而增强了 Bean 的功能，它擦除了大量重复的代码，如数据库编程所需大量的 try...catch...finally...语句以及数据库事务控制代码逻辑，使得开发人员能够更加集中精力于业务开发，而非资源功能性的开发；Spring 还提供许多整合了当时非常流行的框架的模板，如持久层 Hibernate 的 HibernateTemplate 模板、iBATIS 的 SqlMapClientTemplate 模板等，极大地融合并简化了当时主流技术的使用，使得其展示了强有力的生命力，并延续至今。

值得一提的是，EJB 3.0 的规范也引入了 Spring 的理念，而且整合了 Hibernate 框架的思想，但是也未能挽回其颓势，主要原因在于它的规范还是比较死板，而且比较难整合其他开源框架。其次，它运行在 EJB 容器之中，使用上还是比较困难，性能也不高。

1.2 注解还是 XML

只是在 Spring 早期的 1.x 版本中，由于当时的 JDK 并不能支持注解，因此只能使用 XML。而很快随着 JDK 升级到 JDK5，它加入了注解的新特性，这样注解就被广泛地使用起来，于是 Spring 的内部也分为了两派，一派是使用 XML 的赞同派，一派是使用注解的赞同派。为了简化开发，在 Spring 2.x 之后的版本也引入了注解，不过只是少量的注解，如@Component、@Service 等，但是功能还不够强大，因此，对于 Spring 的开发，绝大部分的情况下还是以使用 XML 为主，注解为辅。

到了 Spring 3.0 后，引入了更多的注解功能，于是在 Spring 中产生了这样一个很大的分歧，即是使用注解还是使用 XML？对于 XML 的引入，有些人觉得过于繁复，而对于注解的使用，会使得注解分布得到处都是，难以控制，有时候还需要了解很多框架的内部实现才能准确使用注解开发所需的功能。这个时候大家形成了这样的一个不成文的共识，对于业务类使用注解，例如，对于 MVC 开发，控制器使用@Controller，业务层使用@Service，持久层使用@Repository；而对于一些公用的 Bean，例如，对于数据库（如 Redis）、第三方资源等则使用 XML 进行配置，直至今时今日这样的配置方式还在企业中广泛地使用着。也许使用注解还是使用 XML 是一个长期存在的话题，但是无论如何都有道理。

随着注解的功能增强，尤其是 Servlet 3.0 规范的提出，Web 容器可以脱离 web.xml 的部署，使得 Web 容器完全可以基于注解开发，对于 Spring 3.x 和 Spring 4.x 的版本注解功能越来越强大，对于 XML 的依赖越来越少，到了 4.x 的版本后甚至可以完全脱离 XML，因此在 Spring 中使用注解开发占据了主流的地位。与此同时，Pivotal 团队在原有 Spring 的基础上主要通过注解的方式继续简化了 Spring 框架的开发，并基于 Spring 框架开发了 Spring Boot，所以 Spring Boot 并非是代替 Spring 框架，而是让 Spring 框架更加容易得到快速的使用。Pivotal 团队在 2014 年推出 Spring Boot 的 1.0 版本，该版本使用了特定的方式来进行配置，从而使开发人员不再需要定义样板化的配置。在 2018 年 3 月 Spring Boot 推出了 2.0.0 GA 版本，该版本是基于 Spring 5 的，并引入其最新的功能，能够有效支持 Java 9 的开发。Spring Boot 致力于在蓬勃发展的快速应用开发领域（rapid application development）借助 Java EE 在企业互联网的强势地位成为业界领导者，它也是近年来 Java 开发最令人感到惊喜的项目之一。

随着近年来微服务的流行，越来越多的企业需要快速的开发，而 Spring Boot 除了以注解为主的开发，还有其他的绑定，例如，对服务器进行了绑定和默认对 Spring 的最大化配置，所以开发者能够尽快进行开发代码、发布和测试自己的项目。这符合了现今微服务快速开发、测试和部署的需要，于是越来越多的企业选择 Spring Boot 作为开发的选型，进而使得 Spring Boot 更加兴旺起来。本书主要就是论述 Spring Boot 这一令人激动的开发工具。

1.3 Spring Boot 的优点

谈到 Spring Boot，就让我们先来了解它的优点。依据官方的文档，Spring Boot 的优点如下：

- 创建独立的 Spring 应用程序；
- 嵌入的 Tomcat、Jetty 或者 Undertow，无须部署 WAR 文件；
- 允许通过 Maven 来根据需要获取 starter；
- 尽可能地自动配置 Spring；
- 提供生产就绪型功能，如指标、健康检查和外部配置；
- 绝对没有代码生成，对 XML 没有要求配置。

这段描述告诉我们，首先 Spring Boot 是一个基于 Spring 框架搭建起来的应用，其次它会嵌入 Tomcat、Jetty 或者 Undertow 等服务器，并且不需要传统的 WAR 文件进行部署，也就是说搭建 Spring Boot 项目并不需要单独下载 Tomcat 等传统的服务器；同时提供通过 Maven（或者 Gradle）依赖的 starter，这些 starter 可以直接获取开发所需的相关包，通过这些 starter 项目就能以 Java Application 的形式运行 Spring Boot 的项目，而无须其他服务器配置；对于配置，Spring Boot 提供 Spring 框架的最大自动化配置，大量使用自动配置，使得开发者对 Spring 的配置尽量减少；此外还提供了一些监测、自动检测的功能和外部配置，与此同时没有附加代码和 XML 的配置要求。

约定优于配置，这是 Spring Boot 的主导思想。对于 Spring Boot 而言，大部分情况下存在默认配置，你甚至可以在没有任何定义的情况下使用 Spring 框架，如果需要自定义也只需要在配置文件配置一些属性，十分便捷。而对于部署这些项目必需的功能，Spring Boot 提供 starter 的依赖，例如，spring-boot-starter-web 捆绑了 Spring MVC 所依赖的包，spring-boot-starter-tomcat 绑定了内嵌的 Tomcat，这样使得开发者能够尽可能快地搭建开发环境，快速进行开发和部署，这就是 Spring Boot 的特色。也许作为传统开发者的你，还未能理解其意义，但这并不要紧。为了展示 Spring Boot 的特色，下节将分别展示传统 Spring MVC 项目和简易的 Spring Boot 入门实例，并进行比较。

1.4　传统 Spring MVC 和 Spring Boot 的对比

在传统的 Spring MVC 项目开发中，开发一个简易的 Spring MVC 项目，需要配置 DispatcherServlet，也需要配置 Spring IoC 的容器。你可以选择使用 web.xml 的配置来实现，当然，如果你使用的是 Servlet 3.1 规范，也可以继承由 Spring MVC 提供的 AbstractAnnotationConfigDispatcherServletInitializer 来配置 Spring MVC 项目。这里先给出可以运行的代码示例，即使你还不熟悉 Spring MVC 也没有关系，这里只是为了说明开发比较烦琐而已，后面将详谈 Spring MVC 的开发原理。

假设你已经导入需要的 Spring 和 Spring MVC 相关的依赖包到工程中，那么就可以开始配置 DispatcherServlet 了。例如，代码清单 1-1 就是通过继承 AbstractAnnotationConfigDispatcherServletInitializer 的方式来配置 Spring MVC 的 DispatcherServlet 的。

代码清单 1-1　配置 Spring MVC

```
package com.springboot.springmvc.conf;

import
org.springframework.web.servlet.support.AbstractAnnotationConfigDispatcherServletInitializer;
public class MyWebAppInitializer
        extends AbstractAnnotationConfigDispatcherServletInitializer {

    // Spring IoC 容器配置
    @Override
    protected Class<?>[] getRootConfigClasses() {
        // 可以返回 Spring 的 Java 配置文件数组
        return new Class<?>[] {};
    }

    // DispatcherServlet 的 URI 映射关系配置
    @Override
    protected Class<?>[] getServletConfigClasses() {
        // 可以返回 Spring 的 Java 配置文件数组
        return new Class<?>[] { WebConfig.class };
    }

    // DispatcherServlet 拦截请求匹配
    @Override
    protected String[] getServletMappings() {
        return new String[] { "*.do" };
    }
}
```

注意代码中加粗的地方。这里引入了一个 Java 配置文件——WebConfig.java，它的主要作用是配置 Spring MVC 的核心类 DispatcherServlet 的上下文，如代码清单 1-2 所示。

代码清单 1-2　配置 DispatcherServlet 的上下文

```java
package com.springboot.springmvc.conf;

import java.util.ArrayList;
import java.util.List;
import org.springframework.context.annotation.Bean;
import org.springframework.context.annotation.ComponentScan;
import org.springframework.context.annotation.ComponentScan.Filter;
import org.springframework.context.annotation.Configuration;
import org.springframework.context.annotation.FilterType;
import org.springframework.http.MediaType;
import org.springframework.http.converter.json.MappingJackson2HttpMessageConverter;
import org.springframework.stereotype.Controller;
import org.springframework.web.servlet.HandlerAdapter;
import org.springframework.web.servlet.ViewResolver;
import org.springframework.web.servlet.config.annotation.EnableWebMvc;
import org.springframework.web.servlet.mvc.method.annotation.RequestMappingHandlerAdapter;
import org.springframework.web.servlet.view.InternalResourceViewResolver;

@Configuration
// 定义 Spring MVC 扫描的包
@ComponentScan(value="com.*",
includeFilters = {@Filter(type = FilterType.ANNOTATION,
        value = Controller.class)})
// 启动 Spring MVC 配置
@EnableWebMvc
public class WebConfig {

    /***
     * 通过注解@Bean 初始化视图解析器
     *
     * @return ViewResolver 视图解析器
     */
    @Bean(name = "internalResourceViewResolver")
    public ViewResolver initViewResolver() {
        InternalResourceViewResolver viewResolver
          = new InternalResourceViewResolver();
        viewResolver.setPrefix("/WEB-INF/jsp/");
        viewResolver.setSuffix(".jsp");
        return viewResolver;
    }

    /**
     * 初始化 RequestMappingHandlerAdapter，并加载 HTTP 的 JSON 转换器
     *
     * @return RequestMappingHandlerAdapter 对象
     */
    @Bean(name = "requestMappingHandlerAdapter")
    public HandlerAdapter initRequestMappingHandlerAdapter() {
        // 创建 RequestMappingHandlerAdapter 适配器
        RequestMappingHandlerAdapter rmhd = new RequestMappingHandlerAdapter();
        // HTTP JSON 转换器
        MappingJackson2HttpMessageConverter jsonConverter
          = new MappingJackson2HttpMessageConverter();
        // MappingJackson2HttpMessageConverter 接收 JSON 类型消息的转换
        mediaType = MediaType.APPLICATION_JSON_UTF8;
```

```
        List<MediaType> mediaTypes = new ArrayList<MediaType>();
        mediaTypes.add(mediaType);
        // 加入转换器的支持类型
        jsonConverter.setSupportedMediaTypes(mediaTypes);
        // 给适配器加入 JSON 转换器
        rmhd.getMessageConverters().add(jsonConverter);
        return rmhd;
    }
}
```

通过上面的代码，配置完成 Spring MVC 的开发环境后，才可以开发 Spring MVC 控制器 Controller，这样就可以开发一个简单的控制器（Controller），如代码清单 1-3 所示。

代码清单 1-3　开发 Spring MVC 控制器

```
package com.springboot.springmvc.controller;

import java.util.HashMap;
import java.util.Map;
import org.springframework.stereotype.Controller;
import org.springframework.web.bind.annotation.RequestMapping;
import org.springframework.web.bind.annotation.ResponseBody;

@Controller
public class TestController {

    @RequestMapping("/test")
    @ResponseBody
    public Map<String, String> test() {
        Map<String, String> map = new HashMap<String, String>();
        map.put("key", "value");
        return map;
    }
}
```

这样就完成了一个传统 Spring MVC 的开发，但是你还需要第三方服务器，如 Tomcat、WebLogic 等服务器去部署你的工程。在启动服务器后，再打开浏览器，输入对应的 URL，例如，若项目名称 为 SpringMVC 则输入 http://localhost:8080/SpringMVC/test.do，就可以得到图 1-1 所示的页面。

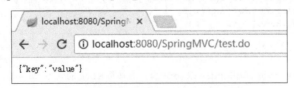

图 1-1　测试传统的 Spring MVC 项目

从上面来看，传统的 Spring MVC 开发需要配置的内容还是比较多的，而且对设计人员要求较高。 开发完成后，开发者还需要找到对应的服务器去运行，如 Tomcat 或者 Jetty 等，这样既要进行开发， 又要进行配置和部署，工作量还是不少的。

而使用 Spring Boot 开发后，你就会发现原来一切可以那么简单。不过在入门阶段暂时不需要讨 论太多的细节问题，这是未来需要讨论的问题，所以这里只展示它如何简单。首先，我们在 IDE 中 创建一个 Maven 工程，并把其名称定义为 Chapter1，这样就可以看到一个 Maven 配置文件 pom.xml，将其内容修改为如代码清单 1-4 所示。

代码清单 1-4　配置 Spring Boot 依赖环境

```
<project xmlns="http://maven.apache.org/POM/4.0.0"
xmlns:xsi="http://www.w3.org/2001/XMLSchema-instance"
xsi:schemaLocation="http://maven.apache.org/POM/4.0.0
http://maven.apache.org/maven-v4_0_0.xsd">
    <modelVersion>4.0.0</modelVersion>
    <groupId>springboot</groupId>
    <artifactId>chapter1</artifactId>
    <packaging>war</packaging>
    <version>0.0.1-SNAPSHOT</version>
    <name>chapter1 Maven Webapp</name>
    <url>http://maven.apache.org</url>
    <parent>
        <groupId>org.springframework.boot</groupId>
        <artifactId>spring-boot-starter-parent</artifactId>
        <version>2.0.0.RELEASE</version>
    </parent>
    <properties>
        <project.build.sourceEncoding>UTF-8</project.build.sourceEncoding>
        <project.reporting.outputEncoding>UTF-8</project.reporting.outputEncoding>
        <java.version>1.8</java.version>
    </properties>

    <dependencies>
        <!-- Spring Boot Starter 依赖引入 -->
        <!-- AOP 包 -->
        <dependency>
            <groupId>org.springframework.boot</groupId>
            <artifactId>spring-boot-starter-aop</artifactId>
        </dependency>
        <!-- Web 开发包，将载入 Spring MVC 所需要的包，且内嵌 tomcat -->
        <dependency>
            <groupId>org.springframework.boot</groupId>
            <artifactId>spring-boot-starter-web</artifactId>
        </dependency>
        <!--加载测试依赖包 -->
        <dependency>
            <groupId>org.springframework.boot</groupId>
            <artifactId>spring-boot-starter-test</artifactId>
            <scope>test</scope>
        </dependency>
    </dependencies>
    <!-- 引入插件 -->
    <build>
        <plugins>
            <plugin>
                <groupId>org.springframework.boot</groupId>
                <artifactId>spring-boot-maven-plugin</artifactId>
            </plugin>
        </plugins>
    </build>
</project>
```

从加粗的代码中可以看到 Maven 的配置文件引入了多个 Spring Boot 的 starter，Spring Boot 会根据 Maven 配置的 starter 去寻找对应的依赖，将对应的 jar 包加载到工程中，而且它还会把绑定的服务器也加载到工程中，这些都不需要你再进行处理。正如 Spring Boot 承诺的那样，绑定服务器，并且采用约定优于配置的原则，实现 Spring 的尽可能的配置。这里我们只需要开发一个类就可以运行 Spring Boot 的应用了，为此新建类——Chapter1Main，如代码清单 1-5 所示。

代码清单 1-5　开发 Spring Boot 应用

```
package com.springboot.chapter1;

import java.util.HashMap;
import java.util.Map;

import org.springframework.boot.SpringApplication;
import org.springframework.boot.autoconfigure.EnableAutoConfiguration;
import org.springframework.stereotype.Controller;
import org.springframework.web.bind.annotation.RequestMapping;
import org.springframework.web.bind.annotation.ResponseBody;

@Controller
// 启用 Spring Boot 自动装配
@EnableAutoConfiguration
public class Chapter1Main {
    @RequestMapping("/test")
    @ResponseBody
    public Map<String, String> test() {
        Map<String, String> map = new HashMap<String, String>();
        map.put("key", "value");
        return map;
    }

    public static void main(String[] args) throws Exception {
        SpringApplication.run(Chapter1Main.class, args);
    }
}
```

好了，这个入门实例已经完结了。如果你没有接触过 Spring Boot，那么你会十分惊讶，这样就配置完成 Spring MVC 的内容了吗？我可以回答你："是的，已经完成了，现在完全可以使用 Java Application 的形式去运行类 Chapter1Main。"下面是 Spring Boot 的运行日志：

```
  .   ____          _            __ _ _
 /\\ / ___'_ __ _ _(_)_ __  __ _ \ \ \ \
( ( )\___ | '_ | '_| | '_ \/ _` | \ \ \ \
 \\/  ___)| |_)| | | | | || (_| |  ) ) ) )
  '  |____| .__|_| |_|_| |_\__, | / / / /
 =========|_|==============|___/=/_/_/_/
 :: Spring Boot ::        (v2.0.0.RELEASE)

2018-03-01 22:21:55.843  INFO 16324 --- [           main]
com.springboot.chapter1.Chapter1Main     :
Starting Chapter1Main on AFOIF-703271542 with PID 16324
(G:\springboot\v2\chapter1\target\classes started by Administrator in
G:\springboot\v2\chapter1)
......
2018-03-01 22:21:57.270  INFO 16324 --- [           main]
s.w.s.m.m.a.RequestMappingHandlerMapping :
```

```
Mapped "{[/test]}" onto public java.util.Map<java.lang.String, java.lang.String>
com.springboot.chapter1.Chapter1Main.test()
......
2018-03-01 22:21:57.270  INFO 16324 --- [           main]
com.springboot.chapter1.Chapter1Main : Started Chapter1Main in 1.845 seconds (JVM running
for 2.143)
```

从日志中可以看到，Tomcat 已经启动，并且将我们开发的 Chapter1Main 作为 Spring MVC 的控制器加载进来了，也将对应的路径（/test）映射到开发的 test 方法上。因此，接下来就可以进行测试了。打开浏览器，在地址栏输入 http://localhost:8080/test，可以看到如图 1-2 所示的结果。

图 1-2　Spring Boot 运行结果

与传统的 Spring MVC 是不是很不一样呢？从上面的对比可以看出，Spring Boot 允许直接进行开发，这就是它的优势。在传统的需要配置的地方，Spring Boot 都进行了约定，也就是你可以直接以 Spring Boot 约定的方式进行开发和运行你的项目。当你需要修改配置的时候，它也提供了一些快速配置的约定，犹如它所承诺的那样，尽可能地配置好 Spring 项目和绑定对应的服务器，使得开发人员的配置更少，更加直接地开发项目。对于那些微服务而言，更喜欢的就是这样能够快速搭建环境的项目，而 Spring Boot 提供了这种可能性，同时 Spring Boot 还提供了监控的功能，随着云技术的到来，微服务成了市场的热点，于是代表 Java 微服务时代的 Spring Boot 微服务开发的时代已经到来，结合 Spring Cloud 后它还能很方便地构建分布式系统开发，满足大部分无能力单独开发分布式架构的企业所需，所以这无疑是激动人心的技术。后面的章节让我们走进 Spring Boot 开发的实践中。

第 2 章

聊聊开发环境搭建和基本开发

第 1 章的入门实例，只是开发了最简单的场景，我们还需要对 Spring Boot 做进一步的了解才能理解如何开发它和定制自己的开发。不过在此之前，需要对 Spring Boot 的开发环境进行搭建，并对它的特点做进一步的了解，才能更好地对 Spring Boot 有更深入的介绍。但是无论如何都需要先来搭建 Spring Boot 的工程。

2.1 搭建 Spring Boot 开发环境

使用 Spring Boot，首先需要搭建一个快速开发的工程环境。Spring Boot 工程的创建存在多种方式，但是因为当前 Eclipse 和 IntelliJ IDEA 这两种 IDE 的广泛应用，所以本书只介绍这两种 IDE 环境下的搭建。

2.1.1 搭建 Eclipse 开发环境

首先找到 Eclipse 的菜单 Help→Eclipse Marketplace，打开这个菜单后，可以看到一个新的窗口，然后选择标签页 Popular，从中找到 Spring Tool Suite（STS）的插件，如图 2-1 所示。

这样就可以点击安装 STS 插件了，通过它可以很方便地引入 Spring Boot 的 starter，而 starter 会引入对应的依赖包和服务器，这样就能够帮助我们快速地搭建开发环境。

下面让我们使用它创建一个工程。首先点击熟悉的菜单 File→New→Project，然后输入 spring 过滤一些无关的内容，再选用 Spring Starter Project，点击 Next，创建项目，如图 2-2 所示。

于是它会再打开一个新的对话框，如图 2-3 所示。

图 2-3 中画框的地方是我根据自己需要进行的自定义，其中选择了使用 War 形式的打包，这意味着将使用的是一个带有 JSP 工程的项目。在实际的操作中，读者也需要根据自己的情况来定义它们。做完这些工作后，就可以点击 Next 进行下一步了，这样又会弹出另外一个窗口，如图 2-4 所示。

图 2-1　安装 STS 插件

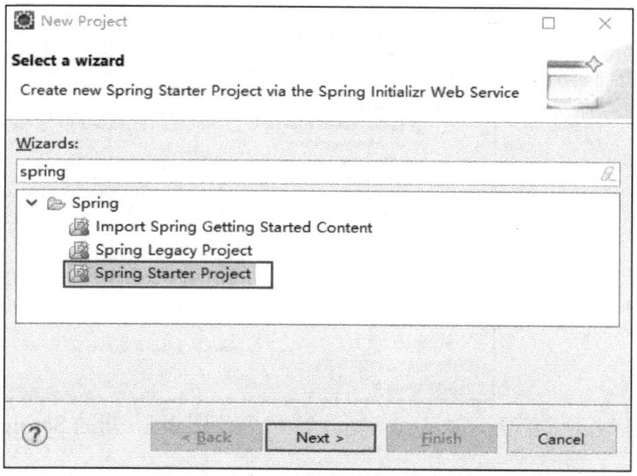

图 2-2　创建 Spring Boot 工程

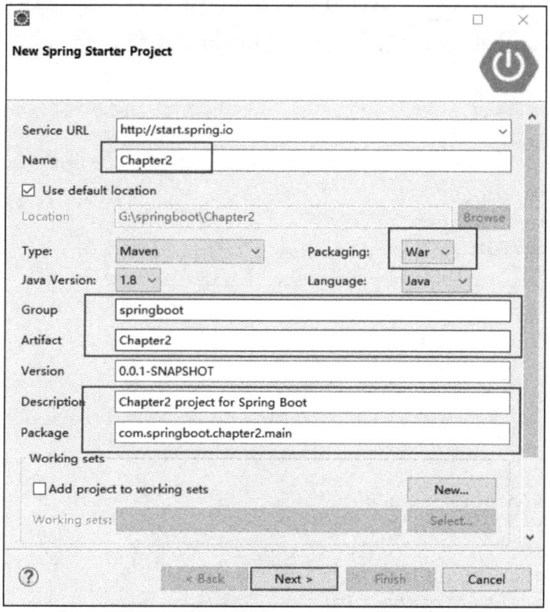

图 2-3　配置 Spring Boot 工程

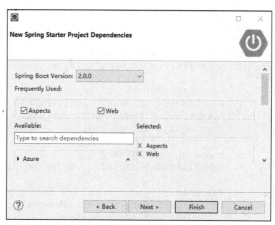

图 2-4　选择依赖的 starter

　　这里选择 AOP 和 Web，只是做最简单的项目而已，因此没有引入太多的内容。在现实的开发中，可能还需要选择 NoSQL 开发工具，如 Redis、MongoDB 等，还有数据库，如 MySQL，以及持久层 Hibernate 或者 MyBatis 等项目的依赖，这些都是开发中经常用到的。当你选中所需要的包后，就可以直接点击 Finish，这个时候一个新的 Spring Boot 工程就建好了，如图 2-5 所示。

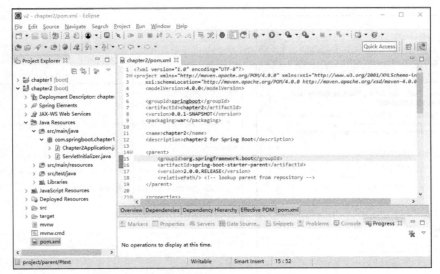

图 2-5 新的 Spring Boot 工程

从图 2-5 可以看到它是一个 Maven 项目，其中 pom.xml 文件已经建好，而且给我们创建了带有 main 方法的 Chapter2Application.java 文件和初始化 Servlet 的 ServletInitializer.java 文件。这里通过 Chapter2Application 就可以运行 Spring Boot 工程了。下面再打开工程中的 pom.xml 文件，就可以看到这些代码，如代码清单 2-1 所示。

代码清单 2-1 项目中的 pom.xml 文件

```xml
<?xml version="1.0" encoding="UTF-8"?>
<project xmlns="http://maven.apache.org/POM/4.0.0"
xmlns:xsi="http://www.w3.org/2001/XMLSchema-instance"
xsi:schemaLocation="http://maven.apache.org/POM/4.0.0
http://maven.apache.org/xsd/maven-4.0.0.xsd">
    <modelVersion>4.0.0</modelVersion>

    <groupId>springboot</groupId>
    <artifactId>chapter2</artifactId>
    <version>0.0.1-SNAPSHOT</version>
    <packaging>war</packaging>

    <name>chapter2</name>
    <description>chapter2 for Spring Boot</description>

    <parent>
        <groupId>org.springframework.boot</groupId>
        <artifactId>spring-boot-starter-parent</artifactId>
        <version>2.0.0.RELEASE</version>
        <relativePath/> <!-- lookup parent from repository -->
    </parent>

    <properties>
        <project.build.sourceEncoding>UTF-8</project.build.sourceEncoding>
        <project.reporting.outputEncoding>UTF-8</project.reporting.outputEncoding>
        <java.version>1.8</java.version>
    </properties>
```

```
<dependencies>
    <dependency>
        <groupId>org.springframework.boot</groupId>
        <artifactId>spring-boot-starter-aop</artifactId>
    </dependency>
    <dependency>
        <groupId>org.springframework.boot</groupId>
        <artifactId>spring-boot-starter-web</artifactId>
    </dependency>

    <dependency>
        <groupId>org.springframework.boot</groupId>
        <artifactId>spring-boot-starter-tomcat</artifactId>
        <scope>provided</scope>
    </dependency>
    <dependency>
        <groupId>org.springframework.boot</groupId>
        <artifactId>spring-boot-starter-test</artifactId>
        <scope>test</scope>
    </dependency>
</dependencies>

<build>
    <plugins>
        <plugin>
            <groupId>org.springframework.boot</groupId>
            <artifactId>spring-boot-maven-plugin</artifactId>
        </plugin>
    </plugins>
</build>
</project>
```

　　这些代码是 STS 插件根据你选择的 starter 依赖来创建的,这样关于 Eclipse 搭建的开发环境就结束了。此时只需要使用 Java Application 的形式运行 Chapter2Application 就可以启动 Spring Boot 项目。

2.1.2　搭建 IntelliJ IDEA 开发环境

　　首先是启动 IntelliJ IDEA 开发环境,然后选择 Create New Project,就可以看到一个新的窗口。我们选择 Spring Initializr,并且将 JDK 切换为你想要的版本,如图 2-6 所示。

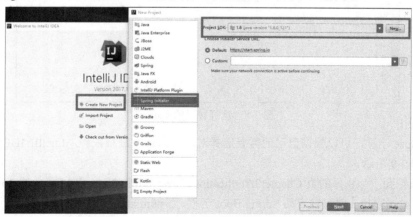

图 2-6　使用 IntelliJ IDEA 创建 Spring Boot 工程

点击 Next，也会弹出另外一个窗口，它将允许我们进行一定的配置，如图 2-7 所示。

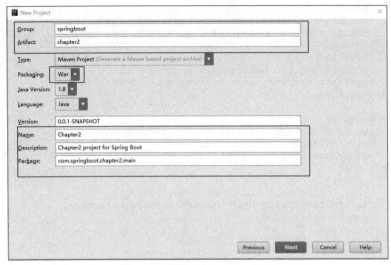

图 2-7　配置 Spring Boot 项目

同样，图中加框的地方是我根据自己的需要进行修改的内容。注意，这里还是选择了以 War 打包的形式，然后点击 Next，又到了可以选择 starter 的窗口，如图 2-8 所示。

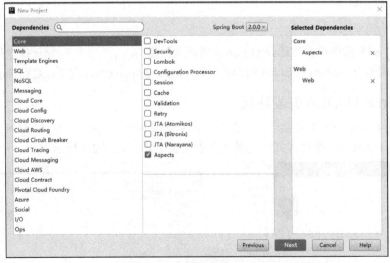

图 2-8　选择对应的 starter

也与 Eclipse 一样，可以根据自己的需要选择对应的 starter 进行依赖，IntelliJ IDEA 也会为你建好工程，如图 2-9 所示。

你也可以看到一个建好的类 Chapter2Application、ServletInitializer 和 Maven 的 pom.xml 文件。运行 Chapter2Application 就可以启动 Spring Boot 工程，而 pom.xml 则配置好了你选中的 starter 依赖，这样就能够基于 IntelliJ IDEA 开发 Spring Boot 工程了。

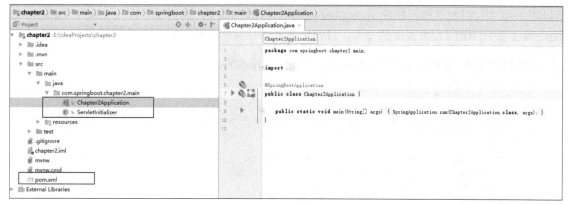

图 2-9 IntelliJ IDEA 创建 Spring Boot 工程

到这里，如果你想使用 Jetty 或者 Undertow 作为服务器，又或者说你想切换后台日志中的商标，那么可以参考附录中的内容。

2.2 Spring Boot 的依赖和自动配置

在上节中已经介绍了如何搭建 Spring Boot 工程，下面需要讨论它为什么在很少的配置下就能够运行。

下面以最常用的 Spring MVC 为例进行说明。首先打开 Maven 的本地仓库，找到对应 Spring Boot 的文件夹，可以看到图 2-10 所示的目录。

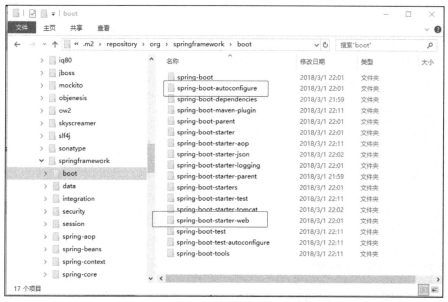

图 2-10 Spring Boot 的 Maven 本地仓库

这里先谈 spring-boot-starter-web 的内容，未来还会谈到 spring-boot-autoconfigure 文件夹的内容，

所以图 2-10 中一并加了框。打开 spring-boot-starter-web 文件夹，就可以看到一个名为 spring-boot-starter-web-2.0.0.RELEASE.pom 的文件，打开它就可以看到代码清单 2-2 所示的代码。

代码清单 2-2　spring-boot-starter-web 的 pom.xml 文件

```xml
<?xml version="1.0" encoding="UTF-8"?>
<project xsi:schemaLocation="http://maven.apache.org/POM/4.0.0
http://maven.apache.org/xsd/maven-4.0.0.xsd" xmlns="http://maven.apache.org/POM/4.0.0"
    xmlns:xsi="http://www.w3.org/2001/XMLSchema-instance">
  <modelVersion>4.0.0</modelVersion>
  <parent>
    <groupId>org.springframework.boot</groupId>
    <artifactId>spring-boot-starters</artifactId>
    <version>2.0.0.RELEASE</version>
  </parent>
  <groupId>org.springframework.boot</groupId>
  <artifactId>spring-boot-starter-web</artifactId>
  <version>2.0.0.RELEASE</version>
  <name>Spring Boot Web Starter</name>
  <description>Starter for building web, including RESTful, applications using Spring
      MVC. Uses Tomcat as the default embedded container</description>
  <url>https://projects.spring.io/spring-boot/#/spring-boot-parent/spring-boot-starters/
  spring-boot-starter-web</url>
  <organization>
    <name>Pivotal Software, Inc.</name>
    <url>https://spring.io</url>
  </organization>
  <licenses>
    <license>
      <name>Apache License, Version 2.0</name>
      <url>http://www.apache.org/licenses/LICENSE-2.0</url>
    </license>
  </licenses>
  <developers>
    <developer>
      <name>Pivotal</name>
      <email>info@pivotal.io</email>
      <organization>Pivotal Software, Inc.</organization>
      <organizationUrl>http://www.spring.io</organizationUrl>
    </developer>
  </developers>
  <scm>
<connection>scm:git:git://github.com/spring-projects/spring-boot.git/spring-boot-
starters/spring-boot-starter-web</connection>
<developerConnection>scm:git:ssh://git@github.com/spring-projects/spring-boot.git/
spring-boot-starters/spring-boot-starter-web</developerConnection>
<url>http://github.com/spring-projects/spring-boot/spring-boot-starters/spring-boot-
starter-web</url>
  </scm>
  <issueManagement>
    <system>Github</system>
    <url>https://github.com/spring-projects/spring-boot/issues</url>
  </issueManagement>
  <dependencies>
    <!-- Spring Boot 的依赖-->
    <dependency>
      <groupId>org.springframework.boot</groupId>
```

```
        <artifactId>spring-boot-starter</artifactId>
        <version>2.0.0.RELEASE</version>
        <scope>compile</scope>
    </dependency>
    <!-- JSON 依赖-->
    <dependency>
        <groupId>org.springframework.boot</groupId>
        <artifactId>spring-boot-starter-json</artifactId>
        <version>2.0.0.RELEASE</version>
        <scope>compile</scope>
    </dependency>
    <!-- Tomcat 依赖-->
    <dependency>
        <groupId>org.springframework.boot</groupId>
        <artifactId>spring-boot-starter-tomcat</artifactId>
        <version>2.0.0.RELEASE</version>
        <scope>compile</scope>
    </dependency>
    <!-- Hibernate Validator 依赖-->
    <dependency>
        <groupId>org.hibernate.validator</groupId>
        <artifactId>hibernate-validator</artifactId>
        <version>6.0.7.Final</version>
        <scope>compile</scope>
    </dependency>
    <!-- Spring Web 依赖-->
    <dependency>
        <groupId>org.springframework</groupId>
        <artifactId>spring-web</artifactId>
        <version>5.0.4.RELEASE</version>
        <scope>compile</scope>
    </dependency>
    <!-- Spring Web MVC 依赖-->
    <dependency>
        <groupId>org.springframework</groupId>
        <artifactId>spring-webmvc</artifactId>
        <version>5.0.4.RELEASE</version>
        <scope>compile</scope>
    </dependency>
  </dependencies>
</project>
```

代码中的中文注释是我加入的。从这里可以看出，当加入 spring-boot-starter-web 后，它会通过 Maven 将对应的资源加载到我们的工程中，这样便能够形成依赖。但是这样还不足以运行 Spring MVC 项目，要运行它还需要对 Spring MVC 进行配置，让它能够生成 Spring MVC 所需的对象，才能启用 Spring MVC，所以还需要进一步探讨。

为了探讨 Spring MVC 在 Spring Boot 自动配置的问题，首先在本地下载的 Maven 仓库的目录 spring-boot-autoconfigure 中找到 spring-boot-autoconfigure-2.0.0.RELEASE-sources.jar 的包。它是一个 源码包，把它解压缩出来，打开它目录下的子目录 org\springframework\boot\autoconfigure\web\servlet 后，我们就可以看到许多配置类，如图 2-11 所示。

图 2-11　Spring Boot 的默认配置类

　　这里可以看到存在很多的类，其中加框的类 DispatcherServletAutoConfiguration 就是一个对
DispatcherServlet 进行自动配置的类。因为本书不是源码分析的书，所以不对注解这些内容进行深入的
探讨，只是截取 DispatcherServletAutoConfiguration 源码中的一个内部类 DispatcherServletConfiguration
对 Spring Boot 的自动配置做最基本的讲解，如代码清单 2-3 所示。

代码清单 2-3　DispatcherServletAutoConfiguration 部分源码分析

```java
// 配置文件
@Configuration
// 配置条件满足类 DefaultDispatcherServletCondition 的验证
@Conditional(DefaultDispatcherServletCondition.class)
// 如果存在 ServletRegistration 类则进行配置
@ConditionalOnClass(ServletRegistration.class)
// 如果存在对应的属性配置（Spring MVC 的是 spring.mvc.*）则启用配置
@EnableConfigurationProperties(WebMvcProperties.class)
protected static class DispatcherServletConfiguration {

    private final WebMvcProperties webMvcProperties;

    public DispatcherServletConfiguration(WebMvcProperties webMvcProperties) {
        this.webMvcProperties = webMvcProperties;
    }

    @Bean(name = DEFAULT_DISPATCHER_SERVLET_BEAN_NAME)
    public DispatcherServlet dispatcherServlet() {
        DispatcherServlet dispatcherServlet = new DispatcherServlet();
        dispatcherServlet.setDispatchOptionsRequest(
                this.webMvcProperties.isDispatchOptionsRequest());
        dispatcherServlet.setDispatchTraceRequest(
                this.webMvcProperties.isDispatchTraceRequest());
        dispatcherServlet.setThrowExceptionIfNoHandlerFound(
```

```
                       this.webMvcProperties.isThrowExceptionIfNoHandlerFound());
            return dispatcherServlet;
    }

    @Bean
    // 如果存在类定义则配置
    @ConditionalOnBean(MultipartResolver.class)
    // 判断如果不存在 bean 名称为 DispatcherServlet.MULTIPART_RESOLVER_BEAN_NAME，则配置 Bean
    @ConditionalOnMissingBean(name = DispatcherServlet.MULTIPART_RESOLVER_BEAN_NAME)
    public MultipartResolver multipartResolver(MultipartResolver resolver) {
            // Detect if the user has created a MultipartResolver but named it incorrectly
            return resolver;
    }

}
```

注意上述代码中加粗注解的注释，这些中文注释是我加入的，为的是更好地说明 Spring Boot 的
自动配置功能。通过上面的代码，可以看到 Spring Boot 内部已经自动为我们做了很多关于
DispatcherServlet 的配置，其中的@EnableConfigurationProperties 还能够在读取配置内容的情况下自
动生成 Spring MVC 所需的类，有关这些内容的讨论可以参考附录。到这里，应该明白为什么几乎在
没有任何配置下就能用 Spring Boot 启动 Spring MVC 项目，这些都是 Spring Boot 通过 Maven 依赖找
到对应的 jar 包和嵌入的服务器，然后使用默认自动配置类来创建默认的开发环境。但是有时候，我
们需要对这些默认的环境进行修改以适应个性化的要求，这些在 Spring Boot 中也是非常简单的，正
如@EnableConfigurationProperties 注解那样，它允许读入配置文件的内容来自定义自动初始化所需的
内容，下节将探讨这个问题。

2.3　使用自定义配置

上节讨论了 Spring Boot 存在自动装配组件和自定义的配置，这些都给予了开发者默认的约定配
置项，读者可以在其公布的网址 http://docs.spring.io/spring-boot/docs/current-SNAPSHOT/reference/
htmlsingle/#appendix 上看到所有的配置项。这些配置项多达 300 多项，所以十分繁复，好在我们并不
需要全部去配置，只是根据自己工程的需要引入对应的 starter，对其进行必要的配置就可以了。

本书不会像流水账那样罗列这些配置项，因为这些很无趣也没有必要，而只是根据讲解的需
要，引入对应的 starter，才会讨论对应的配置项。将来在讨论数据库、NoSQL 等内容时，才会讨
论对应的配置项。这里需要我们记住的是通过这些约定的配置就可以在很大程度上自定义开发环
境，以适应真实需求。这就是 Spring Boot 的理念，配置尽量简单并且存在约定，屏蔽 Spring 内部
的细节，使得 Spring 能够开箱后经过简单的配置后即可让开发者使用，以满足快速开发、部署和
测试的需要。

如果你按照上述使用 Eclipse 或者 IntelliJ IDEA 进行新建工程，那么可以在项目中发现它还会为
你创建一个属性文件 application.properties，如图 2-12 所示。

它是一个默认的配置文件，通过它可以根据自己的需要实现自定义。例如，假设当前 8080 端口
已经被占用，我们希望使用 8090 端口启动 Tomcat，那么只需要在这个文件中添加一行：

```
server.port=8090
```

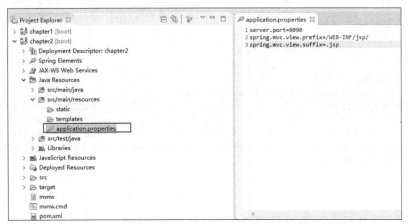

图 2-12　Spring Boot 的配置文件

这样以 Java Application 的形式运行 Chapter2Application 就可以看到 Spring Boot 绑定的 Tomcat 的启动日志:

```
......
2018-03-01 23:22:50.304  INFO 13428 --- [          main]
o.s.j.e.a.AnnotationMBeanExporter    : Registering beans for JMX exposure on startup
2018-03-01 23:22:50.336  INFO 13428 --- [          main]
o.s.b.w.embedded.tomcat.TomcatWebServer  : Tomcat started on port(s): 8090 (http) with
context path ''
2018-03-01 23:22:50.338  INFO 13428 --- [          main]
c.s.chapter1.Chapter2Application      : Started Chapter2Application in 1.965 seconds
(JVM running for 2.314)
```

注意, 通过加粗的这行日志可以看到 Tomcat 是以 8090 端口启动的, 相信读者明白了。也就是说, 我们只需要修改配置文件, 就能将开发的默认配置变为自定义配置。

事实上, Spring Boot 的参数配置除了使用 properties 文件之外, 还可以使用 yml 文件等, 它会以下列的优先级顺序进行加载:

- 命令行参数;
- 来自 java:comp/env 的 JNDI 属性;
- Java 系统属性 (System.getProperties());
- 操作系统环境变量;
- RandomValuePropertySource 配置的 random.*属性值;
- jar 包外部的 application-{profile}.properties 或 application.yml (带 spring.profile) 配置文件;
- jar 包内部的 application-{profile}.properties 或 application.ym (带 spring.profile) 配置文件;
- jar 包外部的 application.properties 或 application.yml (不带 spring.profile) 配置文件;
- jar 包内部的 application.properties 或 application.yml (不带 spring.profile) 配置文件;
- @Configuration 注解类上的@PropertySource;
- 通过 SpringApplication.setDefaultProperties 指定的默认属性。

实际上, yml 文件的配置与 properties 文件只是简写和缩进的差别, 因此差异并不大, 所以本书统一使用 properties 文件进行配置。对于需要使用 yml 文件的读者，只是需要稍加改动即可。

2.4　开发自己的 **Spring Boot** 项目

上面我们修改了服务器的启动端口，有时候还需要修改 Spring MVC 的视图解析器（ViewResolver）。Spring MVC 的视图解析器的作用主要是定位视图，也就是当控制器只是返回一个逻辑名称的时候，是没有办法直接对应找到视图的，这就需要视图解析器进行解析了。在实际的开发中最常用的视图之一就是 JSP，例如，现在控制器中返回一个字符串"index"，那么我们希望它对应的是开发项目的/WEB-INF/jsp/index.jsp 文件。如果你还对 Spring MVC 不熟悉，那也没有关系，未来我们还会谈到它，这里的代码很简单，你只需要依葫芦画瓢就可以体验运行 Spring Boot 项目了。下面的主要任务就是展示如何通过 Spring Boot 完成这个功能。首先我们需要在 Maven 的 pom.xml 中加入 JSP 和 JSTL 的依赖包，如代码清单 2-4 所示。

代码清单 2-4　新增 JSP 和 JSTL 的 Maven 依赖配置

```
<dependency>
    <groupId>org.apache.tomcat.embed</groupId>
    <artifactId>tomcat-embed-jasper</artifactId>
    <scope>provided</scope>
</dependency>
<dependency>
    <groupId>javax.servlet</groupId>
    <artifactId>jstl</artifactId>
    <scope>provided</scope>
</dependency>
```

为了配置视图解析器（ViewResolver），将 application.properties 文件修改为如代码清单 2-5 所示。

代码清单 2-5　定义视图前后缀

```
server.port=8090
spring.mvc.view.prefix=/WEB-INF/jsp/
spring.mvc.view.suffix=.jsp
```

这里的 spring.mvc.view.prefix 和 spring.mvc.view.suffix 是 Spring Boot 与我们约定的视图前缀和后缀配置，意思是找到文件夹/WEB-INF/jsp/下以.jsp 为后缀的 JSP 文件，那么前缀和后缀之间显然又缺了一个文件名称，在 Spring MVC 机制中，这个名称则是由控制器（Controller）给出的，为此新建一个控制器 IndexController，其代码如代码清单 2-6 所示。

代码清单 2-6　开发控制器

```
package com.springboot.chapter2.main;
import org.springframework.stereotype.Controller;
import org.springframework.web.bind.annotation.RequestMapping;
@Controller
public class IndexController {

    @RequestMapping("/index")
    public String index() {
        return "index";
    }
}
```

　　这里定义了一个映射为/index 的路径，然后方法返回了"index"，这样它就与之前配置的前缀和后缀结合起来找对应的 jsp 文件，为此我们还需要开发一个对应的 jsp 文件，因此我们再建一个 /webapp/WEB-INF/jsp/index.jsp 文件，如代码清单 2-7 所示。

代码清单 2-7　开发视图（/webapp/WEB-INF/jsp/index.jsp）

```
<%@ page language="java" contentType="text/html; charset=UTF-8"
    pageEncoding="UTF-8"%>
<!DOCTYPE html PUBLIC "-//W3C//DTD HTML 4.01 Transitional//EN"
"http://www.w3.org/TR/html4/loose.dtd">
<html>
<head>
<meta http-equiv="Content-Type" content="text/html; charset=UTF-8">
<title>Spring boot 视图解析器</title>
</head>
<body>
    <h1>测试视图解析器</h1>
</body>
</html>
```

　　这样我们就完成了一个简单的控制器，并且让视图解析器找到视图的功能。从上面来看定义视图解析器，在 Spring Boot 中只需要通过配置文件定义视图解析器的前后缀即可，而无须任何代码，这是因为 Spring Boot 给了我们自定义配置项，它会读入这些自定义的配置项，为我们生成 Spring MVC 中的视图解析器。正如它所承诺的尽可能地配置 Spring 开发环境，然后再看看即将运行的 Chapter2Application.java 文件，如代码清单 2-8 所示。

代码清单 2-8　Spring Boot 运行文件 Chapter2Application

```
package com.springboot.chapter2.main;

import org.springframework.boot.SpringApplication;
import org.springframework.boot.autoconfigure.SpringBootApplication;

@SpringBootApplication
public class Chapter2Application {

    public static void main(String[] args) {
        SpringApplication.run(Chapter2Application.class, args);
    }
}
```

　　这里的注解@SpringBootApplication 标志着这是一个 Spring Boot 入门文件。加粗的代码则是以 Chapter2Application 类作为配置类运行 Spring Boot 项目，于是 Spring Boot 就会根据你在 Maven 加载的依赖来完成运行了。接下来我们以 Java Application 的形式运行类 Chapter2Application，就可以看到 Tomcat 的运行日志。由于已经把端口修改为了 8090，因此打开浏览器后输入 http://localhost:8090/index，就可以看到运行的结果如图 2-13 所示。

　　这样我们就搭建完成 Spring Boot 的开发环境了。因为 Spring Boot 是基于 Spring 原理基础之上的，所以在讨论 Spring Boot 时，也十分有必要介绍 Spring 的技术原理，这样才能知其然，亦知其所以然。这些是后续章节的任务了。

图 2-13　测试视图解析器

第 3 章

全注解下的 Spring IoC

本章先探讨 Spring 的控制反转（IoC）的应用。Spring 最成功的是其提出的理念，而不是技术本身。它所依赖的两个核心理念，一个是控制反转（Inversion of Control，IoC），另一个是面向切面编程（Aspect Oriented Programming，AOP）。IoC 容器是 Spring 的核心，可以说 Spring 是一种基于 IoC 容器编程的框架。因为 Spring Boot 是基于注解的开发 Spring IoC，所以我们使用全注解的方式讲述 Spring IoC 技术，为后续章节打下基础。

IoC 是一种通过描述来生成或者获取对象的技术，而这个技术不是 Spring 甚至不是 Java 独有的。Java 初学者更多的时候熟悉的是使用 new 关键字来创建对象，而 Spring 是通过描述来创建对象的。Spring Boot 并不建议使用 XML，而是通过注解的描述生成对象，所以本章主要是通过注解来介绍 Spring IoC 技术。

一个系统可以生成各种对象，并且这些对象都需要进行管理。还值得一提的是，对象之间并不是孤立的，它们之间还可能存在依赖的关系。例如，一个班级是由多个老师和同学组成的，那么班级就依赖于多个老师和同学了。为此 Spring 还提供了依赖注入的功能，使得我们能够通过描述来管理各个对象之间的关系。

为了描述上述的班级、同学和老师这 3 个对象关系，我们需要一个容器。在 Spring 中把每一个需要管理的对象称为 Spring Bean（简称 Bean），而 Spring 管理这些 Bean 的容器，被我们称为 Spring IoC 容器（或者简称 IoC 容器）。IoC 容器需要具备两个基本的功能：

- 通过描述管理 Bean，包括发布和获取 Bean；
- 通过描述完成 Bean 之间的依赖关系。

在使用 IoC 之前，需要对 Spring IoC 容器有一个基本的认识。

3.1 IoC 容器简介

Spring IoC 容器是一个管理 Bean 的容器，在 Spring 的定义中，所有的 IoC 容器都需要实现接口 BeanFactory，它是一个顶级容器接口。为了增加对它的理解，我们首先阅读其源码，并讨论几个重要的方法。接口源码如代码清单 3-1 所示。

代码清单 3-1 BeanFactory 接口源码

```
package org.springframework.beans.factory;

import org.springframework.beans.BeansException;
import org.springframework.core.ResolvableType;
public interface BeanFactory {
    // 前缀
    String FACTORY_BEAN_PREFIX = "&";

// 多个 getBean 方法
Object getBean(String name) throws BeansException;

<T> T getBean(String name, Class<T> requiredType) throws BeansException;

<T> T getBean(Class<T> requiredType) throws BeansException;

Object getBean(String name, Object... args) throws BeansException;

<T> T getBean(Class<T> requiredType, Object... args) throws BeansException;

// 是否包含 Bean
boolean containsBean(String name);

// Bean 是否单例
boolean isSingleton(String name) throws NoSuchBeanDefinitionException;

// Bean 是否原型
boolean isPrototype(String name) throws NoSuchBeanDefinitionException;

// 是否类型匹配
boolean isTypeMatch(String name, ResolvableType typeToMatch)
throws NoSuchBeanDefinitionException;

boolean isTypeMatch(String name, Class<?> typeToMatch)
throws NoSuchBeanDefinitionException;

// 获取 Bean 的类型
Class<?> getType(String name) throws NoSuchBeanDefinitionException;

// 获取 Bean 的别名
String[] getAliases(String name);
}
```

这段代码中加入了中文注释，通过它们就可以理解这些方法的含义。这里值得注意的是接口中的几个方法。首先我们看到了多个 getBean 方法，这也是 IoC 容器最重要的方法之一，它的意义是从 IoC 容器中获取 Bean。而从多个 getBean 方法中可以看到有按类型（by type）获取 Bean 的，也有按名称（by name）获取 Bean 的，这就意味着在 Spring IoC 容器中，允许我们按类型或者名称获取 Bean，这对理解后面将讲到的 Spring 的依赖注入（Dependency Injection，DI）是十分重要的。

isSingleton 方法则判断 Bean 是否在 Spring IoC 中为单例。这里需要记住的是在 Spring IoC 容器中，默认的情况下，Bean 都是以单例存在的，也就是使用 getBean 方法返回的都是同一个对象。与 isSingleton 方法相反的是 isPrototype 方法，如果它返回的是 true，那么当我们使用 getBean 方法获取

Bean 的时候，Spring IoC 容器就会创建一个新的 Bean 返回给调用者，这些与后面将讨论的 Bean 的作用域相关。

　　由于 BeanFactory 的功能还不够强大，因此 Spring 在 BeanFactory 的基础上，还设计了一个更为高级的接口 ApplicationContext。它是 BeanFactory 的子接口之一，在 Spring 的体系中 BeanFactory 和 ApplicationContext 是最为重要的接口设计，在现实中我们使用的大部分 Spring IoC 容器是 ApplicationContext 接口的实现类，它们的关系如图 3-1 所示。

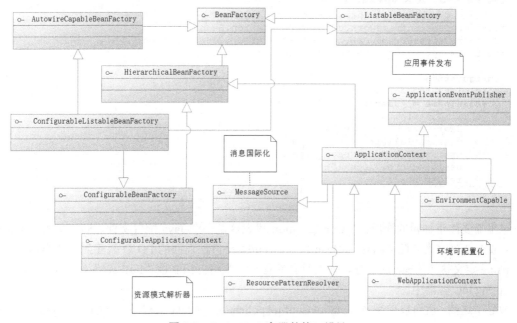

图 3-1　Spring IoC 容器的接口设计

　　在图中可以看到，ApplicationContext 接口通过继承上级接口，进而继承 BeanFactory 接口，但是在 BeanFactory 的基础上，扩展了消息国际化接口（MessageSource）、环境可配置接口（EnvironmentCapable）、应用事件发布接口（ApplicationEventPublisher）和资源模式解析接口（ResourcePatternResolver），所以它的功能会更为强大。

　　在 Spring Boot 当中我们主要是通过注解来装配 Bean 到 Spring IoC 容器中，为了贴近 Spring Boot 的需要，这里不再介绍与 XML 相关的 IoC 容器，而主要介绍一个基于注解的 IoC 容器，它就是 AnnotationConfigApplicationContext，从名称就可以看出它是一个基于注解的 IoC 容器。之所以研究它，是因为 Spring Boot 装配和获取 Bean 的方法与它如出一辙。

　　下面来看一个最为简单的例子。首先定义一个 Java 简单对象（Plain Ordinary Java Object，POJO）文件 User.java，如代码清单 3-2 所示。

代码清单 3-2　User.java

```
package com.springboot.chapter3.pojo;

public class User {
```

```
    private Long id;
    private String userName;
    private String note;

    /**setter and getter **/
}
```

然后再定义一个 Java 配置文件 AppConfig.java，如代码清单 3-3 所示。

代码清单 3-3　定义 Java 配置文件

```
package com.springboot.chapter3.config;
import org.springframework.context.annotation.Bean;
import org.springframework.context.annotation.Configuration;
import com.springboot.chapter3.pojo.User;

@Configuration
public class AppConfig {
    @Bean(name = "user")
    public User initUser() {
        User user = new User();
        user.setId(1L);
        user.setUserName("user_name_1");
        user.setNote("note_1");
        return user;
    }
}
```

这里需要注意加粗的注解。@Configuration 代表这是一个 Java 配置文件，Spring 的容器会根据它来生成 IoC 容器去装配 Bean；@Bean 代表将 initUser 方法返回的 POJO 装配到 IoC 容器中，而其属性 name 定义这个 Bean 的名称，如果没有配置它，则将方法名称 "initUser" 作为 Bean 的名称保存到 Spring IoC 容器中。

做好了这些，就可以使用 AnnotationConfigApplicationContext 来构建自己的 IoC 容器，如代码清单 3-4 所示。

代码清单 3-4　使用 AnnotationConfigApplicationContext

```
package com.springboot.chapter3.config;
import org.apache.log4j.Logger;
import org.springframework.context.ApplicationContext;
import org.springframework.context.annotation.AnnotationConfigApplicationContext;
import com.springboot.chapter3.pojo.User;
public class IoCTest {
    private static Logger log = Logger.getLogger(IoCTest.class);
    public static void main(String[] args) {
        ApplicationContext ctx
            = new AnnotationConfigApplicationContext(AppConfig.class);
        User user = ctx.getBean(User.class);
        log.info(user.getId());
    }
}
```

代码中将 Java 配置文件 AppConfig 传递给 AnnotationConfigApplicationContext 的构造方法，这样它就能够读取配置了。然后将配置里面的 Bean 装配到 IoC 容器中，于是可以使用 getBean 方法获取对应的 POJO，你可以看到下面的日志打印：

```
......
    14:53:03.017 [main] DEBUG org.springframework.core.env.PropertySourcesPropertyResolver -
Could not find key 'spring.liveBeansView.mbeanDomain' in any property source
    14:53:03.018 [main] DEBUG org.springframework.beans.factory.support.DefaultListableBe
anFactory - Returning cached instance of singleton bean 'user'
    14:53:03.018 [main] INFO com.springboot.chapter3.config.IoCTest - 1
```

显然,配置在配置文件中的名称为 user 的 Bean 已经被装配到 IoC 容器中,并且可以通过 getBean
方法获取对应的 Bean,并将 Bean 的属性信息输出出来。当然这只是很简单的方法,而注解@Bean
也不是唯一创建 Bean 的方法,还有其他的方法可以让 IoC 容器装配 Bean,而且 Bean 之间还有依赖
的关系需要进一步处理。这是本章后面章节的主要内容了。

3.2 装配你的 Bean

Spring 允许通过 XML 或者 Java 配置文件装配 Bean,但是由于 Spring Boot 是基于注解的方式,
因此下面主要基于注解的方式来介绍 Spring 的用法,以满足 Spring Boot 开发者的需要。

3.2.1 通过扫描装配你的 Bean

如果 Bean 使用注解@Bean 一个个地注入 Spring IoC 容器中,那将是一件很麻烦的事情。好在
Spring 还允许我们进行扫描装配 Bean 到 IoC 容器中,对于扫描装配而言使用的注解是@Component
和@ComponentScan。@Component 是标明哪个类被扫描进入 Spring IoC 容器,而@ComponentScan
则是标明采用何种策略去扫描装配 Bean。

这里我们首先把代码清单 3-2 中的 User.java 移到包 com.springboot.chapter3.config 内,然后对其
进行修改,如代码清单 3-5 所示。

代码清单 3-5　加入注解@Component

```java
package com.springboot.chapter3.config;

@Component("user")
public class User {

    @Value("1")
    private Long id;
    @Value("user_name_1")
    private String userName;
    @Value("note_1")
    private String note;

    /**setter and getter **/
}
```

这里的注解@Component 表明这个类将被 Spring IoC 容器扫描装配,其中配置的 "user" 则是作为
Bean 的名称,当然你也可以不配置这个字符串,那么 IoC 容器就会把类名第一个字母作为小写,其他
不变作为 Bean 名称放入到 IoC 容器中;注解@Value 则是指定具体的值,使得 Spring IoC 给予对应的
属性注入对应的值。为了让 Spring IoC 容器装配这个类,需要改造类 AppConfig,如代码清单 3-6 所示。

代码清单 3-6　加入注解@ComponentScan

```java
package com.springboot.chapter3.config;
import org.springframework.context.annotation.ComponentScan;
```

```
import org.springframework.context.annotation.Configuration;

@Configuration
@ComponentScan
public class AppConfig {
}
```

这里加入了@ComponentScan，意味着它会进行扫描，但是它只会扫描类 AppConfig 所在的当前包和其子包，之前把 User.java 移到包 com.springboot.chapter3.config 就是这个原因。这样就可以删掉之前使用@Bean 标注的创建对象方法。然后进行测试，测试代码如代码清单 3-7 所示。

代码清单 3-7　测试扫描

```
ApplicationContext ctx
    = new AnnotationConfigApplicationContext(AppConfig.class);
User user = ctx.getBean(User.class);
log.info(user.getId());
```

这样就能够运行了。然而为了使得 User 类能够被扫描，上面我们把它迁移到了本不该放置它的配置包，这样显然就不太合理了。为了更加合理，@ComponentScan 还允许我们自定义扫描的包。下面探讨它的配置项。

首先探讨@ComponentScan 的源码，如代码清单 3-8 所示。

代码清单 3-8　ComponentScan 源码

```
package org.springframework.context.annotation;

/**imports**/
@Retention(RetentionPolicy.RUNTIME)
@Target(ElementType.TYPE)
@Documented
// 在一个类中可重复定义
@Repeatable(ComponentScans.class)
public @interface ComponentScan {

    // 定义扫描的包
    @AliasFor("basePackages")
    String[] value() default {};

    // 定义扫描的包
    @AliasFor("value")
    String[] basePackages() default {};

    // 定义扫描的类
    Class<?>[] basePackageClasses() default {};

    // Bean name 生成器
    Class<? extends BeanNameGenerator> nameGenerator()
        default BeanNameGenerator.class;

    // 作用域解析器
    Class<? extends ScopeMetadataResolver> scopeResolver()
        default AnnotationScopeMetadataResolver.class;

    // 作用域代理模式
    ScopedProxyMode scopedProxy() default ScopedProxyMode.DEFAULT;
```

```
    // 资源匹配模式
    String resourcePattern() default
        ClassPathScanningCandidateComponentProvider.DEFAULT_RESOURCE_PATTERN;

    // 是否启用默认的过滤器
    boolean useDefaultFilters() default true;

    // 当满足过滤器的条件时扫描
    Filter[] includeFilters() default {};

    // 当不满足过滤器的条件时扫描
    Filter[] excludeFilters() default {};

    // 是否延迟初始化
    boolean lazyInit() default false;

    // 定义过滤器
    @Retention(RetentionPolicy.RUNTIME)
    @Target({})
    @interface Filter {
        // 过滤器类型，可以按注解类型或者正则式等过滤
        FilterType type() default FilterType.ANNOTATION;

        // 定义过滤的类
        @AliasFor("classes")
        Class<?>[] value() default {};

        // 定义过滤的类
        @AliasFor("value")
        Class<?>[] classes() default {};

        // 匹配方式
        String[] pattern() default {};
    }
}
```

上面加粗的代码是最常用的配置项，需要了解它们的使用方法。首先可以通过配置项 basePackages 定义扫描的包名，在没有定义的情况下，它只会扫描当前包和其子包下的路径；还可以通过 basePackageClasses 定义扫描的类；其中还有 includeFilters 和 excludeFilters，includeFilters 是定义满足过滤器（Filter）条件的 Bean 才去扫描，excludeFilters 则是排除过滤器条件的 Bean，它们都需要通过一个注解@Filter 去定义，它有一个 type 类型，这里可以定义为注解或者正则式等类型。classes 定义注解类，pattern 定义正则式类。

此时我们再把 User 类放到包 com.springboot.chapter3.pojo 中，这样 User 和 AppConfig 就不再同包，那么我们把 AppConfig 中的注解修改为：

```
@ComponentScan("com.springboot.chapter3.*")
```

或

```
@ComponentScan(basePackages = {"com.springboot.chapter3.pojo"})
```

或

```
@ComponentScan(basePackageClasses = {User.class})
```

无论采用何种方式都能够使得 IoC 容器去扫描 User 类，而包名可以采用正则式去匹配。但是有时候我们的需求是想扫描一些包，将一些 Bean 装配到 Spring IoC 容器中，而不是想加载这个包里面的某些 Bean。比方说，现在我们有一个 UserService 类，为了标注它为服务类，将类标注@Service（该标准注入了@Component，所以在默认的情况下它会被 Spring 扫描装配到 IoC 容器中），这里再假设我们采用了策略：

```
@ComponentScan("com.springboot.chapter3.*")
```

这样对于 com.springboot.chapter3.service 和 com.springboot.chapter3.pojo，这两个包都会被扫描，此时我们定义 UserService 类如代码清单 3-9 所示。

代码清单 3-9 UserService 类

```java
package com.springboot.chapter3.service;
import org.springframework.stereotype.Service;
import com.springboot.chapter3.pojo.User;
@Service
public class UserService {

    public void printUser(User user) {
        System.out.println("编号:" + user.getId());
        System.out.println("用户名称:" + user.getUserName());
        System.out.println("备注:" + user.getNote());
    }
}
```

按以上的装配策略，它将会被扫描到 Spring IoC 容器中。为了不被装配，需要把扫描的策略修改为：

```
@ComponentScan(basePackages = "com.springboot.chapter3.*",
    excludeFilters = {@Filter(classes = {UserService.class})})
```

这样，由于加入了 excludeFilters 的配置，使标注了@Service 的类将不被 IoC 容器扫描注入，这样就可以把 UserService 类排除到 Spring IoC 容器中了。事实上，之前在 Spring Boot 上述实例中看到的注解@SpringBootApplication 也注入了@ComponentScan，这里不妨探索其源码，如代码清单 3-10 所示。

代码清单 3-10 SpringBootApplication 源码

```java
package org.springframework.boot.autoconfigure;
/**imports**/
@Target(ElementType.TYPE)
@Retention(RetentionPolicy.RUNTIME)
@Documented
@Inherited
@SpringBootConfiguration
@EnableAutoConfiguration
// 自定义排除的扫描类
@ComponentScan(excludeFilters = {
        @Filter(type = FilterType.CUSTOM, classes = TypeExcludeFilter.class),
        @Filter(type = FilterType.CUSTOM, classes = AutoConfigurationExcludeFilter.class) })
public @interface SpringBootApplication {
```

```java
    // 通过类型排除自动配置类
    @AliasFor(annotation = EnableAutoConfiguration.class, attribute = "exclude")
    Class<?>[] exclude() default {};

    // 通过名称排除自动配置类
    @AliasFor(annotation = EnableAutoConfiguration.class, attribute = "excludeName")
    String[] excludeName() default {};

    // 定义扫描包
    @AliasFor(annotation = ComponentScan.class, attribute = "basePackages")
    String[] scanBasePackages() default {};

    // 定义被扫描的类
    @AliasFor(annotation = ComponentScan.class, attribute = "basePackageClasses")
    Class<?>[] scanBasePackageClasses() default {};

}
```

显然，通过它就能够定义扫描哪些包。但是这里需要特别注意的是，它提供的 exclude 和 excludeName 两个方法是对于其内部的自动配置类才会生效的。为了能够排除其他类，还可以再加入@ComponentScan 以达到我们的目的。例如，扫描 User 而不扫描 UserService，可以把启动配置文件写成：

```java
@SpringBootApplication
@ComponentScan(basePackages = {"com.springboot.chapter3"},
    excludeFilters = {@Filter(classes = Service.class)})
```

这样就能扫描指定对应的包并排除对应的类了。

3.2.2 自定义第三方 Bean

现实的 Java 的应用往往需要引入许多来自第三方的包，并且很有可能希望把第三方包的类对象也放入到 Spring IoC 容器中，这时@Bean 注解就可以发挥作用了。

例如，要引入一个 DBCP 数据源，我们先在 pom.xml 上加入项目所需要 DBCP 包和数据库 MySQL 驱动程序的依赖，如代码清单 3-11 所示。

代码清单 3-11　定义 DBCP 数据源

```xml
<dependency>
    <groupId>org.apache.commons</groupId>
    <artifactId>commons-dbcp2</artifactId>
</dependency>
<dependency>
    <groupId>mysql</groupId>
    <artifactId>mysql-connector-java</artifactId>
</dependency>
```

这样 DBCP 和数据库驱动就被加入到了项目中，接着将使用它提供的机制来生成数据源。这时候，可以把代码清单 3-12 中的代码放置到 AppConfig.java 中。

代码清单 3-12　使用 DBCP 生成数据源

```java
@Bean(name = "dataSource")
public DataSource getDataSource() {
    Properties props = new Properties();
```

```
    props.setProperty("driver", "com.mysql.jdbc.Driver");
    props.setProperty("url", "jdbc:mysql://localhost:3306/chapter3");
    props.setProperty("username", "root");
    props.setProperty("password", "123456");
    DataSource dataSource = null;
    try {
        dataSource = BasicDataSourceFactory.createDataSource(props);
    } catch (Exception e) {
        e.printStackTrace();
    }
    return dataSource;
}
```

这里通过@Bean 定义了其配置项 name 为"dataSource"，那么 Spring 就会把它返回的对象用名称"dataSource"保存在 IoC 容器中。当然，你也可以不填写这个名称，那么它就会用你的方法名称作为 Bean 名称保存到 IoC 容器中。通过这样，就可以将第三方包的类装配到 Spring IoC 容器中了。

3.3 依赖注入

本章的开始讲述了 Spring IoC 的两个作用，上一节只讨论了如何将 Bean 装配到 IoC 容器中，对于如何进行获取，还有一个作用没有谈及，那就是 Bean 之间的依赖，在 Spring IoC 的概念中，我们称之为依赖注入（Dependency Injection，DI）。

例如，人类（Person）有时候利用一些动物（Animal）去完成一些事情，比方说狗（Dog）是用来看门的，猫（Cat）是用来抓老鼠的，鹦鹉（Parrot）是用来迎客的……于是做一些事情就依赖于那些可爱的动物了，如图 3-2 所示。

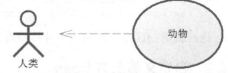

图 3-2 人类依赖于动物

为了更好地展现这个过程，首先来定义两个接口，一个是人类（Person），另外一个是动物（Animal）。人类是通过动物去提供一些特殊服务的，如代码清单 3-13 所示。

代码清单 3-13 定义人类和动物接口

```
/********人类接口********/
package com.springboot.chapter3.pojo.definition;

public interface Person {

    // 使用动物服务
    public void service();

    // 设置动物
    public void setAnimal(Animal animal);

}

/******** 动物接口 ********/
package com.springboot.chapter3.pojo.definition;

public interface Animal {
    public void use();
}
```

这样我们就拥有了两个接口。接下来我们需要两个实现类，如代码清单 3-14 所示。

代码清单 3-14　两个实现类

```
/********人类实现类********/
package com.springboot.chapter3.pojo;

import org.springframework.beans.factory.annotation.Autowired;
import org.springframework.stereotype.Component;
import com.springboot.chapter3.pojo.definition.Animal;
import com.springboot.chapter3.pojo.definition.Person;

@Component
public class BussinessPerson implements Person {

    @Autowired
    private Animal animal = null;

    @Override
    public void service() {
        this.animal.use();
    }

    @Override
    public void setAnimal(Animal animal) {
        this.animal = animal;
    }

}

/********狗，动物的实现类********/
package com.springboot.chapter3.pojo;
import org.springframework.stereotype.Component;
import com.springboot.chapter3.pojo.definition.Animal;
@Component
public class Dog implements Animal {

    @Override
    public void use() {
        System.out.println("狗【" + Dog.class.getSimpleName()+"】是看门用的。");
    }
}
```

这里应注意加粗的注解@Autowired，这也是我们在 Spring 中最常用的注解之一，十分重要，它会根据属性的类型（by type）找到对应的 Bean 进行注入。狗是动物的一种，所以 Spring IoC 容器会把 Dog 的实例注入 BussinessPerson 中。这样通过 Spring IoC 容器获取 BussinessPerson 实例的时候就能够使用 Dog 实例来提供服务了，下面是测试的代码。

```
ApplicationContext ctx = new AnnotationConfigApplicationContext(AppConfig.class);
Person person = ctx.getBean(BussinessPerson.class);
person.service();
```

测试一下，就可以得到下面的日志：

......
13:44:15.040 [main] DEBUG org.springframework.beans.factory.support.DefaultListable
BeanFactory - Returning cached instance of singleton bean 'bussinessPerson'
狗【Dog】是看门用的。

显然，测试是成功的，这个时候 Spring IoC 容器已经通过注解@Autowired 成功地将 Dog 注入到了 BusssinessPerson 实例中。但是这只是一个比较简单的例子，我们有必要继续探讨@Autowired。

3.3.1 注解@Autowired

@Autowired 是我们使用得最多的注解之一，因此在这里需要进一步地探讨它。它注入的机制最基本的一条是根据类型（by type），我们回顾 IoC 容器的顶级接口 BeanFactory，就可以知道 IoC 容器是通过 getBean 方法获取对应 Bean 的，而 getBean 又支持根据类型（by type）或者根据名称（by name）。再回到上面的例子，我们只是创建了一个动物——狗，而实际上动物还可以有猫（Cat），猫可以为我们抓老鼠，于是我们又创建了一个猫的类，如代码清单 3-15 所示。

代码清单 3-15　猫类
```
package com.springboot.chapter3.pojo;
import org.springframework.stereotype.Component;
import com.springboot.chapter3.pojo.definition.Animal;
@Component
public class Cat implements Animal {
    @Override
    public void use() {
        System.out.println("猫【" + Cat.class.getSimpleName()+"】是抓老鼠。");
    }
}
```

好了，如果我们还使用着代码清单 3-14 中的 BussinessPerson 类，那么麻烦来了，因为这个类只是定义了一个动物属性（Animal），而我们却有两个动物，一个狗，一个猫，Spring IoC 如何注入呢？如果你还进行测试，很快你就可以看到 IoC 容器抛出异常，如下面的日志所示：

```
Caused by: org.springframework.beans.factory.NoUniqueBeanDefinitionException: No
qualifying bean of type 'com.springboot.chapter3.pojo.definition.Animal' available:
expected single matching bean but found 2: cat,dog
    at org.springframework.beans.factory.config.DependencyDescriptor.resolveNotUnique
    (DependencyDescriptor.java:173)
    at org.springframework.beans.factory.support.DefaultListableBeanFactory.
    doResolveDependency(DefaultListableBeanFactory.java:1116)
    at org.springframework.beans.factory.support.DefaultListableBeanFactory.
    resolveDependency(DefaultListableBeanFactory.java:1066)
    at org.springframework.beans.factory.annotation.AutowiredAnnotationBeanPost
    Processor$AutowiredFieldElement.inject(AutowiredAnnotationBeanPostProcessor.java:585)
    ... 14 more
```

从加粗的日志可以看出，Spring IoC 容器并不能知道你需要注入什么动物（是狗？是猫？）给 BussinessPerson 类对象，从而引起错误的发生。那么使用@Autowired 能处理这个问题吗？答案是肯定的。假设我们目前需要的是狗提供服务，那么可以把属性名称转化为 dog，也就是原来的

```
@Autowired
private Animal animal = null;
```

修改为

```
@Autowired
private Animal dog = null;
```

这里，我们只是将属性的名称从 animal 修改为了 dog，那么我们再测试的时候，你可以看到是采用狗来提供服务的。那是因为@Autowired 提供这样的规则，首先它会根据类型找到对应的 Bean，如果对应类型的 Bean 不是唯一的，那么它会根据其属性名称和 Bean 的名称进行匹配。如果匹配得上，就会使用该 Bean；如果还无法匹配，就会抛出异常。

这里还要注意的是@Autowired 是一个默认必须找到对应 Bean 的注解，如果不能确定其标注属性一定会存在并且允许这个被标注的属性为 null，那么你可以配置@Autowired 属性 required 为 false，例如，像下面一样：

```
@Autowired(required = false)
```

同样，它除了可以标注属性外，还可以标注方法，如 setAnimal 方法，如下所示：

```
@Override
@Autowired
public void setAnimal(Animal animal) {
    this.animal = animal;
}
```

这样它也会使用 setAnimal 方法从 IoC 容器中找到对应的动物进行注入，甚至我们还可以使用在方法的参数上，后面会再谈到它。

3.3.2　消除歧义性——@Primary 和@Qualifier

在上面我们发现有猫有狗的时候，为了使@Autowired 能够继续使用，我们做了一个决定，将 BussinessPerson 的属性名称从 animal 修改为 dog。显然这是一个憋屈的做法，好好的一个动物，却被我们定义为了狗。产生注入失败的问题根本是按类型（by type）查找，正如动物可以有多种类型，这样会造成 Spring IoC 容器注入的困扰，我们把这样的一个问题称为歧义性。知道这个原因后，那么这两个注解是从哪个角度去解决这些问题的呢？这是本节要解决的问题。

首先是一个注解@Primary，它是一个修改优先权的注解，当我们有猫有狗的时候，假设这次需要使用猫，那么只需要在猫类的定义上加入@Primary 就可以了，类似下面这样：

```
......
@Component
@Primary
public class Cat implements Animal {
    ......
}
```

这里的@Primary 的含义告诉 Spring IoC 容器，当发现有多个同样类型的 Bean 时，请优先使用我进行注入，于是再进行测试时会发现，系统将用猫为你提供服务。因为当 Spring 进行注入的时候虽然它发现存在多个动物，但因为 Cat 被标注为了@Primary，所以优先采用 Cat 的实例进行了注入，这样就通过优先级的变换使得 IoC 容器知道注入哪个具体的实例来满足依赖注入。

然后，有时候@Primary 也可以使用在多个类上，也许无论是猫还是狗都可能带上@Primary 注解,其结果是 IoC 容器还是无法区分采用哪个 Bean 的实例进行注入,又或者说我们需要更加灵活的机制来实现注入,那么@Qualifier 可以满足你的这个愿望。它的配置项 value 需要一个字符串去定义,它将与@Autowired 组合在一起,通过类型和名称一起找到 Bean。我们知道 Bean 名称在 Spring IoC 容器中是唯一的标识,通过这个就可以消除歧义性了。此时你是否想起了 BeanFactory 接口中的这个方法呢?

```
<T> T getBean(String name, Class<T> requiredType) throws BeansException;
```

通过它就能够按照名称和类型的结合找到对象了。下面假设猫已经标注了@Primary,而我们需要的是狗提供服务,因此需要修改 BussinessPerson 属性 animal 的标注以适合我们的需要,如下所示:

```
@Autowired
@Qualifier("dog")
private Animal animal = null;
```

一旦这样声明,Spring IoC 将会以类型和名称去寻找对应的 Bean 进行注入。根据类型和名称,显然也只能找到狗为我们服务了。

3.3.3 带有参数的构造方法类的装配

在上面,我们都基于一个默认的情况,那就是不带参数的构造方法下实现依赖注入。但事实上,有些类只有带有参数的构造方法,于是上述的方法都不能再使用了。为了满足这个功能,我们可以使用@Autowired 注解对构造方法的参数进行注入,例如,修改类 BussinessPerson 来满足这个功能,如代码清单 3-16 所示。

代码清单 3-16 带有参数的构造方法
```
package com.springboot.chapter3.pojo;
/******** imports ********/
@Component
public class BussinessPerson implements Person {

    private Animal animal = null;

    public BussinessPerson(@Autowired @Qualifier("dog") Animal animal) {
        this.animal = animal;
    }

    @Override
    public void service() {
        this.animal.use();
    }

    @Override
    public void setAnimal(Animal animal) {
        this.animal = animal;
    }

}
```

可以看到,代码中取消了@Autowired 对属性和方法的标注。注意加粗的代码,在参数上加入了@Autowired 和@Qualifier 注解,使得它能够注入进来。这里使用@Qualifier 是为了避免歧义性。当然,如果你的环境中不是有猫有狗，则可以完全不使用@Qualifier，而单单使用@Autowired 就可以了。

3.4 生命周期

上面我们只是关心如何正确地将 Bean 装配到 IoC 容器中，而没有关心 IoC 容器如何装配和销毁 Bean 的过程。有时候我们也需要自定义初始化或者销毁 Bean 的过程，以满足一些 Bean 特殊初始化和销毁的要求，例如，代码清单 3-12 中的数据源，我们希望在其关闭的时候调用其 close 方法，以释放数据库的连接资源，这是在项目使用过程中很常见的要求。为了解决这些问题，我们有必要了解 Spring IoC 初始化和销毁 Bean 的过程，这便是 Bean 的生命周期的过程，它大致分为 Bean 定义、Bean 的初始化、Bean 的生存期和 Bean 的销毁 4 个部分。其中 Bean 定义过程大致如下。

- Spring 通过我们的配置，如@ComponentScan 定义的扫描路径去找到带有@Component 的类，这个过程就是一个资源定位的过程。
- 一旦找到了资源，那么它就开始解析，并且将定义的信息保存起来。注意，此时还没有初始化 Bean，也就没有 Bean 的实例，它有的仅仅是 Bean 的定义。
- 然后就会把 Bean 定义发布到 Spring IoC 容器中。此时，IoC 容器也只有 Bean 的定义，还是没有 Bean 的实例生成。

完成了这 3 步只是一个资源定位并将 Bean 的定义发布到 IoC 容器的过程，还没有 Bean 实例的生成，更没有完成依赖注入。在默认的情况下，Spring 会继续去完成 Bean 的实例化和依赖注入，这样从 IoC 容器中就可以得到一个依赖注入完成的 Bean。但是，有些 Bean 会受到变化因素的影响，这时我们倒希望是取出 Bean 的时候完成初始化和依赖注入，换句话说就是让那些 Bean 只是将定义发布到 IoC 容器而不做实例化和依赖注入，当我们取出来的时候才做初始化和依赖注入等操作。

下面我们先来了解 Spring Bean 的初始化流程，其流程如图 3-3 所示。

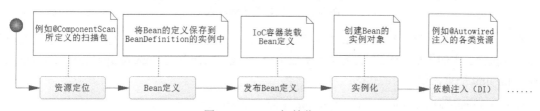

图 3-3　Spring 初始化 Bean

ComponentScan 中还有一个配置项 lazyInit，只可以配置 Boolean 值，且默认值为 false，也就是默认不进行延迟初始化，因此在默认的情况下 Spring 会对 Bean 进行实例化和依赖注入对应的属性值。为了进行测试，先改造 BussinessPerson，如代码清单 3-17 所示。

代码清单 3-17　改造 BussinessPerson

```
package com.springboot.chapter3.pojo;
/******** imports ********/
@Component
public class BussinessPerson implements Person {

    private Animal animal = null;
```

```
@Override
public void service() {
    this.animal.use();
}

@Override
@Autowired @Qualifier("dog")
public void setAnimal(Animal animal) {
    System.out.println("延迟依赖注入");
    this.animal = animal;
}

}
```

然后我们在没有配置 lazyInit 的情况下进行断点测试。图 3-4 是我进行的测试。

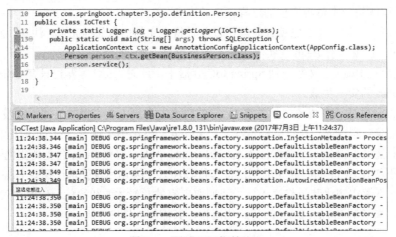

图 3-4　测试延迟依赖注入

在断点处，我们并没有获取 Bean 的实例，而日志就已经打出了，可见它是在 Spring IoC 容器初始化时就执行了实例化和依赖注入。为了改变这个情况，我们在配置类 AppConfig 的@ComponentScan 中加入 lazyInit 配置，如下面的代码：

```
@ComponentScan(basePackages = "com.springboot.chapter3.*", lazyInit = true)
```

然后进行测试，就可以发现在断点处"延迟依赖注入"这行并不会出现在日志中，只有运行过断点处才会出现这行日志，这是因为我们把它修改为了延迟初始化，Spring 并不会在发布 Bean 定义后马上为我们完成实例化和依赖注入。

如果仅仅是实例化和依赖注入还是比较简单的，还不能完成进行自定义的要求。为了完成依赖注入的功能，Spring 在完成依赖注入之后，还提供了一系列的接口和配置来完成 Bean 初始化的过程，让我们学习这个过程。Spring 在完成依赖注入后，还会进行如图 3-5 所示流程来完成它的生命周期。

图中描述的是整个 IoC 容器初始化 Bean 的流程，作为开发者，需要注意这些流程。除此之外，还需要注意以下两点。

- 这些接口和方法是针对什么而言的。对于图 3-5，在没有注释的情况下的流程节点都是针对单个 Bean 而言的,但是 BeanPostProcessor 是针对所有 Bean 而言的,这是我们需要注意的地方。

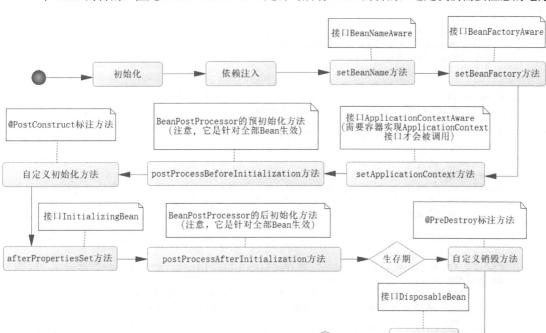

图 3-5 Spring Bean 的生命周期

- 即使你定义了 ApplicationContextAware 接口,但是有时候并不会调用,这要根据你的 IoC 容器来决定。我们知道,Spring IoC 容器最低的要求是实现 BeanFactory 接口,而不是实现 ApplicationContext 接口。对于那些没有实现 ApplicationContext 接口的容器,在生命周期对应的 ApplicationContextAware 定义的方法也是不会被调用的,只有实现了 ApplicationContext 接口的容器,才会在生命周期调用 ApplicationContextAware 所定义的 setApplicationContext 方法。

为了测试生命周期,先来改造类 BussinessPerson,如代码清单 3-18 所示。

代码清单 3-18 加入生命周期接口和自定义

```java
package com.springboot.chapter3.pojo;
/******** imports ********/
@Component
public class BussinessPerson implements Person, BeanNameAware,
  BeanFactoryAware, ApplicationContextAware, InitializingBean, DisposableBean {

    private Animal animal = null;

    @Override
    public void service() {
        this.animal.use();
    }
}
```

```
@Override
@Autowired
@Qualifier("dog")
public void setAnimal(Animal animal) {
    System.out.println("延迟依赖注入");
    this.animal = animal;
}

@Override
public void setBeanName(String beanName) {
    System.out.println("【" + this.getClass().getSimpleName()
        + "】调用 BeanNameAware 的 setBeanName");
}

@Override
public void setBeanFactory(BeanFactory beanFactory) throws BeansException {
    System.out.println("【" + this.getClass().getSimpleName()
        + "】调用 BeanFactoryAware 的 setBeanFactory");
}

@Override
public void setApplicationContext(ApplicationContext applicationContext) throws
BeansException {
    System.out.println("【" + this.getClass().getSimpleName()
        + "】调用 ApplicationContextAware 的 setApplicationContext");

}

@Override
public void afterPropertiesSet() throws Exception {
    System.out.println("【" + this.getClass().getSimpleName()
        + "】调用 InitializingBean 的 afterPropertiesSet 方法");
}

@PostConstruct
public void init() {
    System.out.println("【" + this.getClass().getSimpleName()
        + "】注解@PostConstruct 定义的自定义初始化方法");
}

@PreDestroy
public void destroy1() {
    System.out.println("【" + this.getClass().getSimpleName()
        + "】注解@PreDestroy 定义的自定义销毁方法");
}

@Override
public void destroy() throws Exception {
    System.out.println("【" + this.getClass().getSimpleName()
        + "】 DisposableBean 方法");
}

}
}
```

这样，这个 Bean 就实现了生命周期中单个 Bean 可以实现的所有接口，并且通过注解
@PostConstruct 定义了初始化方法，通过注解@PreDestroy 定义了销毁方法。为了测试 Bean 的后置

处理器，这里创建一个类 BeanPostProcessorExample，如代码清单 3-19 所示。

代码清单 3-19 后置 Bean 初始化器

```
package com.springboot.chapter3.life;
/******** imports ********/
@Component
public class BeanPostProcessorExample implements BeanPostProcessor {

    @Override
    public Object postProcessBeforeInitialization(Object bean, String beanName) throws
BeansException {
        System.out.println("BeanPostProcessor 调用"
                + "postProcessBeforeInitialization 方法，参数【"
                + bean.getClass().getSimpleName() + "】【" + beanName + "】 ");
        return bean;
    }

    @Override
    public Object postProcessAfterInitialization(Object bean, String beanName)
throws BeansException {
        System.out.println("BeanPostProcessor 调用"
                + "postProcessAfterInitialization 方法，参数【"
                + bean.getClass().getSimpleName() + "】【" + beanName + "】 ");
        return bean;
    }
}
```

注意，这个 Bean 后置处理器将对所有的 Bean 有效。然后我们就可以用代码清单 3-20 进行测试。

代码清单 3-20 测试 Bean 的生命周期

```
AnnotationConfigApplicationContext ctx
    = new AnnotationConfigApplicationContext(AppConfig.class);
// 关闭 IoC 容器
ctx.close();
```

然后我们观察日志，就可以得到如下日志：

```
INFO 2017-07-03 14:19:15,597 org.springframework.context.support.AbstractApplication
Context: Refreshing org.springframework.context.annotation.AnnotationConfigApplication
Context@68f7aae2: startup date [Mon Jul 03 14:19:15 CST 2017]; root of context hierarchy
 BeanPostProcessor 调用 postProcessBeforeInitialization 方法，参数【EventListenerMethodProcessor】
【org.springframework.context.event.internalEventListenerProcessor】
BeanPostProcessor 调用 postProcessAfterInitialization 方法，参数【EventListenerMethodProcessor】
【org.springframework.context.event.internalEventListenerProcessor】
BeanPostProcessor 调用 postProcessBeforeInitialization 方法，参数【DefaultEventListenerFactory】
【org.springframework.context.event.internalEventListenerFactory】
BeanPostProcessor 调用 postProcessAfterInitialization 方法，参数【DefaultEventListenerFactory】
【org.springframework.context.event.internalEventListenerFactory】
BeanPostProcessor 调用 postProcessBeforeInitialization 方法，参数【AppConfig$$Enhancer
BySpringCGLIB$$dd94895e】【appConfig】
BeanPostProcessor 调用 postProcessAfterInitialization 方法，参数【AppConfig$$Enhancer
BySpringCGLIB$$dd94895e】【appConfig】
BeanPostProcessor 调用 postProcessBeforeInitialization 方法，参数【Dog】【dog】
BeanPostProcessor 调用 postProcessAfterInitialization 方法，参数【Dog】【dog】
延迟依赖注入
【BussinessPerson】调用 BeanNameAware 的 setBeanName
```

```
【BussinessPerson】调用 BeanFactoryAware 的 setBeanFactory
【BussinessPerson】调用 ApplicationContextAware 的 setApplicationContext
BeanPostProcessor 调用 postProcessBeforeInitialization 方法, 参数【BussinessPerson】
【bussinessPerson】
【BussinessPerson】注解@PostConstruct 定义的自定义初始化方法
【BussinessPerson】调用 InitializingBean 的 afterPropertiesSet 方法
BeanPostProcessor 调用 postProcessAfterInitialization 方法, 参数【BussinessPerson】
【bussinessPerson】
BeanPostProcessor 调用 postProcessBeforeInitialization 方法, 参数【Cat】【cat】
BeanPostProcessor 调用 postProcessAfterInitialization 方法, 参数【Cat】【cat】
BeanPostProcessor 调用 postProcessBeforeInitialization 方法, 参数【User】【user】
BeanPostProcessor 调用 postProcessAfterInitialization 方法, 参数【User】【user】
BeanPostProcessor 调用 postProcessBeforeInitialization 方法, 参数【UserService】【userService】
BeanPostProcessor 调用 postProcessAfterInitialization 方法, 参数【UserService】【userService】
 INFO 2017-07-03 14:19:15,787 org.springframework.context.support.AbstractApplication
Context: Closing org.springframework.context.annotation.AnnotationConfigApplication
Context@68f7aae2: startup date [Mon Jul 03 14:19:15 CST 2017]; root of context hierarchy
【BussinessPerson】注解@PreDestroy 定义的自定义销毁方法
【BussinessPerson】 DisposableBean 方法
```

从日志可以看出, 对于 Bean 后置处理器 (BeanPostProcessor) 而言, 它对所有的 Bean 都起作用, 而其他的接口则是对于单个 Bean 起作用。我们还可以注意到 BussinessPerson 执行的流程是图 3-5 所画出的流程。有时候 Bean 的定义可能使用的是第三方的类, 此时可以使用注解@Bean 来配置自定义初始化和销毁方法, 如下所示:

```
@Bean(initMethod ="init", destroyMethod = "destroy" )
```

3.5 使用属性文件

当今 Java 开发使用属性文件已经十分普遍, 所以这里谈谈这方面的内容。在 Spring Boot 中使用属性文件, 可以采用其默认为我们准备的 application.properties, 也可以使用自定义的配置文件。应该说读取配置文件的方法很多, 这里没有必要面面俱到地介绍每一个细节, 只是介绍那些最常用的方法。

在 Spring Boot 中, 我们先在 Maven 配置文件中加载依赖, 如代码清单 3-21 所示, 这样 Spring Boot 将创建读取属性文件的上下文。

代码清单 3-21 属性文件依赖

```
<dependency>
    <groupId>org.springframework.boot</groupId>
    <artifactId>spring-boot-configuration-processor</artifactId>
    <optional>true</optional>
</dependency>
```

有了依赖, 就可以直接使用 application.properties 文件为你工作了, 例如, 现在为它新增代码清单 3-22 所示的属性。

代码清单 3-22 配置属性

```
database.driverName=com.mysql.jdbc.Driver
database.url=jdbc:mysql://localhost:3306/chapter3
database.username=root
database.password=123456
```

这是 Spring Boot 默认的文件, 它会通过其机制读取到上下文中, 这样可以引用它了。对于它的引用，有两种方法，首先是用 Spring 表达式。本节我们只限于读取属性而不涉及运算。关于其运算，后面再谈及。我们先创建一个新的类 DataBaseProperties，如代码清单 3-23 所示。

代码清单 3-23　使用属性配置

```java
package com.springboot.chapter3.pojo;
/******** imports ********/
@Component
public class DataBaseProperties {
    @Value("${database.driverName}")
    private String driverName = null;

    @Value("${database.url}")
    private String url = null;

    private String username = null;

    private String password = null;

    public void setDriverName(String driverName) {
        System.out.println(driverName);
        this.driverName = driverName;
    }

    public void setUrl(String url) {
        System.out.println(url);
        this.url = url;
    }

    @Value("${database.username}")
    public void setUsername(String username) {
        System.out.println(username);
        this.username = username;
    }

    @Value("${database.password}")
    public void setPassword(String password) {
        System.out.println(password);
        this.password = password;
    }
    /**** getters ****/
}
```

这样我们就可以通过@Value 注解，使用${......}这样的占位符读取配置在属性文件的内容。这里的@Value 注解，既可以加载属性，也可以加在方法上，启动 Spring Boot 就可以看到下面的日志了：

```
......
2017-07-05 10:51:46.473  INFO 14340 --- [ost-startStop-1] o.s.b.w.servlet.
FilterRegistrationBean   : Mapping filter: 'requestContextFilter' to: [/*]
root
123456
2017-07-05 10:51:46.746  INFO 14340 --- [          main] s.w.s.m.m.a.RequestMapping
HandlerAdapter : Looking for @ControllerAdvice: org.springframework.boot.context.
embedded.AnnotationConfigEmbeddedWebApplicationContext@130f889: startup date [Wed
Jul 05 10:51:45 CST 2017]; root of context hierarchy
......
```

可见读取属性成功了。有时候我们也可以使用注解@ConfigurationProperties，通过它使得配置上有所减少，例如，下面我们修改 DataBaseProperties 的代码，如代码清单 3-24 所示。

代码清单 3-24　使用@ConfigurationProperties

```
package com.springboot.chapter3.pojo;
/******** imports ********/
@Component
@ConfigurationProperties("database")
public class DataBaseProperties {

    private String driverName = null;

    private String url = null;

    private String username = null;

    private String password = null;

    public void setDriverName(String driverName) {
        System.out.println(driverName);
        this.driverName = driverName;
    }

    public void setUrl(String url) {
        System.out.println(url);
        this.url = url;
    }

    public void setUsername(String username) {
        System.out.println(username);
        this.username = username;
    }

    public void setPassword(String password) {
        System.out.println(password);
        this.password = password;
    }
/******** getters ********/
}
```

这里在注解@ConfigurationProperties 中配置的字符串 database，将与 POJO 的属性名称组成属性的全限定名去配置文件里查找，这样就能将对应的属性读入到 POJO 当中。

但是有时候我们会觉得如果把所有的内容都配置到 application.properties，显然这个文件将有很多内容。为了更好地配置，我们可以选择使用新的属性文件。例如，数据库的属性可以配置在 jdbc.properties 中，于是先把代码清单 3-22 中给出的配置从 application.properties 中迁移到 jdbc.properties 中，然后使用 @PropertySource 去定义对应的属性文件，把它加载到 Spring 的上下文中，如代码清单 3-25 所示。

代码清单 3-25　使用载入属性文件

```
package com.springboot.chapter3.main;
/******** imports ********/
@SpringBootApplication
```

```
@ComponentScan(basePackages = {"com.springboot.chapter3"})

@PropertySource(value={"classpath:jdbc.properties"}, ignoreResourceNotFound=true)
public class Chapter3Application {

    public static void main(String[] args) {
        SpringApplication.run(Chapter3Application.class, args);
    }
}
```

value 可以配置多个配置文件。使用 classpath 前缀，意味着去类文件路径下找到属性文件；
ignoreResourceNotFound 则是是否忽略配置文件找不到的问题。ignoreResourceNotFound 的默认值为
false，也就是没有找到属性文件，就会报错；这里配置为 true，也就是找不到就忽略掉，不会报错。

3.6 条件装配 Bean

有时候某些客观的因素会使一些 Bean 无法进行初始化，例如，在数据库连接池的配置中漏掉一
些配置会造成数据源不能连接上。在这样的情况下，IoC 容器如果还进行数据源的装配，则系统将会
抛出异常，导致应用无法继续。这时倒是希望 IoC 容器不去装配数据源。

为了处理这样的场景，Spring 提供了@Conditional 注解帮助我们，而它需要配合另外一个接口
Condition（org.springframework.context.annotation.Condition）来完成对应的功能。例如，下面把代码
清单 3-12 中的代码修改为代码清单 3-26 中的代码。

代码清单 3-26 使用属性初始化数据库连接池

```
@Bean(name = "dataSource", destroyMethod = "close")
@Conditional(DatabaseConditional.class)
public DataSource getDataSource(
        @Value("${database.driverName}") String driver,
        @Value("${database.url}") String url,
        @Value("${database.username}") String username,
        @Value("${database.password}") String password
        ) {
    Properties props = new Properties();
    props.setProperty("driver", driver);
    props.setProperty("url", url);
    props.setProperty("username", username);
    props.setProperty("password", password);
    DataSource dataSource = null;
    try {
        dataSource = BasicDataSourceFactory.createDataSource(props);
    } catch (Exception e) {
        e.printStackTrace();
    }
    return dataSource;
}
```

这里可以看到，加入了@Conditional 注解，并且配置了类 DatabaseConditional，那么这个类就必须
实现 Condition 接口。对于 Condition 接口则要求实现 matches 方法，它的内容如代码清单 3-27 所示。

代码清单 3-27 定义初始化数据库的条件

```
package com.springboot.chapter3.condition;
/******** imports ********/
```

```
public class DatabaseConditional implements Condition {

    /**
     * 数据库装配条件
     *
     * @param context 条件上下文
     * @param metadata 注释类型的元数据
     * @return true 装配 Bean，否则不装配
     */
    @Override
    public boolean matches(ConditionContext context, AnnotatedTypeMetadata metadata) {
        // 取出环境配置
        Environment env = context.getEnvironment();
        // 判断属性文件是否存在对应的数据库配置
        return env.containsProperty("database.driverName")
                && env.containsProperty("database.url")
                && env.containsProperty("database.username")
                && env.containsProperty("database.password");
    }
}
```

matches 方法首先读取其上下文环境，然后判定是否已经配置了对应的数据库信息。这样，当这些都已经配置好后则返回 true。这个时候 Spring 会装配数据库连接池的 Bean，否则是不装配的。

3.7　Bean 的作用域

在介绍 IoC 容器最顶级接口 BeanFactory 的时候，可以看到 isSingleton 和 isPrototype 两个方法。其中，isSingleton 方法如果返回 true，则 Bean 在 IoC 容器中以单例存在，这也是 Spring IoC 容器的默认值；如果 isPrototype 方法返回 true，则当我们每次获取 Bean 的时候，IoC 容器都会创建一个新的 Bean，这显然存在很大的不同，这便是 Spring Bean 的作用域的问题。在一般的容器中，Bean 都会存在单例（Singleton）和原型（Prototype）两种作用域，Java EE 广泛地使用在互联网中，而在 Web 容器中，则存在页面（page）、请求（request）、会话（session）和应用（application）4 种作用域。对于页面（page），是针对 JSP 当前页面的作用域，所以 Spring 是无法支持的。为了满足各类的作用域，在 Spring 的作用域中就存在如表 3-1 所示的几种类型。

表 3-1　Bean 的作用域

作用域类型	使用范围	作用域描述
singleton	所有 Spring 应用	默认值，IoC 容器只存在单例
prototype	所有 Spring 应用	每当从 IoC 容器中取出一个 Bean，则创建一个新的 Bean
session	Spring Web 应用	HTTP 会话
application	Spring Web 应用	Web 工程生命周期
request	Spring Web 应用	Web 工程单次请求（request）
globalSession	Spring Web 应用	在一个全局的 HTTP Session 中，一个 Bean 定义对应一个实例。实践中基本不使用

对于表 3-1 中的作用域，常用的是加粗的 4 种。对于 application 作用域，完全可以使用单例来替代。

下面我们探讨单例（Singleton）和原型（Prototype）的区别，首先定义一个类，如代码清单 3-28 所示。

代码清单 3-28　定义作用域类
```
package com.springboot.chapter3.scope.pojo;
/******** imports ********/
@Component
// @Scope(ConfigurableBeanFactory.SCOPE_PROTOTYPE)
public class ScopeBean {
}
```

这是一个简单的类，可以看到这里加粗声明作用域的代码已经被注释掉了，这就是启用默认的作用域，实际就是单例。为了证明作用域的存在，我们进行一下测试，如代码清单 3-29 所示。

代码清单 3-29　测试作用域
```
AnnotationConfigApplicationContext ctx
    = new AnnotationConfigApplicationContext(AppConfig.class);
ScopeBean scopeBean1 = ctx.getBean(ScopeBean.class);
ScopeBean scopeBean2 = ctx.getBean(ScopeBean.class);
System.out.println(scopeBean1 == scopeBean2);
```

在加粗的代码中加入断点，调试的时候就可以看到如图 3-6 所示的结果。

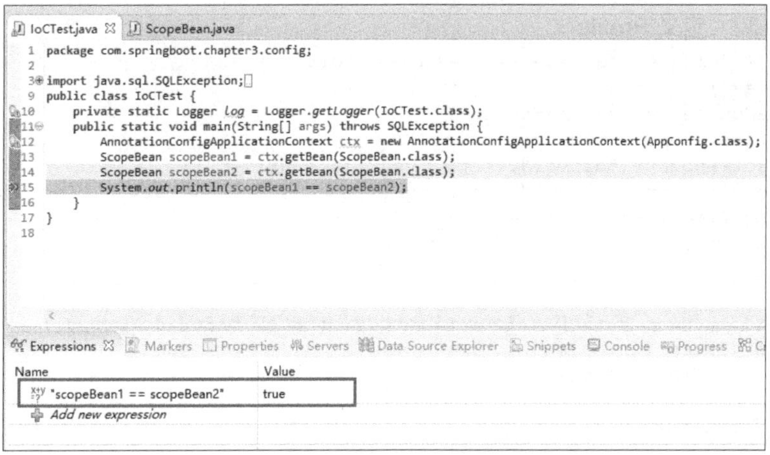

图 3-6　测试 Spring 作用域

从测试的结果来看，显然 scopeBean1 和 scopeBean2 这两个变量都指向了同一的实例，所以在 IoC 容器中，只有一个 ScopeBean 的实例。然后取消代码清单 3-28 中关于加粗代码的注释，进行与图 3-6 给出的同样的测试，则可以看到 scopeBean1 == scopeBean2 返回的将是 false，而不再是 true，那是因为我们将 Bean 的作用域修改为了 prototype，这样就能让 IoC 容器在每次获取 Bean 时，都新建一个 Bean 的实例返回给调用者。

这里的 ConfigurableBeanFactory 只能提供单例（SCOPE_SINGLETON）和原型（SCOPE_PROTOTYPE）两种作用域供选择，如果是在 Spring MVC 环境中，还可以使用 WebApplicationContext 去定义其他作用域，如请求（SCOPE_REQUEST）、会话（SCOPE_SESSION）和应用（SCOPE_APPLICATION）。例如，下面的代码就是定义请求作用域。

```
package com.springboot.chapter3.scope.pojo;
/******** imports ********/
@Component
@Scope(WebApplicationContext.SCOPE_REQUEST)
public class ScopeBean {
}
```

这样同一个请求范围内去获取这个 Bean 的时候，只会共用同一个 Bean，第二次请求就会产生新的 Bean。因此两个不同的请求将获得不同的实例的 Bean，这一点是需要注意的。

3.8 使用@Profile

在企业开发的过程中，项目往往要面临开发环境、测试环境、准生产环境（用于模拟真实生产环境部署所用）和生产环境的切换，这样在一个互联网企业中往往需要有 4 套环境，而每一套环境的上下文是不一样的。例如，它们会有各自的数据库资源，这样就要求我们在不同的数据库之间进行切换。为了方便，Spring 还提供了 Profile 机制，使我们可以很方便地实现各个环境之间的切换。

假设存在 dev_spring_boot 和 test_spring_boot 两个数据库，这样可以使用注解@Profile 定义两个 Bean，如代码清单 3-30 所示。

代码清单 3-30 定义 Profile

```
@Bean(name = "dataSource", destroyMethod = "close")
@Profile("dev")
public DataSource getDevDataSource() {
    Properties props = new Properties();
    props.setProperty("driver", "com.mysql.jdbc.Driver");
    props.setProperty("url", "jdbc:mysql://localhost:3306/dev_spring_boot");
    props.setProperty("username", "root");
    props.setProperty("password", "123456");
    DataSource dataSource = null;
    try {
        dataSource = BasicDataSourceFactory.createDataSource(props);
    } catch (Exception e) {
        e.printStackTrace();
    }
    return dataSource;
}


@Bean(name = "dataSource", destroyMethod = "close")
@Profile("test")
public DataSource getTestDataSource() {
    Properties props = new Properties();
    props.setProperty("driver", "com.mysql.jdbc.Driver");
    props.setProperty("url", "jdbc:mysql://localhost:3306/test_spring_boot");
    props.setProperty("username", "root");
    props.setProperty("password", "123456");
    DataSource dataSource = null;
    try {
        dataSource = BasicDataSourceFactory.createDataSource(props);
    } catch (Exception e) {
        e.printStackTrace();
    }
```

```
        return dataSource;
    }
```

在 Spring 中存在两个参数可以提供给我们配置，以修改启动 Profile 机制，一个是 spring.profiles.active，另一个是 spring.profiles.default。在这两个属性都没有配置的情况下，Spring 将不会启动 Profile 机制，这就意味着被@Profile 标注的 Bean 将不会被 Spring 装配到 IoC 容器中。Spring 是先判定是否存在 spring.profiles.active 配置后，再去查找 spring.profiles.default 配置的，所以 spring.profiles.active 的优先级要大于 spring.profiles.default。

在 Java 启动项目中，我们只需要如下配置就能够启动 Profile 机制：

```
JAVA_OPTS="-Dspring.profiles.active=dev"
```

当然我们也可以在 IDE 中切换环境。例如，Eclipse 中，我们打开运行选项就能够配置这个参数，如图 3-7 所示。

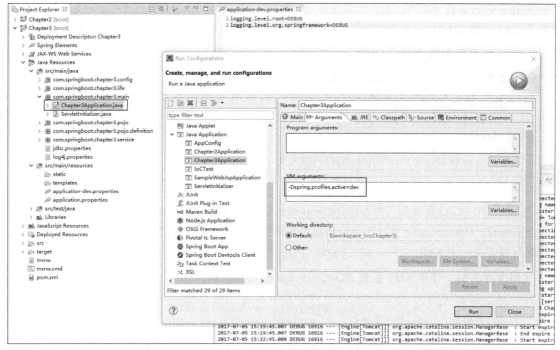

图 3-7　配置运行参数

对于属性配置（properties）文件而言，在 Spring Boot 中还存在一个约定，即允许比较方便地切换配置环境。例如，现实中开发环境和测试环境的数据库是两个库，开发人员测试可能比较随意地增删查改，而测试人员则不是，测试人员需要搭建数据库的测试数据往往也需要比较多的时间和精力，因此在很多情况下，他们希望有独立的数据库，这样配置数据库连接的文件就需要分开了，而 Spring Boot 可以很好地支持切换配置文件的功能。首先我们在配置文件目录新增 application-dev.properties 文件，然后将日志配置为 DEBUG 级别，这样启动 Spring Boot 就会有很详细的日志显示。配置内容如下：

```
logging.level.root=DEBUG
logging.level.org.springframework=DEBUG
```

这个时候请注意，按照 Spring Boot 的规则，假设把选项-Dspring.profiles.active 配置的值记为{profile}，则它会用 application-{profile}.properties 文件去代替原来默认的 application.properties 文件，然后启动 Spring Boot 的程序，就可以看到日志以 DEBUG 级别打出，非常详尽。通过这样就能够有效地切换各类环境，如开发、测试和生产。

3.9 引入 XML 配置 Bean

尽管 Spring Boot 建议使用注解和扫描配置 Bean，但是同样地，它并不拒绝使用 XML 配置 Bean，换句话说，我们也可以在 Spring Boot 中使用 XML 对 Bean 进行配置。这里需要使用的是注解@ImportResource，通过它可以引入对应的 XML 文件，用以加载 Bean。有时候有些框架（如 Dubbo）是基于 Spring 的 XML 方式进行开发的，这个时候需要引入 XML 的方式来实现配置。先来建一个POJO，如代码清单 3-31 所示。

代码清单 3-31　定义一个松鼠 POJO
```
package com.springboot.other.pojo;
/******** imports ********/
public class Squirrel implements Animal {
    @Override
    public void use() {
        System.out.println("松鼠可以采集松果");
    }
}
```

注意，这个 POJO 所在的包并不在@ComponentScan 定义的扫描包 com.springboot.chapter3.*之内，而且没有标注@Component，所以不会被扫描机制所装配。在这里，我们使用 XML 的方式来装配它，于是就可以定义一个 XML 文件，如代码清单 3-32 所示。

代码清单 3-32　使用 XML 配置 POJO——spring-other.xml
```
<beans xmlns="http://www.springframework.org/schema/beans"
    xmlns:xsi="http://www.w3.org/2001/XMLSchema-instance"
    xsi:schemaLocation="http://www.springframework.org/schema/beans
        http://www.springframework.org/schema/beans/spring-beans.xsd">
        <bean id="squirrel" class="com.springboot.other.pojo.Squirrel"/>
</beans>
```

这样我们就定义了一个 Bean，然后在 Java 配置文件中就可以直接载入它，如代码清单 3-33 所示。

代码清单 3-33　装配 XML 定义的 Bean
```
package com.springboot.chapter3.config;
/******* imports ********/
@Configuration
@ComponentScan(basePackages = "com.springboot.chapter3.*")
@ImportResource(value = {"classpath:spring-other.xml"})
public class AppConfig {
......
}
```

这样就可以引入对应的 XML，从而将 XML 定义的 Bean 也装配到 IoC 容器中。

3.10 使用 Spring EL

在上述代码中，我们是在没有任何运算规则的情况下装配 Bean 的。为了更加灵活，Spring 还提供了表达式语言 Spring EL。通过 Spring EL 可以拥有更为强大的运算规则来更好地装配 Bean。

最常用的当然是读取属性文件的值，例如：

```
@Value("${database.driverName}")
String driver
```

这里的@Value 中的${......}代表占位符，它会读取上下文的属性值装配到属性中，这便是一个最简单的 Spring 表达式。除此之外，它还能够调用方法，例如，我们记录一个 Bean 的初始化时间：

```
@Value("#{T(System).currentTimeMillis()}")
private Long initTime = null;
```

注意，这里采用#{......}代表启用 Spring 表达式，它将具有运算的功能；T(.....)代表的是引入类；System 是 java.lang.*包的类，这是 Java 默认加载的包，因此可以不必写全限定名，如果是其他的包，则需要写出全限定名才能引用类；currentTimeMillis 是它的静态（static）方法，也就是我们调用一次 System.currentTimeMillis()方法来为这个属性赋值。

此外还可以给属性直接进行赋值，如代码清单 3-34 所示。

代码清单 3-34　使用 Spring EL 赋值
```
// 赋值字符串
@Value("#{'使用 Spring EL 赋值字符串'}")
private String str = null;

// 科学计数法赋值
@Value("#{9.3E3}")
private double d;

// 赋值浮点数
@Value("#{3.14}")
private float pi;
```

显然这比较灵活，有时候我们还可以获取其他 Spring Bean 的属性来给当前的 Bean 属性赋值，例如：

```
@Value("#{beanName.str}")
private String otherBeanProp = null;
```

注意，这里的 beanName 是 Spring IoC 容器 Bean 的名称。str 是其属性，代表引用对应的 Bean 的属性给当前属性赋值。有时候，我们还希望这个属性的字母全部变为大写，这个时候就可以写成：

```
@Value("#{beanName.str?.toUpperCase()}")
private String otherBeanProp = null;
```

再次注意这里的 Spring EL。这里引用 str 属性后跟着是一个?，这个符号的含义是判断这个属性是否为空。如果不为空才会去执行 toUpperCase 方法，进而把引用到的属性转换为大写，赋予当前属性。除此之外，还可以使用 Spring EL 进行一定的运算，如代码清单 3-35 所示。

代码清单 3-35　使用 Spring EL 进行计算

```
#数学运算
@Value("#{1+2}")
private int run;

#浮点数比较运算
@Value("#{beanName.pi == 3.14f}")
private boolean piFlag;

#字符串比较运算
@Value("#{beanName.str eq 'Spring Boot'}")
private boolean strFlag;

#字符串连接
@Value("#{beanName.str + '  连接字符串'}")
private String strApp = null;

#三元运算
@Value("#{beanName.d > 1000 ? '大于' : '小于'}")
private String resultDesc = null;
```

从上面的代码可以看出，Spring EL 能够支持的运算还有很多，其中等值比较如果是数字型的可以使用==比较符，如果是字符串型的可以使用 eq 比较符。当然，Spring EL 的内容远不止这些，只是其他表达式的使用率没有那么高，所以就不再进一步介绍了。

第 4 章

开始约定编程——Spring AOP

初学 Spring 的大部分读者对于 Spring AOP 估计有些"恨之入骨"的感觉，因为它是那么难以理解。在传统的 Spring 书籍中，会首先去讲解 AOP 基础概念，如切点、通知、连接点、引入和织入等，面对那些晦涩难懂的概念，初学者往往很容易陷入理解的困境。因此，这里不从那些生涩的概念谈起，而是先谈谈一个简单的约定编程。对于约定编程，首先你需要记住的是约定的流程是什么，然后就可以完成对应的任务，却不需要知道底层设计者是怎么将约定的内容织入对应的流程中的。好吧，我承认这句话还是有点难懂，不过不要紧，让我们开始一个简单约定编程吧。

4.1 约定编程

本节我们完全抛开 AOP 的概念，先来看一个约定编程的实例。当你弄明白了这个实例后，相信 Spring AOP 的概念也就很容易理解了，因为实质上它们是异曲同工的东西。只是这需要自己去实践，如果仅仅是看看，那么效果肯定就会相差几个档次。

4.1.1 约定

首先来看一个简单到不需要去解释的接口，如代码清单 4-1 所示。

代码清单 4-1 简易接口 HelloService

```
package com.springboot.chapter4.service;
public interface HelloService {
    public void sayHello(String name);
}
```

这个接口很简单，就是定义一个 sayHello 的方法，其中的参数 name 是名字，这样就可以对该名字说 hello 了。于是很快我们可以得到这样的一个实现类，如代码清单 4-2 所示。

代码清单 4-2 HelloService 实现类 HelloServiceImpl

```
package com.springboot.chapter4.service.impl;

import com.springboot.chapter4.service.HelloService;
```

```java
public class HelloServiceImpl implements HelloService {

    @Override
    public void sayHello(String name) {
        if (name == null || name.trim() == "") {
            throw new RuntimeException ("parameter is null!!");
        }
        System.out.println("hello " + name);
    }

}
```

好了，这里的代码也很简单，方法 sayHello 首先判断 name 是否为空。如果为空，则抛出异常，告诉调用者参数为空；如果不为空，则对该名字说 hello。

这样一个几乎就是最简单的服务写好了。下面先来定义一个拦截器接口，它十分简单，只是存在几个方法，如代码清单 4-3 所示。

代码清单 4-3　拦截器接口

```java
package com.springboot.chapter4.intercept;
import java.lang.reflect.InvocationTargetException;
import com.springboot.chapter4.invoke.Invocation;
public interface Interceptor {
    // 事前方法
    public boolean before();

    // 事后方法
    public void after();
    /**
     * 取代原有事件方法
     * @param invocation -- 回调参数，可以通过它的 proceed 方法，回调原有事件
     * @return 原有事件返回对象
     * @throws InvocationTargetException
     * @throws IllegalAccessException
     */
    public Object around(Invocation invocation)
        throws InvocationTargetException, IllegalAccessException;

    // 事后返回方法。事件没有发生异常执行
    public void afterReturning();

    // 事后异常方法，当事件发生异常后执行
    public void afterThrowing();

    // 是否使用 around 方法取代原有方法
    boolean useAround();
}
```

这个接口的定义我也是设计了一番的，后面会给出约定，将这些方法织入流程中。这里我们首先给出 around 方法中的参数 Invocation 对象的源码，如代码清单 4-4 所示。

代码清单 4-4　Invocation

```java
package com.springboot.chapter4.invoke;
import java.lang.reflect.InvocationTargetException;
```

```java
import java.lang.reflect.Method;
public class Invocation {
    private Object[] params;
    private Method method;
    private Object target;

    public Invocation(Object target, Method method, Object[] params) {
        this.target = target;
        this.method = method;
        this.params = params;
    }
    // 反射方法
    public Object proceed() throws
        InvocationTargetException, IllegalAccessException {
        return method.invoke(target, params);
    }

    /**** setter and getter ****/
}
```

它没有太多可以探讨的内容，唯一值得探讨的就是 proceed 方法，它会以反射的形式去调用原有的方法。

接着，你可以根据拦截器（Interceptor）接口的定义开发一个属于你自己的拦截器 MyInterceptor，如代码清单 4-5 所示。

代码清单 4-5 开发自己的拦截器

```java
package com.springboot.chapter4.intercept;

import java.lang.reflect.InvocationTargetException;
import com.springboot.chapter4.invoke.Invocation;

public class MyInterceptor implements Interceptor {

    @Override
    public boolean before() {
        System.out.println("before ......");
        return true;
    }

    @Override
    public boolean useAround() {
        return true;
    }

    @Override
    public void after() {
        System.out.println("after ......");
    }

    @Override
    public Object around(Invocation invocation)
            throws InvocationTargetException, IllegalAccessException {
        System.out.println("around before ......");
        Object obj = invocation.proceed();
```

```
        System.out.println("around after ......");
        return obj;
    }

    @Override
    public void afterReturning() {
        System.out.println("afterReturning......");

    }

    @Override
    public void afterThrowing() {
        System.out.println("afterThrowing......");
    }

}
```

这个拦截器的功能也不复杂，接着就要谈谈我和你的约定了。约定是本节的核心，也是 Spring AOP 的本质。我先提供一个类——ProxyBean 给读者使用，它有一个静态的（static）方法：

```
public static Object getProxyBean(Object target, Interceptor interceptor)
```

这个方法的说明如下：

- 要求参数 target 对象存在接口，而 interceptor 对象则是代码清单 4-3 定义的接口对象；
- 那么它将返回一个对象，我们把这个返回的对象记为 proxy，你可以使用 target 对象实现的接口类型对它进行强制转换。

于是你就可以使用它拿到 proxy 了，例如，下面的代码：

```
HelloService helloService = new HelloServiceImpl();
HelloService proxy = (HelloService) ProxyBean.getProxyBean(helloService, new
MyInterceptor());
```

然后我再提供下面的约定。请注意，这个约定是十分重要的。

当调用 proxy 对象的方法时，其执行流程如下。

（1）使用 proxy 调用方法时会先执行拦截器的 before 方法。

（2）如果拦截器的 useAround 方法返回 true，则执行拦截器的 around 方法，而不调用 target 对象对应的方法，但 around 方法的参数 invocation 对象存在一个 proceed 方法，它可以调用 target 对象对应的方法；如果 useAround 方法返回 false，则直接调用 target 对象的事件方法。

（3）无论怎么样，在完成之前的事情后，都会执行拦截器的 after 方法。

（4）在执行 around 方法或者回调 target 的事件方法时，可能发生异常，也可能不发生异常。如果发生异常，就执行拦截器的 afterThrowing 方法，否则就执行 afterReturning 方法。

下面我们再用图 4-1 所示的流程图来展示这个约定流程，这样会更加清晰一些。

有了这个流程图，就可以进行约定编程了。例如，如代码清单 4-6 所示的测试约定流程。

代码清单 4-6 测试约定流程

```
private static void testProxy() {
    HelloService helloService = new HelloServiceImpl();
    // 按约定获取 proxy
    HelloService proxy = (HelloService) ProxyBean.getProxyBean(
```

```
            helloService, new MyInterceptor());
        proxy.sayHello("zhangsan");
        System.out.println("\n###############name is null!!############\n");
        proxy.sayHello(null);
    }
```

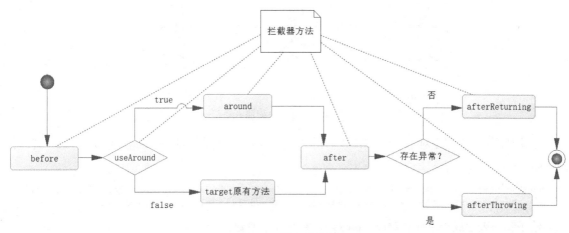

图 4-1 约定流程图

按照我们的约定，这段代码打印的信息如下：

```
before ......
around before ......
hello zhangsan
around after ......
after ......
afterReturning......

###############name is null!!############

before ......
around before ......
after ......
afterThrowing......
```

可以看到，我已经把服务和拦截器的方法织入约定的流程中了。那么怎样实现把服务和拦截器的方法织入约定的流程中呢？那就是 ProxyBean 的内容了，下面我们将讨论它。

4.1.2 ProxyBean 的实现

如何将服务类和拦截方法织入对应的流程，是 ProxyBean 要实现的功能。首先要理解动态代理模式。其实代理很简单，例如，当你需要采访一名儿童时，首先需要经过他父母的同意，在一些问题上父母也许会替他回答，而对于另一些问题，也许父母觉得不太适合这个小孩会拒绝掉，显然这时父母就是这名儿童的代理（proxy）了。通过代理可以增强或者控制对儿童这个真实对象（target）的访问，如图 4-2 所示。

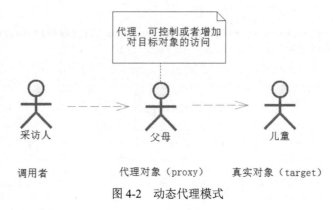

图4-2　动态代理模式

也就是需要一个代理对象。在 JDK 中，提供了类 Proxy 的静态方法——newProxyInstance，其内容具体如下：

```
public static Object  newProxyInstance(ClassLoader classLoader, Class<?>[] interfaces,
    InvocationHandler invocationHandler) throws IllegalArgumentException
```

给予我们来生成一个代理对象（proxy），它有 3 个参数：

- classLoader——类加载器；
- interfaces——绑定的接口，也就是把代理对象绑定到哪些接口下，可以是多个；
- invocationHandler ——绑定代理对象逻辑实现。

这里的 invocationHandler 是一个接口 InvocationHandler 对象，它定义了一个 invoke 方法，这个方法就是实现代理对象的逻辑的，其定义如代码清单 4-7 所示。

代码清单 4-7　InvocationHandler 接口定义的 invoke 方法

```
/**
 * 处理代理对象方法逻辑
 * @param proxy 代理对象
 * @param method 当前方法
 * @param args   运行参数
 * @return 方法调用结果
 */
public Object invoke(Object proxy, Method method, Object[] args);
```

然后通过目标对象（target）、方法（method）和参数（args）就能够反射方法运行了，于是我们可以实现 ProxyBean 的源码如代码清单 4-8 所示。

代码清单 4-8　实现 ProxyBean

```
package com.springboot.chapter4.proxy;
/**** imports ****/
public class ProxyBean implements InvocationHandler {
    private Object target = null;

    private Interceptor interceptor = null;

    /**
     * 绑定代理对象
```

```
    * @param target 被代理对象
    * @param interceptor 拦截器
    * @return 代理对象
    */
public static Object getProxyBean(Object target, Interceptor interceptor) {
    ProxyBean proxyBean = new ProxyBean();
    // 保存被代理对象
    proxyBean.target = target;
    // 保存拦截器
    proxyBean.interceptor = interceptor;
    // 生成代理对象
    Object proxy = Proxy.newProxyInstance(target.getClass().getClassLoader(),
            target.getClass().getInterfaces(),
                proxyBean);
    // 返回代理对象
    return proxy;
}

/**
 * 处理代理对象方法逻辑
 * @param proxy 代理对象
 * @param method 当前方法
 * @param args   运行参数
 * @return 方法调用结果
 * @throws Throwable 异常
 */
@Override
public Object invoke(Object proxy, Method method, Object[] args)  {
    // 异常标识
    boolean exceptionFlag = false;
    Invocation invocation = new Invocation(target, method, args);
    this.interceptor.before();
    Object retObj = null;
    try {
        if (this.interceptor.useAround()) {
            retObj = this.interceptor.around(invocation);
        } else {
            retObj = method.invoke(target, args);
        }
    } catch (Exception ex) {
        // 产生异常
        exceptionFlag = true;
    }
    this.interceptor.after();
    if (exceptionFlag) {
        this.interceptor.afterThrowing();
    } else {
        this.interceptor.afterReturning();
        return retObj;
    }
    return null;
}

}
```

首先，这个 ProxyBean 实现了接口 InvocationHandler，因此就可以定义 invoke 方法了。其中在 getBean 方法中，我让其生成了一个代理对象，并且创建了一个 ProxyBean 实例保存目标对象（target）

和拦截器（interceptor），为后面的调用做好了准备。其次，生成了一个代理对象，而这个代理对象挂在 target 实现的接口之下，所以你可以用 target 对象实现的接口对这个代理对象实现强制转换，并且将这个代理对象的逻辑挂在 ProxyBean 实例之下，这样就完成了目标对象（target）和代理对象（proxy）的绑定。最后，将代理对象返回给调用者。于是在代码清单 4-6 中我们只需要通过以下两句代码：

```
HelloService helloService = new HelloServiceImpl();
// 按约定获取 proxy
HelloService proxy = (HelloService) ProxyBean.getProxyBean(helloService, new
MyInterceptor());
```

就可以获取这个代理对象了，当我们使用它调用方法时，就会进入到 ProxyBean 的 invoke 方法里，而这个 invoke 方法就是按照图 4-1 所约定的流程来实现的，这就是我们可以通过一定的规则完成约定编程的原因。动态代理的概念比较抽象，掌握不易，这里建议对 invoke 方法进行调试，一步步印证它运行的过程。编程是门实践学科，通过自己动手会有更加深入的理解，图 4-3 就是我调试这段代码的记录。

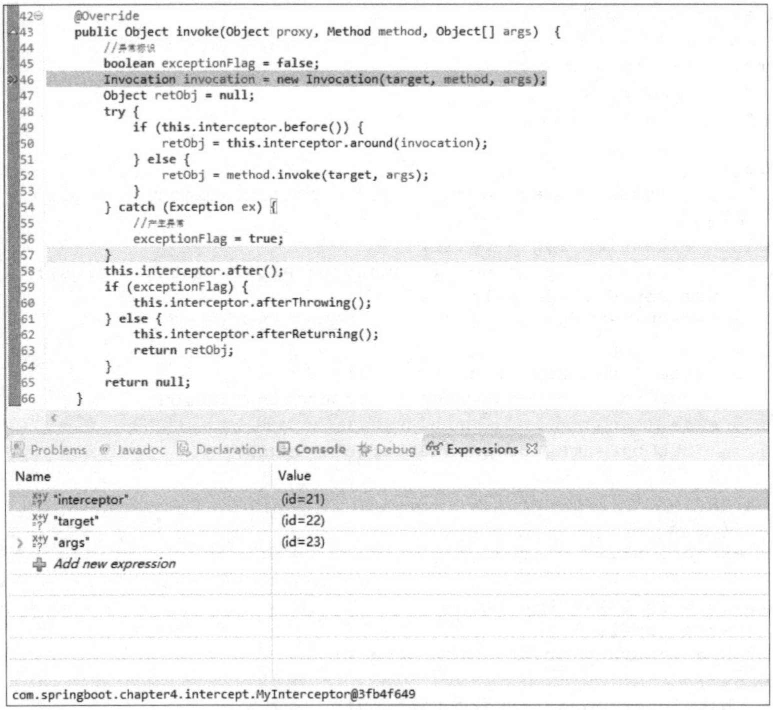

图 4-3 调试 invoke 方法

4.1.3 总结

到现在为止，我们并没有讲述关于 AOP 的概念，本节只是通过约定告诉读者，只要提供一定的约定规则，按照约定编程后，就可以把自己开发的代码织入约定的流程中。而实际上在开发中，你只需要知道框架和你的约定便可以了。在现实中很多框架也是这么做的，换句话说，Spring AOP 也是这么做的，它可以通过与我们的约定，把对应的方法通过动态代理技术织入约定的流程中，这就

是 Spring AOP 编程的本质。所以掌握 Spring AOP 的根本在于掌握其对我们的约定规则，下面的部分
让我们来学习它们。

4.2 AOP 的概念

通过上面约定编程的例子，可以看到，只要按照一定的规则，我就可以将你的代码织入事先约
定的流程中。实际上 Spring AOP 也是一种约定流程的编程，在 Spring 中可以使用多种方式配置 AOP，
因为 Spring Boot 采用注解方式，所以为了保持一致，这里就只介绍使用@AspectJ 注解的方式，不过
在开启 AOP 术语的时候，我们先来考虑为什么要使用 AOP。

4.2.1 为什么使用 AOP

AOP 最为典型的应用实际就是数据库事务的管控。例如，当我们需要保存一个用户时，可能要
连同它的角色信息一并保存到数据库中。于是，可以看到图 4-4 所示的一个流程图。

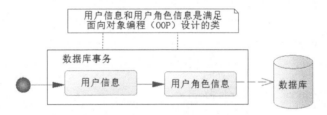

图 4-4　数据事务不能用 OOP 处理

这里的用户信息和用户角色信息，我们都可以使用面向对象编程（OOP）进行设计，但是它们
在数据库事务中的要求是，要么一起成功，要么一起失败，这样 OOP 就无能为力了。数据库事务毫
无疑问是企业级应用关注的核心问题之一，而使用 AOP 可以解决这些问题。

AOP 还可以减少大量重复的工作。在 Spring 流行之前，我们可以使用 JDBC 代码实现很多的数
据库操作，例如，插入一个用户的信息，我们可以用 JDBC 代码来实现，如代码清单 4-9 所示。

代码清单 4-9　JDBC 实现插入用户

```
package com.springboot.chapter4.jdbc;
/**** imports ****/
public class UserService {

    public int insertUser() {
        UserDao userDao = new UserDao();
        User user = new User();
        user.setUsername("user_name_1");
        user.setNote("note_1");
        Connection conn = null;
        int result = 0;
        try {
            // 获取数据事务连接
            Class.forName("com.mysql.jdbc.Driver");
            conn = DriverManager.getConnection(
                "jdbc:mysql://localhost:3306/chapter3", "root", "123456");
            // 非自动提交事务
```

```
                conn.setAutoCommit(false);
                result = userDao.insertUser(conn, user);
                // 提交事务
                conn.commit();
            } catch (Exception e) {
                try {
                    // 回滚事务
                    conn.rollback();
                } catch (SQLException ex) {
                    ex.printStackTrace();
                }
                e.printStackTrace();
            } finally {
                // 释放数据连接资源
                if (conn != null) {
                    try {
                        conn.close();
                    } catch (SQLException e) {
                        e.printStackTrace();
                    }
                }
            }
            return result;
        }
}


package com.springboot.chapter4.jdbc;
/**** imports ****/
public class UserDao {

    public int insertUser(Connection conn, User user) throws SQLException {
        PreparedStatement ps = null;
        try {
            ps = conn.prepareStatement("insert into t_user(user_name, note) values( ?, ?)");
            ps.setString(1, user.getUsername());
            ps.setString(2, user.getNote());
            return ps.executeUpdate();
        } finally {
            ps.close();
        }
    }
}
```

　　这里可以注意到，我们获取数据库事务连接、事务操控和关闭数据库连接的过程，都需要使用大量的 try ... catch ... finally...语句去操作，这显然存在大量重复的工作。是否可以替换这些没有必要重复的工作呢？答案是肯定的，因为这里存在着一个默认的流程，我们先描述一下这个流程。

- 打开数据库连接，然后对其属性进行设置；
- 执行 SQL 语句；
- 如果没有异常，则提交事务；
- 如果发生异常，则回滚事务；
- 关闭数据库事务连接。

这个流程可以用图 4-5 所示的流程图来描述。

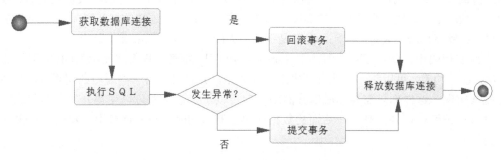

图 4-5 执行更新 SQL 的流程

这张图与图 4-1 虽然有些不太一样，但还是接近的。如果我们通过约定流程编程设计成图 4-6 的样子，也许你就会更感兴趣了。

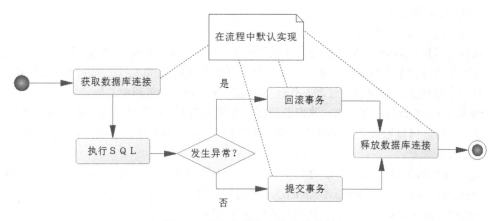

图 4-6 事务流程约定的默认实现

从图 4-6 可以看到，关于数据库的打开和关闭以及事务的提交和回滚都有流程默认给你实现。换句话说，你都不需要完成它们，你需要完成任务是编写 SQL 这一步而已，然后织入流程中。于是你可以看到大量在工作中的类似基于 Spring 开发的代码：

```
@Autowired
private UserDao = null;
......

@Transactional
public int inserUser(User user) {
    return userDao.insertUser(user);
}
```

当然，这里只是为了让读者知道约定编程的好处，AOP 也是一种约定编程。这里可以看到仅仅使用了一个注解@Transactional，表明该方法需要事务运行，没有任何数据库打开和关闭的代码，也没有事务回滚和提交的代码，却实现了数据库资源的打开和关闭、事务的回滚和提交。那么 Spring 是怎么做到的呢？大致的流程是：Spring 帮你把 insertUser 方法织入类似于图 4-6 所示的流程中，而数据库连接的打开和关闭以及事务管理都由它给你默认实现，也就是它可以将大量重复的流程通过约定的方式抽取出来，然后给予默认的实现。例如，这里的数据库连接的打开和释放、事务的处理，可见它可以帮助我们减少大量的代码，尤其是那些烦人的 try...catch...finally...语句。

从上面的代码中，我们可以看到使用 Spring AOP 可以处理一些无法使用 OOP 实现的业务逻辑。其次，通过约定，可以将一些业务逻辑织入流程中，并且可以将一些通用的逻辑抽取出来，然后给予默认实现，这样你只需要完成部分的功能就可以了，这样做可以使得开发者的代码更加简短，同时可维护性也得到提高。在后面的数据库事务和 Redis 的开发章节中，我们还会再次看到它的威力。

4.2.2　AOP 术语和流程

上面的内容已经介绍了约定编程和为什么要使用 AOP，接下来是时候去介绍 AOP 的术语和流程了，相信有了约定编程的概念之后 AOP 的概念也会更加容易理解。不过，Spring AOP 是一种基于方法的 AOP，它只能应用于方法上。

下面我们先来讲解 AOP 术语。

- 连接点（**join point**）：对应的是具体被拦截的对象，因为 Spring 只能支持方法，所以被拦截的对象往往就是指特定的方法，例如，我们前面提到的 HelloServiceImpl 的 sayHello 方法就是一个连接点，AOP 将通过动态代理技术把它织入对应的流程中。
- 切点（**point cut**）：有时候，我们的切面不单单应用于单个方法，也可能是多个类的不同方法，这时，可以通过正则式和指示器的规则去定义，从而适配连接点。切点就是提供这样一个功能的概念。
- 通知（**advice**）：就是按照约定的流程下的方法，分为前置通知（before advice）、后置通知（after advice）、环绕通知（around advice）、事后返回通知（afterReturning advice）和异常通知（afterThrowing advice），它会根据约定织入流程中，需要弄明白它们在流程中的顺序和运行的条件。
- 目标对象（**target**）：即被代理对象，例如，约定编程中的 HelloServiceImpl 实例就是一个目标对象，它被代理了。
- 引入（**introduction**）：是指引入新的类和其方法，增强现有 Bean 的功能。
- 织入（**weaving**）：它是一个通过动态代理技术，为原有服务对象生成代理对象，然后将与切点定义匹配的连接点拦截，并按约定将各类通知织入约定流程的过程。
- 切面（**aspect**）：是一个可以定义切点、各类通知和引入的内容，Spring AOP 将通过它的信息来增强 Bean 的功能或者将对应的方法织入流程。

上述的描述还是比较抽象的，如图 4-7 所示是对其的进一步说明。

显然，它与我们之前所做的约定编程比较类似，从图 4-7 可以知道连接点、通知、织入、目标对象和切面的概念。后面我们还将讨论引入和切点的概念，本书根据 Spring Boot 建议注解开发的特点，我们只讨论关于@AspectJ 注解的方式实现 AOP。

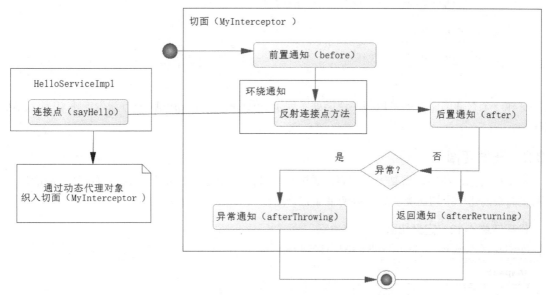

图 4-7　Spring AOP 流程约定

4.3　AOP 开发详解

这里我们采用@AspectJ 的注解方式讨论 AOP 的开发。因为 Spring AOP 只能对方法进行拦截，所以首先要确定需要拦截什么方法，让它能织入约定的流程中。

4.3.1　确定连接点

任何 AOP 编程，首先要确定的是在什么地方需要 AOP，也就是需要确定连接点（在 Spring 中就是什么类的什么方法）的问题。现在我们假设有一个 UserService 接口，它有一个 printUser 方法，如代码清单 4-10 所示。

代码清单 4-10　用户服务接口

```
package com.springboot.chapter4.aspect.service;
import com.springboot.chapter4.pojo.User;
public interface UserService {
    public void printUser(User user);
}
```

这样我们就可以给出它的一个实现类，如代码清单 4-11 所示。

代码清单 4-11　用户服务接口实现类

```
package com.springboot.chapter4.aspect.service.impl;
/**** imports ****/
@Service
public class UserServiceImpl implements UserService {
    @Override
    public void printUser(User user) {
        if (user == null) {
```

```
                    throw new RuntimeException("检查用户参数是否为空......");
                }
                System.out.print("id =" + user.getId());
                System.out.print("\tusername =" + user.getUsername());
                System.out.println("\tnote =" + user.getNote());
        }
    }
```

这样一个普通的服务的接口和实现类就实现了。下面我们将以 printUser 方法为连接点，进行 AOP 编程。

4.3.2 开发切面

有了连接点，我们还需要一个切面，通过它可以描述 AOP 其他的信息，用以描述流程的织入。下面我们来创建一个切面类，如代码清单 4-12 所示。

代码清单 4-12 定义切面

```
ppackage com.springboot.chapter4.aspect;
/**** imports ****/
@Aspect
public class MyAspect {
    @Before("execution(*
        com.springboot.chapter4.aspect.service.impl.UserServiceImpl.printUser(..))")
    public void before() {
        System.out.println("before ......");
    }

    @After("execution(*
        com.springboot.chapter4.aspect.service.impl.UserServiceImpl.printUser(..))")
    public void after() {
        System.out.println("after ......");
    }

    @AfterReturning("execution(*
        com.springboot.chapter4.aspect.service.impl.UserServiceImpl.printUser(..))")
    public void afterReturning() {
        System.out.println("afterReturning ......");
    }

    @AfterThrowing("execution(*
        com.springboot.chapter4.aspect.service.impl.UserServiceImpl.printUser(..))")
    public void afterThrowing() {
        System.out.println("afterThrowing ......");
    }
}
```

这里需要注意那些加粗的代码，主要是注解。首先 Spring 是以@Aspect 作为切面声明的，当以 @Aspect 作为注解时，Spring 就会知道这是一个切面，然后我们就可以通过各类注解来定义各类的通知了。正如代码当中的@Before、@After、@AfterReturning 和@AfterThrowing 等几个注解，通过我们之前 AOP 概念和流程的介绍，相信大家也知道它们就是定义流程中的方法，然后即将由 Spring AOP 将其织入约定的流程中，只是这里我们还没有讨论它们的配置内容，尤其是它们里面的正则式，这是切点需要讨论的问题。而且，上述我们还没有讨论环绕通知的内容。因为环绕通知是最强大的通知，还要涉及别的内容讨论，所以后面会以单独的小节去讨论它。下面我们先来讨论切点的问题。

4.3.3 切点定义

在上述切面的定义中，我们看到了@Before、@After、@AfterReturning 和@AfterThrowing 等注解，它们还会定义一个正则式，这个正则式的作用就是定义什么时候启用 AOP，毕竟不是所有的功能都是需要启用 AOP 的，也就是 Spring 会通过这个正则式去匹配、去确定对应的方法（连接点）是否启用切面编程，但是我们在代码清单 4-12 中可以看到每一个注解都重复写了同一个正则式，这显然比较冗余。为了克服这个问题，Spring 定义了切点（Pointcut）的概念，切点的作用就是向 Spring 描述哪些类的哪些方法需要启用 AOP 编程。有了切点的概念，就可以把代码清单 4-12 修改为代码清单 4-13 的样子，从而把冗余的正则式定义排除在外。

代码清单 4-13　定义切点

```
package com.springboot.chapter4.aspect;
/**** imports ****/
@Aspect
public class MyAspect {

    @Pointcut("execution(*
        com.springboot.chapter4.aspect.service.impl.UserServiceImpl.printUser(..))")
    public void pointCut() {
    }

    @Before("pointCut()")
    public void before() {
        System.out.println("before ......");
    }

    @After("pointCut()")
    public void after() {
        System.out.println("after ......");
    }

    @AfterReturning("pointCut()")
    public void afterReturning() {
        System.out.println("afterReturning ......");
    }

    @AfterThrowing("pointCut()")
    public void afterThrowing() {
        System.out.println("afterThrowing ......");
    }
}
```

代码中，使用了注解@Pointcut 来定义切点，它标注在方法 pointCut 上，则在后面的通知注解中就可以使用方法名称来定义了。读者可以注意到通知注解加粗的表达式，其含义就是对这个切点的引用。

此时我们有必要对这个正则式做进一步的分析，首先我们来看下面的正则式：

```
execution(* com.springboot.chapter4.aspect.service.impl.UserServiceImpl.printUser(..))
```

其中：

- execution 表示在执行的时候，拦截里面的正则匹配的方法；
- * 表示任意返回类型的方法；
- com.springboot.chapter4.aspect.service.impl.UserServiceImpl 指定目标对象的全限定名称；
- printUser 指定目标对象的方法；
- (..)表示任意参数进行匹配。

这样 Spring 就可以通过这个正则式知道你需要对类 UserServiceImpl 的 printUser 方法进行 AOP 增强，它就会将正则式匹配的方法和对应切面的方法织入图 4-7 的约定流程当中，从而完成 AOP 编程。

对于这个正则式而言，它还可以使用 AspectJ 的指示器。下面我们稍微讨论一下它们，如表 4-1 所示。

表 4-1　AspectJ 关于 Spring AOP 切点的指示器

项 目 类 型	描　　述
arg()	限定连接点方法参数
@args()	通过连接点方法参数上的注解进行限定
execution()	用于匹配是连接点的执行方法
this()	限制连接点匹配 AOP 代理 Bean 引用为指定的类型
target	目标对象（即被代理对象）
@target()	限制目标对象的配置了指定的注解
within	限制连接点匹配指定的类型
@within()	限定连接点带有匹配注解类型
@annotation()	限定带有指定注解的连接点

例如，上述服务类对象在 Spring IoC 容器的名称为 userServiceImpl，而我们只想让这个类的 printUser 方法织入 AOP 的流程，那么我们可以做如下限定：

```
execution(* com.springboot.chapter4.*.*.*.*. printUser(..) && bean('userServiceImpl')
```

表达式中的&&代表 "并且" 的意思，而 bean 中定义的字符串代表对 Spring Bean 名称的限定，这样就限定具体的类了。有关参数的限定，后面我们还会谈到，这里不再赘述。

4.3.4　测试 AOP

上面完成了连接点、切面和切点等定义，接下来我们可以进行测试 AOP，为此需要先搭建一个 Web 开发环境，开发一个用户控制器（UserController），如代码清单 4-14 所示。

代码清单 4-14　用户控制器——UserController
```
package com.springboot.chapter4.aspect.controller;
/**** imports ****/
// 定义控制器
@Controller
// 定义类请求路径
```

```
@RequestMapping("/user")
public class UserController {

    // 注入用户服务
    @Autowired
    private UserService userService = null;

    // 定义请求
    @RequestMapping("/print")
    // 转换为 JSON
    @ResponseBody
    public User printUser(Long id, String userName, String note) {
        User user = new User();
        user.setId(id);
        user.setUsername(userName);
        user.setNote(note);
        userService.printUser(user);// 若 user=null，则执行 afterthrowing 方法
        return user;// 加入断点
    }
}
```

这里，通过自动注入 UserService 服务接口，然后使用它进行用户信息打印，因为方法标注了 @ResponseBody，所以最后 Spring MVC 会将其转换为 JSON 响应请求。这里的 UserService 的实现类正是满足了切点的定义，因此 Spring AOP 会将其织入对应的流程中，这是我们本节所关注的内容。

然后我们配置 Spring Boot 的配置文件，使其能够运行，如代码清单 4-15 所示。

代码清单 4-15　Spring Boot 配置启动文件

```
package com.springboot.chapter4.main;
/**** imports ****/
// 指定扫描包
@SpringBootApplication(scanBasePackages = {"com.springboot.chapter4.aspect"})
public class Chapter4Application  {

    // 定义切面
    @Bean(name="myAspect")
    public MyAspect initMyAspect() {
        return new MyAspect();
    }

    // 启动切面
    public static void main(String[] args) {
        SpringApplication.run(Chapter4Application.class, args);
    }
}
```

调试运行这段代码，打开浏览器，等待服务器启动完成后，在代码清单 4-14 中加粗的地方加入断点，然后再打开浏览器，最后在地址栏输入请求地址 http://localhost:8080/user/print?id=1&userName=user_name_1&note=2323，就可以看到请求进入了断点中，如图 4-8 所示。

从图 4-8 中的调试监控可以看到 userService 对象，实际上是一个 JDK 动态代理对象，它代理了目标对象 UserServiceImpl，通过这些 Spring 会将我们定义的内容织入 AOP 的流程中，这样我们的 AOP 就成功运行了。与此同时，也可以看到后台打出的日志：

```
before ......
id =1        username =user_name_1    note =2323
after ......
afterReturning ......
```

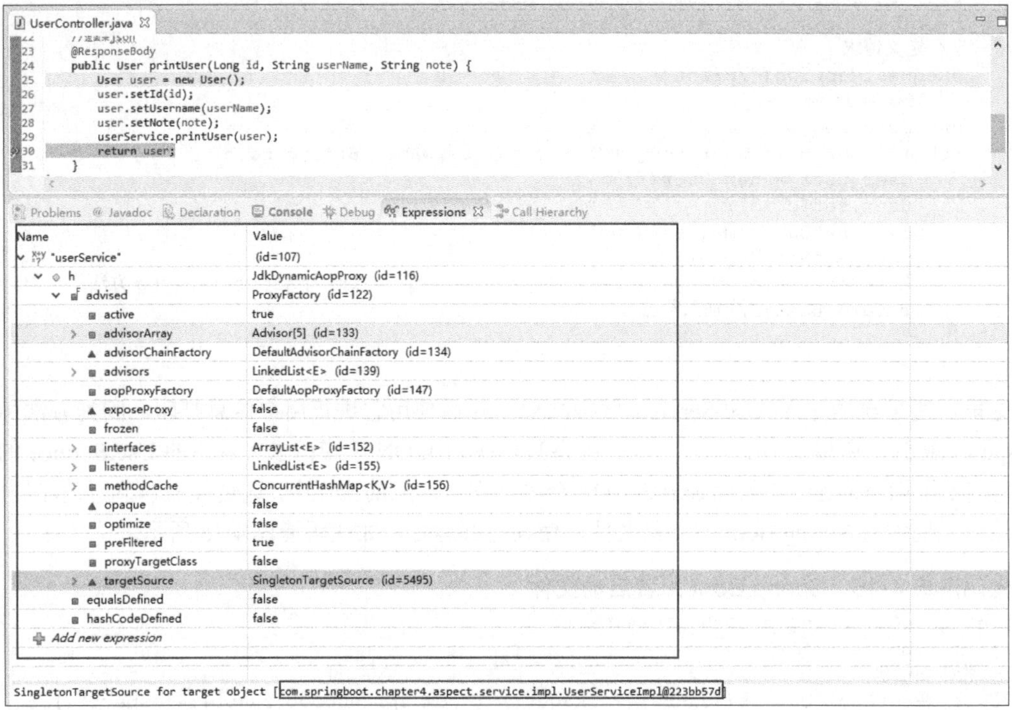

图 4-8　监控 AOP

　　显然这就是 Spring 与我们约定的流程,从打印的日志来看,我们测试成功了,也就是说 Spring 已经通过动态代理技术帮助把我们所定义的切面和服务方法织入约定的流程中了。如果我们把控制器 (UserController) 中的 user 对象设置为 null,那么它将抛出异常,这个时候将会执行异常通知 (afterThrowing) 而不会再执行返回通知 (afterReturning),但是无论如何它都会执行 after 方法。下面是设置用户对象为空时进行打印得到的测试日志:

```
before ......
after ......
afterThrowing ......
2017-07-18 09:37:23.897 ERROR 35596 --- [nio-8080-exec-1]
o.a.c.c.C.[.[./].[dispatcherServlet]   : Servlet.service() for servlet [dispatcherServlet] in
context with path [] threw exception [Request processing failed; nested exception is
java.lang.RuntimeException: 检查用户参数是否为空......] with root cause

java.lang.RuntimeException: 检查用户参数是否为空......
......
```

　　可以看到,无论是否发生异常,后置通知 (after) 都会被流程执行;而因为发生了异常,所以按照约定,异常通知 (afterThrowing) 会被触发,返回通知 (afterReturning) 则不会被触发。这都是

Spring AOP 与我们约定的流程。

4.3.5 环绕通知

环绕通知（Around）是所有通知中最为强大的通知，强大也意味着难以控制。一般而言，使用它的场景是在你需要大幅度修改原有目标对象的服务逻辑时，否则都尽量使用其他的通知。环绕通知是一个取代原有目标对象方法的通知，当然它也提供了回调原有目标对象方法的能力。

我们首先在代码清单 4-13 中加入环绕通知，如代码清单 4-16 所示。

代码清单 4-16 加入环绕通知

```
@Around("pointCut()")
public void around(ProceedingJoinPoint jp) throws Throwable {
    System.out.println("around before......");
    // 回调目标对象的原有方法
    jp.proceed();
    System.out.println("around after......");
}
```

这样我们就加入了一个环绕通知，并且在它之前和之后都加入了我们自己的打印内容，而它拥有一个 ProceedingJoinPoint 类型的参数。这个参数的对象有一个 proceed 方法，通过这个方法可以回调原有目标对象的方法。然后我们可以在

```
jp.proceed();
```

这行代码加入断点进行调试，通过调试启动 Spring Boot 服务，在浏览器地址栏输入请求地址 http://localhost:8080/user/print?id=1&userName=user_name_1&note=2323，这样就可以来到断点了，如图 4-9 所示。

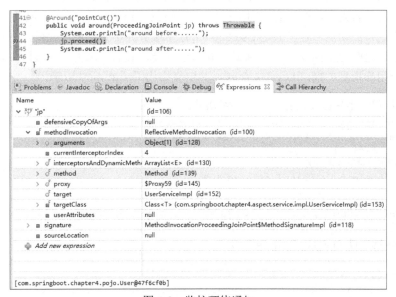

图 4-9 监控环绕通知

从监控的信息可以看到对于环绕通知的参数（jp），它是一个被 Spring 封装过的对象，但是我们

可以明显地看到它里面的属性，带有原有目标对象的信息，这样就可以通过它的 proceed 方法回调原有目标对象的方法。测试的日志如下：

```
around before......
before ......
id =1    username =user_name_1    note =2323
around after......
after ......
afterReturning ......
```

注意，这个结果是真实测试的结果，但却不是我期待的结果，因为在我期待的结果中日志的顺序应该如下：

```
before ......
around before......
id =1    username =user_name_1    note =2323
around after......
after ......
afterReturning ......
```

这里测试的 Spring 版本为 4.3.9，我使用 XML 测试 Spring AOP 的结果时，是能够得到期待的结果的，但用注解测试的时候总是在顺序上出现这样的出入，估计是 Spring 版本之间的差异留下的问题，这是在使用时需要注意的。所以在没有必要的时候，应尽量不要使用环绕通知，正如前面说过的，它很强大，但是也很危险。

4.3.6　引入

在测试 AOP 的时候，我们打印了用户信息，如果用户信息为空，则抛出异常。事实上，我们还可以检测用户信息是否为空，如果为空则不再打印，这样就没有异常产生了。但现有的 UserService 接口并没有提供这样的功能，这里假定 UserService 这个服务并不是自己所提供，而是别人提供的，我们不能修改它，这时 Spring 还允许增强这个接口的功能，我们可以为这个接口引入新的接口，例如，要引入一个用户检测的接口 UserValidator，其定义如代码清单 4-17 所示。

代码清单 4-17　用户检测的接口 UserValidator
```
package com.springboot.chapter4.aspect.validator;
import com.springboot.chapter4.pojo.User;
public interface UserValidator {
    // 检测用户对象是否为空
    public boolean validate(User user);
}
```

很快我们可以给出它的实现类，这个实现类也十分简单，如代码清单 4-18 所示。

代码清单 4-18　UserValidator 的实现类
```
package com.springboot.chapter4.aspect.validator.impl;
/**** imports ****/
public class UserValidatorImpl implements UserValidator {
    @Override
    public boolean validate(User user) {
        System.out.println("引入新的接口: " + UserValidator.class.getSimpleName());
```

```
        return user != null;
    }
}
```

这样，我们通过 Spring AOP 引入的定义就能够增强 UserService 接口的功能，这个时候在代码清单 4-13 中加入代码清单 4-19 的代码。

代码清单 4-19　引入新的接口

```
......
@Aspect
public class MyAspect {
    @DeclareParents(
        value= "com.springboot.chapter4.aspect.service.impl.UserServiceImpl+",
        defaultImpl=UserValidatorImpl.class)
    public UserValidator userValidator;

    ......
}
```

这里我们看到了一个注解@DeclareParents，它的作用是引入新的类来增强服务，它有两个必须配置的属性 value 和 defaultImpl。

- value：指向你要增强功能的目标对象，这里是要增强 UserServiceImpl 对象，因此可以看到配置为 com.springboot.chapter4.aspect.service.impl.UserServiceImpl+。
- defaultImpl：引入增强功能的类，这里配置为 UserValidatorImpl，用来提供校验用户是否为空的功能。

为了验证它，我们在代码清单 4-14 中加入一个新的方法，如代码清单 4-20 所示。

代码清单 4-20　测试引入的验证器

```
// 定义请求
@RequestMapping("/vp")
// 返回 JSON
@ResponseBody
public User validateAndPrint(Long id, String userName, String note) {
    User user = new User();
    user.setId(id);
    user.setUsername(userName);
    user.setNote(note);
    // 强制转换
    UserValidator userValidator = (UserValidator)userService;
    // 验证用户是否为空
    if (userValidator.validate(user)) {
        userService.printUser(user);
    }
    return user;
}
```

这里读者可以看到，我先把原来的 userService 对象强制转换为 UserValidator 对象，然后就可以使用验证方法去验证用户对象是否为空。在浏览器输入 http://localhost:8080/user/vp?id=1&userName=user_name_1&note=2323，就可以得到下面的日志：

```
引入新的接口：UserValidator
around before......
```

```
before ......
id =1         username =user_name_1      note =2323
around after......
after ......
afterReturning ......
```

可见引入这个新的接口增强原有类的功能成功了。那么它是根据什么原理来增强原有对象功能的呢？首先我们回到代码清单 4-8，可以看到生成代理对象的代码为：

```
Object proxy = Proxy.newProxyInstance(
    target.getClass().getClassLoader(),
    target.getClass().getInterfaces(),
    proxyBean);
```

这里的 newProxyInstance 的第二个参数为一个对象数组，也就是说这里生成代理对象时，Spring 会把 UserService 和 UserValidator 两个接口传递进去，让代理对象下挂到这两个接口下，这样这个代理对象就能够相互转换并且使用它们的方法了。所以可以看到代码清单 4-20 中强制转换的代码，为了验证这点，我们可以加入断点进行测试。图 4-10 所示就是我通过自己调试验证原理的过程。

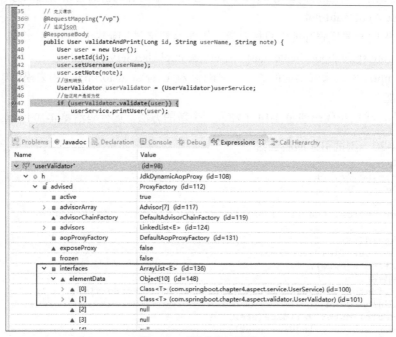

图 4-10　测试引入原理

从图 4-10 可以看到在 JDK 动态代理中下挂的两个接口，于是我们可以将这个代理对象通过这两个接口相互转换，然后调度其对应的方法，这就是引入的原理。同样地，CGLIB 也可以做到类似的功能，这里就不再演示了。

4.3.7　通知获取参数

在上述的通知中，大部分我们没有给通知传递参数。有时候我们希望能够传递参数给通知，这也是允许的，我们只需要在切点处加入对应的正则式就可以了。当然，对于非环绕通知还可以使用一个连接点（JoinPoint）类型的参数，通过它也可以获取参数。我们在代码清单 4-13 中加入代码清单 4-21 所示的代码片段。

代码清单 4-21　在前置通知中获取参数

```
@Before("pointCut() && args(user)")
public void beforeParam(JoinPoint point, User user) {
    Object[] args = point.getArgs();
    System.out.println("before ......");
}
```

正则式 pointCut() && args(user)中，pointCut()表示启用原来定义切点的规则，并且约定将连接点（目标对象方法）名称为 user 的参数传递进来。这里要注意，JoinPoint 类型的参数对于非环绕通知而言，Spring AOP 会自动地把它传递到通知中；对于环绕通知而言，可以使用 ProceedingJoinPoint 类型的参数。之前我们讨论过它的结构，使用它将允许进行目标对象的回调，这里不妨在这个方法上加入断点来看看获取的参数是什么，如图 4-11 所示。

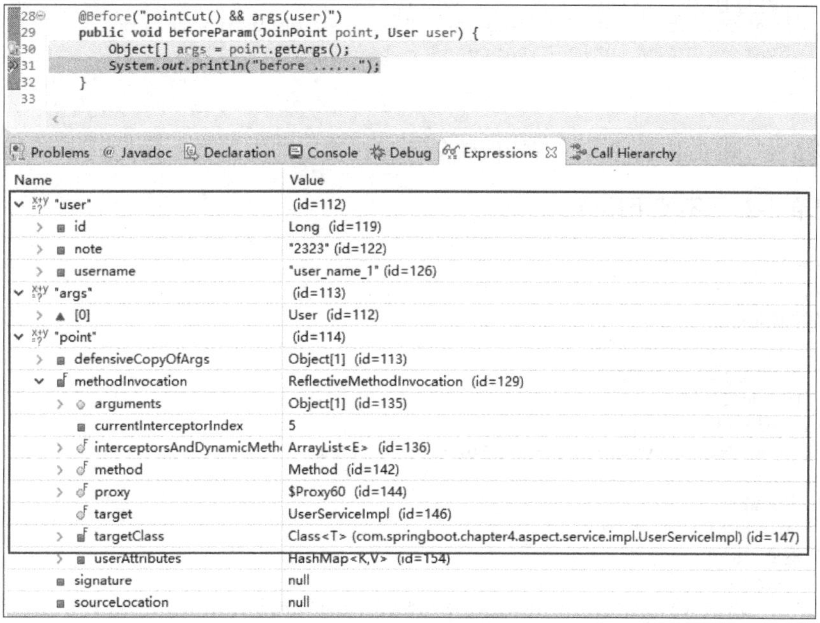

图 4-11　监控通知参数

从监控中，我们看到参数 user 的信息传递成功了。通过连接点参数的 getArgs 方法也可以获取所有的参数，而对于连接点参数还可以获取目标对象的信息，从而完成我们要完成的工作。其他通知也是大同小异的，这里就不再赘述了。

4.3.8　织入

织入是一个生成动态代理对象并且将切面和目标对象方法编织成为约定流程的过程。对于流程上的通知，上面已经有了比较完善的说明，而上面我们都是采用接口+实现类的模式，这是 Spring 推荐的方式，本书也遵循这样的方式。但是对于是否拥有接口则不是 Spring AOP 的强制要求，对于动态代理的也有多种实现方式，我们之前谈到的 JDK 只是其中的一种，业界比较流行的还有 CGLIB、Javassist、ASM 等。Spring 采用了 JDK 和 CGLIB，对于 JDK 而言，它是要求被代理的目标对象必须拥有接口，而对于 CGLIB 则不做要求。因此在默认的情况下，Spring 会按照这样的一条规则处理，即当你需要使用 AOP 的类拥有接口时，它会以 JDK 动态代理运行，否则以 CGLIB 运行。

下面我们来验证一下，先改造代码清单 4-11，假设将类修改为不实现任何接口，如代码清单 4-22 所示。

代码清单 4-22　不使用接口

```
......
@Service
public class UserServiceImpl{
    public void printUser(User user) {
        if (user == null) {
            throw new RuntimeException("检查用户参数是否为空......");
        }
        System.out.print("id =" + user.getId());
        System.out.print("\tusername =" + user.getUsername());
        System.out.println("\tnote =" + user.getNote());
    }
}
```

然后修改控制器的依赖注入，直接依赖于不存在接口的实现类，如代码清单 4-23 所示。

代码清单 4-23　不使用接口

```
......
// 定义控制器
@Controller
// 定义类请求路径
@RequestMapping("/user")
public class UserController {
    // 使用非接口注入
    @Autowired
    private UserServiceImpl userService = null;

    // 定义请求
    @RequestMapping("/print")
    // 返回 JSON
    @ResponseBody
    public User printUser(Long id, String userName, String note) {
        User user = new User();
        user.setId(id);
        user.setUsername(userName);
        user.setNote(note);
        userService.printUser(user);
        return user;// 加入断点测试
    }
    ......
}
```

然后我们在注释的地方加入断点，于是可以看到图 4-12 所示的信息。

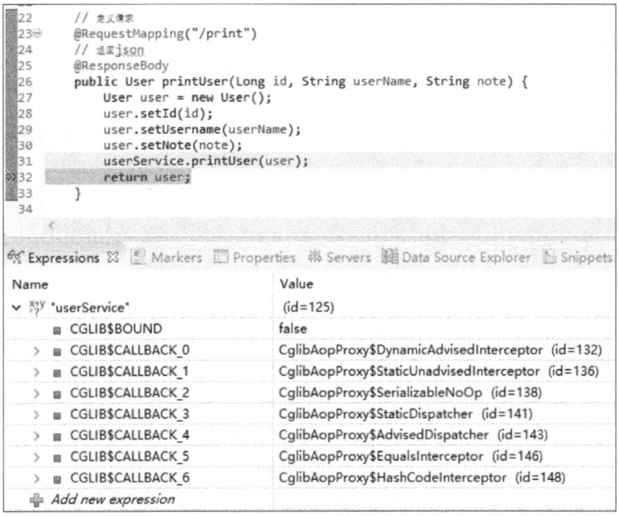

图 4-12　CGLIB 动态代理

从图 4-12 可以看出，此时 Spring 已经使用了 CGLIB 为我们生成代理对象，从而将切面的内容织入对应的流程中。

4.4　多个切面

上面我们讨论了一个切面的运行，而事实上 Spring 还可以支持多个切面的运行。在组织多个切面时，我们需要知道其运行的顺序，首先我们来创建 3 个切面类，如代码清单 4-24 所示。

代码清单 4-24　定义 3 个切面

```
/**
* MyAspect1
*/
package com.springboot.chapter4.aspect;
/**** imports ****/
@Aspect
public class MyAspect1 {

    @Pointcut("execution(*
        com.springboot.chapter4.aspect.service.impl.UserServiceImpl.manyAspects(..))")
    public void manyAspects() {
    }

    @Before("manyAspects()")
    public void before() {
        System.out.println("MyAspect1 before ......");
    }

    @After("manyAspects()")
    public void after() {
        System.out.println("MyAspect1 after ......");
    }
```

```java
    @AfterReturning("manyAspects()")
    public void afterReturning() {
        System.out.println("MyAspect1 afterReturning ......");
    }

}

/**
 * MyAspect2
 */
package com.springboot.chapter4.aspect;
/**** imports ****/
@Aspect
public class MyAspect2 {

    @Pointcut("execution(*
        com.springboot.chapter4.aspect.service.impl.UserServiceImpl.manyAspects(..))")
    public void manyAspects() {
    }

    @Before("manyAspects()")
    public void before() {
        System.out.println("MyAspect2 before ......");
    }

    @After("manyAspects()")
    public void after() {
        System.out.println("MyAspect2 after ......");
    }

    @AfterReturning("manyAspects()")
    public void afterReturning() {
        System.out.println("MyAspect2 afterReturning ......");
    }
}


/**
 * MyAspect3
 */
package com.springboot.chapter4.aspect;
/**** imports ****/
@Aspect
public class MyAspect3 {

    @Pointcut("execution(*
        com.springboot.chapter4.aspect.service.impl.UserServiceImpl.manyAspects(..))")
    public void manyAspects() {
    }

    @Before("manyAspects()")
    public void before() {
        System.out.println("MyAspect3 before ......");
    }

    @After("manyAspects()")
    public void after() {
```

```
        System.out.println("MyAspect3 after ......");
    }

    @AfterReturning("manyAspects()")
    public void afterReturning() {
        System.out.println("MyAspect3 afterReturning ......");
    }
}
```

这样就存在了 3 个切面，它们同时拦截 UserServiceImpl 的 manyAspects 方法，所以我们现在就来实现这个新的方法，如代码清单 4-25 所示。

代码清单 4-25　定义连接点

```
......
@Service
public class UserServiceImpl implements UserService {
    ......
    @Override
    public void manyAspects() {
        System.out.println("测试多个切面顺序");
    }
}
```

同期需要改造 UserService 接口提供 manyAspects 方法。这个过程比较简单，这里就不演示这个过程了。接着我们在 UserController 这个控制器中加入新的方法，对多个切面进行测试，如代码清单 4-26 所示。

代码清单 4-26　控制器测试多个切面

```
......
// 定义控制器
@Controller
// 定义类请求路径
@RequestMapping("/user")
public class UserController {

    // 注入用户服务
    @Autowired
    private UserService userService = null;

    ......

    @RequestMapping("/manyAspects")
    public String manyAspects() {
        userService.manyAspects();
        return "manyAspects";
    }
}
```

这样我们就调用了 UserServiceImpl 的 manyAspects 方法，然后在配置文件加入这 3 个切面的 Bean，如代码清单 4-27 所示。

代码清单 4-27　创建 3 个切面实例

```
......
// 指定扫描包
```

```
@SpringBootApplication(scanBasePackages = { "com.springboot.chapter4.aspect" })
public class Chapter4Application {
    ......
    // 定义切面
    @Bean(name = "myAspect2")
    public MyAspect2 initMyAspect2() {
        return new MyAspect2();
    }

    // 定义切面
    @Bean(name = "myAspect1")
    public MyAspect1 initMyAspect1() {
        return new MyAspect1();
    }

    // 定义切面
    @Bean(name = "myAspect3")
    public MyAspect3 initMyAspect3() {
        return new MyAspect3();
    }

    // 启动 Spring Boot
    public static void main(String[] args) {
        SpringApplication.run(Chapter4Application.class, args);
    }
}
```

运行这个文件，就可以看到 Tomcat 运行的日志，待启动好后，在浏览器输入 http://localhost:8080/
user/manyAspects，在日志中可以看到：

```
MyAspect2 before ......
MyAspect1 before ......
MyAspect3 before ......
测试多个切面顺序
MyAspect3 after ......
MyAspect3 afterReturning ......
MyAspect1 after ......
MyAspect1 afterReturning ......
MyAspect2 after ......
MyAspect2 afterReturning ......
```

从日志中可以看出，切面的执行顺序是混乱的，而在我做的测试中也没有找到多个切面执行顺序
的规律。但是，在很多时候，开发者需要确定切面的执行顺序，来决定哪些切面先执行，哪些切面后
执行。为此，Spring 提供了一个注解@Order 和一个接口 Ordered，我们可以使用它们的任意一个指定
切面的顺序。下面我们先展示@Order，例如，我们指定 MyAspect1 的顺序为 1，如代码清单 4-28 所示。

代码清单 4-28　指定多个切面的顺序

```
......
@Aspect

@Order(1)
public class MyAspect1 {
......
}
```

同样地，我们也可以指定 MyAspect2 的顺序为 2、MyAspect3 的顺序为 3，这样我们再次测试就可以得到下面的日志：

```
MyAspect1 before ......
MyAspect2 before ......
MyAspect3 before ......
测试多个切面顺序
MyAspect3 after ......
MyAspect3 afterReturning ......
MyAspect2 after ......
MyAspect2 afterReturning ......
MyAspect1 after ......
MyAspect1 afterReturning ......
```

我们可以看到，对于前置通知（before）都是从小到大运行的，而对于后置通知和返回通知都是从大到小运行的，这就是一个典型的责任链模式的顺序。同样地，使用 Ordered 接口也可以指定顺序。例如，我们可以把代码清单 4-28 修改为代码清单 4-29 的样子。

代码清单 4-29　使用 Ordered 接口定义切面顺序

```
......
@Aspect
public class MyAspect1 implements Ordered {
    // 指定顺序
    @Override
    public int getOrder() {
        return 1;
    }
    ....
}
```

同样地，MyAspect2 和 MyAspect3 都可以做类似的操作，这样就可以指定切面的顺序了。只是这样不如使用@Order 注解方便，所以在实际的应用中，还是推荐使用@Order 注解。

第 5 章

访问数据库

对于数据库开发，一直以来都是 Java 开发的核心内容之一。在 Java 的发展历史中，数据库持久层的主流技术随着时代的变化也发生了变化。

在 Java 中访问数据库是 SUN 公司提出的 JDBC 规范，但是因为它需要的冗余代码比较多，加上流程和资源比较难以控制，如烦琐的 try...catch...finally...语句，使得当时的 Java EE 的开发受到了很大的质疑，所以使用 JDBC 开发的模式很快就走到了尽头。SUN 公司早年推出的 EJB，虽然能够支持持久化，但是因为配置极为烦琐，所以很快就被新兴的 Hibernate 框架取代。再后来 SUN 公司为了简化持久层，吸收了很多 Hibernate 的成果，制定了 JPA 规范，并且 JPA 规范在 EJB 3.0 得以支持。但 EJB 3.0 并没有能兴旺起来，而 Hibernate 3.2 则对 JPA 实现了完全支持。EJB 同样是一个失败的产品，被埋没在历史的长河之中。

对于全映射框架 Hibernate，在以管理系统为主的时代，它的模型化十分有利于公司业务的分析和理解，但是在近年兴起的移动互联网时代，这样的模式却走到了尽头。Hibernate 的模式重模型和业务分析，移动互联网虽然业务相对简单，但却更关注大数据和大并发下的性能问题。全表映射规则下的 Hibernate 无法满足 SQL 优化和互联网灵活多变的业务，于是 Hibernate 近年来受到新兴的持久框架 MyBatis 的严重冲击，现今 MyBatis 已经成为移动互联网时代的主流持久层框架，在移动互联网和一些新兴项目中 MyBatis 的占有率不断提升，Hibernate 则是不断萎缩。MyBatis 是一个不屏蔽 SQL 且提供动态 SQL、接口式编程和简易 SQL 绑定 POJO 的半自动化框架，它的使用十分简单，而且能非常容易定制 SQL，以提高网站性能，因此在移动互联网兴起的时代，它占据了强势的地位。鉴于这个趋势，本书的数据库持久层也是以 MyBatis 为主的。

Spring 支持 JdbcTemplate 的数据库访问模式，但这个用法一直未被很多企业采用。不过正如 Spring 所倡导的理念，它并不排斥其他优秀的框架，而是通过提供各种各样的模板，使得这些框架能够整合到 Spring 中来，并且更加方便开发者的使用。根据当前时代的背景，本书将介绍 JdbcTemplate 和 JPA（在 Spring Boot 中默认的 JPA 实现是 Hibernate）的简单结合，并详细阐述 MyBatis 的整合，在后续章节中我们将以 MyBatis 为主整合数据库的应用。

不过这一切开始之前，都要先完成数据源的配置。在 Spring Boot 中，已经自动默认数据源的配置，下面我们来了解这方面的细节。在此之前，我们需要先新建工程，将相关的依赖导入到项目中。

5.1 配置数据源

在依赖于 Spring Boot 的 spring-boot-starter-data-jpa 后，它就会默认为你配置数据源，这些默认的数据源主要是内存数据库，如 h2、hqldb 和 Derby 等内存数据，有时候需要配置为我们想要的数据源，所以下面先学习如何配置数据源，这是使用数据库的第一步。

5.1.1 启动默认数据源

下面以 h2 数据库为例，在 Maven 中加入它的依赖，如代码清单 5-1 所示。

代码清单 5-1 配置 h2 默认数据库

```xml
<dependency>
    <groupId>org.springframework.boot</groupId>
    <artifactId>spring-boot-starter-data-jpa</artifactId>
</dependency>
<dependency>
    <groupId>com.h2database</groupId>
    <artifactId>h2</artifactId>
    <scope>runtime</scope>
</dependency>
```

这里引入了 JPA 的依赖。对 JPA 来说，在 Spring Boot 中是依赖 Hibernate 去实现的，因此我们可以看到，在 Maven 依赖包下存在很多与 Hibernate 相关的 jar，如图 5-1 所示。

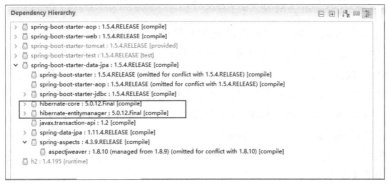

图 5-1　Spring Boot 使用 Hibernate 实现 JPA

这样我们就可以在不使用任何配置数据库的情况下运行 Spring Boot 工程了，因为 h2 是内嵌式数据库，当然我们也可以将数据源配置为 hqldb 或者 Derby，它会随着 Spring Boot 项目的启动而启动，并不需要任何的配置，但这显然不是我们期待的。因为这样的内存数据库在应用上并不广泛，所以我们就不再深究这些内存数据库，更多的时候我们希望使用的是商用数据库，如 MySQL 和 Oracle 等。因此，我们需要考虑如何配置其他数据库厂商的数据源。

5.1.2 配置自定义数据源

下面以 MySQL 作为自定义数据源。首先需要删去代码清单 5-1 中对 h2 的依赖，保留对

spring-boot-starter-data-jpa 的依赖，然后增加对 MySQL 的依赖，如代码清单 5-2 所示。

代码清单 5-2　配置 MySQL 的依赖

```
<dependency>
    <groupId>mysql</groupId>
    <artifactId>mysql-connector-java</artifactId>
</dependency>
<dependency>
    <groupId>org.springframework.boot</groupId>
    <artifactId>spring-boot-starter-jdbc</artifactId>
</dependency>
```

这显然还不足以连接我们的数据源，还需要配置数据库的相关信息才能连接到数据库，这里可以配置 application.properties 配置文件以达到配置数据源的效果。在默认情况下，Spring Boot 会使用其绑定的 Tomcat 的数据源，我们可以对其进行配置，如代码清单 5-3 所示。

代码清单 5-3　配置数据源

```
spring.datasource.url=jdbc:mysql://localhost:3306/chapter5
spring.datasource.username=root
spring.datasource.password=123456
#spring.datasource.driver-class-name=com.mysql.jdbc.Driver
#最大等待连接中的数量，设 0 为没有限制
spring.datasource.tomcat.max-idle=10
#最大连接活动数
spring.datasource.tomcat.max-active=50
#最大等待毫秒数，单位为 ms，超过时间会出错误信息
spring.datasource.tomcat.max-wait=10000
#数据库连接池初始化连接数
spring.datasource.tomcat.initial-size=5
```

这样我们就完成了 Spring Boot 的数据源配置，只是主要的是加粗的代码。虽然这里注释掉了驱动类的配置，但是它还是可以连接数据源的，这是因为 Spring Boot 会尽可能地去判断数据源是什么类型的，然后根据其默认的情况去匹配驱动类。在它不能匹配的情况下，你可以明确地配置它，这样就不会使用默认的驱动类了。接着我们可以根据需要配置数据源的属性，因为上面使用的是 Tomcat 自带的数据库连接池，所以读者可以看到很多配置的代码中带有 tomcat 字样。

上面只是匹配 Spring Boot 绑定的 Tomcat 的数据源，有时候我们希望使用的是第三方数据源，这也是没有任何问题的。例如，如果我们要使用 DBCP 数据源，只需要加入 DBCP 的数据源的 Maven 依赖，如代码清单 5-4 所示。

代码清单 5-4　在 Maven 中加入 DBCP 数据源依赖

```
<dependency>
    <groupId>org.apache.commons</groupId>
    <artifactId>commons-dbcp2</artifactId>
</dependency>
```

这样工程就会把 DBCP2 对应的 jar 包加进来，我们只要将代码清单 5-3 修改为代码清单 5-5 就可以了。

代码清单 5-5　配置 DBCP2 数据源

```
spring.datasource.url=jdbc:mysql://localhost:3306/spring_boot_chapter5
spring.datasource.username=root
```

```
spring.datasource.password=123456
#spring.datasource.driver-class-name=com.mysql.jdbc.Driver
#指定数据库连接池的类型
spring.datasource.type=org.apache.commons.dbcp2.BasicDataSource
#最大等待连接中的数量，设 0 为没有限制
spring.datasource.dbcp2.max-idle=10
#最大连接活动数
spring.datasource.dbcp2.max-total=50
#最大等待毫秒数，单位为 ms，超过时间会出错误信息
spring.datasource.dbcp2.max-wait-millis=10000
#数据库连接池初始化连接数
spring.datasource.dbcp2.initial-size=5
```

在上述代码中，我们首先通过 spring.datasource.type 属性指定了数据库连接池的类型，然后再使用 spring.datasource.dbcp2.*去配置数据库连接池的属性，这样 Spring Boot 就会根据这些属性去配置对应的数据库连接池，从而知道使用的是 DBCP 数据源。为了验证这个结果，我们新建一个 Bean，如代码清单 5-6 所示。

代码清单 5-6 监测数据库连接池类型
```java
package com.springboot.chapter5.db;
/**** imports ****/
@Component
// 实现 Spring Bean 生命周期接口 ApplicationContextAware
public class DataSourceShow implements ApplicationContextAware {

    ApplicationContext applicationContext = null;

     // Spring 容器会自动调用这个方法，注入 Spring IoC 容器
    @Override
    public void setApplicationContext(ApplicationContext applicationContext)
            throws BeansException {
        this.applicationContext = applicationContext;
        DataSource dataSource = applicationContext.getBean(DataSource.class);
        System.out.println("-------------------------------");
        System.out.println(dataSource.getClass().getName());
        System.out.println("-------------------------------");
    }

}
```

上述代码中实现了接口 ApplicationContextAware 的方法 setApplicationContext()，依照 Spring Bean 生命周期的规则，在其初始化的时候该方法就会被调用，从而获取 Spring IoC 容器的上下文（applicationContext），这时通过 getBean 方法就可以获取数据库连接池，然后打印出数据连接池的全限定名，这样就可以知道它使用的是哪种数据库连接池了。启动 Spring Boot 程序，就可以发现类似下面的日志出现：
```
......
-------------------------------
org.apache.commons.dbcp2.BasicDataSource
-------------------------------
......
```

显然这里是使用 DBCP2 的数据库连接池提供服务的。我们也可以通过类似的方法配置第三方数据源。为了方便，本章先建一张用户表，如代码清单 5-7 所示。

代码清单 5-7　建表 SQL

```
create table t_user(
    id int(12) not null auto_increment,
    user_name varchar(60) not null,
    /**性别列, 1-男, 2-女**/
    sex int(3) not null default 1 check (sex in(1,2)),
    note varchar(256) null,
    primary key(id)
);
```

这样就建好了一张用户表，接着需要创建 POJO 用户来与这张表对应起来，如代码清单 5-8 所示。

代码清单 5-8　用户 POJO

```
package com.springboot.chapter5.pojo;
/**** imports ****/
public class User {
    private Long id = null;
    private String userName = null;
    private SexEnum sex = null;// 枚举
    private String note = null;
    /**** setter and getter ****/
}
```

这样我们就有了 POJO，只是在这个 POJO 里，性别是使用枚举类（SexEnum）定义的。下面我们给出这个类的源码，如代码清单 5-9 所示。

代码清单 5-9　性别枚举类

```
package com.springboot.chapter5.enumeration;
public enum SexEnum {
    MALE(1, "男"),
    FEMALE(2, "女");

    private int id ;
    private String name;
    SexEnum(int id, String name) {
        this.id = id;
        this.name= name;
    }

    public static SexEnum getEnumById(int id) {
        for (SexEnum sex : SexEnum.values()) {
            if (sex.getId() == id) {
                return sex;
            }
        }
        return null;
    }
    /**** setter and getter ****/
}
```

有了这些，就让我们开始 Spring 数据库编程的征程吧。

5.2　使用 JdbcTemplate 操作数据库

在配置数据源后，Spring Boot 通过其自动配置机制配置好了 JdbcTemplate，JdbcTemplate 模板是

Spring 框架提供的。准确来说，JdbcTemplate 这种方式也不算成功，在实际的工作中还是比较少使用的。在实际工作中使用得更多的是 Hibernate 和 MyBatis，所以这里也只是简简单单地交代它的用法而并不深入。

下面先创建一个 Service 接口，定义一些方法，这样通过它的实现类就可以注入 Spring Boot 已经为我们配置好的 JdbcTemplate，直接就可以使用了。这体现了 Spring Boot 的理念——尽量减少程序员的配置。这个接口代码如代码清单 5-10 所示。

代码清单 5-10　定义用户服务接口
```
package com.springboot.chapter5.service;
/**** imports ****/
public interface JdbcTmplUserService {

    public User getUser(Long id);

    public List<User> findUsers(String userName, String note);

    public int insertUser(User user);

    public int updateUser(User user) ;

    public int deleteUser(Long id);
}
```

然后我们就可以给出它的实现类，如代码清单 5-11 所示。

代码清单 5-11　实现用户接口
```
package com.springboot.chapter5.service.impl;
/**** imports ****/
@Service
public class JdbcTmplUserServiceImpl implements JdbcTmplUserService {

    @Autowired
    private JdbcTemplate jdbcTemplate = null;

    // 获取映射关系
    private RowMapper<User> getUserMapper() {
        // 使用 Lambda 表达式创建用户映射关系
        RowMapper<User> userRowMapper = (ResultSet rs, int rownum) -> {
            User user = new User();
            user.setId(rs.getLong("id"));
            user.setUserName(rs.getString("user_name"));
            int sexId = rs.getInt("sex");
            SexEnum sex = SexEnum.getEnumById(sexId);
            user.setSex(sex);
            user.setNote(rs.getString("note"));
            return user;
        };
        return userRowMapper;
    }

    // 获取对象
    @Override
    public User getUser(Long id) {
```

```
        // 执行的 SQL
        String sql = " select id, user_name, sex, note from t_user where id = ?";
        // 参数
        Object[] params = new Object[] {id };
        User user = jdbcTemplate.queryForObject(sql, params, getUserMapper());
        return user;
    }


    // 查询用户列表
    @Override
    public List<User> findUsers(String userName, String note) {
        // 执行的 SQL
        String sql = " select id, user_name, sex, note from t_user "
                + "where user_name like concat('%', ?, '%') "
                + "and note like concat('%', ?, '%')";
        // 参数
        Object[] params = new Object[] { userName, note };
        // 使用匿名类实现
        List<User> userList
            = jdbcTemplate.query(sql, params, getUserMapper());
        return userList;
    }


    // 插入数据库
    @Override
    public int insertUser(User user) {
        String sql = " insert into t_user (user_name, sex, note) values( ? , ?, ?)";
        return jdbcTemplate.update(sql,
            user.getUserName(), user.getSex().getId(), user.getNote());
    }

    // 更新数据库
    @Override
    public int updateUser(User user) {
        // 执行的 SQL
        String sql = " update t_user set user_name = ?, sex = ?, note = ?  "
            + " where id = ?";
        return jdbcTemplate.update(sql, user.getUserName(),
                user.getSex().getId(), user.getNote(), user.getId());
    }

    // 删除数据
    @Override
    public int deleteUser(Long id) {
        // 执行的 SQL
        String sql = " delete from t_user where id = ?";
        return jdbcTemplate.update(sql, id);
    }
}
```

对 JdbcTemplate 的映射关系是需要开发者自己实现 RowMapper 的接口的,这样就可以完成数据库数据到 POJO(Plain Ordinary Java Object)对象的映射了。对于 Java 8 及以上版本,可以使用 Lambda 表达式来比较优雅地实现 RowMapper 接口,例如,getUserMapper 方法的代码中就使用了 Lambda 表达式。当然,如果 JDK 的版本比较低,没有支持 Lambda 表达式,那就只能声明类或者使用匿名类了。对于增删查改就更简单了，主要是传递参数，然后执行 SQL 后返回影响数据库记录数。需要指出的是，上面都是比较简单的应用，只有一条 SQL，有时我们需要执行多条 SQL。只是 JdbcTemplate 是每调用一次便会生成一个数据库连接，例如：

```
List list = this.jdbcTemplate.query(sql1, rowMapper);
this.jdbcTemplate.update(sql2);
```

从表面上看，这两个 SQL 都在同一个逻辑完成，而实际从底层的角度来看，它们是使用不同的数据库连接完成的。当 JdbcTemplate 执行 query 方法时，会从数据库连接池分配一条数据库连接资源，当其执行完后，会关闭数据库连接；当执行 update 时，它又从数据库连接池分配一条新的连接去执行 SQL。所以这种方式是不被推荐的。有时候我们希望在一个连接里面执行多条 SQL，对此我们也可以使用 StatementCallback 或者 ConnectionCallback 接口实现回调，如代码清单 5-12 所示。

代码清单 5-12　使用 StatementCallback 和 ConnectionCallback 执行多条 SQL

```java
public User getUser2(Long id) {
    // 通过 Lambda 表达式使用 StatementCallback
    User result = this.jdbcTemplate.execute((Statement stmt) -> {
        String sql1 = "select count(*) total from t_user where id= " + id;
        ResultSet rs1 = stmt.executeQuery(sql1);
        while (rs1.next()) {
            int total = rs1.getInt("total");
            System.out.println(total);
        }
        // 执行的 SQL
        String sql2 = " select id, user_name, sex, note from t_user"
                + " where id = " + id;
        ResultSet rs2 = stmt.executeQuery(sql2);
        User user = null;
        while (rs2.next()) {
            int rowNum = rs2.getRow();
            user= getUserMapper().mapRow(rs2, rowNum);
        }
        return user;
    });
    return result;
}

public User getUser3(Long id) {
    // 通过 Lambda 表达式使用 ConnectionCallback 接口
    return this.jdbcTemplate.execute((Connection conn) -> {
        String sql1 = " select count(*) as total from t_user"
                + " where id = ?";
        PreparedStatement ps1 = conn.prepareStatement(sql1);
        ps1.setLong(1, id);
        ResultSet rs1 = ps1.executeQuery();
        while (rs1.next()) {
            System.out.println(rs1.getInt("total"));
        }
        String sql2 = " select id, user_name, sex, note from t_user "
                + "where id = ?";
        PreparedStatement ps2 = conn.prepareStatement(sql2);
        ps2.setLong(1, id);
        ResultSet rs2 = ps2.executeQuery();
```

```
            User user = null;
            while (rs2.next()) {
                int rowNum = rs2.getRow();
                user= getUserMapper().mapRow(rs2, rowNum);
            }
            return user;
        });
    }
```

  类似上面的代码就可以通过 StatementCallback 或者 ConnectionCallback 接口实现回调，从而在一条数据库连接中执行多条 SQL。

5.3 使用 JPA（Hibernate）操作数据

  JPA（Java Persistence API，Java 持久化 API），是定义了对象关系映射（ORM）以及实体对象持久化的标准接口。JPA 是 JSR-220（EJB 3.0）规范的一部分，但是在 JSR-220 中规定实体对象（Entity Bean）由 JPA 进行支持，所以 JPA 不局限于 EJB 3.0，而是作为 POJO 持久化的标准规范，可以脱离容器独立运行、开发和测试，更加方便。然而这套方案并未被企业广泛使用，相对地 JPA 更多地是依靠 Hibernate 的支持才得以使用。

5.3.1 概述

  在 Spring Boot 中 JPA 是依靠 Hibernate 才得以实现的，Hibernate 在 3.2 版本中已经对 JPA 实现了完全的支持，这里我们就以 Hibernate 方案来讨论 JPA 的应用。

  JPA 所维护的核心是实体（Entity Bean），而它是通过一个持久化上下文（Persistence Context）来使用的。持久化上下文包含以下 3 个部分：

- 对象关系映射（Object Relational Mapping，简称 ORM，或 O/RM，或 O/R 映射）描述，JPA 支持注解或 XML 两种形式的描述，在 Spring Boot 中主要通过注解实现；
- 实体操作 API，通过这节规范可以实现对实体对象的 CRUD 操作，来完成对象的持久化和查询；
- 查询语言，约定了面向对象的查询语言 JPQL（Java Persistence Query Language），通过这层关系可以实现比较灵活的查询。

5.3.2 开发 JPA

  代码清单 5-1 中，在 Maven 中引入了 spring-boot-starter-data-jpa，这样便能够使用 JPA 编程了。首先我们需要修改代码清单 5-8，让它能够映射到对应的表上，如代码清单 5-13 所示。

代码清单 5-13　定义用户 POJO

```
package com.springboot.chapter5.pojo;
/**** imports ****/
// 标明是一个实体类
@Entity(name="user")
// 定义映射的表
@Table(name = "t_user")
public class User {
```

```
    // 标明主键
    @Id
    // 主键策略，递增
    @GeneratedValue (strategy = GenerationType.IDENTITY)
    private Long id = null;

    // 定义属性和表的映射关系
    @Column(name = "user_name")
    private String userName = null;

    private String note = null;

    // 定义转换器
    @Convert(converter = SexConverter.class)
    private SexEnum sex = null;

    /**** setter and getter ****/
}
```

使用注解@Entity 标明这是一个实体类，@Table 配置的属性 name 指出它映射数据库的表，这样实体就映射到了对应的表上，@Id 标注那个属性为表的主键，注解@GeneratedValue 则是可以配置采用何种策略生成主键，这里采用 GenerationType.IDENTITY，这是一种依赖于数据库递增的策略；这里的用户名称使用注解@Column 进行标注，因为属性名称（userName）和数据库列名（user_name）不一致，而其他的属性名称和数据库列名保持一致，这样就能与数据库的表的字段一一对应起来了。只是这里的性别需要特殊的转换，因此使用@Convert 指定了 SexConverter 作为其转换器，如代码清单 5-14 所示。

代码清单 5-14　性别转换器

```
package com.springboot.chapter5.converter;
/**** imports ****/
public class SexConverter implements AttributeConverter<SexEnum, Integer>{

    // 将枚举转换为数据库列
    @Override
    public Integer convertToDatabaseColumn(SexEnum sex) {
        return sex.getId();
    }

    // 将数据库列转换为枚举
    @Override
    public SexEnum convertToEntityAttribute(Integer id) {
        return SexEnum.getEnumById(id);
    }
}
```

显然这个类定义了从数据库读出的转换规则和从属性转换为数据库列的规则，这样就能够使性别枚举类与数据库的列对应起来了。

只是有了上述的 POJO 对象的定义，我们还需要一个 JPA 接口来定义对应的操作。为此 Spring 提供了 JpaRepository 接口提供，它本身也继承了其他的接口，它们的关系如图 5-2 所示。

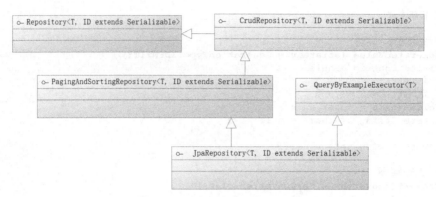

图 5-2 Spring 的 JPA 接口设计

从图 5-2 中可以看到，JPA 最顶级的接口是 Repository，而它没有定义任何方法，定义方法的是它的子接口 CrudRepository，其定义实体最基本的增删改的操作，功能性还不足够强大，为此 PagingAndSortingRepository 则继承了它并且提供了分页和排序的功能，最后 JpaRepository 扩展了 PagingAndSortingRepository，而且扩展了 QueryByExampleExecutor 接口，这样就可以拥有按例子（Example）查询的功能。一般而言，我们只需要定义 JPA 接口扩展 JpaRepository 便可以获得 JPA 提供的方法了，例如，针对用户类（User）的 JPA 接口定义，如代码清单 5-15 所示。

代码清单 5-15 定义 JPA 接口

```
package com.springboot.chapter5.dao;
/**** imports ****/
public interface JpaUserRepository
    extends JpaRepository<User, Long> {
}
```

这样便拥有了系统默认帮我们实现的方法。请注意，这并不需要提供任何实现类，这些 Spring 会根据 JPA 接口规范帮我们完成，然后就可以开发控制器——JpaController，来测试这个接口，如代码清单 5-16 所示。

代码清单 5-16 使用控制器测试接口

```
package com.springboot.chapter5.controller;
/**** imports ****/
@Controller
@RequestMapping("/jpa")
public class JpaController {
    // 注入 JPA 接口，这里不需要使用实现类
    @Autowired
    private JpaUserRepository jpaUserRepository = null;

    @RequestMapping("/getUser")
    @ResponseBody
    public User getUser(Long id) {
        // 使用 JPA 接口查询对象
        User user = jpaUserRepository.findById(id).get();
        return user;
    }
}
```

这里我们使用控制器来测试 JpaUserRepository 接口，而对于这个接口还需要制定 Spring Boot 的扫描路径，才能将接口扫描到 Spring IoC 容器中。与此同时，我们还要将实体类（Entity Bean）注册给 JPA 才能测试这个控制器。为了方便注册 JPA 的信息，Spring 提供了两个注解用来扫描对应的 JPA 接口和实体类，它们是@EnableJpaRepositories 和@EntityScan。顾名思义，@EnableJpaRepositories 代表启用 JPA 编程，@EntityScan 则是对实体 Bean 的扫描，如代码清单 5-13 的 User。为此我们使用代码清单 5-17 启动 Spring Boot 应用。

代码清单 5-17　Spring Boot 启动文件

```
package com.springboot.chapter5.main;
/**** imports ****/
// 定义 Spring Boot 扫描包路径
@SpringBootApplication(scanBasePackages = {"com.springboot.chapter5"})
// 定义 JPA 接口扫描包路径
@EnableJpaRepositories(basePackages = "com.springboot.chapter5.dao")
// 定义实体 Bean 扫描包路径
@EntityScan(basePackages = "com.springboot.chapter5.pojo")
public class Chapter5Application {
    public static void main(String[] args) throws Exception {
        SpringApplication.run(Chapter5Application.class, args);
    }
}
```

这里使用的@EnableJpaRepositories 启用 JPA 和制定扫描的包，这样 Spring 就会将对应的 JPA 接口扫描进来，并且生成对应的 Bean，装配在 IoC 容器中，这样就可以在控制器上用@Autowired 进行依赖注入了。而通过定义@EntityScan 定义的包扫描，就可以通过扫描装载 JPA 的实体类了。而实际上，即使没有使用注解@EnableJpaRepositories 和@EntityScan，只要依赖了 spring-boot-starter-data-jpa，Spring Boot 2.x 也会对项目进行扫描，这样 JPA 的实体和接口都会被扫描，只是使用它们可以更进一步配置 JPA 的相关信息而已。

为了更好地运行，还需要对 JPA 进行一定的配置。为此需要在 Spring Boot 的配置文件中加入一些配置，如代码清单 5-18 所示。

代码清单 5-18　配置 JPA 属性

```
#使用 MySQL 数据库方言
spring.jpa.database-platform=org.hibernate.dialect.MySQLDialect
#打印数据库 SQL
spring.jpa.show-sql=true
#选择 Hibernate 数据定义语言（DDL）策略为 update
spring.jpa.hibernate.ddl-auto=update
```

有关 JPA 和 Hibernate 的配置，本书不再详细阐述了。通过上述代码，我们就完成了所有工作，可以对 JpaController 进行测试，图 5-3 展示的就是我进行测试的截图。

图 5-3　通过控制器测试 JPA 接口

显然，控制器通过 JPA 接口查询到了数据，然后将其展现为 JSON。如果我们监控一下日志，可以看到关于 Hibernate 的查询语句的打印：

```
Hibernate: select user0_.id as id1_0_0_, user0_.note as note2_0_0_, user0_.sex as sex3_0_0_,
user0_.user_name as user_nam4_0_0_ from t_user user0_ where user0_.id=?
```

但是有时我们可能需要更加灵活的查询，这时可以使用 JPA 查询语言（JPQL），它与 Hibernate 提供的 HQL 是十分接近的。这里使用注解 @Query 标识语句就可以了。例如，我们可以在代码清单 5-15 中加入新的查询方法，如代码清单 5-19 所示。

代码清单 5-19　使用 JPA 查询语言
```
@Query("from user where user_name like concat('%', ?1, '%') "
    + "and note like concat('', ?2, '%')")
public List<User> findUsers(String userName, String note);
```

注意，因为这里写 from user 中的 user 是代码清单 5-13 中定义的实体类名称（@Entity 注解的 name 属性），所以才能这样定义一条 JPQL，提供给上层调用。

除了可以进行定义查询语句，按照一定规则命名的方法也可以在不写任何代码的情况下完成逻辑。例如，下面我们在代码清单 5-15 中加入这么几个方法，如代码清单 5-20 所示。

代码清单 5-20　JPA 的命名查询
```
/**
 * 按用户名称模糊查询
 * @param userName 用户名
 * @return 用户列表
 */
List<User> findByUserNameLike(String userName);

/**
 * 根据主键查询
 * @param id -- 主键
 * @return 用户
 */
User getUserById(Long id);

/**
 * 按照用户名称或者备注进行模糊查询
 * @param userName 用户名
 * @param note 备注
 * @return 用户列表
 */
List<User> findByUserNameLikeOrNoteLike(String userName, String note);
```

可以看到，这里的命名是以动词（get/find）开始的，而以 by 代表按照什么内容进行查询。例如，getUserById 方法就是通过主键（id）对用户进行查询的，这样 JPA 就会根据方法命名生成 SQL 来查询数据库了；findByUserNameLike 方法的命名则多了一个 like，它代表着采用模糊查询，也就是使用 like 关键字进行查询；findByUserNameLikeOrNoteLike 这样的命名，则涉及两个条件，一个是用户名（userName），另一个是备注（note），它们都采用了 like，因此会执行模糊查询，而它们之间采用的连接词为 Or（或者），所以 SQL 的生成也采用了 Or。下面我们在控制器（代码清单 5-16）中增加几个方法进行测试，如代码清单 5-21 所示。

代码清单 5-21 测试方法命名查询

```
@RequestMapping("/getUserById")
@ResponseBody
public User getUserById(Long id) {
    // 使用 JPA 接口查询对象
    User user = jpaUserRepository.getUserById(id);
    return user;
}


@RequestMapping("/findByUserNameLike")
@ResponseBody
public List<User> findByUserNameLike(String userName) {
    // 使用 JPA 接口查询对象
    List<User> userList = jpaUserRepository.findByUserNameLike("%" + userName + "%");
    return userList;
}


@RequestMapping("/findByUserNameLikeOrNoteLike")
@ResponseBody
public List<User> findByUserNameLikeOrNoteLike(String userName, String note) {
    String userNameLike = "%" + userName +"%";
    String noteLike = "%" + note +"%";
    // 使用 JPA 接口查询对象
    List<User> userList
        = jpaUserRepository.findByUserNameLikeOrNoteLike(userNameLike, noteLike);
    return userList;
}
```

有了这几个方法，就能开始测试了。例如，启动 Spring Boot 程序后，就可以对方法 findByUserName-LikeOrNoteLike 进行测试。在浏览器地址栏中输入 http://localhost:8080/jpa/findByUserNameLikeOr-NoteLike?userName=user&note=n，即可看到图 5-4 所示的结果。

图 5-4 测试 JPA 命名查询

监管一下后台日志，可以看到下面的 SQL 的输出：

select user0_.id as id1_0_, user0_.note as note2_0_, user0_.sex as sex3_0_, user0_.user_name as user_nam4_0_ from t_user user0_ where user0_.user_name like ? or user0_.note like ?

显然这样的命名查询成功了。除此之外 JPA 还提供了级联等内容，但是因为目前的趋势已经从 JPA（Hibernate）渐渐地走向 MyBatis，所以关于这些较为高级的话题，本书就不再论述了，有兴趣的读者可以继续研究这些内容。

5.4　整合 MyBatis 框架

应该说目前 Java 持久层最为主流的技术已经是 MyBatis，它比 JPA 和 Hibernate 更为简单易用，也更加灵活。在以管理系统为主的时代，Hibernate 的模型化有助于系统的分析和建模，重点在于业务模型的分析和设计，属于表和业务模型分析的阶段。而现今已经是移动互联网的时代，互联网的特点是面对公众，相对而言业务比较简单，但是往往网站会拥有大量的用户，面对的问题主要是大数据、高并发和性能问题。因此在这个时代，互联网企业开发的难度主要集中在大数据和性能问题上，所以互联网企业更加关注的是系统的性能和灵活性。JPA（Hibernate）的这套规范，也渐渐地走向了没落的边缘。这时，MyBatis 框架走进了我们的视野。

5.4.1　MyBatis 简介

MyBatis 的官方定义为：MyBatis 是支持定制化 SQL、存储过程以及高级映射的优秀的持久层框架。MyBatis 避免了几乎所有的 JDBC 代码和手动设置参数以及获取结果集。MyBatis 可以对配置和原生 Map 使用简单的 XML 或注解，将接口和 Java 的 POJO（Plain Old Java Object，普通的 Java 对象）映射成数据库中的记录。[①]

从这个官方定义可以看出，MyBatis 是基于一种 SQL 到 POJO 的模型，它需要我们提供 SQL、映射关系（XML 或者注解，目前以 XML 为主）和 POJO。但是对于 SQL 和 POJO 的映射关系，它提供了自动映射和驼峰映射等，使开发者的开发工作大大减少；由于没有屏蔽 SQL，这对于追求高响应和性能的互联网系统是十分重要的，因此我们可以尽可能地通过 SQL 去优化性能，也可以做少量的改变以适应灵活多变的互联网应用。与此同时，它还能支持动态 SQL，以适应需求的变化。这样一个灵动的、高性能的持久层框架就呈现在我们面前，这些很符合当前互联网的需要。鉴于当前 MyBatis 的流行且渐渐成为市场的主流持久框架，本书的数据库应用就基于 MyBatis 进行讲述，包括后面的数据库事务和相关应用也是如此。

MyBatis 的配置文件包括两个大的部分，一是基础配置文件，一个是映射文件。在 MyBatis 中也可以使用注解来实现映射，只是由于功能和可读性的限制，在实际的企业中使用得比较少，因此本书不介绍使用注解配置 SQL 的方式。严格来说，Spring 项目本身的项目是不支持 MyBatis 的，那是因为 Spring 3 在即将发布版本时，MyBatis 3 还没有发布正式版本，所以 Spring 的项目中都没有考虑MyBatis 的整合。但是 MyBatis 社区为了整合 Spring 自己开发了相应的开发包，因此在 Spring Boot 中，我们可以依赖 MyBatis 社区提供的 starter。例如，在 Maven 中加入依赖的包，如代码清单 5-22 所示。

代码清单 5-22　引入关于 MyBatis 的 starter

```
<dependency>
    <groupId>org.mybatis.spring.boot</groupId>
    <artifactId>mybatis-spring-boot-starter</artifactId>
    <version>1.3.1</version>
</dependency>
```

---

① 这段文字节选自 MyBatis 中文官网（http://www.mybatis.org/mybatis-3/zh/index.html）。

从包名可以看到，mybatis-spring-boot-starter 是由 MyBatis 社区开发的，但是无论如何都要先了解 MyBatis 的配置和基础的内容。

5.4.2　MyBatis 的配置

MyBatis 是一个基于 SqlSessionFactory 构建的框架。对于 SqlSessionFactory 而言，它的作用是生成 SqlSession 接口对象，这个接口对象是 MyBatis 操作的核心，而在 MyBatis-Spring 的结合中甚至可以"擦除"这个对象，使其在代码中"消失"，这样做的意义是重大的，因为 SqlSession 是一个功能性的代码，"擦除"它之后，就剩下了业务代码，这样就可以使得代码更具可读性。因为 SqlSessionFactory 的作用是单一的，只是为了创建核心接口 SqlSession，所以在 MyBatis 应用的生命周期中理当只存在一个 SqlSessionFactory 对象，并且往往会使用单例模式。而构建 SqlSessionFactory 是通过配置类（Configuration）来完成的，因此对于 mybatis-spring-boot-starter，它会给予我们在配置文件（application.properties）进行 Configuration 配置的相关内容。下面先来看看 Configuration 可以配置哪些内容，如图 5-5 所示。

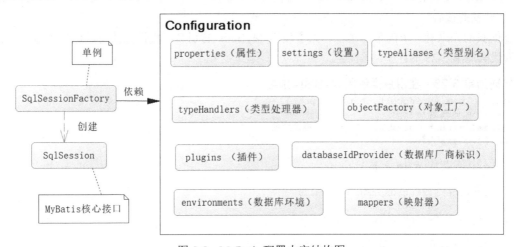

图 5-5　MyBatis 配置内容结构图

从图 5-3 可以了解 MyBatis 可配置的内容。

- properties（属性）：属性文件在实际应用中一般采用 Spring 进行配置，而不是 MyBatis，所以这里不再介绍它的使用。
- settings（设置）：它的配置将改变 MyBatis 的底层行为，可以配置映射规则，如自动映射和驼峰映射、执行器（Executor）类型、缓存等内容，比较复杂，具体配置项可参考 MyBatis 官方网站（http://www.mybatis.org/mybatis-3/zh/configuration.html#settings）。
- typeAliases（类型别名）：因为使用类全限定名会比较长，所以 MyBatis 会对常用的类提供默认的别名，此外还允许我们通过 typeAliases 配置自定义的别名。
- typeHandlers（类型处理器）：这是 MyBatis 的重要配置之一，在 MyBatis 写入和读取数据库的过程中对于不同类型的数据（对于 Java 是 JavaType，对于数据库则是 JdbcType）进行自定义转换，在大部分的情况下我们不需要使用自定义的 typeHandler，因为在 MyBatis 自身就已经定义了比较多的 typeHandler，MyBatis 会自动识别 javaType 和 jdbcType，从而实现各种类型的转换。一般来说，typeHandler 的使用集中在枚举类型上。

- objectFactory（对象工厂）：这是一个在 MyBatis 生成返回的 POJO 时会调用的工厂类。一般我们使用 MyBatis 默认提供的对象工厂类（DefaultObjectFactory）就可以了，而不需要任何配置，所以本书不讨论它。

- plugins（插件）：有时候也称为拦截器，是 MyBatis 最强大也是最危险的组件，它通过动态代理和责任链模式来完成，可以修改 MyBatis 底层的实现功能。掌握它需要比较多的 MyBatis 知识，可参考相关的书籍和资料。

- environments（数据库环境）：可以配置数据库连接内容和事务。一般而言，这些交由 Spring 托管，所以不再讨论它。

- databaseIdProvider（数据库厂商标识）：允许 MyBatis 配置多类型数据库支持，不常用，不再讨论它的使用。

- mappers（映射器）：是 MyBatis 最核心的组件，它提供 SQL 和 POJO 映射关系，这是 MyBatis 开发的核心。

下面我们先来看一个简单的例子。为了使用 MyBatis 的别名，我们先改写代码清单 5-8 中的实体类为代码清单 5-23 的样子。

代码清单 5-23　在用户类使用 MyBatis 别名

```
package com.springboot.chapter5.pojo;
/**** imports ****/
@Alias(value = "user")// MyBatis 指定别名
public class User {

    private Long id = null;

    private String userName = null;

    private String note = null;

    // 性别枚举，这里需要使用 typeHandler 进行转换
    private SexEnum sex = null;

    public User() {
    }
    /**** setter and getter ****/
}
```

这里只是加入了加粗的注解@Alias，并且指定它的别名为 "user"。同时要注意，这里的属性中多了一个枚举，它就是性别。在 MyBatis 的体系中，枚举是可以通过 typeHandler 进行转换的。为此这里开发这个 typeHandler，如代码清单 5-24 所示。

代码清单 5-24　性别 typeHandler

```
package com.springboot.chapter5.typehandler;
/**** imports ****/
// 声明 JdbcType 为整型
@MappedJdbcTypes(JdbcType.INTEGER)
// 声明 JavaType 为 SexEnum
```

```java
@MappedTypes(value=SexEnum.class)
public class SexTypeHandler extends BaseTypeHandler<SexEnum> {

    // 通过列名读取性别
    @Override
    public SexEnum getNullableResult(ResultSet rs, String col)
            throws SQLException {
        int sex = rs.getInt(col);
        if (sex != 1 && sex != 2) {
            return null;
        }
        return SexEnum.getEnumById(sex);
    }

    // 通过下标读取性别
    @Override
    public SexEnum getNullableResult(ResultSet rs, int idx)
            throws SQLException {
        int sex = rs.getInt(idx);
        if (sex != 1 && sex != 2) {
            return null;
        }
        return SexEnum.getEnumById(sex);
    }


    // 通过存储过程读取性别
    @Override
    public SexEnum getNullableResult(CallableStatement cs, int idx)
            throws SQLException {
        int sex = cs.getInt(idx);
        if (sex != 1 && sex != 2) {
            return null;
        }
        return SexEnum.getEnumById(sex);
    }

    // 设置非空性别参数
    @Override
    public void setNonNullParameter(PreparedStatement ps, int idx,
            SexEnum sex, JdbcType jdbcType) throws SQLException {
        ps.setInt(idx, sex.getId());
    }
}
```

在 MyBatis 中对于 typeHandler 的要求是实现 TypeHandler<T>接口，而它自身为了更加方便也通过抽象类 BaseTypeHandler<T>实现了 TypeHandler<T>接口，所以这里直接继承抽象类 BaseTypeHandler <T>就可以了。注解@MappedJdbcTypes 声明 JdbcType 为数据库的整型，@MappedTypes 声明 JavaType 为 SexEnum，这样 MyBatis 即可据此对对应的数据类型进行转换了。

为了使这个 POJO 能够与数据库的数据对应，还需要提供一个映射文件，如代码清单 5-25 所示。

代码清单 5-25　用户映射文件（userMapper.xml）

```xml
<?xml version="1.0" encoding="UTF-8" ?>
<!DOCTYPE mapper
  PUBLIC "-//mybatis.org//DTD Mapper 3.0//EN"
```

```
  "http://mybatis.org/dtd/mybatis-3-mapper.dtd">
<mapper namespace="com.springboot.chapter5.dao.MyBatisUserDao">
    <select id="getUser" parameterType="long" resultType="user">
        select id, user_name as userName, sex, note from t_user where id = #{id}
    </select>
</mapper>
```

这里先看到<mapper>元素的 namespace 属性，它指定一个接口，后文会提供这个接口；接着定义一个<select>元素，它代表着一个查询语句，而 id 属性指代这条 SQL，parameterType 属性配置为 long，则表示是一个长整型（Long）参数，resultType 指定返回值类型，这里使用了 user，这是一个别名，因为代码清单 5-23 中我们已经有了指代，所以才能这样使用，也可以使用全限定名（com.springboot.chapter5.pojo.User）；再接着是 SQL 语句，这里的列名和 POJO 的属性名是保持一致的。请注意，数据库表中的字段名为 user_name，而 POJO 的属名为 userName，这里的 SQL 是通过字段的别名（userName）来让它们保持一致的。在默认的情况下，MyBatis 会启动自动映射，将 SQL 中的列映射到 POJO 上，有时候你也可以启动驼峰映射，这样就可以不启用别名了。为了启用这个映射，我们还需要一个接口，注意仅仅是一个接口，并不需要任何实现类，它就是<mapper>元素的 namespace 属性定义的 MyBatisUserDao，如代码清单 5-26 所示。

代码清单 5-26　定义 MyBatis 操作接口

```
package com.springboot.chapter5.dao;
/**** imports ****/
@Repository
public interface MyBatisUserDao {
    public User getUser(Long id);
}
```

注意，这里加了一个注解@Repository。这个注解在将来讨论扫描加载 MyBatis 接口 Bean 时是十分有用的，而它的方法 getUser 和映射文件中定义的查询 SQL 的 id 是保持一致的，参数也是如此，这样就能够定义一个查询方法了。好了，有了上面的内容，我们开始配置 MyBatis。这里需要对映射文件、POJO 的别名和 typeHandler 进行配置，这样就可以在配置文件 application.properties 中加入代码清单 5-27 所示的片段。

代码清单 5-27　配置映射文件和扫描别名

```
#MyBatis 映射文件通配
mybatis.mapper-locations=classpath:com/springboot/chapter5/mapper/*.xml
#MyBatis 扫描别名包，和注解@Alias 联用
mybatis.type-aliases-package=com.springboot.chapter5.pojo
#配置 typeHandler 的扫描包
mybatis.type-handlers-package=com.springboot.chapter5.typehandler
#日志配置
logging.level.root=DEBUG
logging.level.org.springframework=DEBUG
logging.level.org.mybatis=DEBUG
```

这里配置了我们的映射文件、别名文件和 typeHandler，这样就可以让 MyBatis 扫描它们了。日志配置为 DEBUG 级别，是为了更好地观察测试结果。其他的都不需要配置，因为 mybatis-spring-boot-starter 对 MyBatis 启动做了默认的配置，只需要修改我们需要的东西即可。这便是 Spring Boot 的特性，让你在最少的配置下完成你想要的功能，这样对于 MyBatis 而言，就结束了，下面我们讨论如何在 Spring Boot

整合它。

5.4.3 Spring Boot 整合 MyBatis

在大部分的情况下，应该“擦除”SqlSession 接口的使用而直接获取 Mapper 接口，这样就更加集中于业务的开发，而不是 MyBatis 功能性的开发。但是在上面我们可以看到 Mapper 是一个接口，是不可以使用 new 为其生成对象实例的。为了方便我们使用，MyBatis 社区在与 Spring 整合的包中提供了两个类，它们是 MapperFactoryBean 和 MapperScannerConfigurer。它们是有区别的，MapperFactoryBean 是针对一个接口配置，而 MapperScannerConfigurer 则是扫描装配，也就是提供扫描装配 MyBatis 的接口到 Spring IoC 容器中。实际上，MyBatis 还提供了注解@MapperScan，也能够将 MyBatis 所需的对应接口扫描装配到 Spring IoC 容器中。相对于 MapperFactoryBean 和 MapperScannerConfigurer 这样需要代码开发的方式，@MapperScan 显得更为简便，所以在大部分的情况下，建议读者使用它。下面分别对 MapperFactoryBean、MapperScannerConfigurer 和@MapperScan 的使用给予说明。

先用 MapperFactoryBean 配置 MyBatisUserDao 接口。我们在 Spring Boot 的启动配置文件中加入代码清单 5-28 所示的片段。

代码清单 5-28　使用 MapperFactoryBean 装配 MyBatis 接口
```
@Autowired
SqlSessionFactory sqlSessionFactory = null;
// 定义一个 MyBatis 的 Mapper 接口
@Bean
public MapperFactoryBean<MyBatisUserDao> initMyBatisUserDao() {
    MapperFactoryBean<MyBatisUserDao> bean = new MapperFactoryBean<>();
    bean.setMapperInterface(MyBatisUserDao.class);
    bean.setSqlSessionFactory(sqlSessionFactory);
    return bean;
}
```

这里的 SqlSessionFactory 是 Spring Boot 自动为我们生成的，可以奉行拿来主义，然后直接使用 MapperFactoryBean 来定义 Mapper 接口。下面开发服务层来装配它，如代码清单 5-29 所示，它给出了服务接口和其实现类。

代码清单 5-29　使用 MyBatis 接口
```
package com.springboot.chapter5.service;
import com.springboot.chapter5.pojo.User;
public interface MyBatisUserService {
    public User getUser(Long id);
}
---------------------------------------------------------
package com.springboot.chapter5.service.impl;
/**** imports ****/
@Service
public class MyBatisUserServiceImpl implements MyBatisUserService {
    @Autowired
    private MyBatisUserDao myBatisUserDao = null;

    @Override
    public User getUser(Long id) {
```

```
        return myBatisUserDao.getUser(id);
    }
}
```

因为我们在启动文件中装配了对应的接口，所以可以采用加粗的代码进行依赖注入，把接口注入应用中。接着就是实现了 getUser 方法，这段代码也比较简单。下面我们开发控制器，以完成这个接口的测试，如代码清单 5-30 所示。

代码清单 5-30　使用控制器测试 MyBatis 接口

```java
package com.springboot.chapter5.controller;
/**** imports ****/
@Controller
@RequestMapping("/mybatis")
public class MyBatisController {

    @Autowired
    private MyBatisUserService myBatisUserService = null;

    @RequestMapping("/getUser")
    @ResponseBody
    public User getUser(Long id) {
        return myBatisUserService.getUser(id);
    }
}
```

这样，通过注入服务类接口就可以测试控制器的方法。启动 Spring Boot 的应用，在浏览器地址栏中输入 http://localhost:8080/mybatis/getUser?id=1，就可以看到图 5-6 所示的结果。

图 5-6　测试 MyBatis 数据库访问接口

显然到这里我们已经整合了 MyBatis，并且成功地打印出 JSON 数据集。代码清单 5-26 给出的是一个自定义的 DAO 接口，然后将其装配到 Spring IoC 容器中。而现实中接口会十分多，如果一个个地定义将会比较麻烦，这个时候就可以使用 MapperScannerConfigurer 类来定义扫描了，它可以配置包和注解（或者接口）类型进行装配，首先把代码清单 5-28 的代码删除，然后在 Spring Boot 的启动配置文件中加入代码清单 5-31 的片段。

代码清单 5-31　使用 MapperScannerConfigurer 扫描装配 MyBatis 接口

```java
/***
 * 配置 MyBatis 接口扫描
 * @return 返回扫描器
 */
@Bean
public MapperScannerConfigurer mapperScannerConfig() {
    // 定义扫描器实例
    MapperScannerConfigurer mapperScannerConfigurer = new MapperScannerConfigurer();
```

```
// 加载 SqlSessionFactory,Spring Boot 会自动生成，SqlSessionFactory 实例
mapperScannerConfigurer.setSqlSessionFactoryBeanName("sqlSessionFactory");
//定义扫描的包
mapperScannerConfigurer.setBasePackage("com.springboot.chapter5.*");
//限定被标注@Repository 的接口才被扫描
mapperScannerConfigurer.setAnnotationClass(Repository.class);
//通过继承某个接口限制扫描，一般使用不多
//mapperScannerConfigurer.setMarkerInterface(......);
return mapperScannerConfigurer;
}
```

上述代码中使用 MapperScannerConfigurer 类定义了扫描的包，这样程序就会去扫描对应的包了。然后还使用了注解限制，限制被标注为@Repository，这就是为什么在代码清单 5-26 中的接口使用这个注解标注的原因，这样就可以防止在扫描中被错误装配。当然也可以使用接口继承的关系限定，但现实中使用得不多，所以就不再探讨了。

但是上述还是需要编写代码，而实际上还有更为简单的方式，那就是注解@MapperScan，例如我们可以删除上述关于 MapperFactoryBean 和 MapperScannerConfigurer 的相关代码，单独使用@MapperScan，例如可以把代码清单 5-17 修改为代码清单 5-32 的样子。

代码清单 5-32　使用@MapperScan 定义扫描

```
package com.springboot.chapter5.main;
/**** imports ****/
// 定义 Spring Boot 扫描包路径
@SpringBootApplication(scanBasePackages = {"com.springboot.chapter5"})
// 定义 JPA 接口扫描包路径
@EnableJpaRepositories(basePackages = "com.springboot.chapter5.dao")
// 定义实体 Bean 扫描包路径
@EntityScan(basePackages = "com.springboot.chapter5.pojo")
// 定义 MyBatis 的扫描
@MapperScan(
    // 指定扫描包
    basePackages = "com.springboot.chapter5.*",
    // 指定 SqlSessionFactory，如果 sqlSessionTemplate 被指定，则作废
    sqlSessionFactoryRef = "sqlSessionFactory",
    // 指定 sqlSessionTemplate，将忽略 sqlSessionFactory 的配置
    sqlSessionTemplateRef = "sqlSessionTemplate",
    // markerInterface = Class.class,// 限定扫描接口，不常用
    annotationClass = Repository.class
)
public class Chapter5Application {
    ......
}
```

注意加粗的代码。@MapperScan 允许我们通过扫描加载 MyBatis 的 Mapper，如果你的 Spring Boot 项目中不存在多个 SqlSessionFactory（或者 SqlSessionTemplate），那么你完全可以不配置 sqlSessionFactoryRef（或者 sqlSessionTemplateRef），上述代码关于它们的配置是可有可无的，但是如果是存在多个时，就需要我们指定了，而且有一点是需要注意的：sqlSessionTemplateRef 的优先权是大于 sqlSessionFactoryRef 的，也就是当我们将两者都配置之后，系统会优先选择 sqlSessionTemplateRef，而把 sqlSessionFactoryRef 作废。与我们代码开发一样，制定了扫描的包和注解限定，当然也可以选择接口限定，只是这并不常用。这里我们选择使用注解@Repository 作为限定，这是一个 Spring 对持久层

的注解，而事实上 MyBatis 也提供了一个对 Mapper 的注解@Mapper，在工作中我们可以二选其一，只是我更喜欢@Repository 而已。

5.4.4 MyBatis 的其他配置

在上述中，我们已经完成了一个简单的 SSM 结合的例子，但这里还需要进一步探讨 MyBatis 的一些常用配置，毕竟 MyBatis 的内容远远不是上述的那么少。下面也是我们常用的配置项，如代码清单 5-33 所示。

代码清单 5-33　MyBatis 常用的配置

```
#定义 Mapper 的 XML 路径
mybatis.mapper-locations=......
#定义别名扫描的包，需要与@Alias 联合使用
mybatis.type-aliases-package=......
#MyBatis 配置文件，当你的配置比较复杂的时候，可以使用它
mybatis.config-location=......
#配置 MyBaits 插件（拦截器）
mybatis.configuration.interceptors= ......
#具体类需要与@MappedJdbcTypes 联合使用
mybatis.type-handlers-package=......
#级联延迟加载属性配置
mybatis.configuration.aggressive-lazy-loading=......
#执行器（Executor），可以配置 SIMPLE, REUSE, BATCH, 默认为 SIMPLE
mybatis.executor-type=......
```

上述是在 Spring Boot 中比较常用的 MyBatis 的配置选项。如果你遇到比较复杂的配置，可以直接通过 mybatis.config-location 去指定 MyBatis 本身的配置文件，去完成你需要的复杂配置；当你的项目不是太复杂时，使用 Spring Boot 提供给你的配置就可以了。下面我们再来讲解 Spring Boot 集成 MyBatis 插件的例子。

例如，现在存在一个 MyBatis 的插件 MyPlugin，其内容如代码清单 5-34 所示。

代码清单 5-34　定义 MyBatis 插件

```
package com.springboot.chapter5.plugin;
/**** imports ****/
//定义拦截签名
@Intercepts({
        @Signature(type = StatementHandler.class,
        method = "prepare",
        args = { Connection.class, Integer.class }) })
public class MyPlugin implements Interceptor {

    Properties properties = null;

    // 拦截方法逻辑
    @Override
    public Object intercept(Invocation invocation) throws Throwable {
        System.out.println("插件拦截方法......");
        return invocation.proceed();
    }

    // 生成 MyBatis 拦截器代理对象
    @Override
```

```java
public Object plugin(Object target) {
    return Plugin.wrap(target, this);
}

// 设置插件属性
@Override
public void setProperties(Properties properties) {
    this.properties = properties;
}
}
```

这样一个 MyBatis 插件就创建出来了，但是我们没有把它配置到 MyBatis 的配置中，这个时候我们完全可以通过 application.properties 文件增加下面的配置：

```
mybatis.config-location=classpath:mybatis/mybatis-config.xml
```

这样就指定了 MyBatis 的配置文件路径。然后我们在对应的位置上创建这个配置文件，其内容如代码清单 5-35 所示。

代码清单 5-35　MyBatis 配置文件（mybatis/mybatis-config.xml）

```xml
<?xml version="1.0" encoding="UTF-8" ?>
<!DOCTYPE configuration
  PUBLIC "-//mybatis.org//DTD Config 3.0//EN"
  "http://mybatis.org/dtd/mybatis-3-config.dtd">
<configuration>
    <plugins>
        <plugin interceptor="com.springboot.chapter5.plugin.MyPlugin">
            <property name="key1" value="value1" />
            <property name="key2" value="value2" />
            <property name="key3" value="value3" />
        </plugin>
    </plugins>
</configuration>
```

这个文件只是配置了 MyBatis 部分的组件，开发者按自己所需的部分进行自定义即可，因为 MyBatis 其他的组件 Spring Boot 已经默认地生成了。

当然，如果不希望使用配置文件，也可以使用编码的形式进行处理。如果项目依赖了 mybatis-spring-boot-starter 后，Spring Boot 就会自动地在 IoC 容器中创建名称为 sqlSessionFactory 和 sqlSessionTemplate 的两个 Bean。有时候如果配置比较少，也可以使用它们来配置 MyBatis 的相关内容，这样也是比较方便的，但是需要开发者对 MyBatis 底层的内容有足够的认知才行。例如，我们现在删掉关于 MyBatis 文件 mybatis-config.xml 的配置和内容，仅仅使用代码处理，这时我们修改一下 Spring Boot 的启动文件，如代码清单 5-36 所示。

代码清单 5-36　使用代码配置 MyBatis

```java
package com.springboot.chapter5.main;
/**** imports ****/
// 定义 Spring Boot 扫描包路径
@SpringBootApplication(scanBasePackages = { "com.springboot.chapter5" })
// 定义 JPA 接口扫描包路径
@EnableJpaRepositories(basePackages = "com.springboot.chapter5.dao")
// 定义实体 Bean 扫描包路径
@EntityScan(basePackages = "com.springboot.chapter5.pojo")
```

```
@MapperScan(
        // 指定扫描包
        basePackages = "com.springboot.chapter5.*",
        annotationClass = Repository.class)
public class Chapter5Application {
    // SqlSessionFactory 对象由 Spring Boot 自动配置生成
    @Autowired
    SqlSessionFactory sqlSessionFactory = null;

    // 启用 Spring Bean 生命周期执行方法, 加入插件
    @PostConstruct
    public void initMyBatis() {
        // 插件实例
        Interceptor plugin = new MyPlugin();
        // 设置插件属性
        Properties properties = new Properties();
        properties.setProperty("key1", "value1");
        properties.setProperty("key2", "value2");
        properties.setProperty("key3", "value3");
        plugin.setProperties(properties);
        // 在 sqlSessionFactory 中添加插件
        sqlSessionFactory.getConfiguration().addInterceptor(plugin);
    }

    ......
}
```

在上述代码中, SqlSessionFactory 对象由 Spring Boot 自动配置得到的, 这步不需要我们处理, 所以可以直接将它注入进来。接着采用注解@PostConstruct 自定义了初始化后的 initMyBatis 方法。在该方法中, 就可以配置插件了, 在增加插件前, 调用了插件的 setProperties 方法设置相关的属性, 然后把插件放入到 MyBatis 的机制中。当然, 这些需要你对 MyBatis 底层有所掌握才行。在通常的情况下, 如果你遇到的是复杂的场景, 使用原生的 MyBatis 配置文件会更好一些。

第6章

聊聊数据库事务处理

在互联网数据库的使用中，对于那些电商和金融网站，最关注的内容毫无疑问就是数据库事务，因为对于热门商品的交易和库存以及金融产品的金额，是不允许发生错误的。但是它们面临的问题是，热门商品或者金融产品上线销售瞬间可能面对的高并发场景。例如，一款低门槛且高利率的金融产品事先宣布在第二天 9 点发布进入抢购的阶段，那么该网站成千上万的会员会在第二天 9 点前打开手机、平板电脑和电脑准备疯狂地抢购，在产品发布的瞬间会有大量的请求到达服务器，这时候因为存在高并发，所以数据库的数据将在一个多事务的场景下运行，在没有采取一定手段的情况下就会造成数据的不一致。与此同时，网站也面临巨大的性能压力。面对这样的高并发场景，掌握数据库事务机制是至关重要的，它能够帮助我们在一定程度上保证数据的一致性，并且有效提高系统性能，避免系统产生宕机，这对于互联网企业应用的成败是至关重要的。

在 Spring 中，数据库事务是通过 AOP 技术来提供服务的。在 JDBC 中存在着大量的 try....catch...finally...语句，也同时存在着大量的冗余代码，如那些打开和关闭数据库连接的代码以及事务回滚的代码。使用 Spring AOP 后，Spring 将它们擦除了，你将看到更为干净的代码，没有那些 try...catch...finally...语句，也没有大量的冗余代码。不过，在讨论那些高级话题之前，我们需要先从简单的知识入手，并且讲述关于数据库隔离级别的内容，否则有些读者会很难理解后面的内容。

对于一些业务网站而言，产品库存的扣减、交易记录以及账户都必须是要么同时成功，要么同时失败，这便是一种事务机制，对于这样的机制数据库给予了支持。而在一些特殊的场景下，如一个批处理，它将处理多个交易，但是在一些交易中发生了异常，这个时候则不能将所有的交易都回滚。如果所有的交易都回滚，那么那些本能够正常处理的业务也无端地被回滚了，这显然不是我们所期待的结果。通过 Spring 的数据库事务传播行为，可以很方便地处理这样的场景。

不过无论如何都应该先配置数据库的信息，所以我们先在 application.properties 中进行如代码清单 6-1 的配置。

代码清单 6-1　配置数据库信息

```
spring.datasource.url=jdbc:mysql://localhost:3306/spring_boot_chapter6
spring.datasource.username=root
```

```
spring.datasource.password=123456
#spring.datasource.driver-class-name=com.mysql.jdbc.Driver
#最大等待连接中的数量,设 0 为没有限制
spring.datasource.tomcat.max-idle=10
#最大连接活动数
spring.datasource.tomcat.max-active=50
#最大等待毫秒数, 单位为 ms, 超过时间会出错误信息
spring.datasource.tomcat.max-wait=10000
#数据库连接池初始化连接数
spring.datasource.tomcat.initial-size=5

#日志配置
logging.level.root=DEBUG
logging.level.org.springframework=DEBUG
logging.level.org.org.mybatis=DEBUG
```

通过这样的配置就已经在项目中定义好了数据库连接池，这样就可以使用数据库了，本章后面的内容就可以使用它了。在 Spring 数据库事务中可以使用编程式事务，也可以使用声明式事务。大部分的情况下，会使用声明式事务。编程式事务这种比较底层的方式已经基本被淘汰了，Spring Boot 也不推荐我们使用，因此这里不再讨论编程式事务。这里将日志降低为 DEBUG 级别，这样就可以看到很详细的日志了，这样有助于观察 Spring 数据库事务机制的运行。由于目前 MyBatis 已经被广泛地使用在持久层中，因此本书将以 MyBatis 框架作为持久层进行论述。

6.1　JDBC 的数据库事务

为了让读者有更加直观的认识，我们先从 JDBC 的代码入手。首先是一段熟悉的 JDBC 进行插入用户的测试，如代码清单 6-2 所示。

代码清单 6-2　在 JDBC 中使用事务

```
package com.springboot.chapter6.service.impl;
/**** imports ****/
@Service
public class JdbcServiceImpl implements JdbcService {

    @Autowired
    private DataSource dataSource = null;

    @Override
    public int inserUser(String userName, String note) {
        Connection conn = null;
        int result = 0;
        try {
            // 获取连接
            conn = dataSource.getConnection();
            // 开启事务
            conn.setAutoCommit(false);
            // 设置隔离级别
            conn.setTransactionIsolation(
                TransactionIsolationLevel.READ_COMMITTED.getLevel());
            // 执行 SQL
            PreparedStatement ps =
conn.prepareStatement("insert into t_user(user_name, note ) values(?, ?)");
```

```
        ps.setString(1, userName);
        ps.setString(2, note);
        result = ps.executeUpdate();
        // 提交事务
        conn.commit();
    } catch (Exception e) {
        // 回滚事务
        if(conn != null) {
            try {
                conn.rollback();
            } catch (SQLException e1) {
                e1.printStackTrace();
            }
        }
        e.printStackTrace();
    } finally {
        // 关闭数据库连接
        try {
            if(conn != null && !conn.isClosed()) {
                conn.close();
            }
        } catch (SQLException e) {
            e.printStackTrace();
        }
    }
    return result;
    }
}
```

这段代码中，业务代码只有加粗部分，其他的都是有关 JDBC 的功能代码，我们看到了数据库连接的获取和关闭以及事务的提交和回滚、大量的 try...catch...finally...语句。要知道，我们只是执行一条 SQL 而已，如果执行多条 SQL，这代码显然是更加难以控制的。

于是人们就开始不断地优化，使用 Hibernate、MyBatis 都可以减少这些代码，但是依旧不能减少开闭数据库连接和事务控制的代码，而 AOP 给这些带来了福音。通过第 4 章的学习，可以知道 AOP 允许我们把那些公共的代码抽取出来，单独实现，为了更好地论述，下面画出代码清单 6-2 执行 SQL 的流程图，如图 6-1 所示。

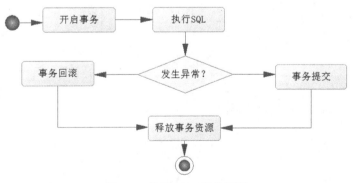

图 6-1　执行 SQL 事务流程

这个流程与我们 AOP 约定流程十分接近，而在图中，有业务逻辑的部分也只是执行 SQL 那一步骤，其他的步骤都是比较固定的，按照 AOP 的设计思想，就可以把除执行 SQL 这步之外的步骤抽取出来单独实现，这便是 Spring 数据库事务编程的思想。

6.2　Spring 声明式事务的使用

从第 4 章中可以看到 Spring AOP 的约定，它会把我们的代码织入约定的流程中。同样地，使用 AOP 的思维后，执行 SQL 的代码就可以织入 Spring 约定的数据库事务的流程中。所以首先需要掌握这个约定。

6.2.1　Spring 声明式数据库事务约定

在讲解 Spring AOP 时，只要我们遵循约定，就可以把自己开发的代码织入约定的流程中。为了"擦除"令人厌烦的 try...catch...finally...语句，减少那些数据库连接开闭和事务回滚提交的代码，Spring 利用其 AOP 为我们提供了一个数据库事务的约定流程。通过这个约定流程就可以减少大量的冗余代码和一些没有必要的 try...catch...finally...语句，让开发者能够更加集中于业务的开发，而不是数据库连接资源和事务的功能开发，这样开发的代码可读性就更高，也更好维护。

对于事务，需要通过标注告诉 Spring 在什么地方启用数据库事务功能。对于声明式事务，是使用@Transactional 进行标注的。这个注解可以标注在类或者方法上，当它标注在类上时，代表这个类所有公共（public）非静态的方法都将启用事务功能。在@Transactional 中，还允许配置许多的属性，如事务的隔离级别和传播行为，这是本章的核心内容；又如异常类型，从而确定方法发生什么异常下回滚事务或者发生什么异常下不回滚事务等。这些配置内容，是在 Spring IoC 容器在加载时就会将这些配置信息解析出来，然后把这些信息存到事务定义器（TransactionDefinition 接口的实现类）里，并且记录哪些类或者方法需要启动事务功能，采取什么策略去执行事务。这个过程中，我们所需要做的只是给需要事务的类或者方法标注@Transactional 和配置其属性而已，并不是很复杂。

有了@Transactional 的配置，Spring 就会知道在哪里启动事务机制，其约定流程如图 6-2 所示。

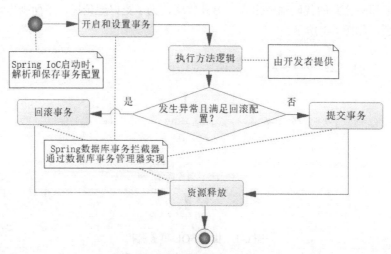

图 6-2　Spring 数据库事务约定

因为这个约定非常重要，所以这里做进一步的讨论。

当 Spring 的上下文开始调用被@Transactional 标注的类或者方法时，Spring 就会产生 AOP 的功能。请注意事务的底层需要启用 AOP 功能，这是 Spring 事务的底层实现，后面我们会看到一些陷阱。那么当它启动事务时，就会根据事务定义器内的配置去设置事务，首先是根据传播行为去确定事务的策略。有关传播行为后面我们会再谈，这里暂且放下。然后是隔离级别、超时时间、只读等内容的设置，只是这步设置事务并不需要开发者完成，而是 Spring 事务拦截器根据@Transactional 配置的内容来完成的。

在上述场景中，Spring 通过对注解@Transactional 属性配置去设置数据库事务，跟着 Spring 就会开始调用开发者编写的业务代码。执行开发者的业务代码，可能发生异常，也可能不发生异常。在 Spring 数据库事务的流程中，它会根据是否发生异常采取不同的策略。

如果都没有发生异常，Spring 数据库拦截器就会帮助我们提交事务，这点也并不需要我们干预。如果发生异常，就要判断一次事务定义器内的配置，如果事务定义器已经约定了该类型的异常不回滚事务就提交事务，如果没有任何配置或者不是配置不回滚事务的异常，则会回滚事务，并且将异常抛出，这步也是由事务拦截器完成的。

无论发生异常与否，Spring 都会释放事务资源，这样就可以保证数据库连接池正常可用了，这也是由 Spring 事务拦截器完成的内容。

在上述场景中，我们还有一个重要的事务配置属性没有讨论，那就是传播行为。它是属于事务方法之间调用的行为，后面我们会对其做更为详细的讨论。但是无论怎么样，从流程中我们可以看到开发者在整个流程中只需要完成业务逻辑即可，其他的使用 Spring 事务机制和其配置即可，这样就可以把 try...catch...finally...、数据库连接管理和事务提交回滚的代码交由 Spring 拦截器完成，而只需要完成业务代码即可，所以你可以经常看到代码清单 6-3 所示的简洁代码。

代码清单 6-3　使用 Spring 数据库事务机制

```
......
public class UserServiceImpl implements UserService {

    @Autowired
    private UserDao userDao = null;

    @Override
    @Transactional
    public int insertUser(User user) {
        return userDao.insertUser(user);
    }
    ......
}
```

这里仅仅是使用一个@Transactional 注解，标识 insertUser 方法需要启动事务机制，那么 Spring 就会按照图 6-2 那样，把 insertUser 方法织入约定的流程中，这样对于数据库连接的闭合、事务提交与回滚都不再需要我们编写任何代码了，可见这是十分便利的。从代码中，可以看到只需要完成对应的业务逻辑便可以了，这样就可以大幅减少代码，同时代码也具备更高的可读性和可维护性。

6.2.2　@Transactional 的配置项

数据库事务属性都可以由@Transactional 来配置，先来探讨它的源码，如代码清单 6-4 所示。

代码清单 6-4　@Transactional 源码分析

```
package org.springframework.transaction.annotation;
/**** imports ****/
@Target({ElementType.METHOD, ElementType.TYPE})
@Retention(RetentionPolicy.RUNTIME)
@Inherited
@Documented
public @interface Transactional {
    // 通过 bean name 指定事务管理器
    @AliasFor("transactionManager")
    String value() default "";

    // 同 value 属性
    @AliasFor("value")
    String transactionManager() default "";

    // 指定传播行为
    Propagation propagation() default Propagation.REQUIRED;

    // 指定隔离级别
    Isolation isolation() default Isolation.DEFAULT;

    // 指定超时时间（单位秒）
    int timeout() default TransactionDefinition.TIMEOUT_DEFAULT;

    // 是否只读事务
    boolean readOnly() default false;

    // 方法在发生指定异常时回滚，默认是所有异常都回滚
    Class<? extends Throwable>[] rollbackFor() default {};

    // 方法在发生指定异常名称时回滚，默认是所有异常都回滚
    String[] rollbackForClassName() default {};

    // 方法在发生指定异常时不回滚，默认是所有异常都回滚
    Class<? extends Throwable>[] noRollbackFor() default {};

    // 方法在发生指定异常名称时不回滚，默认是所有异常都回滚
    String[] noRollbackForClassName() default {};
}
```

　　value 和 transactionManager 属性是配置一个 Spring 的事务管理器，关于它后面会进行详细讨论；timeout 是事务可以允许存在的时间戳，单位为秒；readOnly 属性定义的是事务是否是只读事务；rollbackFor、rollbackForClassName、noRollbackFor 和 noRollbackForClassName 都是指定异常，我们从流程中可以看到在带有事务的方法时，可能发生异常，通过这些属性的设置可以指定在什么异常的情况下依旧提交事务，在什么异常的情况下回滚事务，这些可以根据自己的需要进行指定。以上这些都比较好理解，真正麻烦的是 propagation 和 isolation 这两个属性。propagation 指的是传播行为，isolation 则是隔离级别，它需要了解数据库的特性才能使用，而这两个麻烦的东西，就是本章的核心内容，也是互联网企业最为关心的内容之一，因此值得我们后面花较大篇幅去讲解它们的内容和使用方法。由于这里使用到了事务管理器，所以我们接下来先讨论一下 Spring 的事务管理器。

　　关于注解@Transactional 值得注意的是它可以放在接口上，也可以放在实现类上。但是 Spring

团队推荐放在实现类上，因为放在接口上将使得你的类基于接口的代理时它才生效。通过第 4 章的学习，我们知道在 Spring 可以使用 JDK 动态代理，也可以使用 CGLIB 动态代理。如果使用接口，那么你将不能切换为 CGLIB 动态代理，而只能允许你使用 JDK 动态代理，并且使用对应的接口去代理你的类，这样才能驱动这个注解，这将大大地限制你的使用，因此在实现类上使用@Transactional 注解才是最佳的方式，本书也是将它放置在实现类上的。

6.2.3 Spring 事务管理器

上述的事务流程中，事务的打开、回滚和提交是由事务管理器来完成的。在 Spring 中，事务管理器的顶层接口为 PlatformTransactionManager，Spring 还为此定义了一些列的接口和类，如图 6-3 所示。

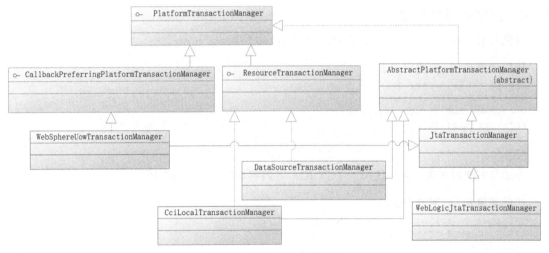

图 6-3　Spring 事务管理器

当我们引入其他框架时，还会有其他的事务管理器的类，比方说我们引入 Hibernate，那么 Spring orm 包还会提供 HibernateTransactionManager 与之对应并给我们使用。因为本书会以 MyBatis 框架去讨论 Spring 数据库事务方面的问题，最常用到的事务管理器是 DataSourceTransactionManager。从图 6-3 可以看到它也是一个实现了接口 PlatformTransactionManager 的类，为此可以看到 PlatformTransaction Manager 接口的源码，如代码清单 6-5 所示。

代码清单 6-5　PlatformTransactionManager 源码分析

```
package org.springframework.transaction;

public interface PlatformTransactionManager {
    // 获取事务，它还会设置数据属性
    TransactionStatus getTransaction(TransactionDefinition definition)
        throws TransactionException;

    // 提交事务
    void commit(TransactionStatus status) throws TransactionException;

    // 回滚事务
```

```
void rollback(TransactionStatus status) throws TransactionException;
}
```

显然这些方法并不难理解，只需要简单地介绍一下它们便可以了。Spring 在事务管理时，就是将这些方法按照约定织入对应的流程中的，其中 getTransaction 方法的参数是一个事务定义器（TransactionDefinition），它是依赖于我们配置的@Transactional 的配置项生成的，于是通过它就能够设置事务的属性了，而提交和回滚事务也就可以通过 commit 和 rollback 方法来执行。

在 Spring Boot 中，当你依赖于 mybatis-spring-boot-starter 之后，它会自动创建一个 DataSource-TransactionManager 对象，作为事务管理器，如果依赖于 spring-boot-starter-data-jpa，则它会自动创建 JpaTransactionManager 对象作为事务管理器，所以我们一般不需要自己创建事务管理器而直接使用它们即可。

6.2.4　测试数据库事务

首先我们来创建一张表，其 SQL 如代码清单 6-6 所示。

代码清单 6-6　创建用户表

```
create table t_user (
id int(12) auto_increment,
user_name varchar(60) not null,
note varchar(512),
primary key(id)
);
```

为了与它映射起来，需要使用一个 POJO，其内容如代码清单 6-7 所示。

代码清单 6-7　用户 POJO

```
package com.springboot.chapter6.pojo;
/**** imports ****/
@Alias("user")
public class User {
    private Long id;
    private String userName;
    private String note;
    /**** setter and getter ****/
}
```

这里使用@Alias 注解定义了它的别名，这样就可以让 MyBatis 扫描到其上下文中，然后再给出一个 MyBatis 接口，如代码清单 6-8 所示。

代码清单 6-8　MyBatis 接口文件

```
package com.springboot.chapter6.dao;
/**** imports ****/
@Repository
public interface UserDao {
    User getUser(Long id);
    int insertUser(User user);
}
```

接着是与这个 MyBatis 接口文件对应的一个映射文件，如代码清单 6-9 所示，它提供 SQL 与相关 POJO 的映射规则。

代码清单 6-9 用户映射文件

```xml
<?xml version="1.0" encoding="UTF-8" ?>
<!DOCTYPE mapper
  PUBLIC "-//mybatis.org//DTD Mapper 3.0//EN"
  "http://mybatis.org/dtd/mybatis-3-mapper.dtd">
<mapper namespace="com.springboot.chapter6.dao.UserDao">
    <select id="getUser" parameterType="long" resultType="user">
        select id, user_name as userName, note from t_user where id = #{id}
    </select>

    <insert id="insertUser" useGeneratedKeys="true" keyProperty="id">
        insert into t_user(user_name, note) value(#{userName}, #{note})
    </insert>
</mapper>
```

这里的<select>元素定义的 resultType 为 user，是一个别名，指向代码清单 6-7 所定义的 POJO。而对于<insert>元素定义的属性 useGeneratedKeys 和 keyProperty，则表示在插入之后使用数据库生成机制回填对象的主键。

接着需要创建一个 UserService 和它的实现类 UserServiceImpl，然后通过@Transactioanal 启用 Spring 数据库事务机制，如代码清单 6-10 所示。

代码清单 6-10 用户服务接口和其实现类

```java
package com.springboot.chapter6.service;
/**** imports ****/
public interface UserService {
    // 获取用户信息
    public User getUser(Long id);
    // 新增用户
    public int insertUser(User user) ;
}

/***********************/

package com.springboot.chapter6.service.impl;
/**** imports ****/
@Service
public class UserServiceImpl implements UserService {

    @Autowired
    private UserDao userDao = null;

    @Override
    @Transactional(isolation= Isolation.READ_COMMITTED, timeout = 1)
    public int insertUser(User user) {
        return userDao.insertUser(user);
    }

    @Override
    @Transactional(isolation= Isolation.READ_COMMITTED, timeout = 1)
    public User getUser(Long id) {
        return userDao.getUser(id);
    }
}
```

代码中的方法上标注了注解@Transactional，意味着这两个方法将启用 Spring 数据库事务机制。在事务配置中，采用了读写提交的隔离级别，后面我们将讨论隔离级别的含义，这里的代码还会限制超时时间为 1 s。然后可以写一个控制器，用来测试事务的启用情况，如代码清单 6-11 所示。

代码清单 6-11　测试数据库事务

```
package com.springboot.chapter6.controller;
/**** imports ****/
@Controller
@RequestMapping("/user")
public class UserController {
    // 注入 Service
    @Autowired
    private UserService userService = null;

    // 测试获取用户
    @RequestMapping("/getUser")
    @ResponseBody
    public User getUser(Long id) {
        return userService.getUser(id);
    }

    // 测试插入用户
    @RequestMapping("/insertUser")
    @ResponseBody
    public Map<String, Object> insertUser(String userName, String note) {
        User user = new User();
        user.setUserName(userName);
        user.setNote(note);
        // 结果会回填主键，返回插入条数
        int update = userService.insertUser(user);
        Map<String, Object> result = new HashMap<>();
        result.put("success", update == 1);
        result.put("user", user);
        return result;
    }
}
```

有了这个控制器，我们还需要给 Spring Boot 配置 MyBatis 框架的内容，于是需要在配置文件 application.properties 中加入代码清单 6-12 的代码片段。

代码清单 6-12　配置 MyBatis

```
mybatis.mapper-locations=classpath:com/springboot/chapter6/mapper/*.xml
mybatis.type-aliases-package=com.springboot.chapter6.pojo
```

这样 MyBatis 框架就配置完了。依赖于 mybatis-spring-boot-starter 之后，Spring Boot 会自动创建事务管理器、MyBatis 的 SqlSessionFactory 和 SqlSessionTemplate 等内容。下面我们需要配置 Spring Boot 的运行文件，以达到测试的目的，并且查看 Spring Boot 自动为我们创建的事务管理器、SqlSessionFactory 和 SqlSessionTemplate 信息。启动文件如代码清单 6-13 所示。

代码清单 6-13　Spring Boot 启动文件

```
package com.springboot.chapter6.main;
/**** imports ****/
```

```
@MapperScan(
    basePackages = "com.springboot.chapter6",
    annotationClass = Repository.class)
@SpringBootApplication(scanBasePackages = "com.springboot.chapter6")
public class Chapter6Application {
    public static void main(String[] args) throws Exception {
        SpringApplication.run(Chapter6Application.class, args);
    }
    // 注入事务管理器，它由 Spring Boot 自动生成
    @Autowired
    PlatformTransactionManager transactionManager = null;

    // 使用后初始化方法，观察自动生成的事务管理器
    @PostConstruct
    public void viewTransactionManager() {
        // 启动前加入断点观测
        System.out.println(transactionManager.getClass().getName());
    }
}
```

首先这里使用了@MapperScan 扫描对应的包，并限定了只有被注解@Repository 标注的接口，这样就可以把 MyBatis 对应的接口文件扫描到 Spring IoC 容器中了。这里通过注解@Autowired 直接注入了事务管理器，它是通过 Spring Boot 的机制自动生成的，并不需要我们去关心；而在 viewTransactionManager 方法中，加入了注解@PostConstruct，所以在这个类对象被初始化后，会调用这个方法，在这个方法中，因为先前已经将 IoC 容器注入进来，所以可以通过 IoC 容器获取对应的 Bean 以监控它们，并且在加粗的地方加入断点，这样我们以 debug 的方式启动它就可以进入断点了。图 6-4 是我在启动时监控得到的内容。

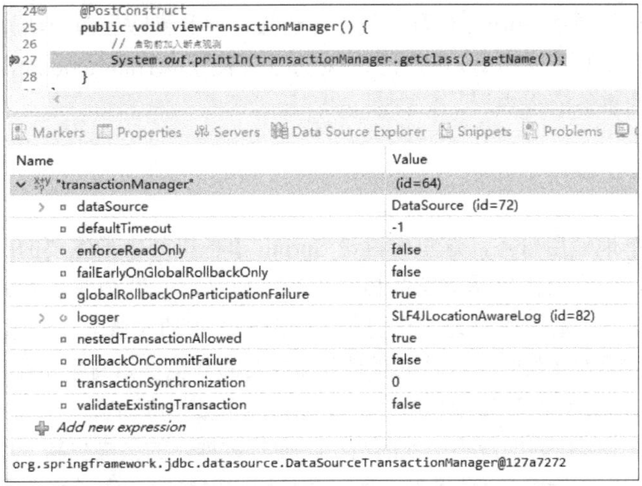

图 6-4　监控 Spring Boot 自动初始化的对象

从图 6-4 可以看到，Spring Boot 已经生成了事务管理器，这便是 Spring Boot 的魅力，允许我们以最小的配置代价运行 Spring 的项目。那么按照之前的约定使用注解@Transactional 标注类和方法后，Spring 的事务拦截器就会同时使用事务管理器的方法开启事务，然后将代码织入 Spring 数据库事务的流程中，如果发生异常，就会回滚事务，如果不发生异常，那么就会提交事务，这样我们就从大量

的冗余代码中解放出来了，所以我们可以看到在服务类（Service）中代码是比较简单明了的。下面我们打开浏览器，在地址栏中输入 http://localhost:8080/user/insertUser?userName=zhangsan&note=zs，就能看到日志打印出来：

```
......
Acquired Connection [ProxyConnection[PooledConnection[com.mysql.jdbc.JDBC4Connection
@1d23bbad]]] for JDBC transaction
Changing isolation level of JDBC Connection [ProxyConnection[PooledConnection[com.
mysql.jdbc.JDBC4Connection@1d23bbad]]] to 8
Switching JDBC Connection [ProxyConnection[PooledConnection[com.mysql.jdbc.JDBC4
Connection@1d23bbad]]] to manual commit
Creating a new SqlSession
Registering transaction synchronization for SqlSession [org.apache.ibatis.session.
defaults.DefaultSqlSession@2a7addb2]
JDBC Connection [ProxyConnection[PooledConnection[com.mysql.jdbc.JDBC4Connection@1d23
bbad]]] will be managed by Spring
==>  Preparing: insert into t_user(user_name, note) value(?, ?)
==> Parameters: zhangsan(String), zs(String)
<==    Updates: 1
Releasing transactional SqlSession [org.apache.ibatis.session.defaults.DefaultSql
Session@2a7addb2]
Transaction synchronization committing SqlSession [org.apache.ibatis.session.defaults.
DefaultSqlSession@2a7addb2]
Transaction synchronization deregistering SqlSession [org.apache.ibatis.session.
defaults.DefaultSqlSession@2a7addb2]
Transaction synchronization closing SqlSession [org.apache.ibatis.session.defaults.
DefaultSqlSession@2a7addb2]
Initiating transaction commit
......
```

从日志中，我们可以看到 Spring 获取了数据库连接，并且修改了隔离级别，然后执行 SQL，在最后会自动地关闭和提交数据库事务，因为我们对方法标注了 @Transactional，所以 Spring 会把对应方法的代码织入约定的事务流程中。

6.3   隔离级别

上面我们只是简单地使用事务，这里将讨论 Spring 事务机制中最重要的两个配置项，即隔离级别和传播行为。毫无疑问本节内容是本章的核心内容，也是互联网企业最为关注的内容之一，因此它们十分重要，值得花上大篇幅去讨论。我们从这两个配置项的大概含义谈起。

首先是隔离级别，因为互联网应用时刻面对着高并发的环境，如商品库存，时刻都是多个线程共享的数据，这样就会在多线程的环境中扣减商品库存。对于数据库而言，就会出现多个事务同时访问同一记录的情况，这样引起数据出现不一致的情况，便是数据库的丢失更新（Lost Update）问题。应该说，隔离级别是数据库的概念，有些难度，所以在使用它之前应该先了解数据库的相关知识。

6.3.1   数据库事务的知识

数据库事务具有以下 4 个基本特征，也就是著名的 ACID。

- Atomic（原子性）：事务中包含的操作被看作一个整体的业务单元，这个业务单元中的操作要么全部成功，要么全部失败，不会出现部分失败、部分成功的场景。

- Consistency（一致性）：事务在完成时，必须使所有的数据都保持一致状态，在数据库中所有的修改都基于事务，保证了数据的完整性。

- Isolation（隔离性）：这是我们讨论的核心内容，正如上述，可能多个应用程序线程同时访问同一数据，这样数据库同样的数据就会在各个不同的事务中被访问，这样会产生丢失更新。为了压制丢失更新的产生，数据库定义了隔离级别的概念，通过它的选择，可以在不同程度上压制丢失更新的发生。因为互联网的应用常常面对高并发的场景，所以隔离性是需要掌握的重点内容。

- Durability（持久性）：事务结束后，所有的数据会固化到一个地方，如保存到磁盘当中，即使断电重启后也可以提供给应用程序访问。

这 4 个特性，除了隔离性，都还是比较好理解的，所以这里会更为深入地讨论隔离性。在多个事务同时操作数据的情况下，会引发丢失更新的场景，例如，电商有一种商品，在疯狂抢购中，会出现多个事务同时访问商品库存的场景，这样就会产生丢失更新。一般而言，存在两种类型的丢失更新，让我们了解下它们。下面假设一种商品的库存数量还有 100，每次抢购都只能抢购 1 件商品，那么在抢购中就可能出现如表 6-1 所示的场景。

表 6-1　第一类丢失更新

时　　刻	事　务　1	事　务　2
T1	初始库存 100	初始库存 100
T2	扣减库存，余 99	—
T3	—	扣减库存，余 99
T4	—	提交事务，库存变为 99
T5	回滚事务，库存 100	

可以看到，T5 时刻事务 1 回滚，导致原本库存为 99 的变为了 100，显然事务 2 的结果就丢失了，这就是一个错误的值。类似地，对于这样一个事务回滚另外一个事务提交而引发的数据不一致的情况，我们称为**第一类丢失更新**。然而它却没有讨论的价值，因为目前大部分数据库已经克服了第一类丢失更新的问题，也就是现今数据库系统已经不会再出现表 6-1 的情况了。所以对于这样的场景不再深入讨论，而是讨论第二类丢失更新，也就是多个事务都提交的场景。

如果是多个事务并发提交，会出现怎么样的不一致的场景呢？例如可能发生如表 6-2 所示的场景。

表 6-2　第二类丢失更新

时　　刻	事　务　1	事　务　2
T1	初始库存 100	初始库存 100
T2	扣减库存，余 99	—
T3	—	扣减库存，余 99
T4	—	提交事务，库存变为 99
T5	**提交事务，库存变为 99**	—

注意 T5 时刻提交的事务。因为在事务 1 中，无法感知事务 2 的操作，这样它就不知道事务 2 已

经修改过了数据，因此它依旧认为只是发生了一笔业务，所以库存变为了 99，而这个结果又是一个错误的结果。这样，T5 时刻事务 1 提交的事务，就会引发事务 2 提交结果的丢失，我们把这样的多个事务都提交引发的丢失更新称为**第二类丢失更新**。这是我们互联网系统需要关注的重点内容。为了克服这些问题，数据库提出了事务之间的隔离级别的概念，这就是本章的重点内容之一。

6.3.2　详解隔离级别

上面我们讨论了第二类丢失更新。为了压制丢失更新，数据库标准提出了 4 类隔离级别，在不同的程度上压制丢失更新，这 4 类隔离级别是未提交读、读写提交、可重复读和串行化，它们会在不同的程度上压制丢失更新的情景。

也许你会有一个疑问，都全部消除丢失更新不就好了吗，为什么只是在不同的程度上压制丢失更新呢？其实这个问题是从两个角度去看的，一个是数据的一致性，另一个是性能。数据库现有的技术完全可以避免丢失更新，但是这样做的代价，就是付出锁的代价，在互联网中，系统不单单要考虑数据的一致性，还要考虑系统的性能。试想，在互联网中使用过多的锁，一旦出现商品抢购这样的场景，必然会导致大量的线程被挂起和恢复，因为使用了锁之后，一个时刻只能有一个线程访问数据，这样整个系统就十分缓慢，当系统被数千甚至数万用户同时访问时，过多的锁就会引发宕机，大部分用户线程被挂起，等待持有锁事务的完成，这样用户体验就会十分糟糕。因为用户等待的时间会十分漫长，一般而言，互联网系统响应超过 5 秒，就会让用户觉得很不友好，进而引发用户忠诚度下降的问题。所以选择隔离级别的时候，既需要考虑数据的一致性避免脏数据，又要考虑系统性能的问题。因此数据库的规范就提出了 4 种隔离级别来在不同的程度上压制丢失更新。下面我们通过商品抢购的场景来讲述这 4 种隔离级别的区别。

1. 未提交读

未提交读（read uncommitted）是最低的隔离级别，其含义是允许一个事务读取另外一个事务没有提交的数据。未提交读是一种危险的隔离级别，所以一般在我们实际的开发中应用不广，但是它的优点在于并发能力高，适合那些对数据一致性没有要求而追求高并发的场景，它的最大坏处是出现脏读。让我们看看可能发生的脏读场景，如表 6-3 所示。

表 6-3　脏读现象

时　刻	事　务　1	事　务　2	备　注
T0	……	……	商品库存初始化为 2
T1	读取库存为 2		
T2	扣减库存		库存为 1
T3		**扣减库存**	**库存为 0，读取事务 1 未提交的库存数据**
T4		提交事务	库存保存为 0
T5	回滚事务		**因为第一类丢失更新已经克服，所以不会回滚为 2，库存为 0，结果错误**

表 6-3 中的 T3 时刻，因为采用未提交读，所以事务 2 可以读取事务 1 未提交的库存数据为 1，这里当它扣减库存后则数据为 0，然后它提交了事务，库存就变为了 0，而事务 1 在 T5 时刻回滚事

务，因为第一类丢失更新已经被克服，所以它不会将库存回滚到 2，那么最后的结果就变为了 0，这样就出现了错误。

脏读一般是比较危险的隔离级别，在我们实际应用中采用得不多。为了克服脏读的问题，数据库隔离级别还提供了读写提交（read commited）的级别，下面我们讨论它。

2. 读写提交

读写提交（read committed）隔离级别，是指一个事务只能读取另外一个事务已经提交的数据，不能读取未提交的数据。例如，表 6-3 的场景在限制为读写提交后，就变为表 6-4 描述的场景了。

表 6-4　克服脏读

时　刻	事　务　1	事　务　2	备　　注
T0	……	……	商品库存初始化为 2
T1	读取库存为 2		
T2	扣减库存		库存为 1
T3		扣减库存	库存为 1，读取不到事务 1 未提交的库存数据
T4		提交事务	库存保存为 1
T5	回滚事务		因为第一类丢失更新已经克服，所以不会回滚为 2，库存为 1，结果正确

在 T3 时刻，由于采用了读写提交的隔离级别，因此事务 2 不能读取到事务 1 中未提交的库存 1，所以扣减库存的结果依旧为 1，然后它提交事务，则库存在 T4 时刻就变为了 1。T5 时刻，事务 1 回滚，因为第一类丢失更新已经克服，所以最后结果库存为 1，这是一个正确的结果。但是读写提交也会产生下面的问题，如表 6-5 所描述的场景。

表 6-5　不可重读场景

时　刻	事　务　1	事　务　2	备　　注
T0	—	—	商品库存初始化为 1
T1	读取库存为 1		
T2	扣减库存		事务未提交
T3		读取库存为 1	认为可扣减
T4	提交事务		库存变为 0
T5		扣减库存	失败，因为此时库存为 0，无法扣减

在 T3 时刻事务 2 读取库存的时候，因为事务 1 未提交事务，所以读出的库存为 1，于是事务 2 认为当前可扣减库存；在 T4 时刻，事务 1 已经提交事务，所以在 T5 时刻，它扣减库存的时候就发现库存为 0，于是就无法扣减库存了。这里的问题在于事务 2 之前认为可以扣减，而到扣减那一步却发现已经不可以扣减，于是库存对于事务 2 而言是一个可变化的值，这样的现象我们称为不可重复读，这就是读写提交的一个不足。为了克服这个不足，数据库的隔离级别还提出了可重复读的隔离级别，它能够消除不可重读的问题。

3. 可重复读

可重复读的目标是克服读写提交中出现的不可重复读的现象，因为在读写提交的时候，可能出现一些值的变化，影响当前事务的执行，如上述的库存是个变化的值，这个时候数据库提出了可重复读的隔离级别。这样就能够克服不可重复读的现象如表 6-6 所示。

表 6-6　克服不可重读

时　　刻	事　务　1	事　务　2	备　　注
T0	—	—	商品库存初始化为 1
T1	读取库存为 1		
T2	扣减库存	**事务未提交**	
T3	**尝试读取库存**	**不允许读取，等待事务 1 提交**	
T4	提交事务	库存变为 0	
T5	**读取库存**	**库存为 0，无法扣减**	

可以看到，事务 2 在 T3 时刻尝试读取库存，但是此时这个库存已经被事务 1 事先读取，所以这个时候数据库就阻塞它的读取，直至事务 1 提交，事务 2 才能读取库存的值。此时已经是 T5 时刻，而读取到的值为 0，这时就已经无法扣减了，显然在读写提交中出现的不可重复读的场景被消除了。但是这样也会引发新的问题的出现，这就是幻读。假设现在商品交易正在进行中，而后台有人也在进行查询分析和打印的业务，让我们看看如表 6-7 所示可能发生的场景。

表 6-7　幻读

时　　刻	事　务　1	事　务　2	备　　注
T1	读取库存 50 件		商品库存初始化为 100，现在已经销售 50 笔，库存 50 件
T2		查询交易记录，50 笔	
T3	扣减库存		
T4	插入 1 笔交易记录		
T5	提交事务		库存 49 件，交易记录 51 笔
T6		打印交易记录，51 笔	**这里与查询的不一致，在事务 2 看来有 1 笔是虚幻的，与之前查询的不一致**

这便是幻读现象。可重复读和幻读，是读者比较难以理解的内容，这里稍微论述一下。首先这里的笔数不是数据库存储的值，而是一个统计值，商品库存则是数据库存储的值，这一点是要注意的。也就是幻读不是针对一条数据库记录而言，而是多条记录，例如，这 51 笔交易笔数就是多条数据库记录统计出来的。而可重复读是针对数据库的单一条记录，例如，商品的库存是以数据库里面的一条记录存储的，它可以产生可重复读，而不能产生幻读。

4. 串行化

串行化（Serializable）是数据库最高的隔离级别，它会要求所有的 SQL 都会按照顺序执行，这样就可以克服上述隔离级别出现的各种问题，所以它能够完全保证数据的一致性。

5.　使用合理的隔离级别

通过上面的讲述，读者应该对隔离级别有了更多的认识，使用它能够在不同程度上压制丢失更新，于是可以总结成如表 6-8 所示的一张表。

表 6-8　隔离级别和可能发生的现象

项 目 类 型	脏　　读	不可重复读	幻　　读
未提交读	√	√	√
读写提交	×	√	√
可重复读	×	×	√
串行化	×	×	×

作为互联网开发人员，在开发高并发业务时需要时刻记住隔离级别可能发生的各种概念和相关的现象，这是数据库事务的核心内容之一，也是互联网企业关注的重要内容之一。追求更高的隔离级别，它能更好地保证了数据的一致性，但是也要付出锁的代价。有了锁，就意味着性能的丢失，而且隔离级别越高，性能就越是直线地下降。所以我们在选择隔离级别时，要考虑的不单单是数据一致性的问题，还要考虑系统性能的问题。例如，一个高并发抢购的场景，如果采用串行化隔离级别，能够有效避免数据的不一致性，但是这样会使得并发的各个线程挂起，因为只有一个线程可以操作数据，这样就会出现大量的线程挂起和恢复，导致系统缓慢。而后续的用户要得到系统响应就需要等待很长的时间，最终因为响应缓慢，而影响他们的忠诚度。

所以在现实中一般而言，选择隔离级别会以读写提交为主，它能够防止脏读，而不能避免不可重复读和幻读。为了克服数据不一致和性能问题，程序开发者还设计了乐观锁，甚至不再使用数据库而使用其他的手段。例如，使用 Redis 作为数据载体，这些内容我们会在后续章节谈及。对于隔离级别，不同的数据库的支持也是不一样的。例如，Oracle 只能支持读写提交和串行化，而 MySQL 则能够支持 4 种，对于 Oracle 默认的隔离级别为读写提交，MySQL 则是可重复读，这些需要根据具体数据库来决定。

只要掌握了隔离级别的含义，使用隔离级别就很简单，只需要在@Transactional 配置对应即可，如代码清单 6-14 所示。

代码清单 6-14　使用隔离级别

```
@Transactional(isolation= Isolation.SERIALIZABLE)
public int insertUser(User user) {
    return userDao.insertUser(user);
}
```

上面的代码中我们使用了序列化的隔离级别来保证数据的一致性，这使它将阻塞其他的事务进行并发，所以它只能运用在那些低并发而又需要保证数据一致性的场景下。对于高并发下又要保证数据一致性的场景，则需要另行处理了。

当然，有时候一个个地指定隔离级别会很不方便，因此 Spring Boot 可以通过配置文件指定默认的隔离级别。例如，当我们需要把隔离级别设置为读写提交时，可以在 application.properties 文件加入默认的配置，如代码清单 6-15 所示。

代码清单 6-15　配置默认的隔离级别

```
#隔离级别数字配置的含义:
#-1 数据库默认隔离级别
#1   未提交读
#2   读写提交
#4   可重复读
#8   串行化
#tomcat 数据源默认隔离级别
spring.datasource.tomcat.default-transaction-isolation=2
#dbcp2 数据库连接池默认隔离级别
#spring.datasource.dbcp2.default-transaction-isolation=2
```

代码中配置了 tomcat 数据源的默认隔离级别，而注释的代码则是配置了 DBCP2 数据源的隔离级别，注释中已经说明了数字所代表的隔离级别，相信读者也有了比较清晰的认识，这里配置为 2，说明将数据库的隔离级别默认为读写提交。

6.4　传播行为

传播行为是方法之间调用事务采取的策略问题。在绝大部分的情况下，我们会认为数据库事务要么全部成功，要么全部失败。但现实中也许会有特殊的情况。例如，执行一个批量程序，它会处理很多的交易，绝大部分交易是可以顺利完成的，但是也有极少数的交易因为特殊原因不能完成而发生异常，这时我们不应该因为极少数的交易不能完成而回滚批量任务调用的其他交易，使得那些本能完成的交易也变为不能完成了。此时，我们真实的需求是，在一个批量任务执行的过程中，调用多个交易时，如果有一些交易发生异常，只是回滚那些出现异常的交易，而不是整个批量任务，这样就能够使得那些没有问题的交易可以顺利完成，而有问题的交易则不做任何事情，如图 6-5 所示。

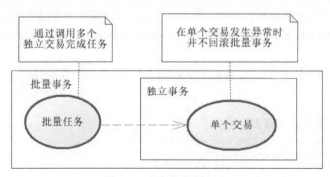

图 6-5　事务的传播行为

在 Spring 中，当一个方法调用另外一个方法时，可以让事务采取不同的策略工作，如新建事务或者挂起当前事务等，这便是事务的传播行为。这样讲还是有点抽象，我们再回到图 6-5 中。图中，批量任务我们称之为当前方法，那么批量事务就称为当前事务，当它调用单个交易时，称单个交易为子方法，当前方法调用子方法的时候，让每一个子方法不在当前事务中执行，而是创建一个新的事务去执行子方法，我们就说当前方法调用子方法的传播行为为新建事务。此外，还可能让子方法在无事务、独立事务中执行，这些完全取决于你的业务需求。

6.4.1 传播行为的定义

在 Spring 事务机制中对数据库存在 7 种传播行为,它是通过枚举类 Propagation 定义的。下面先来研究它的源码,如代码清单 6-16 所示。

代码清单 6-16 传播行为枚举

```
package org.springframework.transaction.annotation;
/**** imports ****/
public enum Propagation {
    /**
     * 需要事务,它是默认传播行为,如果当前存在事务,就沿用当前事务,
     * 否则新建一个事务运行子方法
     */
    REQUIRED(TransactionDefinition.PROPAGATION_REQUIRED),

    /**
     * 支持事务,如果当前存在事务,就沿用当前事务,
     * 如果不存在,则继续采用无事务的方式运行子方法
     */
    SUPPORTS(TransactionDefinition.PROPAGATION_SUPPORTS),

    /**
     * 必须使用事务,如果当前没有事务,则会抛出异常,
     * 如果存在当前事务,就沿用当前事务
     */
    MANDATORY(TransactionDefinition.PROPAGATION_MANDATORY),

    /**
     * 无论当前事务是否存在,都会创建新事务运行方法,
     * 这样新事务就可以拥有新的锁和隔离级别等特性,与当前事务相互独立
     */
    REQUIRES_NEW(TransactionDefinition.PROPAGATION_REQUIRES_NEW),

    /**
     * 不支持事务,当前存在事务时,将挂起事务,运行方法
     */
    NOT_SUPPORTED(TransactionDefinition.PROPAGATION_NOT_SUPPORTED),

    /**
     * 不支持事务,如果当前方法存在事务,则抛出异常,否则继续使用无事务机制运行
     */
    NEVER(TransactionDefinition.PROPAGATION_NEVER),

    /**
     * 在当前方法调用子方法时,如果子方法发生异常,
     * 只回滚子方法执行过的 SQL,而不回滚当前方法的事务
     */
    NESTED(TransactionDefinition.PROPAGATION_NESTED);

    private final int value;

    Propagation(int value) { this.value = value; }

    public int value() { return this.value; }
}
```

以上代码中加入中文注释解释了每一种传播行为的含义。传播行为一共分为 7 种，但是常用的只有代码清单中加粗的 3 种，其他的使用率比较低。基于实用的原则，本书只讨论这 3 种传播行为。下面的小节将对这 3 种传播行为进行测试。

6.4.2 测试传播行为

本节中我们继续沿用 6.2.4 节的代码来测试 REQUIRED、REQUIRES_NEW 和 NESTED 这 3 种最常用的传播行为。这里让我们新建服务接口 UserBatchService 和它的实现类 UserBatchServiceImpl。它是一个批量应用，用来批量更新用户。先看一下 UserBatchService 接口，如代码清单 6-17 所示。

代码清单 6-17　UserBatchService
```
package com.springboot.chapter6.service;
/**** imports ****/
public interface UserBatchService {
    public int insertUsers(List<User> userList);
}
```

然后我们给出它的实现类，如代码清单 6-18 所示。

代码清单 6-18　批量用户实现类
```
package com.springboot.chapter6.service.impl;
/**** imports ****/
@Service
public class UserBatchServiceImpl implements UserBatchService {
    @Autowired
    private UserService userService = null;

    @Override
    @Transactional(isolation = Isolation.READ_COMMITTED, propagation=Propagation.REQUIRED)
    public int insertUsers(List<User> userList) {
        int count = 0;
        for (User user : userList) {
            // 调用子方法，将使用@Transactional 定义的传播行为
            count += userService.insertUser(user);
        }
        return count;
    }
}
```

注意加粗的代码。这里它将调用代码清单 6-10 的 insertUser 方法，只是 insertUser 方法中没有定义传播行为。按照我们之前的论述，它会采用 REQUIRED，也就是沿用当前的事务，所以它将与 insertUsers 方法使用同一个事务。下面我们在代码清单 6-11 的用户控制器（UserController）的基础上新增一个方法测试它，如代码清单 6-19 所示。

代码清单 6-19　测试传播行为
```
@Autowired
private UserBatchService userBatchService = null;

@RequestMapping("/insertUsers")
@ResponseBody
public Map<String, Object> insertUsers(String userName1, String note1, String userName2,
        String note2) {
```

```
        User user1 = new User();
        user1.setUserName(userName1);
        user1.setNote(note1);
        User user2 = new User();
        user2.setUserName(userName2);
        user2.setNote(note2);
        List<User> userList = new ArrayList<>();
        userList.add(user1);
        userList.add(user2);
        // 结果会回填主键，返回插入条数
        int inserts = userBatchService.insertUsers(userList);
        Map<String, Object> result = new HashMap<>();
        result.put("success", inserts>0);
        result.put("user", userList);
        return result;
    }
```

这样我们就可以通过请求这个方法来测试用户批量插入了。在浏览器地址栏中输入请求 http://localhost:8080/user/insertUsers?userName1=username_1&note1=note_1&userName2=username_1& note2=note_2，就可以观察后台日志。我的日志如下：

```
Acquired Connection [ProxyConnection[PooledConnection[com.mysql.jdbc.JDBC4Connection
@6cac445d]]] for JDBC transaction
Changing isolation level of JDBC Connection [ProxyConnection[PooledConnection[com.
mysql.jdbc.JDBC4Connection@6cac445d]]] to 2
Switching JDBC Connection [ProxyConnection[PooledConnection[com.mysql.jdbc.JDBC4Connection
@6cac445d]]] to manual commit
Participating in existing transaction
Creating a new SqlSession
Registering transaction synchronization for SqlSession [org.apache.ibatis.session.
defaults.DefaultSqlSession@1dd3d1f4]
JDBC Connection [ProxyConnection[PooledConnection[com.mysql.jdbc.JDBC4Connection@
6cac445d]]] will be managed by Spring
==>  Preparing: insert into t_user(user_name, note) value(?, ?)
==> Parameters: username_1(String), note_1(String)
<==    Updates: 1
Releasing transactional SqlSession [org.apache.ibatis.session.defaults.DefaultSql
Session@1dd3d1f4]
Participating in existing transaction
Fetched SqlSession [org.apache.ibatis.session.defaults.DefaultSqlSession@1dd3d1f4]
from current transaction
==>  Preparing: insert into t_user(user_name, note) value(?, ?)
==> Parameters: username_1(String), note_2(String)
<==    Updates: 1
Releasing transactional SqlSession [org.apache.ibatis.session.defaults.DefaultSql
Session@1dd3d1f4]
Transaction synchronization committing SqlSession [org.apache.ibatis.session.defaults.
DefaultSqlSession@1dd3d1f4]
Transaction synchronization deregistering SqlSession [org.apache.ibatis.session.
defaults.DefaultSqlSession@1dd3d1f4]
Transaction synchronization closing SqlSession [org.apache.ibatis.session.defaults.
DefaultSqlSession@1dd3d1f4]
Initiating transaction commit
```

通过加粗的日志部分，我们可以看到都是在沿用已经存在的当前事务。接着我们把代码清单 6-10 中的 insertUser 的注解修改为代码清单 6-20。

代码清单 6-20 使用 REQUIRES_NEW 传播行为

```
@Override
@Transactional(isolation= Isolation.READ_COMMITTED,
        propagation = Propagation.REQUIRES_NEW)
public int insertUser(User user) {
    return userDao.insertUser(user);
}
```

再进行测试，可以得到如下日志：

```
Start processing with input [userName1=username_1&note1=note_1&userName2=username_
1&note2=note_2]
# 创建当前方法事务（UserBatchServiceImpl 的 insertUsers 方法）
Creating new transaction with name [com.springboot.chapter6.service.impl.UserBatch
ServiceImpl.insertUsers]: PROPAGATION_REQUIRED,ISOLATION_READ_COMMITTED; ''
# 设置当前方法事务隔离级别为读写提交
Acquired Connection [ProxyConnection[PooledConnection[com.mysql.jdbc.JDBC4Connection@
555aa621]]] for JDBC transaction
Changing isolation level of JDBC Connection [ProxyConnection[PooledConnection[com.
mysql.jdbc.JDBC4Connection@555aa621]]] to 2
Switching JDBC Connection [ProxyConnection[PooledConnection[com.mysql.jdbc.
JDBC4Connection@555aa621]]] to manual commit
# 创建子方法事务（UserServiceImpl 的 insertUser 方法）
Suspending current transaction, creating new transaction with name [com.springboot.
chapter6.service.impl.UserServiceImpl.insertUser]
Acquired Connection [ProxyConnection[PooledConnection[com.mysql.jdbc.JDBC4Connection@
7a2f0d45]]] for JDBC transaction
# 设置子方法事务隔离级别
Changing isolation level of JDBC Connection [ProxyConnection[PooledConnection[com.
mysql.jdbc.JDBC4Connection@7a2f0d45]]] to 2
Switching JDBC Connection [ProxyConnection[PooledConnection[com.mysql.jdbc.JDBC4Connection@
7a2f0d45]]] to manual commit
......
Returning JDBC Connection to DataSource
Resuming suspended transaction after completion of inner transaction
# 创建子方法事务（UserServiceImpl 的 insertUser 方法）
Suspending current transaction, creating new transaction with name [com.springboot.
chapter6.service.impl.UserServiceImpl.insertUser]
Acquired Connection [ProxyConnection[PooledConnection[com.mysql.jdbc.JDBC4Connection@
7a2f0d45]]] for JDBC transaction
# 设置子方法事务隔离级别
Changing isolation level of JDBC Connection [ProxyConnection[PooledConnection[com.
mysql.jdbc.JDBC4Connection@7a2f0d45]]] to 2
Switching JDBC Connection [ProxyConnection[PooledConnection[com.mysql.jdbc.JDBC4Connection@
7a2f0d45]]] to manual commit
......
Returning JDBC Connection to DataSource
Written [{success=true, user=[com.springboot.chapter6.pojo.User@2ad9d83d, com.springboot.
chapter6.pojo.User@2a894a66}]] as "application/json" using [org.springframework.http.
converter.json.MappingJackson2HttpMessageConverter@3fd2322d]
Null ModelAndView returned to DispatcherServlet with name 'dispatcherServlet': assuming
HandlerAdapter completed request handling
Successfully completed request
```

在日志中，为了更好地让读者理解，加粗的文字是我加进去的。从日志中可以看到，它启用了新的数据库事务去运行每一个 insertUser 方法，并且独立提交，这样就完全脱离了原有事务的管控，每一个事务都可以拥有自己独立的隔离级别和锁。

最后，我们再测试 NESTED 隔离级别。它是一个如果子方法回滚而当前事务不回滚的方法，于是我们再把代码清单 6-20 修改为代码清单 6-21，进行测试。

代码清单 6-21　测试 NESTED 传播行为

```java
@Override
@Transactional(isolation = Isolation.READ_COMMITTED, propagation = Propagation.NESTED)
public int insertUser(User user) {
    return userDao.insertUser(user);
}
```

再次运行程序，可以看到如下日志：

```
Acquired Connection [ProxyConnection[PooledConnection[com.mysql.jdbc.JDBC4Connection@
fce0b1d]]] for JDBC transaction
Changing isolation level of JDBC Connection [ProxyConnection[PooledConnection[com.
mysql.jdbc.JDBC4Connection@fce0b1d]]] to 2
Switching JDBC Connection [ProxyConnection[PooledConnection[com.mysql.jdbc.
JDBC4Connection@fce0b1d]]] to manual commit
Creating nested transaction with name [com.springboot.chapter6.service.impl.
UserServiceImpl.insertUser]
Creating a new SqlSession
Registering transaction synchronization for SqlSession [org.apache.ibatis.session.
defaults.DefaultSqlSession@2bfebbe2]
JDBC Connection [ProxyConnection[PooledConnection[com.mysql.jdbc.JDBC4Connection@fce0b1d]]]
will be managed by Spring
==>  Preparing: insert into t_user(user_name, note) value(?, ?)
==> Parameters: username_1(String), note_1(String)
<==    Updates: 1
Releasing transactional SqlSession [org.apache.ibatis.session.defaults.DefaultSql
Session@2bfebbe2]
Releasing transaction savepoint
Creating nested transaction with name [com.springboot.chapter6.service.impl.
UserServiceImpl.insertUser]
Fetched SqlSession [org.apache.ibatis.session.defaults.DefaultSqlSession@2bfebbe2]
from current transaction
==>  Preparing: insert into t_user(user_name, note) value(?, ?)
==> Parameters: username_1(String), note_2(String)
<==    Updates: 1
Releasing transactional SqlSession [org.apache.ibatis.session.defaults.DefaultSql
Session@2bfebbe2]
Releasing transaction savepoint
Transaction synchronization committing SqlSession [org.apache.ibatis.session.defaults.
DefaultSqlSession@2bfebbe2]
Transaction synchronization deregistering SqlSession [org.apache.ibatis.session.
defaults.DefaultSqlSession@2bfebbe2]
Transaction synchronization closing SqlSession [org.apache.ibatis.session.defaults.
DefaultSqlSession@2bfebbe2]
Initiating transaction commit
Committing JDBC transaction on Connection [ProxyConnection[PooledConnection[com.
mysql.jdbc.JDBC4Connection@fce0b1d]]]
Resetting isolation level of JDBC Connection [ProxyConnection[PooledConnection[com.
mysql.jdbc.JDBC4Connection@fce0b1d]]] to 4
```

在大部分的数据库中，一段 SQL 语句中可以设置一个标志位，然后后面的代码执行时如果有异常，只是回滚到这个标志位的数据状态，而不会让这个标志位之前的代码也回滚。这个标志位，在数据库的概念中被称为保存点（save point）。从加粗日志部分可以看到，Spring 为我们生成了 nested 事务，而从其日志信息中可以看到保存点的释放，可见 Spring 也是使用保存点技术来完成让子事务回滚而不致使当前事务回滚的工作。注意，并不是所有的数据库都支持保存点技术，因此 Spring 内部有这样的规则：当数据库支持保存点技术时，就启用保存点技术；如果不能支持，就新建一个事务去运行你的代码，即等价于 REQUIRES_NEW 传播行为。

NESTED 传播行为和 REQUIRES_NEW 还是有区别的。NESTED 传播行为会沿用当前事务的隔离级别和锁等特性，而 REQUIRES_NEW 则可以拥有自己独立的隔离级别和锁等特性，这是在应用中需要注意的地方。

6.5 @Transactional 自调用失效问题

@Transactional 在某些场景下会失效，这是要注意的问题。在 6.4.2 节中，我们测试传播行为，是使用了一个 UserBatchServiceImpl 类去调用 UserServiceImpl 类的方法，那么如果我们不创建 UserBatchServiceImpl 类，而只是使用 UserServiceImpl 类进行批量插入用户会怎么样呢？下面我们改造 UserServiceImpl，如代码清单 6-22 所示。

代码清单 6-22 改造 UserServiceImpl 类以测试传播行为

```java
@Autowired
private UserDao userDao = null;

@Override
@Transactional(isolation = Isolation.READ_COMMITTED,
        propagation = Propagation.REQUIRED)
public int insertUsers(List<User> userList) {
    int count = 0;
    for (User user : userList) {
        // 调用自己类自身的方法，产生自调用问题
        count += insertUser(user);
    }
    return count;
}
// 传播行为为 REQUIRES_NEW,每次调用产生新事务
@Override
@Transactional(isolation = Isolation.READ_COMMITTED,
        propagation = Propagation.REQUIRES_NEW)
public int insertUser(User user) {
    return userDao.insertUser(user);
}
```

代码中新增了方法 insertUsers，对应的接口也需要改造，这步比较简单就不再演示了。对于 insertUser 方法，我们把传播行为修改为 REQUIRES_NEW，也就是每次调用产生新的事务，而 insertUsers 方法就调用了这个方法。这是一个类自身方法之间的调用，我们称之为自调用。那么它能够成功地每次调用都产生新的事务吗？下面是我的测试日志。

```
Acquired Connection [ProxyConnection[PooledConnection[com.mysql.jdbc.JDBC4Connection@
9af68f]]] for JDBC transaction
```

```
Changing isolation level of JDBC Connection [ProxyConnection[PooledConnection[com.
mysql.jdbc.JDBC4Connection@9af68f]]] to 2
Switching JDBC Connection [ProxyConnection[PooledConnection[com.mysql.jdbc.
JDBC4Connection@9af68f]]] to manual commit
Creating a new SqlSession
Registering transaction synchronization for SqlSession [org.apache.ibatis.session.
defaults.DefaultSqlSession@46066b4b]
JDBC Connection [ProxyConnection[PooledConnection[com.mysql.jdbc.JDBC4Connection@9af68f]]]
will be managed by Spring
==>  Preparing: insert into t_user(user_name, note) value(?, ?)
==> Parameters: username_1(String), note_1(String)
<==    Updates: 1
Releasing transactional SqlSession [org.apache.ibatis.session.defaults.DefaultSql
Session@46066b4b]
Fetched SqlSession [org.apache.ibatis.session.defaults.DefaultSqlSession@46066b4b]
from current transaction
==>  Preparing: insert into t_user(user_name, note) value(?, ?)
==> Parameters: username_1(String), note_2(String)
<==    Updates: 1
Releasing transactional SqlSession [org.apache.ibatis.session.defaults.DefaultSql
Session@46066b4b]
Transaction synchronization committing SqlSession [org.apache.ibatis.session.defaults.
DefaultSqlSession@46066b4b]
Transaction synchronization deregistering SqlSession [org.apache.ibatis.session.
defaults.DefaultSqlSession@46066b4b]
Transaction synchronization closing SqlSession [org.apache.ibatis.session.defaults.
DefaultSqlSession@46066b4b]
Initiating transaction commit
```

通过日志可以看到，Spring 在运行中并没有创建任何新的事务独立地运行 insertUser 方法。换句话说，我们的注解@Transactional 失效了，为什么会这样呢？

在 6.2.1 节，我们谈过 Spring 数据库事务的约定，其实现原理是 AOP，而 AOP 的原理是动态代理，在自调用的过程中，是类自身的调用，而不是代理对象去调用，那么就不会产生 AOP，这样 Spring 就不能把你的代码织入到约定的流程中，于是就产生了现在看到的失败场景。为了克服这个问题，我们可以像 6.4.2 节那样，用一个 Service 去调用另一个 Service，这样就是代理对象的调用，Spring 才会将你的代码织入事务流程。当然也可以从 Spring IoC 容器中获取代理对象去启用 AOP，例如，我们再次对 UserServiceImpl 进行改造，如代码清单 6-23 所示。

代码清单 6-23　使用代理对象执行插入用户，克服自调用问题

```
package com.springboot.chapter6.service.impl;
/**** imports ****/
@Service
public class UserServiceImpl implements UserService, ApplicationContextAware {

    @Autowired
    private UserDao userDao = null;

    private ApplicationContext applicationContext = null;

    // 实现生命周期方法，设置 IoC 容器
    @Override
    public void setApplicationContext(ApplicationContext applicationContext)
            throws BeansException {
```

```
            this.applicationContext = applicationContext;
        }

        @Override
        @Transactional(isolation = Isolation.READ_COMMITTED,
                propagation = Propagation.REQUIRED)
        public int insertUsers(List<User> userList) {
            int count = 0;
            // 从 IoC 容器中取出代理对象
            UserService userService = applicationContext.getBean(UserService.class);
            for (User user : userList) {
                // 使用代理对象调用方法插入用户，此时会织入 Spring 数据库事务流程中
                count += userService.insertUser(user);
            }
            return count;
        }

        @Override
        @Transactional(isolation = Isolation.READ_COMMITTED,
                propagation = Propagation.REQUIRES_NEW)
        public int insertUser(User user) {
            return userDao.insertUser(user);
        }

        ......
    }
```

从代码中我们实现了 ApplicationContextAware 接口的 setApplicationContext 方法，这样便能够把 IoC 容器设置到这个类中来。于是在 insertUsers 方法中，我们通过 IoC 容器获取了 UserService 的接口对象。但是请注意，这将是一个代理对象，并且使用它调用了传播行为为 REQUIRES_NEW 的 insertUser 方法，这样才可以运行成功。我还监控了获取的 UserService 对象，如图 6-6 所示。

图 6-6　使用动态代理对象调用克服自调用问题

从代码中我们可以看到，从 IoC 容器取出的对象是一个代理对象，通过它能够克服自调用的问题。下面是运行这段代码的日志：

```
Acquired Connection [ProxyConnection[PooledConnection[com.mysql.jdbc.JDBC4Connection@
36a39bb0]]] for JDBC transaction
Changing isolation level of JDBC Connection [ProxyConnection[PooledConnection[com.
mysql.jdbc.JDBC4Connection@36a39bb0]]] to 2
Switching JDBC Connection [ProxyConnection[PooledConnection[com.mysql.jdbc.
JDBC4Connection@36a39bb0]]] to manual commit
Returning cached instance of singleton bean 'userServiceImpl'
Suspending current transaction, creating new transaction with name [com.springboot.
chapter6.service.impl.UserServiceImpl.insertUser]
Acquired Connection [ProxyConnection[PooledConnection[com.mysql.jdbc.JDBC4Connection@
23e0a8aa]]] for JDBC transaction
......
Initiating transaction commit
Committing JDBC transaction on Connection [ProxyConnection[PooledConnection[com.
mysql.jdbc.JDBC4Connection@23e0a8aa]]]
Resetting isolation level of JDBC Connection [ProxyConnection[PooledConnection[com.
mysql.jdbc.JDBC4Connection@23e0a8aa]]] to 4
Releasing JDBC Connection [ProxyConnection[PooledConnection[com.mysql.jdbc.
JDBC4Connection@23e0a8aa]]] after transaction
Returning JDBC Connection to DataSource
Resuming suspended transaction after completion of inner transaction
Suspending current transaction, creating new transaction with name [com.springboot.
chapter6.service.impl.UserServiceImpl.insertUser]
Acquired Connection [ProxyConnection[PooledConnection[com.mysql.jdbc.JDBC4Connection@
23e0a8aa]]] for JDBC transaction
......
Initiating transaction commit
Committing JDBC transaction on Connection [ProxyConnection[PooledConnection[com.
mysql.jdbc.JDBC4Connection@23e0a8aa]]]
```

从加粗的日志部分可以看出，Spring 已经为我们的方法创建了新的事务，这样自调用的问题就克服了，只是这样代码需要依赖于 Spring 的 API，这样会造成代码的侵入。使用 6.4.2 节中的一个类调用另外一个类的方法则不会有依赖，只是相对麻烦一些。

第 7 章

使用性能利器——Redis

在现今互联网应用中，NoSQL 已经广为应用，在互联网中起到加速系统的作用。有两种 NoSQL 使用最为广泛，那就是 Redis 和 MongoDB。本章将介绍 Redis 和 Spring Boot 的结合。

Redis 是一种运行在内存的数据库，支持 7 种数据类型的存储。Redis 是一个开源、使用 ANSI C 语言编写、遵守 BSD 协议、支持网络、可基于内存亦可持久化的日志型、键值数据库，并提供多种语言的 API。Redis 是基于内存的，所以运行速度很快，大约是关系数据库几倍到几十倍的速度。在我的测试中，Redis 可以在 1 s 内完成 10 万次的读写，性能十分高效。如果我们将常用的数据存储在 Redis 中，用来代替关系数据库的查询访问，网站性能将可以得到大幅提高。

在现实中，查询数据要远远多于更新数据，一般一个正常的网站更新和查询的比例大约是 1∶9 到 3∶7，在查询比例较大的网站使用 Redis 可以数倍地提升网站的性能。例如，当一个会员登录网站，我们就把其常用数据从数据库一次性查询出来存放在 Redis 中，那么之后大部分的查询只需要基于 Redis 完成便可以了，这样将很大程度上提升网站的性能。除此之外，Redis 还提供了简单的事务机制，通过事务机制可以有效保证在高并发的场景下数据的一致性。Redis 自身数据类型比较少，命令功能也比较有限，运算能力一直不强，所以 Redis 在 2.6 版本之后开始增加 Lua 语言的支持，这样 Redis 的运算能力就大大提高了，而且在 Redis 中 Lua 语言的执行是原子性的，也就是在 Redis 执行 Lua 时，不会被其他命令所打断，这样就能够保证在高并发场景下的一致性，在未来高并发的场景我们会再次看到它的威力。

要使用 Redis，需要先加入关于 Redis 的依赖，同样，Spring Boot 也会为其提供 starter，然后允许我们通过配置文件 application.properties 进行配置，这样就能够以最快的速度配置并且使用 Redis 了。所以下面先在 Maven 中增加依赖，如代码清单 7-1 所示。

代码清单 7-1　引入 spring-boot-starter-data-redis

```
<dependency>
    <groupId>org.springframework.boot</groupId>
    <artifactId>spring-boot-starter-data-redis</artifactId>
    <exclusions>
        <!--不依赖 Redis 的异步客户端 lettuce-->
```

```
        <exclusion>
            <groupId>io.lettuce</groupId>
            <artifactId>lettuce-core</artifactId>
        </exclusion>
    </exclusions>
</dependency>
<!--引入 Redis 的客户端驱动 jedis-->
<dependency>
    <groupId>redis.clients</groupId>
    <artifactId>jedis</artifactId>
</dependency>
```

这样我们就引入了 Spring 对 Redis 的 starter，只是在默认的情况下，spring-boot-starter-data-redis
（版本 2.x）会依赖 Lettuce 的 Redis 客户端驱动，而在一般的项目中，我们会使用 Jedis，所以在代码
中使用了<exclusions>元素将其依赖排除了，与此同时引入了 Jedis 的依赖，这样就可以使用 Jedis 进
行编程了。那么应该如何配置它呢？关于这些，需要进一步了解 Spring 是如何集成 Redis 的。Spring
是通过 spring-data-redis 项目对 Redis 开发进行支持的，在讨论 Spring Boot 如何使用 Redis 之前，很
有必要简单地介绍一下这个项目，这样才能更好地在 Spring 中使用 Redis。

Redis 是一种键值数据库，而且是以字符串类型为中心的，当前它能够支持多种数据类型，包括
字符串、散列、列表（链表）、集合、有序集合、基数和地理位置等。我们将讨论字符串、散列、列
表、集合和有序集合的使用，因为它们的使用率比较高。

7.1　spring-data-redis 项目简介

这里我们先讨论在 Spring 中如何使用 Redis，学习一些底层的内容还是很有帮助的。因为 Spring
Boot 的配置虽然已经简化，但是如果弄不懂一些内容，读者很快就会备感迷茫，很多特性也将无法
清晰地去讨论，所以这里先探讨在一个普通的 Spring 工程中如何使用 Redis。这对于讨论 Spring Boot
中如何集成 Redis 是很有帮助的。

7.1.1　spring-data-redis 项目的设计

在 Java 中与 Redis 连接的驱动存在很多种，目前比较广泛使用的是 Jedis，其他的还有 Lettuce、
Jredis 和 Srp。Lettuce 目前使用得比较少，而 Jredis 和 Srp 则已经不被推荐使用，在 Spring 中已经被
标注@Deprecated，所以本书只讨论 Spring 推荐使用的类库 Jedis 的使用。

Spring 提供了一个 RedisConnectionFactory 接口，通过它可以生成一个 RedisConnection 接口对象，
而 RedisConnection 接口对象是对 Redis 底层接口的封装。例如，本章使用的 Jedis 驱动，那么 Spring
就会提供 RedisConnection 接口的实现类 JedisConnection 去封装原有的 Jedis（redis.clients.jedis.Jedis）
对象。我们不妨看一下它们的类的关系，如图 7-1 所示。

从图 7-1 可以看出，在 Spring 中是通过 RedisConnection 接口操作 Redis 的，而 RedisConnection
则对原生的 Jedis 进行封装。要获取 RedisConnection 接口对象，是通过 RedisConnectionFactory 接口
去生成的，所以第一步要配置的便是这个工厂了，而配置这个工厂主要是配置 Redis 的连接池，对于
连接池可以限定其最大连接数、超时时间等属性。下面开发一个简单的 RedisConnectionFactory 接口
对象，如代码清单 7-2 所示。

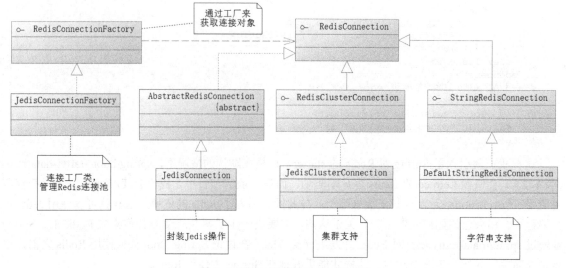

图 7-1　Spring 对 Redis 的类设计

代码清单 7-2　创建 RedisConnectionFactory 对象

```
package com.springboot.chapter7.config;
/**** imports ****/
@Configuration
public class RedisConfig {

    private RedisConnectionFactory connectionFactory = null;

    @Bean(name = "RedisConnectionFactory")
    public RedisConnectionFactory initRedisConnectionFactory() {
        if (this.connectionFactory != null) {
            return this.connectionFactory;
        }
        JedisPoolConfig poolConfig = new JedisPoolConfig();
        // 最大空闲数
        poolConfig.setMaxIdle(30);
        // 最大连接数
        poolConfig.setMaxTotal(50);
        // 最大等待毫秒数
        poolConfig.setMaxWaitMillis(2000);
        // 创建 Jedis 连接工厂
        JedisConnectionFactory connectionFactory = new JedisConnectionFactory(poolConfig);
        // 获取单机的 Redis 配置
        RedisStandaloneConfiguration rsCfg = connectionFactory.getStandaloneConfiguration();
        rsCfg.setHostName("192.168.11.131");
        rsCfg.setPort(6379);
        rsCfg.setPassword("123456");
        this.connectionFactory = connectionFactory;
        return connectionFactory;
    }
    ......
}
```

这里我们通过一个连接池的配置创建了 RedisConnectionFactory，通过它就能够创建 RedisConnection

接口对象。但是我们在使用一条连接时，要先从 RedisConnectionFactory 工厂获取，然后在使用完成后还要自己关闭它。Spring 为了进一步简化开发，提供了 RedisTemplate。

7.1.2 RedisTemplate

应该说 RedisTemplate 是使用得最多的类，所以它也是 Spring 操作 Redis 的重点内容。RedisTemplate 是一个强大的类，首先它会自动从 RedisConnectionFactory 工厂中获取连接，然后执行对应的 Redis 命令，在最后还会关闭 Redis 的连接。这些在 RedisTemplate 中都被封装了，所以并不需要开发者关注 Redis 连接的闭合问题。只是为了更好地使用 RedisTemplate，我们还需要掌握它内部的一些细节。不过，无论如何我们需要先创建它，在代码清单 7-2 的基础上加入代码清单 7-3。

代码清单 7-3　创建 RedisTemplate

```
@Bean(name="redisTemplate")
public RedisTemplate<Object, Object> initRedisTemplate() {
    RedisTemplate<Object, Object> redisTemplate = new RedisTemplate<>();
    redisTemplate.setConnectionFactory(initConnectionFactory());
    return redisTemplate;
}
```

然后测试它，如代码清单 7-4 所示。

代码清单 7-4　测试 RedisTemplate

```
package com.springboot.chapter7.main;
/**** imports ****/
public class Chapter7Main {
    public static void main(String[] args) {
        ApplicationContext ctx
            = new AnnotationConfigApplicationContext(RedisConfig.class);
        RedisTemplate redisTemplate = ctx.getBean(RedisTemplate.class);
        redisTemplate.opsForValue().set("key1", "value1");
        redisTemplate.opsForHash().put("hash", "field", "hvalue");
    }
}
```

这里使用了 Java 配置文件 RedisConfig 来创建 Spring IoC 容器，然后从中获取 RedisTemplate 对象，接着设置一个键为"key1"而值为"value1"的键值对。运行这段代码后，可以在 Redis 客户端输入命令 keys *key1，如图 7-2 所示。

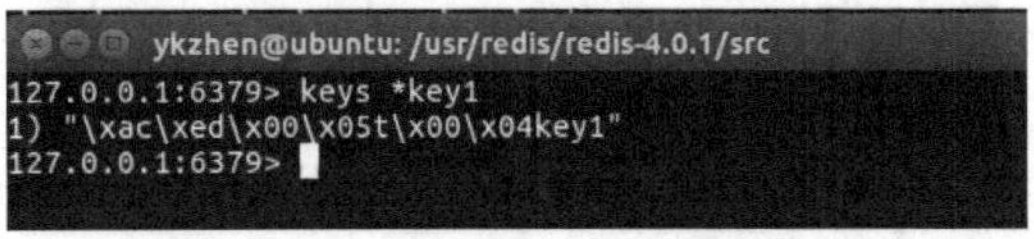

可以看到，Redis 存入的并不是"key1"这样的字符串，这是怎么回事呢？首先需要清楚的是，Redis 是一种基于字符串存储的 NoSQL，而 Java 是基于对象的语言，对象是无法存储到 Redis 中的，不过 Java

图 7-2　使用 Redis 命令查询键信息

提供了序列化机制，只要类实现了 java.io.Serializable 接口，就代表类的对象能够进行序列化，通过将类对象进行序列化就能够得到二进制字符串，这样 Redis 就可以将这些类对象以字符串进行存储。Java 也可以将那些二进制字符串通过反序列化转为对象，通过这个原理，Spring 提供了序列化器的机制，并且实现了几个序列化器，其设计如图 7-3 所示。

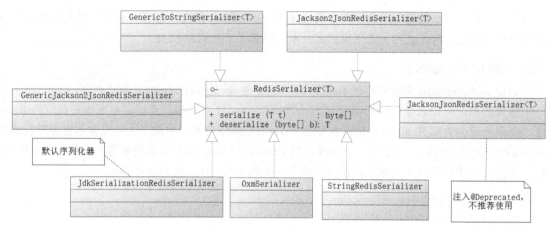

图 7-3　Spring 关于 Redis 的序列化器设置

从图 7-3 可以看出，对于序列化器，Spring 提供了 RedisSerializer 接口，它有两个方法。这两个方法，一个是 serialize，它能把那些可以序列化的对象转换为二进制字符串；另一个是 deserialize，它能够通过反序列化把二进制字符串转换为 Java 对象。图 7-3 中的 JacksonJsonRedisSerializer 因为 API 过时，已经不推荐使用，我们这里主要讨论 StringRedisSerializer 和 JdkSerializationRedisSerializer，其中 JdkSerializationRedisSerializer 是 RedisTemplate 默认的序列化器，代码清单的"key1"这个字符串就是被它序列化变为一个比较奇怪的字符串的，其原理如图 7-4 所示。

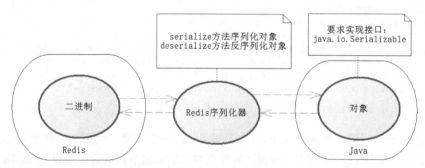

图 7-4　spring-data-redis 序列化器原理示意图

RedisTemplate 提供了如表 7-1 所示几个可以配置的属性。

表 7-1　RedisTemplate 中的序列化器属性

属　　性	描　　述	备　　注
defaultSerializer	默认序列化器	如果没有设置，则使用 JdkSerializationRedisSerializer
keySerializer	Redis 键序列化器	如果没有设置，则使用默认序列化器
valueSerializer	Redis 值序列化器	如果没有设置，则使用默认序列化器
hashKeySerializer	Redis 散列结构 field 序列化器	如果没有设置，则使用默认序列化器
hashValueSerializer	Redis 散列结构 value 序列化器	如果没有设置，则使用默认序列化器
stringSerializer	字符串序列化器	RedisTemplate 自动赋值为 StringRedisSerializer 对象

通过上述讲解我们可以看到，在代码清单 7-4 中，由于我们什么都没有配置，因此它会默认使用 JdkSerializationRedisSerializer 对对象进行序列化和反序列化。这就是图 7-2 得到那些复杂字符串的原因，只是这样使用会给我们查询 Redis 数据带来很大的困难。为了克服这个困难，我们希望 RedisTemplate 可以将 Redis 的键以普通字符串保存。为了达到这个目的，可以将代码清单 7-3 修改为代码清单 7-5。

代码清单 7-5　使用字符串序列化器

```
@Bean(name = "redisTemplate")
public RedisTemplate<Object, Object> initRedisTemplate() {
    RedisTemplate<Object, Object> redisTemplate = new RedisTemplate<>();
    // RedisTemplate 会自动初始化 StringRedisSerializer,所以这里直接获取
    RedisSerializer stringRedisSerializer = redisTemplate.getStringSerializer();
    // 设置字符串序列化器,这样 Spring 就会把 Redis 的 key 当作字符串处理了
    redisTemplate.setKeySerializer(stringRedisSerializer);
    redisTemplate.setHashKeySerializer(stringRedisSerializer);
    redisTemplate.setHashValueSerializer(stringRedisSerializer);
    redisTemplate.setConnectionFactory(initConnectionFactory());
    return redisTemplate;
}
```

这里，我们通过主动将 Redis 的键和散列结构的 field 和 value 均采用了字符串序列化器，这样把它们转换出来时就会采用字符串了。运行代码清单 7-4 中的代码后，再次查询 Redis 的数据，就可以看到图 7-5 了。

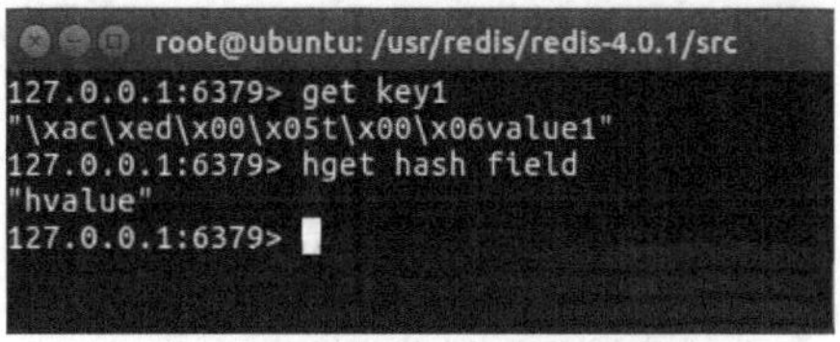

从图 7-5 可以看到 Redis 的键已经从复杂的编码变为简单的字符串了，而 hash 数据类型则全部采用了字符串的形式，这是因为我们设置了使用 StringRedisSerializer 序列化器操作它们。

图 7-5　查询 Redis 服务器

值得注意的是代码清单 7-4 中的如下两行代码：

```
redisTemplate.opsForValue().set("key1", "value1");
redisTemplate.opsForHash().put("hash", "field", "hvalue");
```

它们还存在一些值得我们探讨的细节。例如，上述的两个操作并不是在同一个 Redis 的连接下完成的，什么意思？让我们更加详细地阐述代码运行的过程，首先在操作 key1 时，redisTemplate 会先从连接工厂（RedisConnectionFactory）中获取一个连接，然后执行对应的 Redis 命令，再关闭这条连接；其次在操作 hash 时，它也是从连接工厂中获取另一条连接，然后执行命令，再关闭该连接。所以我们可以看到这个过程是两条连接的操作，这样显然存在资源的浪费，我们更加希望的是在同一条连接中就执行两个命令。为了克服这个问题，Spring 为我们提供了 RedisCallback 和 SessionCallback 两个接口。不过在此之前我们需要了解 Spring 对 Redis 数据类型的封装。

Redis 使用得最多的是字符串，因此在 spring-data-redis 项目中，还提供了一个 StringRedisTemplate 类，这个类继承 RedisTemplate，只是提供了字符串的操作而已，对于复杂 Java 对象还需要自行处理。

7.1.3　Spring 对 Redis 数据类型操作的封装

Redis 能够支持 7 种类型的数据结构，这 7 种类型是字符串、散列、列表（链表）、集合、有序

集合、基数和地理位置。为此 Spring 针对每一种数据结构的操作都提供了对应的操作接口，如表 7-2 所示。

表 7-2 spring-data-redis 数据类型封装操作接口

操 作 接 口	功 能	备 注
GeoOperations	地理位置操作接口	使用不多，本书不再介绍
HashOperations	散列操作接口	
HyperLogLogOperations	基数操作接口	使用不多，本书不再介绍
ListOperations	列表（链表）操作接口	
SetOperations	集合操作接口	
ValueOperations	字符串操作接口	
ZSetOperations	有序集合操作接口	

它们都可以通过 RedisTemplate 得到，得到的方法很简单，如代码清单 7-6 所示。

代码清单 7-6 获取 Redis 数据类型操作接口

```
// 获取地理位置操作接口
redisTemplate.opsForGeo();
// 获取散列操作接口
redisTemplate.opsForHash();
// 获取基数操作接口
redisTemplate.opsForHyperLogLog();
// 获取列表操作接口
redisTemplate.opsForList();
// 获取集合操作接口
redisTemplate.opsForSet();
// 获取字符串操作接口
redisTemplate.opsForValue();
// 获取有序集合操作接口
redisTemplate.opsForZSet();
```

这样就可以通过各类的操作接口来操作不同的数据类型了，当然这需要你熟悉 Redis 的各种命令。有时我们可能需要对某一个键值对（key-value）做连续的操作，例如，有时需要连续操作一个散列数据类型或者列表多次，这时 Spring 也提供支持，它提供了对应的 BoundXXXOperations 接口，如表 7-3 所示。

表 7-3 项目类型

接 口	说 明
BoundGeoOperations	绑定一个地理位置数据类型的键操作，不常用，不再介绍
BoundHashOperations	绑定一个散列数据类型的键操作
BoundListOperations	绑定一个列表（链表）数据类型的键操作
BoundSetOperations	绑定一个集合数据类型的键操作
BoundValueOperations	绑定一个字符串集合数据类型的键操作
BoundZSetOperations	绑定一个有序集合数据类型的键操作

同样地，RedisTemplate 也对获取它们提供了对应的方法，如代码清单 7-7 所示。

代码清单 7-7　获取绑定键的操作类

```
// 获取地理位置绑定键操作接口
redisTemplate.boundGeoOps("geo");
// 获取散列绑定键操作接口
redisTemplate.boundHashOps("hash");
// 获取列表（链表）绑定键操作接口
redisTemplate.boundListOps("list");
// 获取集合绑定键操作接口
redisTemplate.boundSetOps("set");
// 获取字符串绑定键操作接口
redisTemplate.boundValueOps("string");
// 获取有序集合绑定键操作接口
redisTemplate.boundZSetOps("zset");
```

获取其中的操作接口后，我们就可以对某个键的数据进行多次操作，这样我们就知道如何有效地通过 Spring 操作 Redis 的各种数据类型了。

7.1.4　SessionCallback 和 RedisCallback 接口

在 7.1.2 节的最后，我们谈到了 SessionCallback 接口和 RedisCallback 接口，它们的作用是让 RedisTemplate 进行回调，通过它们可以在同一条连接下执行多个 Redis 命令。其中 SessionCallback 提供了良好的封装，对于开发者比较友好，因此在实际的开发中应该优先选择使用它；相对而言，RedisCallback 接口比较底层，需要处理的内容也比较多，可读性较差，所以在非必要的时候尽量不选择使用它。下面使用这两个接口实现代码清单 7-4 的功能，如代码清单 7-8 所示。

代码清单 7-8　使用 RedisCallback 和 SessionCallback 接口

```
// 需要处理底层的转换规则，如果不考虑改写底层，尽量不使用它
public void useRedisCallback(RedisTemplate redisTemplate) {
    redisTemplate.execute(new RedisCallback() {
        @Override
        public Object doInRedis(RedisConnection rc)
                throws DataAccessException {
            rc.set("key1".getBytes(), "value1".getBytes());
            rc.hSet("hash".getBytes(), "field".getBytes(), "hvalue".getBytes());
            return null;
        }
    });
}

// 高级接口，比较友好，一般情况下，优先使用它
public void useSessionCallback(RedisTemplate redisTemplate) {
    redisTemplate.execute(new SessionCallback() {
        @Override
        public Object execute(RedisOperations ro)
                throws DataAccessException {
            ro.opsForValue().set("key1", "value1");
            ro.opsForHash().put("hash", "field", "hvalue");
            return null;
        }
    });
}
```

上述代码中，我们采用了匿名类的方式去使用它们。从代码中可以看出，RedisCallback 接口并

不是那么友好，但是它能够改写一些底层的东西，如序列化的问题，所以在需要改写那些较为底层规则时，可以使用它。使用 SessionCallback 接口则比较友好，这也是我在大部分情况下推荐使用的接口，它提供了更为高级的 API，使得我们的使用更为简单，可读性也更佳。如果采用的是 Java 8 或者以上的版本，则还可以使用 Lambda 表达式改写上述代码，这样代码就会更加清爽。代码清单 7-9 就是对代码清单 7-8 的改写。

代码清单 7-9　使用 Lambda 表达式

```java
public void useRedisCallback(RedisTemplate redisTemplate) {
    redisTemplate.execute((RedisConnection rc) -> {
        rc.set("key1".getBytes(), "value1".getBytes());
        rc.hSet("hash".getBytes(), "field".getBytes(), "hvalue".getBytes());
        return null;
    });
}

public void useSessionCallback(RedisTemplate redisTemplate) {
    redisTemplate.execute((RedisOperations ro) -> {
        ro.opsForValue().set("key1", "value1");
        ro.opsForHash().put("hash", "field", "hvalue");
        return null;
    });
}
```

显然这样就更为清晰明朗了，看起来也更为简单。它们都能够使得 RedisTemplate 使用同一条 Redis 连接进行回调，从而可以在同一条 Redis 连接下执行多个方法，避免 RedisTemplate 多次获取不同的连接。在后面的流水线和事务内容介绍中我们还会看到它们的身影。

7.2　在 Spring Boot 中配置和使用 Redis

通过上述 spring-data-redis 项目的讨论，相信读者对 Spring 如何集成 Redis 有了更为深入的理解，虽然在 Spring Boot 中配置没有那么烦琐，但是了解更多的底层细节能更好地处理问题。本节开始讨论 Spring Boot 如何整合和使用 Redis。

7.2.1　在 Spring Boot 中配置 Redis

在 Spring Boot 中集成 Redis 更为简单。例如，要配置代码清单 7-2 中的 Redis 服务器，我们只需要在配置文件 application.properties 中加入代码清单 7-10 所示的代码即可。

代码清单 7-10　在 Spring Boot 中配置 Redis

```
#配置连接池属性
spring.redis.jedis.pool.min-idle=5
spring.redis.jedis.pool.max-active=10
spring.redis.jedis.pool.max-idle=10
spring.redis.jedis.pool.max-wait=2000
#配置 Redis 服务器属性
spring.redis.port=6379
spring.redis.host=192.168.11.131
spring.redis.password=123456
#Redis 连接超时时间，单位毫秒
spring.redis.timeout=1000
```

这里我们配置了连接池和服务器的属性，用以连接 Redis 服务器，这样 Spring Boot 的自动装配机制就会读取这些配置来生成有关 Redis 的操作对象，这里它会自动生成 RedisConnectionFactory、RedisTemplate、StringRedisTemplate 等常用的 Redis 对象。我们知道，RedisTemplate 会默认使用 JdkSerializationRedisSerializer 进行序列化键值，这样便能够存储到 Redis 服务器中。如果这样，Redis 服务器存入的便是一个经过序列化后的特殊字符串，有时候对于我们跟踪并不是很友好。如果我们在 Redis 只是使用字符串，那么使用其自动生成的 StringRedisTemplate 即可，但是这样就只能支持字符串了，并不能支持 Java 对象的存储。为了克服这个问题，可以通过设置 RedisTemplate 的序列化器来处理。下面我们在 Spring Boot 的启动文件中修改 RedisTemplate 的序列化器，如代码清单 7-11 所示。

代码清单 7-11　修改 RedisTemplate 的序列化器

```
package com.springboot.chapter7.main;
/**** imports ****/
@SpringBootApplication(scanBasePackages = "com.springboot.chapter7")
public class Chapter7Application {

    // 注入 RedisTemplate
    @Autowired
    private RedisTemplate redisTemplate = null;

    // 定义自定义后初始化方法
    @PostConstruct
    public void init() {
        initRedisTemplate();
    }

    // 设置 RedisTemplate 的序列化器
    private void initRedisTemplate() {
        RedisSerializer stringSerializer = redisTemplate.getStringSerializer();
        redisTemplate.setKeySerializer(stringSerializer);
        redisTemplate.setHashKeySerializer(stringSerializer);
    }

    ......
}
```

首先通过@Autowired 注入由 Spring Boot 根据配置生成的 RedisTemplate 对象，然后利用 Spring Bean 生命周期的特性使用注解@PostConstruct 自定义后初始化方法。在这个方法里，把 RedisTemplate 中的键序列化器修改为 StringRedisSerializer。因为之前我们讨论过，在 RedisTemplate 中它会默认地定义了一个 StringRedisSerializer 对象，所以这里我并没有自己创建一个新的 StringRedisSerializer 对象，而是从 RedisTemplate 中获取。然后把 RedisTemplate 关于键和其散列数据类型的 field 都修改为了使用 StringRedisSerializer 进行序列化，这样我们在 Redis 服务器上得到的键和散列的 field 就都以字符串存储了。

7.2.2　操作 Redis 数据类型

上面的内容主要是讨论如何让 Spring Boot 集成 Redis，下面来增加实践能力。这节主要演示常用 Redis 数据类型（如字符串、散列、列表、集合和有序集合）的操作，但是主要是从 RedisTemplate 的角度，而不是从 SessionCallback 和 RedisCallback 接口的角度。这样做的目的，是让读者更加熟悉

RedisTemplate 的使用方法，因为在大部分的场景下，并不需要很复杂地操作 Redis，而仅仅是很简单地使用而已，也就是只需要操作一次 Redis，这个时候使用 RedisTemplate 的操作还是比较多的。如果需要多次执行 Redis 命令，可以选择使用 SessionCallback 或者 RedisCallback 接口。在后面介绍 Redis 特殊用法时，我们会再次看到这两个接口。

首先开始操作字符串和散列，这是 Redis 最为常用的数据类型，如代码清单 7-12 所示。

代码清单 7-12　操作 Redis 字符串和散列数据类型

```java
package com.springboot.chapter7.controller;
/**** imports ****/
@Controller
@RequestMapping("/redis")
public class RedisController {

    @Autowired
    private RedisTemplate redisTemplate = null;

    @Autowired
    private StringRedisTemplate stringRedisTemplate = null;

    @RequestMapping("/stringAndHash")
    @ResponseBody
    public Map<String, Object> testStringAndHash() {
        redisTemplate.opsForValue().set("key1", "value1");
        // 注意这里使用了 JDK 的序列化器，所以 Redis 保存时不是整数，不能运算
        redisTemplate.opsForValue().set("int_key", "1");
        stringRedisTemplate.opsForValue().set("int", "1");
        // 使用运算
        stringRedisTemplate.opsForValue().increment("int", 1);
        // 获取底层 Jedis 连接
        Jedis jedis = (Jedis) stringRedisTemplate.getConnectionFactory()
                .getConnection().getNativeConnection();
        // 减 1 操作，这个命令 RedisTemplate 不支持，所以我先获取底层的连接再操作
        jedis.decr("int");
        Map<String, String> hash = new HashMap<String, String>();
        hash.put("field1", "value1");
        hash.put("field2", "value2");
        // 存入一个散列数据类型
        stringRedisTemplate.opsForHash().putAll("hash", hash);
        // 新增一个字段
        stringRedisTemplate.opsForHash().put("hash", "field3", "value3");
        // 绑定散列操作的 key，这样可以连续对同一个散列数据类型进行操作
        BoundHashOperations hashOps = stringRedisTemplate.boundHashOps("hash");
        // 删除两个字段
        hashOps.delete("field1", "field2");
        // 新增一个字段
        hashOps.put("filed4", "value5");
        Map<String, Object> map = new HashMap<String, Object>();
        map.put("success", true);
        return map;
    }
    ....
}
```

这里的@Autowired注入了 Spring Boot 为我们自动初始化的 RedisTemplate 和 StringRedisTemplate 对象。看到 testStringAndHash 方法，首先是存入了一个"key1"的数据，然后是"int_key"。但是请

注意这个"int_key"存入到 Redis 服务器中，因为采用了 JDK 序列化器，所以在 Redis 服务器中它不是整数，而是一个被 JDK 序列化器序列化后的二进制字符串，是没有办法使用 Redis 命令进行运算的。为了克服这个问题，这里使用 StringRedisTemplate 对象保存了一个键为"int"的整数，这样就能够运算了。接着进行了加一运算，但是因为 RedisTemplate 并不能支持底层所有的 Redis 命令，所以这里先获取了原始的 Redis 连接的 Jedis 对象，用它来做减一运算。然后是操作散列数据类型，在插入多个散列的 field 时可以采用 Map，然后为了方便对同一个数据操作，这里代码还获取了 BoundHashOperations 对象进行操作，这样对同一个数据操作就方便许多了。

列表也是常用的数据类型。在 Redis 中列表是一种链表结构，这就意味着查询性能不高，而增删节点的性能高，这是它的特性。在 Redis 中存在从左到右或者从右到左的操作，为了方便测试，我们在代码清单 7-12 中插入代码清单 7-13 所示。

代码清单 7-13　使用 Spring 操作列表（链表）

```
@RequestMapping("/list")
@ResponseBody
public Map<String, Object> testList() {
    // 插入两个列表,注意它们在链表的顺序
    // 链表从左到右顺序为 v10,v8,v6,v4,v2
    stringRedisTemplate.opsForList().leftPushAll(
        "list1", "v2", "v4", "v6", "v8", "v10");
    // 链表从左到右顺序为 v1,v2,v3,v4,v5,v6
    stringRedisTemplate.opsForList().rightPushAll(
        "list2", "v1", "v2", "v3", "v4", "v5", "v6");
    // 绑定 list2 链表操作
    BoundListOperations listOps = stringRedisTemplate.boundListOps("list2");
    // 从右边弹出一个成员
    Object result1 = listOps.rightPop();
    // 获取定位元素,Redis 从 0 开始计算,这里值为 v2
    Object result2 = listOps.index(1);
    // 从左边插入链表
    listOps.leftPush("v0");
    // 求链表长度
    Long size = listOps.size();
    // 求链表下标区间成员,整个链表下标范围为 0 到 size-1,这里不取最后一个元素
    List elements = listOps.range(0, size-2);
    Map<String, Object> map = new HashMap<String, Object>();
    map.put("success", true);
    return map;
}
```

上述操作是基于 StringRedisTemplate 的，所以保存到 Redis 服务器的都是字符串类型，只是这里有两点需要注意。首先是列表元素的顺序问题，是从左到右还是从右到左，这是容易弄糊涂的问题；其次是下标问题，在 Redis 中是以 0 开始的，这与 Java 中的数组类似。

接着是集合。对于集合，在 Redis 中是不允许成员重复的，它在数据结构上是一个散列表的结构，所以对于它而言是无序的，对于两个或者以上的集合，Redis 还提供了交集、并集和差集的运算。为了进行测试，我们可以在代码清单 7-12 的基础上加入代码清单 7-14 的程序片段。

代码清单 7-14　使用 Spring 操作集合

```
@RequestMapping("/set")
@ResponseBody
```

```
public Map<String, Object> testSet() {
    // 请注意：这里 v1 重复两次，因为集合不允许重复，所以只是插入 5 个成员到集合中
    stringRedisTemplate.opsForSet().add("set1",
        "v1","v1","v2","v3","v4","v5");
    stringRedisTemplate.opsForSet().add("set2", "v2","v4","v6","v8");
    // 绑定 set1 集合操作
    BoundSetOperations setOps = stringRedisTemplate.boundSetOps("set1");
    // 增加两个元素
    setOps.add("v6", "v7");
    // 删除两个元素
    setOps.remove("v1", "v7");
    // 返回所有元素
    Set set1 = setOps.members();
    // 求成员数
    Long size = setOps.size();
    // 求交集
    Set inter = setOps.intersect("set2");
    // 求交集，并且用新集合 inter 保存
    setOps.intersectAndStore("set2", "inter");
    // 求差集
    Set diff = setOps.diff("set2");
    // 求差集，并且用新集合 diff 保存
    setOps.diffAndStore("set2", "diff");
    // 求并集
    Set union = setOps.union("set2");
    // 求并集，并且用新集合 union 保存
    setOps.unionAndStore("set2", "union");
    Map<String, Object> map = new HashMap<String, Object>();
    map.put("success", true);
    return map;
}
```

这里在添加集合 set1 时，存在两个 v1 一样的元素。因为集合不允许重复，所以实际上在集合只算是一个元素。然后可以看到对集合各类操作，在最后还有交集、差集和并集的操作，这些是集合最常用的操作。

在一些网站中，经常会有排名，如最热门的商品或者最大的购买买家，都是常常见到的场景。对于这类排名，刷新往往需要及时，也涉及较大的统计，如果使用数据库会太慢。为了支持集合的排序，Redis 还提供了有序集合（zset）。有序集合与集合的差异并不大，它也是一种散列表存储的方式，同时它的有序性只是靠它在数据结构中增加一个属性——score（分数）得以支持。为了支持这个变化，Spring 提供了 TypedTuple 接口，它定义了两个方法，并且 Spring 还提供了其默认的实现类 DefaultTypedTuple，其内容如图 7-6 所示。

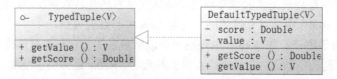

图 7-6　Spring 有序集合元素设计

在 TypedTuple 接口的设计中，value 是保存有序集合的值，score 则是保存分数，Redis 是使用分数来完成集合的排序的，这样如果把买家作为一个有序集合，而买家花的钱作为分数，就可以使用

Redis 进行快速排序了。下面我们把代码清单 7-15 插到代码清单 7-12 中。

代码清单 7-15　操作 Redis 有序集合

```java
@RequestMapping("/zset")
@ResponseBody
public Map<String, Object> testZset() {
    Set<TypedTuple<String>> typedTupleSet = new HashSet<>();
    for (int i=1; i<=9; i++) {
        // 分数
        double score = i*0.1;
        // 创建一个 TypedTuple 对象，存入值和分数
        TypedTuple<String> typedTuple
            = new DefaultTypedTuple<String>("value" + i, score);
        typedTupleSet.add(typedTuple);
    }
    // 往有序集合插入元素
    stringRedisTemplate.opsForZSet().add("zset1", typedTupleSet);
    // 绑定 zset1 有序集合操作
    BoundZSetOperations<String, String> zsetOps
        = stringRedisTemplate.boundZSetOps("zset1");
    // 增加一个元素
    zsetOps.add("value10", 0.26);
    Set<String> setRange = zsetOps.range(1, 6);
    // 按分数排序获取有序集合
    Set<String> setScore = zsetOps.rangeByScore(0.2, 0.6);
    // 定义值范围
    Range range = new Range();
    range.gt("value3");// 大于 value3
    // range.gte("value3");// 大于等于 value3
    // range.lt("value8");// 小于 value8
    range.lte("value8");// 小于等于 value8
    // 按值排序，请注意这个排序是按字符串排序
    Set<String> setLex = zsetOps.rangeByLex(range);
    // 删除元素
    zsetOps.remove("value9", "value2");
    // 求分数
    Double score = zsetOps.score("value8");
    // 在下标区间下，按分数排序，同时返回 value 和 score
    Set<TypedTuple<String>> rangeSet = zsetOps.rangeWithScores(1, 6);
    // 在分数区间下，按分数排序，同时返回 value 和 score
    Set<TypedTuple<String>> scoreSet = zsetOps.rangeByScoreWithScores(0.2, 0.6);
    // 按从大到小排序
    Set<String> reverseSet = zsetOps.reverseRange(2, 8);
    Map<String, Object> map = new HashMap<String, Object>();
    map.put("success", true);
    return map;
}
```

　　代码中使用了 TypedTuple 保存有序集合的元素，在默认的情况下，有序集合是从小到大地排序的，按下标、分数和值进行排序获取有序集合的元素，或者连同分数一起返回，有时候还可以进行从大到小的排序，只是在使用值排序时，我们可以使用 Spring 为我们创建的 Range 类，它可以定义值的范围，还有大于、等于、大于等于、小于等于等范围定义，方便我们筛选对应的元素。

　　地理位置和基数不是我们常用的功能，所以这里不再赘述了。

7.3 Redis 的一些特殊用法

Redis 除了操作那些数据类型的功能外,还能支持事务、流水线、发布订阅和 Lua 脚本等功能,这些也是 Redis 常用的功能。在高并发的场景中,往往我们需要保证数据的一致性,这时考虑使用 Redis 事务或者利用 Redis 执行 Lua 的原子性来达到数据一致性的目的,所以这里让我们对它们展开讨论。在需要大批量执行 Redis 命令的时候,我们可以使用流水线来执行命令,这样可以极大地提升 Redis 执行的速度。

7.3.1 使用 Redis 事务

首先 Redis 是支持一定事务能力的 NoSQL,在 Redis 中使用事务,通常的命令组合是 watch...multi...exec,也就是要在一个 Redis 连接中执行多个命令,这时我们可以考虑使用 SessionCallback 接口来达到这个目的。其中,watch 命令是可以监控 Redis 的一些键;multi 命令是开始事务,开始事务后,该客户端的命令不会马上被执行,而是存放在一个队列里,这点是需要注意的地方,也就是在这时我们执行一些返回数据的命令,Redis 也是不会马上执行的,而是把命令放到一个队列里,所以此时调用 Redis 的命令,结果都是返回 null,这是初学者容易犯的错误;exec 命令的意义在于执行事务,只是它在队列命令执行前会判断被 watch 监控的 Redis 的键的数据是否发生过变化(即使赋予与之前相同的值也会被认为是变化过),如果它认为发生了变化,那么 Redis 就会取消事务,否则就会执行事务,Redis 在执行事务时,要么全部执行,要么全部不执行,而且不会被其他客户端打断,这样就保证了 Redis 事务下数据的一致性。图 7-7 就是 Redis 事务执行的过程。

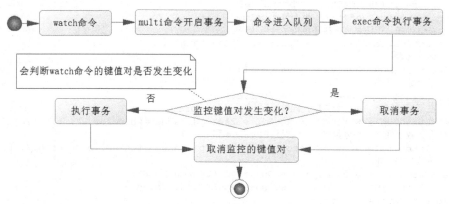

图 7-7　Redis 事务执行过程

下面我们就测试这样的一个过程,只是这里需要保证 RedisTemplate 的键和散列结构的 field 使用字符串序列化器(StringRedisSerializer)。如代码清单 7-16 所示。

代码清单 7-16　通过 Spring 使用 Redis 事务机制

```
@RequestMapping("/multi")
@ResponseBody
public Map<String, Object> testMulti() {
    redisTemplate.opsForValue().set("key1", "value1");
```

```
List list = (List)redisTemplate.execute((RedisOperations operations) -> {
    // 设置要监控 key1
    operations.watch("key1");
    // 开启事务，在 exec 命令执行前，全部都只是进入队列
    operations.multi();
    operations.opsForValue().set("key2", "value2");
    // operations.opsForValue().increment("key1", 1);// ①
    // 获取值将为 null，因为 redis 只是把命令放入队列
    Object value2 = operations.opsForValue().get("key2");
    System.out.println("命令在队列，所以 value 为 null【"+ value2 +"】");
    operations.opsForValue().set("key3", "value3");
    Object value3 = operations.opsForValue().get("key3");
    System.out.println("命令在队列，所以 value 为 null【"+ value3 +"】");
    // 执行 exec 命令，将先判别 key1 是否在监控后被修改过，如果是则不执行事务，否则就执行事务
    return operations.exec();// ②
});
    System.out.println(list);
    Map<String, Object> map = new HashMap<String, Object>();
    map.put("success", true);
    return map;
}
```

为了揭示 Redis 事务的特性，我们对这段代码做以下两种测试。

- 先在 Redis 客户端清空 key2 和 key3 两个键的数据，然后在②处设置断点，在调试的环境下让请求达到断点，此时在 Redis 上修改 key1 的值，然后再跳过断点，在请求完成后在 Redis 上查询 key2 和 key3 值，可以发现 key2、key3 返回的值都为空（nil），因为程序中先使得 Redis 的 watch 命令监控了 key1 的值，而后的 multi 让之后的命令进入队列，而在 exec 方法运行前我们修改了 key1，根据 Redis 事务的规则，它在 exec 方法后会探测 key1 是否被修改过，如果没有则会执行事务，否则就取消事务，所以 key2 和 key3 没有被保存到 Redis 服务器中。

- 继续把 key2 和 key3 两个值清空，把①处的注释取消，让代码可以运行，因为 key1 是一个字符串，所以这里的代码是对字符串加一，这显然是不能运算的。同样地，我们运行这段代码后，可以看到服务器抛出了异常，然后我们去 Redis 服务器查询 key2 和 key3，可以看到它们已经有了值。注意，这就是 Redis 事务和数据库事务的不一样，对于 Redis 事务是先让命令进入队列，所以一开始它并没有检测这个加一命令是否能够成功，只有在 exec 命令执行的时候，才能发现错误，对于出错的命令 Redis 只是报出错误，而错误后面的命令依旧被执行，所以 key2 和 key3 都存在数据，这就是 Redis 事务的特点，也是使用 Redis 事务需要特别注意的地方。为了克服这个问题，一般我们要在执行 Redis 事务前，严格地检查数据，以避免这样的情况发生。

7.3.2 使用 Redis 流水线

在默认的情况下，Redis 客户端是一条条命令发送给 Redis 服务器的，这样显然性能不高。在关系数据库中我们可以使用批量，也就是只有需要执行 SQL 时，才一次性地发送所有的 SQL 去执行，这样性能就提高了许多。对于 Redis 也是可以的，这便是流水线（pipline）技术，在很多情况下并不是 Redis 性能不佳，而是网络传输的速度造成瓶颈，使用流水线后就可以大幅度地在需要执行很多命令时提升 Redis 的性能。

下面我们使用 Redis 流水线技术测试 10 万次读写的功能，如代码清单 7-17 所示。

代码清单 7-17 使用 Redis 流水线测试性能

```
@RequestMapping("/pipeline")
@ResponseBody
public Map<String, Object> testPipeline() {
    Long start = System.currentTimeMillis();
    List list = (List)redisTemplate.executePipelined((RedisOperations operations) -> {
        for (int i=1; i<=100000; i++) {
            operations.opsForValue().set("pipeline_" + i, "value_" + i);
            String value = (String) operations.opsForValue().get("pipeline_" + i);
            if (i == 100000) {
                System.out.println("命令只是进入队列，所以值为空【" + value +"】");
            }
        }
        return null;
    });
    Long end = System.currentTimeMillis();
    System.out.println("耗时: " + (end - start) + "毫秒。");
    Map<String, Object> map = new HashMap<String, Object>();
    map.put("success", true);
    return map;
}
```

这里还是沿用 SessionCallback 接口执行写入和读出各 10 万次 Redis 命令，只是修改为了 Lambda 表达式而已。如果你的 JDK 达不到 8 的版本以上，那么只能采用匿名类的形式来改写这段代码了。为了测试性能，这里记录了开始执行时间和结束执行时间，并且打出了耗时。在我的测试中，这 10 万次读写基本在 300～600 ms，大约平均值在 400～500 ms，也就是不到 1 s 就能执行 10 万次读和写命令，这个速度还是十分快的。在使用非流水线的情况下，我的测试大约每秒只能执行 2 万～3 万条命令，可见使用流水线后可以提升大约 10 倍的速度，它十分适合大数据量的执行。

这里需要注意的是以下两点。

- 代码清单 7-17 只是运用于测试，在运行如此多的命令时，需要考虑的另外一个问题是内存空间的消耗，因为对于程序而言，它最终会返回一个 List 对象，如果过多的命令执行返回的结果都保存到这个 List 中，显然会造成内存消耗过大，尤其在那些高并发的网站中就很容易造成 JVM 内存溢出的异常，这个时候应该考虑使用迭代的方法执行 Redis 命令。
- 与事务一样，使用流水线的过程中，所有的命令也只是进入队列而没有执行，所以执行的命令返回值也为空，这也是需要注意的地方。

7.3.3 使用 Redis 发布订阅

发布订阅是消息的一种常用模式。例如，在企业分配任务之后，可以通过邮件、短信或者微信通知到相关的责任人，这就是一种典型的发布订阅模式。首先是 Redis 提供一个渠道，让消息能够发送到这个渠道上，而多个系统可以监听这个渠道，如短信、微信和邮件系统都可以监听这个渠道，当一条消息发送到渠道，渠道就会通知它的监听者，这样短信、微信和邮件系统就能够得到这个渠道给它们的消息了，这些监听者会根据自己的需要去处理这个消息，于是我们就可以得到各种各样的通知了。其原理如图 7-8 所示。

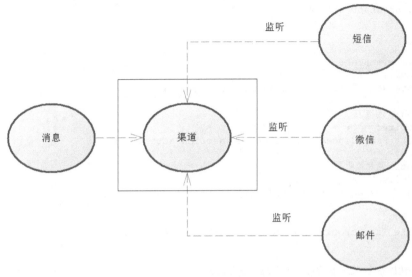

图 7-8　发布订阅模式

为了接收 Redis 渠道发送过来的消息，我们先定义一个消息监听器（MessageListener），如代码清单 7-18 所示。

代码清单 7-18　Redis 消息监听器

```
package com.springboot.chapter7.listener;
/**** imports ****/
@Component
public class RedisMessageListener implements MessageListener {
    @Override
    public void onMessage(Message message, byte[] pattern) {
        // 消息体
        String body = new String(message.getBody());
        // 渠道名称
        String topic = new String(pattern);
        System.out.println(body);
        System.out.println(topic);
    }
}
```

这里的 onMessage 方法是得到消息后的处理方法，其中 message 参数代表 Redis 发送过来的消息，pattern 是渠道名称，onMessage 方法里打印了它们的内容。这里因为标注了@Component 注解，所以在 Spring Boot 扫描后，会把它自动装配到 IoC 容器中。

接着我们在 Spring Boot 的启动文件中配置其他信息，让系统能够监控 Redis 的消息，如代码清单 7-19 所示。

代码清单 7-19　监听 Redis 发布的消息

```
package com.springboot.chapter7.main;
/**** imports ****/
@SpringBootApplication(scanBasePackages = "com.springboot.chapter7")
@MapperScan(basePackages = "com.springboot.chapter7", annotationClass = Repository.class)
```

```java
public class Chapter7Application {

    ......

    // RedisTemplate
    @Autowired
    private RedisTemplate redisTemplate = null;

    // Redis 连接工厂
    @Autowired
    private RedisConnectionFactory connectionFactory = null;

    // Redis 消息监听器
    @Autowired
    private MessageListener redisMsgListener = null;

    // 任务池
    private ThreadPoolTaskScheduler taskScheduler = null;

    /**
     * 创建任务池，运行线程等待处理 Redis 的消息
     * @return
     */
    @Bean
    public ThreadPoolTaskScheduler initTaskScheduler() {
        if (taskScheduler != null) {
            return taskScheduler;
        }
        taskScheduler = new ThreadPoolTaskScheduler();
        taskScheduler.setPoolSize(20);
        return taskScheduler;
    }

    /**
     * 定义 Redis 的监听容器
     * @return 监听容器
     */
    @Bean
    public RedisMessageListenerContainer initRedisContainer() {
        RedisMessageListenerContainer container
            = new RedisMessageListenerContainer();
        // Redis 连接工厂
        container.setConnectionFactory(connectionFactory);
        // 设置运行任务池
        container.setTaskExecutor(initTaskScheduler());
        // 定义监听渠道，名称为 topic1
        Topic topic = new ChannelTopic("topic1");
        // 使用监听器监听 Redis 的消息
        container.addMessageListener(redisMsgListener, topic);
        return container;
    }
}
```

这里 RedisTemplate 和 RedisConnectionFactory 对象都是 Spring Boot 自动创建的，所以这里只是把它们注入进来，只需要使用@Autowired 注解即可。然后定义了一个任务池，并设置了任务池大小为 20，这样它将可以运行线程，并进行阻塞，等待 Redis 消息的传入。接着再定义了一个 Redis 消息

监听的容器 RedisMessageListenerContainer，并且往容器设置了 Redis 连接工厂和指定运行消息的线程池，定义了接收"topic1"渠道的消息，这样系统就可以监听 Redis 关于"topic1"渠道的消息了。

启用 Spring Boot 项目后，在 Redis 的客户端输入命令：

```
publish topic1 msg
```

在 Spring 中，我们也可以使用 RedisTemplate 来发送消息，例如：

```
redisTemplate.convertAndSend(channel, message);
```

其中，channel 代表渠道，message 代表消息，这样就能够得到 Redis 发送过来的消息了。我对代码进行了调试，如图 7-9 所示。

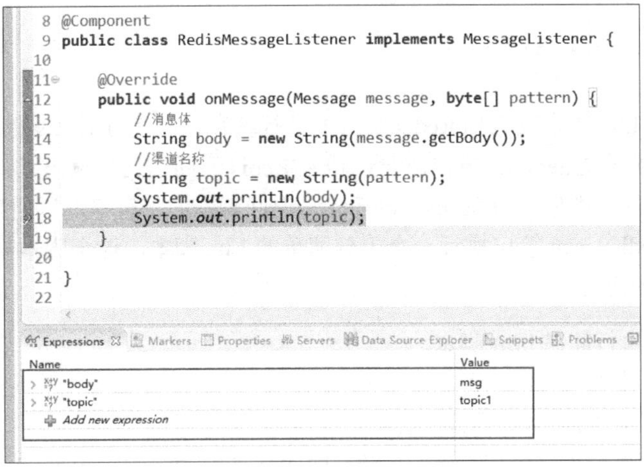

图 7-9　处理 Redis 发布的消息

从图 7-9 可见，我们的监听者对象（RedisMessageListener）已经获取到 Redis 发送过来的消息，并且将消息进行了转换。

7.3.4　使用 Lua 脚本

Redis 中有很多的命令，但是严格来说 Redis 提供的计算能力还是比较有限的。为了增强 Redis 的计算能力，Redis 在 2.6 版本后提供了 Lua 脚本的支持，而且执行 Lua 脚本在 Redis 中还具备原子性，所以在需要保证数据一致性的高并发环境中，我们也可以使用 Redis 的 Lua 语言来保证数据的一致性，且 Lua 脚本具备更加强大的运算功能，在高并发需要保证数据一致性时，Lua 脚本方案比使用 Redis 自身提供的事务要更好一些。

在 Redis 中有两种运行 Lua 的方法，一种是直接发送 Lua 到 Redis 服务器去执行，另一种是先把 Lua 发送给 Redis，Redis 会对 Lua 脚本进行缓存，然后返回一个 SHA1 的 32 位编码回来，之后只需要发送 SHA1 和相关参数给 Redis 便可以执行了。这里需要解释的是为什么会存在通过 32 位编码执行的方法。如果 Lua 脚本很长，那么就需要通过网络传递脚本给 Redis 去执行了，而现实的情况是网络的传递速度往往跟不上 Redis 的执行速度，所以网络就会成为 Redis 执行的瓶颈。如果只是传递 32 位编码和参数，那么需要传递的消息就少了许多，这样就可以极大地减少网络传输的内容，从而提高系统的性能。

为了支持 Redis 的 Lua 脚本，Spring 提供了 RedisScript 接口，与此同时也有一个 DefaultRedisScript 实现类。让我们先来看看 RedisScript 接口的源码，如代码清单 7-20 所示。

代码清单 7-20　RedisScript 接口定义

```
package org.springframework.data.redis.core.script;
public interface RedisScript<T> {
    // 获取脚本的 Sha1
    String getSha1();

    // 获取脚本返回值
    Class<T> getResultType();

    // 获取脚本的字符串
    String getScriptAsString();
}
```

这里 Spring 会将 Lua 脚本发送到 Redis 服务器进行缓存，而此时 Redis 服务器会返回一个 32 位的 SHA1 编码，这时候通过 getSha1 方法就可以得到 Redis 返回的这个编码了；getResultType 方法是获取 Lua 脚本返回的 Java 类型；getScriptAsString 是返回脚本的字符串，以便我们观看脚本。

下面我们采用 RedisScript 接口执行一个十分简单的 Lua 脚本，这个脚本只是简单地返回一个字符串，如代码清单 7-21 所示。

代码清单 7-21　执行简易 Lua 脚本

```
@RequestMapping("/lua")
@ResponseBody
public Map<String, Object> testLua() {
    DefaultRedisScript<String> rs = new DefaultRedisScript<String>();
    // 设置脚本
    rs.setScriptText("return 'Hello Redis'");
    // 定义返回类型。注意：如果没有这个定义，Spring 不会返回结果
    rs.setResultType(String.class);
    RedisSerializer<String> stringSerializer
      = redisTemplate.getStringSerializer();
    // 执行 Lua 脚本
    String str = (String) redisTemplate.execute(
        rs, stringSerializer, stringSerializer, null);
    Map<String, Object> map = new HashMap<String, Object>();
    map.put("str", str);
    return map;
}
```

这里的代码，首先 Lua 只是定义了一个简单的字符串，然后就返回了，而返回类型则定义为字符串。这里必须定义返回类型，否则对于 Spring 不会把脚本执行的结果返回。接着获取了由 RedisTemplate 自动创建的字符串序列化器，而后使用 RedisTemplate 的 execute 方法执行了脚本。在 RedisTemplate 中，execute 方法执行脚本的方法有两种，其定义如下：

```
public <T> T execute(RedisScript<T> script, List<K> keys, Object... args)

public <T> T execute(RedisScript<T> script, RedisSerializer<?> argsSerializer,
        RedisSerializer<T> resultSerializer, List<K> keys, Object... args)
```

在这两个方法中，从参数的名称可以知道，script 就是我们定义的 RedisScript 接口对象，keys 代表 Redis 的键，args 是这段脚本的参数。两个方法最大区别是一个存在序列化器的参数，另外一个不存在。对于不存在序列化参数的方法，Spring 将采用 RedisTemplate 提供的 valueSerializer 序列化器对传递的键和参数进行序列化。这里我们采用了第二个方法调度脚本，并且设置为字符串序列化器，其中第一个序列化器是键的序列化器，第二个是参数序列化器，这样键和参数就在字符串序列化器下被序列化了。图 7-10 所示是我对这段代码的测试。

```
219   @RequestMapping("/lua")
220   @ResponseBody
221   public Map<String, Object> testLua() {
222       DefaultRedisScript<String> rs = new DefaultRedisScript<String>();
223       rs.setScriptText("return 'Hello Redis'");
224       rs.setResultType(String.class);
225       RedisSerializer<String> stringSerializer = redisTemplate.getStringSerializer();
226       String str = (String) redisTemplate.execute(rs, stringSerializer, stringSerializer, null);
227       Map<String, Object> map = new HashMap<String, Object>();
228       map.put("str", str);
229       return map;
230   }
231
```

Expressions 🕱	📰 Markers	📄 Properties	🌐 Servers	📂 Data Source Explorer	📄 Snippets	📄 Problems	🖥 Console	🌐 Cross References	⚙ Debug

Name	Value
∨ 🔣 "rs"	(id=109)
> ■ resultType	Class<T> (java.lang.String) (id=114)
> ■ scriptSource	StaticScriptSource (id=120)
> ■ sha1	"e509eb0B69056563287758d23146eb00e0518da5" (id=124)
■ shaModifiedMonitor	Object (id=125)
∨ 🔣 "rs.getScriptAsString()"	return 'Hello Redis'
■ hash	0
> ■ value	(id=151)
> 🔣 "str"	Hello Redis
➕ Add new expression	

图 7-10　测试 Lua 脚本

从断点中的监控来看，RedisScript 对象已经存放了对应的 SHA1 的字符串对象，这样就可以通过它执行 Lua 脚本了。由于返回已经是 "Hello Redis"，显然测试是成功的。

下面我们再考虑存在参数的情况。例如，我们写一段 Lua 脚本用来判断两个字符串是否相同，如代码清单 7-22 所示。

代码清单 7-22　带有参数的 Lua

```
redis.call('set', KEYS[1], ARGV[1])
redis.call('set', KEYS[2], ARGV[2])
local str1 = redis.call('get', KEYS[1])
local str2 = redis.call('get', KEYS[2])
if str1 == str2 then
return 1
end
return 0
```

这里的脚本中使用了两个键去保存两个参数，然后对这两个参数进行比较，如果相等则返回 1，否则返回 0。注意脚本中 KEYS[1] 和 KEYS[2] 的写法，它们代表客户端传递的第一个键和第二个键，而 ARGV[1] 和 ARGV[2] 则表示客户端传递的第一个和第二个参数。下面我们用代码清单 7-23 测试这个脚本。

代码清单 7-23　测试带有参数的 Lua 脚本

```java
@RequestMapping("/lua2")
@ResponseBody
public Map<String, Object> testLua2(String key1, String key2, String value1, String value2) {
    // 定义 Lua 脚本
    String lua = "redis.call('set', KEYS[1], ARGV[1]) \n"
            + "redis.call('set', KEYS[2], ARGV[2]) \n"
            + "local str1 = redis.call('get', KEYS[1]) \n"
            + "local str2 = redis.call('get', KEYS[2]) \n"
            + "if str1 == str2 then  \n"
            + "return 1 \n"
            + "end \n"
            + "return 0 \n";
    System.out.println(lua);
    // 结果返回为 Long
    DefaultRedisScript<Long> rs = new DefaultRedisScript<Long>();
    rs.setScriptText(lua);
    rs.setResultType(Long.class);
    // 采用字符串序列化器
    RedisSerializer<String> stringSerializer = redisTemplate.getStringSerializer();
    // 定义 key 参数
    List<String> keyList = new ArrayList<>();
    keyList.add(key1);
    keyList.add(key2);
    // 传递两个参数值，其中第一个序列化器是 key 的序列化器，第二个序列化器是参数的序列化器
    Long result = (Long) redisTemplate.execute(
        rs, stringSerializer, stringSerializer, keyList, value1, value2);
    Map<String, Object> map = new HashMap<String, Object>();
    map.put("result", result);
    return map;
}
```

这里使用 keyList 保存了各个键，然后通过 Redis 的 execute 方法传递，参数则可以使用可变化的方式传递，且键和参数的序列化器都设置为了字符串序列化器，这样便能够运行这段脚本了。我们的脚本返回为一个数字，这里值得注意的是，因为 Java 会把整数当作长整型（Long），所以这里返回值设置为 Long 型。

7.4　使用 Spring 缓存注解操作 Redis

为了进一步简化 Redis 的使用，Spring 还提供了缓存注解，使用这些注解可以有效简化编程过程，本节我们就学习一下缓存注解。

7.4.1　缓存管理器和缓存的启用

Spring 在使用缓存注解前，需要配置缓存管理器，缓存管理器将提供一些重要的信息，如缓存类型、超时时间等。Spring 可以支持多种缓存的使用，因此它存在多种缓存处理器，并提供了缓存处理器的接口 CacheManager 和与之相关的类，如图 7-11 所示。

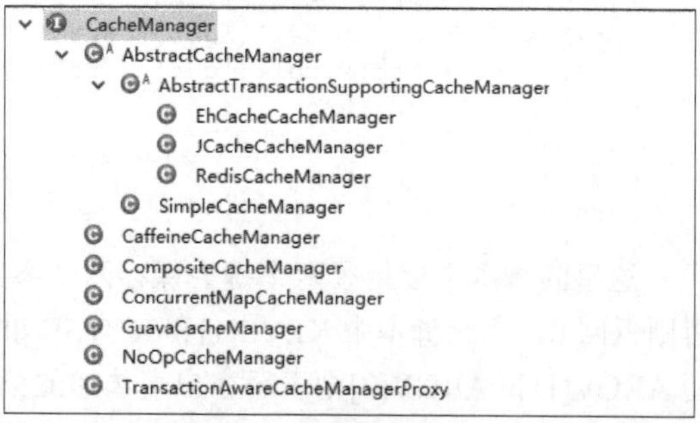

图 7-11　缓存管理器设计

从图 7-11 中可以看到，Spring 可以支持多种缓存管理机制，但是因为当前 Redis 已经广泛地使用，所以基于实用原则，本书将只介绍 Redis 缓存的应用，毕竟其他的缓存技术没有广泛地使用起来。而使用 Redis，主要就是以使用类 RedisCacheManager 为主。

在 Spring Boot 的 starter 机制中，允许我们通过配置文件生成缓存管理器，它提供的配置如代码清单 7-24 所示。

代码清单 7-24 缓存管理器配置

```
# SPRING CACHE (CacheProperties)
spring.cache.cache-names= # 如果由底层的缓存管理器支持创建，以逗号分隔的列表来缓存名称
spring.cache.caffeine.spec= # caffeine 缓存配置细节
spring.cache.couchbase.expiration=0ms # couchbase 缓存超时时间，默认是永不超时
spring.cache.ehcache.config= # 配置 ehcache 缓存初始化文件路径
spring.cache.infinispan.config=  #infinispan 缓存配置文件
spring.cache.jcache.config=   #jcache 缓存配置文件
spring.cache.jcache.provider= #jcache 缓存提供者配置
spring.cache.redis.cache-null-values=true # 是否允许 Redis 缓存空值
spring.cache.redis.key-prefix= # Redis 的键前缀
spring.cache.redis.time-to-live=0ms # 缓存超时时间戳，配置为 0 则不设置超时时间
spring.cache.redis.use-key-prefix=true # 是否启用 Redis 的键前缀
spring.cache.type= # 缓存类型，在默认的情况下，Spring 会自动根据上下文探测
```

因为使用的是 Redis，所以其他的缓存并不需要我们去关注，这里只是关注加粗的 6 个配置项。下面我们可以在 application.properties 配置 Redis 的缓存管理器，如代码清单 7-25 所示。

代码清单 7-25 配置 Redis 缓存管理器

```
spring.cache.type=REDIS
spring.cache.cache-names=redisCache
```

这样我们就配置完了缓存管理器，这里的 spring.cache.type 配置的是缓存类型，为 Redis，Spring Boot 会自动生成 RedisCacheManager 对象，而 spring.cache.cache-names 则是配置缓存名称，多个名称可以使用逗号分隔，以便于缓存注解的引用。

为了使用缓存管理器，需要在 Spring Boot 的配置文件中加入驱动缓存的注解@EnableCaching，这样就可以驱动 Spring 缓存机制工作了，类似于代码清单 7-26 所示的代码。

代码清单 7-26 启用缓存机制

```
package com.springboot.chapter7.main;
/**** imports ****/
@SpringBootApplication(scanBasePackages = "com.springboot.chapter7")
@MapperScan(basePackages = "com.springboot.chapter7", annotationClass = Repository.class)
@EnableCaching
public class Chapter7Application {
    ......
}
```

这样就能够驱动缓存机制了。然后我们需要搭建关于 MyBatis 框架的整合来测试缓存机制的使用，不过在此之前我们需要搭建测试环境。关于缓存注解的应用我们将在测试环境中阐述。

7.4.2 开发缓存注解

首先搭建配置文件，它主要配置数据库、MyBatis、Redis、缓存和日志等信息，如代码清单 7-27

所示。

代码清单 7-27 配置文件配置

```
#数据库配置
spring.datasource.url=jdbc:mysql://localhost:3306/spring_boot_chapter7
spring.datasource.username=root
spring.datasource.password=123456
#可以不配置数据库驱动，Spring Boot 会自己发现
#spring.datasource.driver-class-name=com.mysql.jdbc.Driver
spring.datasource.tomcat.max-idle=10
spring.datasource.tomcat.max-active=50
spring.datasource.tomcat.max-wait=10000
spring.datasource.tomcat.initial-size=5
#设置默认的隔离级别为读写提交
spring.datasource.tomcat.default-transaction-isolation=2

#mybatis 配置
mybatis.mapper-locations=classpath:com/springboot/chapter7/mapper/*.xml
mybatis.type-aliases-package=com.springboot.chapter7.pojo

#日志配置为 DEBUG 级别，这样日志最为详细
logging.level.root=DEBUG
logging.level.org.springframework=DEBUG
logging.level.org.org.mybatis=DEBUG

#Redis 配置
spring.redis.jedis.pool.min-idle=5
spring.redis.jedis.pool.max-active=10
spring.redis.jedis.pool.max-idle=10
spring.redis.jedis.pool.max-wait=2000
spring.redis.port=6379
spring.redis.host=192.168.11.131
spring.redis.password=123456

#缓存配置
spring.cache.type=REDIS
spring.cache.cache-names=redisCache
```

这样就配置好了各类资源。现在创建一个 POJO——User 来对应数据库的表，如代码清单 7-28
所示。

代码清单 7-28 用户 POJO

```
package com.springboot.chapter7.pojo;
/*** imports ***/
@Alias("user")
public class User implements Serializable  {
    private static final long serialVersionUID = 7760614561073458247L;
    private Long id;
    private String userName;
    private String note;
    /**setter and getter **/
}
```

这里的注解@Alias 定义了别名，因为我们在 application.properties 文件中定义了这个包作为别名
的扫描，所以它能够被 MyBatis 机制扫描，并且将 "user" 作为这个类的别名载入到 MyBatis 的体系

中。这个类还实现了 Serializable 接口，说明它可以进行序列化。

为了提供操作，需要设计一个接口用来操作 MyBatis，如代码清单 7-29 所示。

代码清单 7-29　MyBatis 用户操作接口

```java
package com.springboot.chapter7.dao;
/**** imports ****/
@Repository
public interface UserDao {
    // 获取单个用户
    User getUser(Long id);

    // 保存用户
    int insertUser(User user);

    // 修改用户
    int updateUser(User user);

    // 查询用户，指定 MyBatis 的参数名称
    List<User> findUsers(@Param("userName") String userName,
            @Param("note") String note);

    // 删除用户
    int deleteUser(Long id);
}
```

这里看到了注解@Repository，它是 Spring 用来标识 DAO 层的注解，在 MyBatis 体系中则是使用注解@Mapper 来标识，这里无论使用哪种注解都是允许的，只是我偏爱@Repository 而已，将来我们可以定义扫描来使得这个接口被扫描为 Spring 的 Bean 装配到 IoC 容器中；这里还可以看到增删查改的方法，通过它们就可以测试 Spring 的缓存注解了，为了配合这个接口一起使用，需要使用一个 XML 来定义 SQL、映射关系、参数和返回等信息，如代码清单 7-30 所示。

代码清单 7-30　定义用户 SQL 和映射关系

```xml
<?xml version="1.0" encoding="UTF-8" ?>
<!DOCTYPE mapper
  PUBLIC "-//mybatis.org//DTD Mapper 3.0//EN"
  "http://mybatis.org/dtd/mybatis-3-mapper.dtd">
<mapper namespace="com.springboot.chapter7.dao.UserDao">

    <select id="getUser" parameterType="long" resultType="user">
        select id, user_name as userName, note from t_user
        where id = #{id}
    </select>

    <insert id="insertUser" useGeneratedKeys="true" keyProperty="id"
        parameterType="user">
        insert into t_user(user_name, note)
        values(#{userName}, #{note})
    </insert>

    <update id="updateUser">
        update t_user
        <set>
            <if test="userName != null">user_name =#{userName},</if>
```

```
            <if test="note != null">note =#{note}</if>
        </set>
        where id = #{id}
    </update>

    <select id="findUsers" resultType="user">
        select id, user_name as userName, note from t_user
        <where>
            <if test="userName != null">
                and user_name = #{userName}
            </if>
            <if test="note != null">
                and note = #{note}
            </if>
        </where>
    </select>

    <delete id="deleteUser" parameterType="long">
        delete from t_user where id = #{id}
    </delete>
</mapper>
```

这里需要注意的是加粗的代码，它通过将属性 useGeneratedKeys 设置为 true，代表将通过数据库生成主键，而将 keyProperty 设置为 POJO 的 id 属性，MyBatis 就会将数据库生成的主键回填到 POJO 的 id 属性中。这样对于 MyBatis 就已经可以运行了。为了整合它，我们还需要使用 Spring 的机制，为此定义一个 Spring 的服务接口 UserService，如代码清单 7-31 所示。

代码清单 7-31　用户服务接口
```
package com.springboot.chapter7.service;
/**** imports ****/
public interface UserService {
    // 获取单个用户
    User getUser(Long id);

    // 保存用户
    User insertUser(User user);

    // 修改用户，指定 MyBatis 的参数名称
    User updateUserName(Long id, String userName);

    // 查询用户，指定 MyBatis 的参数名称
    List<User> findUsers(String userName, String note);

    // 删除用户
    int deleteUser(Long id);
}
```

这样就定义了 Spring 服务接口的方法，接着需要实现这个接口。在这个接口里我们将使用缓存注解，因此 UserService 的实现类就是本节最重要的代码，如代码清单 7-32 所示。

代码清单 7-32　用户实现类使用 Spring 缓存注解
```
package com.springboot.chapter7.service.impl;
/**** imports ****/
@Service
```

```java
public class UserServiceImpl implements UserService {

    @Autowired
    private UserDao userDao = null;

    // 插入用户，最后 MyBatis 会回填 id，取结果 id 缓存用户
    @Override
    @Transactional
    @CachePut(value ="redisCache", key = "'redis_user_'+#result.id")
    public User insertUser(User user) {
        userDao.insertUser(user);
        return user;
    }


    // 获取 id，取参数 id 缓存用户
    @Override
    @Transactional
    @Cacheable(value ="redisCache", key = "'redis_user_'+#id")
    public User getUser(Long id) {
        return userDao.getUser(id);
    }

    // 更新数据后，更新缓存，如果 condition 配置项使结果返回为 null，不缓存
    @Override
    @Transactional
    @CachePut(value ="redisCache",
        condition="#result != 'null'", key = "'redis_user_'+#id")
    public User updateUserName(Long id, String userName) {
        // 此处调用 getUser 方法，该方法缓存注解失效，
        // 所以这里还会执行 SQL，将查询到数据库最新数据
        User user =this.getUser(id);
        if (user == null) {
            return null;
        }
        user.setUserName(userName);
        userDao.updateUser(user);
        return user;
    }


    // 命中率低，所以不采用缓存机制
    @Override
    @Transactional
    public List<User> findUsers(String userName, String note) {
        return userDao.findUsers(userName, note);
    }

    // 移除缓存
    @Override
    @Transactional
    @CacheEvict(value ="redisCache", key = "'redis_user_'+#id",
        beforeInvocation = false)
    public int deleteUser(Long id) {
        return userDao.deleteUser(id);
    }
}
```

这段代码有比较多的地方值得探讨，需要注意的地方都进行了加粗处理，下面我们一步步对它进行讨论。

首先是注解@CachePut、@Cacheable 和@CacheEvict，先来了解它们的含义。

- @CachePut 表示将方法结果返回存放到缓存中。
- @Cacheable 表示先从缓存中通过定义的键查询，如果可以查询到数据，则返回，否则执行该方法，返回数据，并且将返回结果保存到缓存中。
- @CacheEvict 通过定义的键移除缓存，它有一个 Boolean 类型的配置项 beforeInvocation，表示在方法之前或者之后移除缓存。因为其默认值为 false，所以默认为方法之后将缓存移除。

其次，读者可以看到 3 个缓存中都配置了 value ="redisCache"，因为我们在 Spring Boot 中配置了对应的缓存名称为"redisCache"，这样它就能够引用到对应的缓存了，而键配置项则是一个 Spring EL，很多时候可以看到配置为'redis_user_'+#id，其中#id 代表参数，它是通过参数名称来匹配，所以这样配置要求方法存在一个参数且名称为 id，除此之外还可以这样引用参数，如#a[0]或者#p[0]代表第一个参数，#a[1]或者#p[1]代表第二个参数……但是这样引用可读性较差，所以我们一般不这么写，通过这样定义，Spring 就会用 EL 返回字符串作为键去操作缓存了。

再次，有时候我们希望使用返回结果的一些属性缓存数据，如 insertUser 方法。在插入数据库前，对应的用户是没有 id 的，而这个 id 值会在插入数据库后由 MyBatis 的机制回填，所以我们希望使用返回结果，这样使用#result 就代表返回的结果对象了，它是一个 User 对象，所以#result.id 是取出它的属性 id，这样就可以引用这个由数据库生成的 id 了。

第四，看到 updateUserName 方法，从代码中可以看到方法，可能返回 null。如果为 null，则不需要缓存数据，所以在注解@CachePut 中加入了 condition 配置项，它也是一个 Spring EL 表达式，这个表达式要求返回 Boolean 类型值，如果为 true，则使用缓存操作，否则就不使用。这里的表达式为#result != 'null'，意味着如果返回 null，则方法结束后不再操作缓存。同样地，@Cacheable 和 @CacheEvict 也具备这个配置项。

第五，在 updateUserName 方法里面我们先调用了 getUser 方法，因为是更新数据，所以需要慎重一些。一般我们不要轻易地相信缓存，因为缓存存在脏读的可能性，这是需要注意的，在需要更新数据时我们往往考虑先从数据库查询出最新数据，而后再进行操作。因此，这里使用了 getUser 方法，这里会存在一个误区，很多读者认为 getUser 方法因为存在了注解@Cacheable，所以会从缓存中读取数据，而从缓存中读取去更新数据，是一个比较危险的行为，因为缓存的数据可能存在脏数据，然后这里的事实是这个注解@Cacheable 失效了，也就是说使用 updateUserName 方法调用 getUser 方法的逻辑，并不存在读取缓存的可能，它每次都会执行 SQL 查询数据。关于这个缓存注解失效的问题，在后续章节再给予说明，这里只是提醒读者，更新数据时应该谨慎一些，尽量避免读取缓存数据，因为缓存会存在脏数据的可能。

最后，我们看到 findUsers 方法，这个方法并没有使用缓存，因为查询结果随着用户给出的查询条件变化而变化，导致命中率很低。对于命中率很低的场景，使用缓存并不能有效提供系统性能，所以这个方法并不采用缓存机制。此外，对于大数据量等消耗资源的数据，使用缓存也应该谨慎一些。

7.4.3 测试缓存注解

我们可以编写对应的 Controller 或者测试方法对它们进行测试。代码清单 7-33 是我写的 Controller，然后就可以对这些缓存注解进行测试了。

代码清单 7-33 使用用户控制器测试缓存注解

```java
package com.springboot.chapter7.controller;
/****imports ****/
@Controller
@RequestMapping("/user")
public class UserController {

    @Autowired
    private UserService userService = null;

    @RequestMapping("/getUser")
    @ResponseBody
    public User getUser(Long id) {
        return userService.getUser(id);
    }

    @RequestMapping("/insertUser")
    @ResponseBody
    public User insertUser(String userName, String note) {
        User user = new User();
        user.setUserName(userName);
        user.setNote(note);
        userService.insertUser(user);
        return user;
    }

    @RequestMapping("/findUsers")
    @ResponseBody
    public List<User> findUsers(String userName, String note) {
        return userService.findUsers(userName, note);
    }

    @RequestMapping("/updateUserName")
    @ResponseBody
    public Map<String, Object> updateUserName(Long id, String userName) {
        User user = userService.updateUserName(id, userName);
        boolean flag = user != null;
        String message = flag? "更新成功" : "更新失败";
        return resultMap(flag, message);
    }

    @RequestMapping("/deleteUser")
    @ResponseBody
    public Map<String, Object> deleteUser(Long id) {
        int result = userService.deleteUser(id);
        boolean flag = result == 1;
        String message = flag? "删除成功" : "删除失败";
        return resultMap(flag, message);
    }
```

```
        private Map<String, Object> resultMap(boolean success, String message) {
            Map<String, Object> result = new HashMap<String, Object>();
            result.put("success", success);
            result.put("message", message);
            return result;
        }
    }
```

我们需要修改一下 Spring Boot 的启动文件以驱动缓存机制的运行，如代码清单 7-34 所示。

代码清单 7-34　Spring Boot 启动文件

```
package com.springboot.chapter7.main;
/**** imports ****/
@SpringBootApplication(scanBasePackages = "com.springboot.chapter7")
// 指定扫描的 MyBatis Mapper
@MapperScan(basePackages = "com.springboot.chapter7", annotationClass = Repository.class)
// 使用注解驱动缓存机制
@EnableCaching
public class Chapter7Application {

    @Autowired
    private RedisConnectionFactory connectionFactory = null;

    @Autowired
    private RedisTemplate redisTemplate = null;
    // 自定义初始化
    @PostConstruct
    public void init() {
        initRedisTemplate();
    }

    // 改变 RedisTemplate 对于键的序列化策略
    private void initRedisTemplate() {
        RedisSerializer stringSerializer = redisTemplate.getStringSerializer();
        redisTemplate.setKeySerializer(stringSerializer);
        redisTemplate.setHashKeySerializer(stringSerializer);
    }

    public static void main(String[] args) {
        SpringApplication.run(Chapter7Application.class, args);
    }

}
```

这里定义了 MyBatis Mapper 的扫描包，并限定了在标注有@Repository 的接口才会被扫描，同时使用@EnableCaching 驱动 Spring 缓存机制运行，并且通过@PostConstruct 定义自定义初始化方法去自定义 RedisTemplate 的一些特性。

运行 Spring Boot 的启动文件后，通过请求代码清单 7-33 中的方法，就能够测试缓存注解了。在使用编号为 1 作为参数测试 getUser 方法后，我们打开 Redis 客户端，然后查询可以看到对应的缓存信息，如图 7-12 所示。

从图 7-12 我们看到，Redis 缓存机制会使用#{cacheName}:#{key}的形式作为键保存数据，其次对于这个缓存是永远不超时的，这样会带来缓存不会被刷新的问题，这在某些时候会存在刷新不及时的问题，未来我们需要克服这些问题。

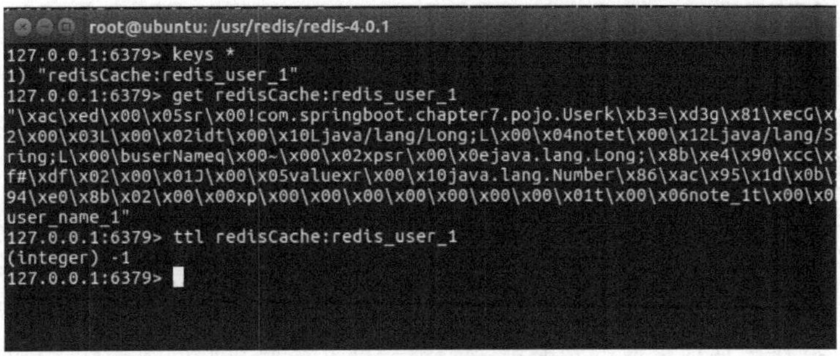

图 7-12 测试缓存注解

7.4.4 缓存注解自调用失效问题

在代码清单 7-32 的使用 updateUserName 方法调用 getUser 方法中，我曾经说明过在 getUser 方法上的注解将会失效，为什么会这样呢？其实在数据库事务中我们已经探讨过其原理，只要回顾一下就清楚了，那是因为 Spring 的缓存机制也是基于 Spring AOP 的原理，而在 Spring 中 AOP 是通过动态代理技术来实现的，这里的 updateUserName 方法调用 getUser 方法是类内部的自调用，并不存在代理对象的调用，这样便不会出现 AOP，也就不会使用到标注在 getUser 上的缓存注解去获取缓存的值了，这是需要注意的地方。要克服这个问题，可以参考 6.5 节关于数据库事务那样用两个服务（Service）类相互调用，或者直接从 Spring IoC 容器中获取代理对象来操作，这样就能成功克服自调用的问题了。在实际的工作和学习中我们需要注意这些问题。

7.4.5 缓存脏数据说明

使用缓存可以使得系统性能大幅度地提高，但是也引发了很多问题，其中最为严重的问题就是脏数据问题，表 7-4 演示了这个过程。

表 7-4　缓存脏数据

时　　刻	动　作　1	动　作　2	备　　注
T1	修改 id 为 1 的用户		
T2	更新数据库数据		
T3	使用 key_1 为键保存数据		
T4		修改 id 为 1 的用户	与动作 1 操作同一数据
T5		更新数据库数据	此时修改数据库数据
T6		使用 key_2 为键保存数据	**这样 key_1 为键的缓存就已经是脏数据**

从表 7-4 中我们可以看到，T6 时刻，因为使用了 key_2 为键缓存数据，所以会致使动作 1 以 key_1 为键的缓存数据为脏数据。这样使用 key_1 为键读取时，就只能获取脏数据了，这只是存在脏数据的可能性之一，还可能存在别的可能，如 Redis 事务问题，或者有其他系统操作而没有刷新 Redis 缓存等诸多问题。对于数据的读和写采取的策略是不一样的。

对于数据的读操作，一般而言是允许不是实时数据，如一些电商网站还存在一些排名榜单，而这个排名往往都不是实时的，它会存在延迟，其实对于查询是可以存在延迟的，也就是存在脏数据是允许的。但是如果一个脏数据始终存在就说不通了，这样会造成数据失真比较严重。一般对于查询而言，我们可以规定一个时间，让缓存失效，在 Redis 中也可以设置超时时间，当缓存超过超时时间后，则应用不再能够从缓存中获取数据，而只能从数据库中重新获取最新数据，以保证数据失真不至于太离谱。对于那些要求实时性比较高的数据，我们可以把缓存时间设置得更少一些，这样就会更加频繁地刷新缓存，而不利的是会增加数据库的压力；对于那些要求不是那么高的，则可以使超时时间长一些，这样就可以降低数据库的压力。

对于数据的写操作，往往采取的策略就完全不一样，需要我们谨慎一些，一般会认为缓存不可信，所以会考虑从数据库中先读取最新数据，然后再更新数据，以避免将缓存的脏数据写入数据库中，导致出现业务问题。

这里我们读缓存谈到了超时时间，而在 Spring Boot 中，如果采取代码清单 7-27 的配置，则 RedisCacheManager 会采用永不超时的机制，这样便不利于数据的及时更新。从图 7-12 的测试结果来看，有时候我们并不采用 Redis 缓存机制所定义的键的生成规则，这个时候我们可以采用自定义缓存管理器的方法。下一节我们将讨论如何使用自定义缓存管理器。

7.4.6　自定义缓存管理器

正如之前出现的问题，例如，我们并不希望采用 Spring Boot 机制带来的键命名方式，也不希望缓存永不超时，这时我们可以自定义缓存管理器。在 Spring 中，我们有两种方法定制缓存管理器，一种是像代码清单 7-27 那样通过配置消除缓存键的前缀和自定义超时时间的属性来定制生成 RedisCacheManager；另一种方法是不采用 Spring Boot 为我们生成的方式，而是完全通过自己的代码创建缓存管理器，尤其是当需要比较多自定义的时候，更加推荐你采用自定义的代码。

首先我们在代码清单 7-27 的配置基础上，增加对应的新配置，使得 Spring Boot 为我们生成的 RedisCacheManager 对象的时候，消除前缀的设置并且设置超时时间，如代码清单 7-35 所示。

代码清单 7-35　重置 Redis 缓存管理器

```
# 禁用前缀
spring.cache.redis.use-key-prefix=false
# 允许保存空值
#spring.cache.redis.cache-null-values=true
# 自定义前缀
#spring.cache.redis.key-prefix=
# 定义超时时间，单位毫秒
spring.cache.redis.time-to-live=600000
```

这里通过 spring.cache.redis.use-key-prefix=false 的配置，消除了前缀的配置，而通过属性 spring.cache.redis.time-to-live=600000 将超时时间设置为 10 min（600000 ms），这样 10 min 过后 Redis 的键就会超时，就不能从 Redis 中读取到数据了，而只能重新从数据库读取数据，这样就能有效刷新数据了。

经过上面的修改，清除 Redis 的数据，重启 Spring Boot 应用，重新测试控制器的 getUser 方法，然后在 10 min 内打开 Redis 客户端依次输入以下命令：

```
keys *                    #查看 Redis 存在的键值对
```

```
get redis_user_1          #获取 id 为 1 的用户信息
ttl redis_user_1          #查询键的剩余超时秒数
```

这样就可以看到类似于图 7-13 所示的结果。

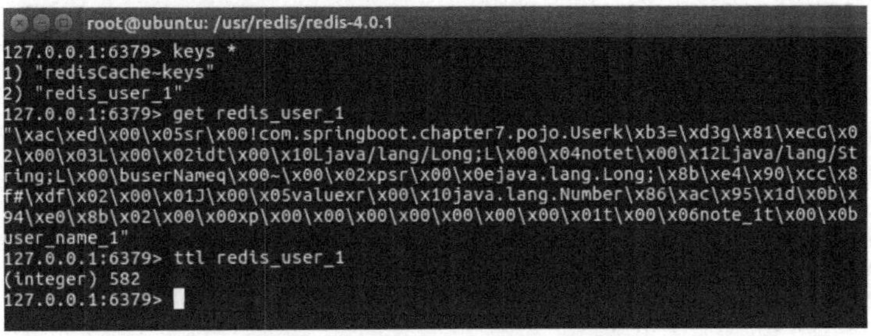

图 7-13　测试自定义缓存管理器

Spring Boot 为我们自定义的前缀消失了，而我们也成功地设置了超时时间。

有时候，在自定义时可能存在比较多的配置，也可以不采用 Spring Boot 自动配置的缓存管理器，而是使用自定义的缓存管理器，这也是没有问题的。首先需要删除代码清单 7-27 和代码清单 7-35 中关于 Redis 缓存管理器的配置，然后在代码清单 7-34 中添加代码清单 7-36 所示的代码，给 IoC 容器增加缓存管理器。

代码清单 7-36　自定义缓存管理器
```java
// 注入连接工厂，由 Spring Boot 自动配置生成
@Autowired
private RedisConnectionFactory connectionFactory = null;

// 自定义 Redis 缓存管理器
@Bean(name = "redisCacheManager" )
public RedisCacheManager initRedisCacheManager() {
    // Redis 加锁的写入器
    RedisCacheWriter writer= RedisCacheWriter.lockingRedisCacheWriter(connectionFactory);
    // 启动 Redis 缓存的默认设置
    RedisCacheConfiguration config = RedisCacheConfiguration.defaultCacheConfig();
    // 设置 JDK 序列化器
    config = config.serializeValuesWith(
        SerializationPair.fromSerializer(new JdkSerializationRedisSerializer()));
    // 禁用前缀
    config = config.disableKeyPrefix();
    //设置 10 min 超时
    config = config.entryTtl(Duration.ofMinutes(10));
    // 创建缓 Redis 存管理器
    RedisCacheManager redisCacheManager = new RedisCacheManager(writer, config);
    return redisCacheManager;
}
```

这里首先注入了 RedisConnectionFactory 对象，该对象是由 Spring Boot 自动生成的。在创建 Redis 缓存管理器对象 RedisCacheManager 的时候，首先创建了带锁的 RedisCacheWriter 对象，然后使用 RedisCacheConfiguration 对其属性进行配置，这里设置了禁用前缀，并且超时时间为 10 min；最后就通过 RedisCacheWriter 对象和 RedisCacheConfiguration 对象去构建 RedisCacheManager 对象了，这样就完成了 Redis 缓存管理器的自定义。

第8章

文档数据库——MongoDB

在第 7 章讲到使用 Redis 流水线进行测试时,你会十分惊讶地发现它是一个每秒能够执行 10 万次以上操作的 NoSQL。这个速度远超数据库,可以极大地提高互联网系统的性能,但是它有一些致命的缺陷,其中最为严重的就是计算功能十分有限,例如,在一个 10 万数据量的 List 中,我只需要满足特定条件的元素在 Redis 中,使用集合或者列表,你只有先把元素取出,然后才能通过条件筛选一个个得到你想要的数据,这显然存在比较大的问题。这时你可能想到通过 Lua 脚本去完善,当然这也是可以的,只是说这样对于开发者的工作量就大大地增加了。对于那些需要缓存而且经常需要统计、分析和查询的数据,对于 Redis 这样简单的 NoSQL 显然就不是那么便捷了,这时另外一个 NoSQL 就派上用场了,它就是本章的主题 MongoDB。对于那些需要统计、按条件查询和分析的数据,它提供了支持,它可以说是一个最接近于关系数据库的 NoSQL。

MongoDB 是由 C++语言编写的一种 NoSQL,是一个基于分布式文件存储的开源数据库系统。在负载高时可以添加更多的节点,以保证服务器性能,MongoDB 的目的是为 Web 应用提供可扩展的高性能数据存储解决方案。MongoDB 将数据存储为一个文档,数据结构由键值(key-value)对组成。这里的 MongoDB 文档类似于 JSON 数据集,所以很容易转化成为 Java POJO 对象或者 JavaScript 对象,这些字段值还可以包含其他文档、数组及文档数组。例如,我们完全可以存储以下这个 JSON,如代码清单 8-1 所示。

代码清单 8-1　MongoDB 文档示例

```
{
    " id": 1,
    "note": "张三是个好同志",
    "user_name": "张三",
    "roles": [
        {id : 1, role_name : "高级工程师"},
        {id : 2, role_name : ""高级项目经理"}
    ]
}
```

这个文档很接近 JSON 数据集,取出这个文档就可以直接映射为 POJO,使用上是很方便的。与

Redis 一样，Spring Boot 的配置文件也提供了许多关于 MongoDB 的配置，以方便我们的配置。不过，这一切的开始都需要引入 Spring Boot 关于 MongoDB 的 starter，因为本章会大量使用到 JSON 的操作，所以还推荐引入阿里巴巴开发的 fastjson 的开发包，如代码清单 8-2 所示。

代码清单 8-2　Maven 引入 spring-boot-starter-data-mongodb

```
<dependency>
    <groupId>org.springframework.boot</groupId>
    <artifactId>spring-boot-starter-data-mongodb</artifactId>
</dependency>
<dependency>
    <groupId>com.alibaba</groupId>
    <artifactId>fastjson</artifactId>
    <version>1.2.39</version>
</dependency>
```

8.1　配置 MongoDB

一旦引入了关于 spring-boot-starter-data-mongodb 的依赖，就意味着 Spring Boot 已经提供了关于 MongoDB 的配置，也有了默认的可配置项，其默认的可配置项如代码清单 8-3 所示。

代码清单 8-3　Spring Boot 关于 MongoDB 的默认配置

```
# MONGODB (MongoProperties)
spring.data.mongodb.authentication-database=      # 用于签名的 MongoDB 数据库
spring.data.mongodb.database=test                 # 数据库名称
spring.data.mongodb.field-naming-strategy=        # 使用字段名策略
spring.data.mongodb.grid-fs-database=             # GridFs（网格文件）数据库名称
spring.data.mongodb.host=localhost                # MongoDB 服务器，不能设置为 URI
spring.data.mongodb.password=                     # MongoDB 服务器用户密码，不能设置为 URI
spring.data.mongodb.port=                         # MongoDB 服务器端口，不能设置为 URI
spring.data.mongodb.repositories.type=auto        # 是否启用 MongoDB 关于 JPA 规范的编程
spring.data.mongodb.uri=mongodb://localhost/test  # MongoDB 默认 URI
spring.data.mongodb.username=                     # MongoDB 服务器用户名，不能设置为 URI
```

因为有了默认的配置，在默认配置机器不存在 MongoDB 服务器时就会出现报错，因此往往需要加入自己的配置。下面是用于本章开发的配置，如代码清单 8-4 所示。

代码清单 8-4　本章的开发配置

```
spring.data.mongodb.host=192.168.11.131
spring.data.mongodb.username=spring
spring.data.mongodb.password=123456
spring.data.mongodb.port=27017
spring.data.mongodb.database=springboot
```

显然这些都十分便利，有了这些配置 Spring Boot 就会为你创建关于 MongoDB 的 Spring Bean。为了正确地进行开发，我们有必要了解它们。Spring Boot 会自动创建如表 8-1 所示关于 MongoDB 的 Bean。

表 8-1　Spring Boot 自动创建的 MongoDB 相关的 Bean

Bean 类型	描　　述
MongoClient	MongoDB 客户端
MongoProperties	Spring Boot 关于 MongoDB 的自动配置属性

续表

Bean 类型	描　　述
MongoDataAutoConfiguration	Spring Boot 关于 MongoDB 的自动配置类
SimpleMongoDbFactory	简单的 MongoDB 的工厂，由它生成 MongoDB 的会话，可通过属性 spring.data.mongodb.grid-fs-database 的配置转变为 GridFsMongoDbFactory
MongoTemplate	MongoDB 的操作模板，在 Spring 中我们主要通过它对 MongoDB 进行操作
MappingMongoConverter	关于 MongoDB 的类型转换器
MongoMappingContext	MongoDB 关于 Java 实体的映射内容配置
CustomConversions	自定义类型转换器
MongoRepositoriesAutoConfiguration	MongoDB 关于仓库的自动配置
GeoJsonConfiguration	MongoDB 关于地理位置 JSON 配置

后续我们会再讨论其中一些 Bean 的用法，如 MongoTemplate、CustomConversions 的用法，这里只需要稍微记住它们之间的功能就可以了。

8.2　使用 MongoTemplate 实例

Spring Data MongoDB 主要是通过 MongoTemplate 进行操作数据的。在表 8-1 中，我们可以看到 Spring Boot 会根据配置自动生成这个对象，所以这是一个不需要我们主动创建的对象，我们只需要"拿来主义"就可以了。下面举例说明如何通过 MongoTemplate 来操作数据。不过，在此之前需要先搭建开发环境。

8.2.1　搭建开发环境

首先创建一个用户 POJO，如代码清单 8-5 所示。

代码清单 8-5　用户 POJO

```
package com.springboot.chapter8.pojo;
import java.io.Serializable;
import java.util.List;
import org.springframework.data.annotation.Id;
import org.springframework.data.mongodb.core.mapping.Document;
import org.springframework.data.mongodb.core.mapping.Field;
// 标识为 MongoDB 文档
@Document
public class User implements Serializable {
    private static final long serialVersionUID = -7895435231819517614L;

    // MongoDB 文档编号，主键
    @Id
    private Long id;

    // 在 MongoDB 中使用 user_name 保存属性
    @Field("user_name")
    private String userName = null;
```

```
    private String note = null;

    // 角色列表
    private List<Role> roles = null;
    /**** setter and getter ****/
}
```

首先这个文档被标识为@Document，这说明它将作为 MongoDB 的文档存在。注解@id 则将对应的字段设置为主键，这里因为数据库的规范采用下划线分隔，而 Java 一般采用驼峰式命名，所以这里使用了@Field 进行设置，这样属性 userName 就与 MongoDB 中的 user_name 属性对应起来了。这里还有一个角色列表（属性 roles），如你只是想保存其引用，可以使用@DBRef 标注，则它只会保存引用信息，而不是具体的角色信息。这里引入了角色列表，我们再来看角色类的定义，如代码清单 8-6 所示。

代码清单 8-6 角色 POJO

```
package com.springboot.chapter8.pojo;
/**** imports ****/
@Document
public class Role implements Serializable {
    private static final long serialVersionUID = -6843667995895038741L;
    private Long id;
    @Field("role_name")
    private String roleName = null;
    private String note = null;
    /**** setter and getter ****/
}
```

这里的@Document 标明可以把角色 POJO 当作一个 MongoDB 的文档单独使用。如果你只是在 User 中使用角色，没有别的场景使用了，那么你也可以不使用@Document 标明对象为 MongoDB 的文档，而@Field 依旧做字段之间命名规则的转换。为了能够测试，我们这里新增用户控制器，如代码清单 8-7 所示。

代码清单 8-7 用户控制器

```
package com.springboot.chapter8.controller;
/**** imports ****/
@Controller
@RequestMapping("/user")
public class UserController {

    // 后面会给出其操作的方法
    @Autowired
    private UserService userService = null;

    // 跳转到测试页面
    @RequestMapping("/page")
    public String page() {
        return "user";
    }

    /**
     * 保存（新增或者更新）用户
```

```
     * @param user -- 用户
     * @return 用户信息
     */
    @RequestMapping("/save")
    @ResponseBody
    public User saveUser(@RequestBody User user) {
        userService.saveUser(user);
        return user;
    }

    /***
     * 获取用户
     * @param id -- 用户主键
     * @return 用户信息
     */
    @RequestMapping("/get")
    @ResponseBody
    public User getUser(Long id) {
        User user = userService.getUser(id);
        return user;
    }


    /**
     * 查询用户
     * @param userName --用户名称
     * @param note -- 备注
     * @param skip -- 跳过用户个数
     * @param limit -- 限制返回用户个数
     * @return
     */
    @RequestMapping("/find")
    @ResponseBody
    public List<User> findUser(String userName, String note, Integer skip, Integer limit) {
        List<User> userList = userService.findUser(userName, note, skip, limit);
        return userList;
    }

    /**
     * 更新用户部分属性
     * @param id -- 用户编号
     * @param userName -- 用户名称
     * @param note -- 备注
     * @return 更新结果
     */
    @RequestMapping("/update")
    @ResponseBody
    public UpdateResult updateUser(Long id, String userName, String note) {
        return userService.updateUser(id, userName, note);
    }

    /**
     * 删除用户
     * @param id -- 用户主键
     * @return 删除结果
     */
    @RequestMapping("/delete")
```

```
    @ResponseBody
    public DeleteResult deleteUser(Long id) {
        return userService.deleteUser(id);
    }
}
```

这里引入了 UserService 接口，我们先暂时不讨论它的实现，这里的 page 方法会跳转到一个测试的 JSP 页面中。接下来可以采用这个 JSP 进行一些测试，其内容如代码清单 8-8 所示。

代码清单 8-8　测试 JSP（/WEB-INF/jsp/user.jsp）

```
<%@ page language="java" contentType="text/html; charset=UTF-8"
    pageEncoding="UTF-8"%>
<!DOCTYPE html PUBLIC "-//W3C//DTD HTML 4.01 Transitional//EN"
"http://www.w3.org/TR/html4/loose.dtd">
<html>
<head>
<meta http-equiv="Content-Type" content="text/html; charset=UTF-8">
<title>Hello Spring Boot</title>
<script type="text/javascript"
    src="https://code.jquery.com/jquery-3.2.1.min.js"></script>
<script type="text/javascript">
<!--后面在此处加入 JavaScript 脚本-->
</script>
</head>
<body>
    <h1>操作 MongoDB 文档</h1>
</body>
</html>
```

在后面的测试中，我们只需要在加粗处加入对应的 JavaScript 脚本就可以对后台发送 HTTP 的 POST 请求了。

8.2.2　使用 MongoTemplate 操作文档

这里将演示使用 MongoTemplate 如何操作 MongoDB 的文档。应该说 MongoTemplate 的操作内容繁多，要全部罗列是不现实的，这里只是展示那些最为常用的方法，包括增删查改和分页等较为常用的功能。上述代码使用了用户服务接口（UserService），所以这里先给出它的代码，如代码清单 8-9 所示。

代码清单 8-9　用户服务接口——UserService

```
package com.springboot.chapter8.service;
/**** imports ****/
public interface UserService {
    public void saveUser(User user);

    public DeleteResult deleteUser(Long id);

    public List<User> findUser(String userName, String note, int skip, int limit);

    public UpdateResult updateUser(Long id, String userName, String note);

    public User getUser(Long id);
}
```

方法的含义比较简单，这里就不再赘述了。在它的接口设计里已经包含了最为常用的增删查改等功能，这节将讨论如何实现它。

首先是查询，这里的查询包括获取用户（getUser 方法）和查询用户（findUser 方法）。这里先给出它们的实现方法，如代码清单 8-10 所示。

代码清单 8-10　用户服务实现类及其查询方法

```
package com.springboot.chapter8.service.impl;
/**** imports ****/
@Service
public class UserServiceImpl implements UserService {

    // 注入 MongoTemplate 对象
    @Autowired
    private MongoTemplate mongoTmpl = null;

    @Override
    public User getUser(Long id) {
        return mongoTmpl.findById(id, User.class);
        // 如果只需要获取第一个，也可以采用如下查询方法
        // Criteria  criteriaId  = Criteria.where("id").is(id);
        // Query queryId = Query.query(criteriaId);
        // return mongoTmpl.findOne(queryId, User.class);
    }

    @Override
    public List<User> findUser(
            String userName, String note, int skip, int limit) {
        // 将用户名称和备注设置为模糊查询准则
        Criteria  criteria  = Criteria.where("userName").regex(userName)
                .and("note").regex(note);
        // 构建查询条件,并设置分页跳过前 skip 个, 至多返回 limit 个
        Query query = Query.query(criteria).limit(limit).skip(skip);
        // 执行
        List<User> userList = mongoTmpl.find(query, User.class);
        return userList;
    }
    ......
}
```

这个类标注了@Service，所以在定义好扫描包后，Spring 会把它自动装配进来。这里的 MongoTemplate 并不需要自己创建，只要在配置文件中配置好 MongoDB 的内容，Spring Boot 就会自动创建它，这样就可以执行拿来主义了，使用@Autowired 将其注入服务类中。在 getUser 方法中，直接调用了 findById 方法查询结果，如果你并非使用主键进行查询，那么可以参考被我注释的代码部分，这里使用了准则（Criteria）构建查询条件，这里的

```
Criteria  criteriaId  = Criteria.where("id").is(id);
```

表示构建一个用户主键为变量 id 的查询准则，然后通过

```
Query queryId = Query.query(criteriaId);
```

构建查询条件，有了它们就通过 findOne 查询出唯一的用户信息了。再看到 findUser 方法，这里构建

了一个查询准则：

```
Criteria  criteria = Criteria.where("userName").regex(userName).and("note").regex(note);
```

这里的 where 方法的参数设置为"userName"，这个字符串代表的是类 User 的属性 userName；regex 方法代表正则式匹配，即执行模糊查询；and 方法代表连接字，代表同时满足。然后通过

```
Query query = Query.query(criteria).limit(limit).skip(skip);
```

构建查询条件，这里的 limit 代表限制至多返回 limit 条记录，而 skip 则代表跳过多少条记录。最后使用 find 方法，将结果查询为一个列表，返回给调用者。

启动 Spring Boot 应用程序后，我们可以对 findUser 方法进行验证。在浏览器地址栏输入 http://localhost:8080/user/find?userName=user&note=note&skip=5&limit=5，其结果如图 8-1 所示。

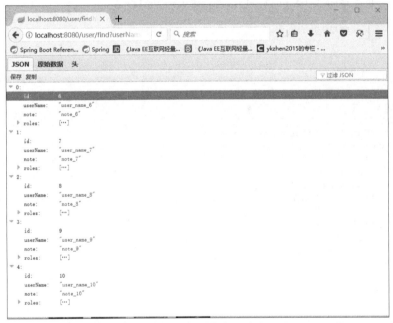

图 8-1　测试查询方法

显然查询成功了。接着是新增方法，如代码清单 8-11 所示。

代码清单 8-11　添加用户信息

```
@Override
public void saveUser(User user) {
    // 使用名称为 user 文档保存用户信息
    mongoTmpl.save(user, "user");
    // 如果文档采用类名首字符小写，则可以这样保存
    // mongoTmpl.save(user);
}
```

这个方法就很简单了，只是这里的 save 方法表示：如果 MongoDB 存在 id 相同的对象，那么就更新其属性；如果是已经存在对象，则它只是对对象进行更新。为了测试这个方法的结果，我们可

以在先前定义的 JSP 中使用 JavaScript 脚本进行验证。对其不熟悉的读者可以先行参考 10.2.4 节的讲述，脚本如代码清单 8-12 所示。

代码清单 8-12 新增用户信息测试脚本

```
function post(user) {
    var url = "./save"
    $.post({
        url : url,
        // 此处需要告知传递参数类型为 JSON，不能缺少
        contentType : "application/json",
        // 将 JSON 转化为字符串传递
        data : JSON.stringify(user),
        // 成功后的方法
        success : function(result, status) {
            if (result == null || result.id == null) {
                alert("插入失败");
                return;
            }
        }
    });
}
for (var i = 1; i <= 10; i++) {
    var user = {
        'id' : i,
        'userName' : 'user_name_' + i,
        'note' : "note_" + i,
        'roles' : [ {
            'id' : i,
            'roleName' : 'role_' + i,
            'note' : 'note_' + i
        }, {
            'id' : i + 1,
            'roleName' : 'role_' + (i + 1),
            'note' : 'note_' + (i + 1)
        } ]
    };
    post(user);
}
```

通过它就能够插入 10 条用户文档数据。有了文档数据，让我们看看用户信息是如何在 MongoDB 中保存的，如图 8-2 所示。

这里可以看到用户会多一个 "_class" 属性，这个属性保存的是类的全限定名，通过它可以通过 Java 的反射机制生成对应的 POJO。有时候我们可能需要删除或者更新，这里先讨论更为简单的删除，如代码清单 8-13 所示。

代码清单 8-13 删除文档数据

```
@Override
public DeleteResult deleteUser(Long id) {
    // 构建 id 相等的条件
    Criteria criteriaId = Criteria.where("id").is(id);
    // 查询对象
    Query queryId = Query.query(criteriaId);
    // 删除用户
```

```
    DeleteResult result = mongoTmpl.remove(queryId, User.class);
    return result;
}
```

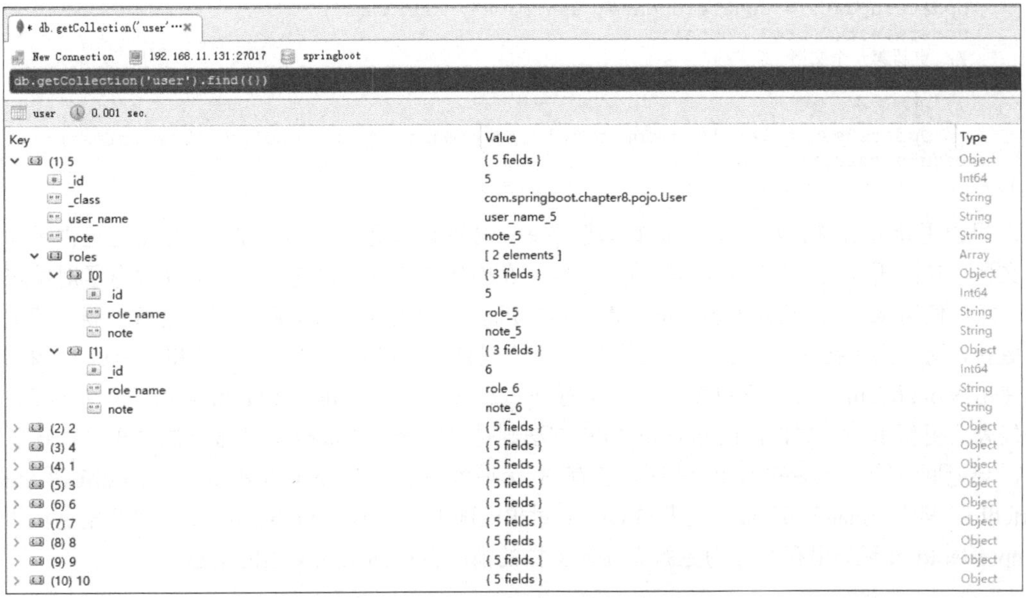

图 8-2　MongoDB 内的文档信息结构

这里与查询一样，使用主键构建了一个准则，然后采用 remove 方法将数据删除，执行删除后会返回一个 DeleteResult 对象来记录此次操作的结果。图 8-3 所示是我通过断点类检测这个对象的结构。

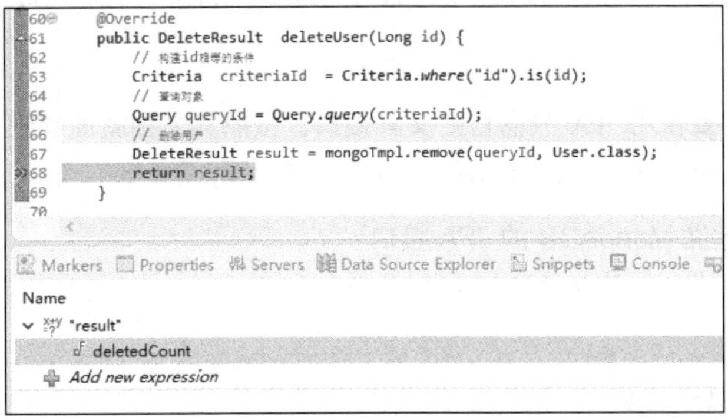

图 8-3　DeleteResult 对象结构

这里的 deletedCount 代表删除文档的条数。

有了删除，也会有更新记录，不过更新会略微有点儿复杂。下面先看看代码清单 8-14 所示的代码。

代码清单 8-14　更新文档操作

```
@Override
public UpdateResult updateUser(Long id, String userName, String note) {
```

```
    // 确定要更新的对象
    Criteria criteriaId = Criteria.where("id").is(id);
    Query query = Query.query(criteriaId);
    // 定义更新对象，后续可变化的字符串代表排除在外的属性
    Update update = Update.update("userName", userName);
    update.set("note", note);
    // 更新第一个文档
    UpdateResult result = mongoTmpl.updateFirst(query, update, User.class);
    // 更新多个对象
    // UpdateResult result = mongoTmpl.updateMulti(query, update, User.class);
    return result;
}
```

这里的更新方法与之前一样，通过构建 Query 对象确认更新什么内容。这里是通过主键确认对应的文档。然后再定义一个更新对象（Update），在创建它的时候，使用构造方法设置了对用户名的更新，然后使用 set 方法设置了备注的更新，这样就表明我们只是对这两个属性进行更新，其他属性并不更新，这相当于在 MongoDB 中使用了 "$set" 设置。构造好了 Query 对象和 Update 对象后，就可以使用 MongoTemplate 执行更新了。它又有 updateFirst 方法和 updateMulti 方法，其中 updateFirst 方法代表只更新第一个文档，而 updateMulti 方法则是多个满足 Query 对象限定的文档。执行更新方法后，会返回一个 UpdateResult 对象，它有 3 个属性，分别是 matchedCount、modifiedCount 和 upsertedId，其中，matchedCount 代表与 Query 对象匹配的文档数，modifiedCount 代表被更新的文档数，upsertedId 表示如果存在因为更新而插入文档的情况会返回插入文档的信息。

8.3 使用 JPA

MongoDB 是一个十分接近于关系数据库的 NoSQL 数据库，它还允许我们使用 JPA 编程，只是与关系数据库不一样的是提供给我们的接口不是 JpaRepository<T, ID>，而是 MongoRepository<T, ID>。

8.3.1 基本用法

之前我们讨论过，要使用 JPA 只需自定义其接口，按照其名称就能够进行扩展，而无须实现接口的方法。下面以实例进行讲解，首先创建一个接口，如代码清单 8-15 所示。

代码清单 8-15　定义 MongoDB 的 JPA 接口

```
package com.springboot.chapter8.repository;
/**** imports ****/
// 标识为 DAO 层
@Repository
// 扩展 MongoRepository 接口
public interface UserRepository extends MongoRepository<User, Long> {
    /**
     * 符合 JPA 规范命名方法，则不需要再实现该方法也可用
     * 意在对满足条件的文档按照用户名称进行模糊查询
     * @param userName -- 用户名称
     * @return 满足条件的用户信息
     */
    List<User> findByUserNameLike(String userName);
}
```

这个接口首先是使用 @Repository 进行了标识，表示这是一个 DAO 层的接口，而接口扩展了

MongoRepository 接口，它指定了两个类型，一个是实体类型，这个实体类型要求标注@Document，另一个是其主键的类型，这个类型要求标注@Id，这里指定为 User 类和 Long，在代码清单 8-5 中，我们已经使用@Document 对 User 类进行了标注，使用@Id 对其主键 id 进行了标注，而 Id 则是一个 Long 型的属性，所以这里就写了 MongoRepository<User, Long>。对于 findByUserNameLike 方法而言，它是一个符合 JPA 命名方式的接口方法，意思为对用户名称进行模糊查询。

一旦定义的接口对 MongoRepository<T, ID>进行了扩展，那么你将自动获得如表 8-2 所示的方法。

表 8-2　MongoRepository 所定义的方法

项 目 类 型	描　　述
long count()	统计文档总数
void delete(Iterable<? extends T>)	删除多个文档
void delete(T)	删除指定的文档
void delete(id)	根据 Id 删除文档
boolean exists(Object)	判断是否存在对应的文档
boolean exists(id)	根据 id 判断是否存在对应的文档
List<T> findAll()	无条件查询所有文档
List<T> findAll(Iterable<? extends T>)	根据给出的文档类型查询文档
List<T> findAll(Pageable)	根据分页条件查询文档
List<T> findAll(Sort)	查询所有文档，并返回排序结果
T findOne(ID)	根据 Id 查询文档
S save(S extends T)	保存文档（如果已经存在文档，则更新文档，否则就新增文档）
List<S> save(Iterable<S extends T>)	保存文档列表（如果已经存在对应的文档，则更新文档，否则就新增文档）
S insert(S extends T)	新增文档
List<S> insert(Iterable<S extends T>)	保存文档列表

接下来的问题是如何将这个接口转变为一个 Spring Bean。为此 Spring Data Mongo 为我们提供了一个注解——@EnableMongoRepositories，通过它便可以指定扫描对应的接口。代码清单 8-16 展示了这个过程。

代码清单 8-16　@EnableMongoRepositories 的使用

```
package com.springboot.chapter8.main;
/**** imports ****/
// 指定扫描的包
@SpringBootApplication(scanBasePackages = "com.springboot.chapter8")
// 指定扫描的包，用于扫描继承了 MongoRepository 的接口
@EnableMongoRepositories(basePackages="com.springboot.chapter8.repository")
public class Chapter8Application {

    public static void main(String[] args) {
        SpringApplication.run(Chapter8Application.class, args);
    }
}
```

在代码中定义了@EnableMongoRepositories 注解，并且通过 basePackages 配置项指定了 JPA 接口所在的包，这样 Spring 就能够将 UserRepository 接口扫描为对应的 Spring Bean 装配到 IoC 容器中。为了进行测试，我们修改 UserController 的部分代码，如代码清单 8-17 所示。

代码清单 8-17 修改 UserController 测试 JPA 接口

```
package com.springboot.chapter8.controller;
/**** imports ****/
@Controller
@RequestMapping("/user")
public class UserController {

    // 注入接口
    @Autowired
    private UserRepository userRepository = null;

    // 执行查询
    @RequestMapping("/byName")
    @ResponseBody
    public List<User> findByUserName(String userName) {
        return userRepository.findByUserNameLike(userName);
    }

    ......
}
```

这样我们就可以启动 Spring Boot 的应用，然后在浏览器地址栏输入 http://localhost:8080/user/byName?userName=1，就可以看到图 8-4 的结果。

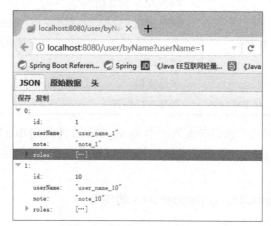

图 8-4 测试 UserRepository

显然对数据已经访问成功。接下来还需要掌握更多的内容，以达到实际应用的要求。

8.3.2 使用自定义查询

JPA 的规范虽然可以自动生成查询的逻辑，但是严格来说存在很多的瑕疵。例如，你的查询需要 10 个字段，或者需要进行较为复杂的查询，显然简陋的 JPA 规范并不能满足这样的要求。这时就需要使用自定义查询了。在 Spring 中，还提供了简单的@Query 注解给我们进行自定义查询。例如，如果需要按编号（ID）和用户名称（userName）进行查询，我们可以给出如代码清单 8-18 所示的代码。

代码清单 8-18 使用@Query 自定义查询

```
/**
 * 使用 id 和用户名称查询
 * 注解@Query 阿拉伯数字指定参数的下标，以 0 开始
 * @param id -- 编号
 * @param userName
 * @return 用户信息
 */
@Query("{'id': ?0, 'userName' : ?1}")
User find(Long id, String userName);
```

这里的 find 方法并不符合 JPA 的规范，但是我们采用注解@Query 标注了方法，并且配置了一个字符串 JSON 参数，这个参数中带有?0 和?1 这样的占位符，其中?0 代表方法的第一个参数 id，?1 代表方法的第二个参数 userName，这样就可以自定义一个简单的查询了。

当然，有时候@Query 还是不能满足你，你需要更加灵活的查询。这个也是没有问题的。首先在 UserRepository 中加入一个方法，如代码清单 8-19 所示。

代码清单 8-19 使用自定义方法

```
/**
 * 根据编号或者用户名查找用户
 * @param id -- 编号
 * @param userName -- 用户名
 * @return 用户信息
 */
User findUserByIdOrUserName(Long id, String userName);
```

接下来我们需要一个具体的方法实现这个接口所定义的 findUserByIdOrUserName 方法，只是这里的 UserRepository 接口扩展了 MongoRepository，如果实现这个接口就要实现其定义的诸多方法，会给使用者带来很大的麻烦，而 JPA 为我们自动生成方法逻辑的形式就荡然无存了。这个时候 Spring 给予了我们新的约定，在 Spring 中只要定义一个"接口名称+Impl"的类并且提供与接口定义相同的方法，Spring 就会自动找到这个类对应的方法作为 JPA 接口定义的实现。例如，代码清单 8-20 就是那样做的。

代码清单 8-20 实现自定义方法

```
package com.springboot.chapter8.repository.impl;
/****imports ****/
// 定义为数据访问层
@Repository
// 注意这里类名称，默认要求是接口名称（UserRepository） + "impl"
// 这里 Spring JPA 会自动找到这个类作为接口方法实现
public class UserRepositoryImpl {
    @Autowired// 注入 MongoTemplate
    private MongoTemplate mongoTmpl = null;

    // 注意方法名称与接口定义也需要保持一致
    public User findUserByIdOrUserName(Long id, String userName) {
        // 构造 id 查询准则
```

```
        Criteria criteriaId = Criteria.where("id").is(id);
        // 构造用户名查询准则
        Criteria criteriaUserName = Criteria.where("userName").is(userName);
        Criteria criteria = new Criteria();
        // 使用$or操作符关联两个条件，形成或关系
        criteria.orOperator(criteriaId, criteriaUserName);
        Query query = Query.query(criteria);
        // 执行查询返回结果
        return mongoTmpl.findOne(query, User.class);
    }
}
```

这里并没有实现 UserRepository 接口，Spring JPA 之所以能够找到这个类的 findUserByIdOrUserName
方法，是因为类的名称是 "UserRepository" + "Impl"，而方法名称也是相同的，只是 Spring JPA 给予
我们默认的约定，只要按照这个约定它就能够找到对应的实现类和方法。当然有时候你并不喜欢 "Impl"
这样的后缀，例如，现在你喜欢用 "Stuff" 作为实现类的后缀，那么你就需要修改默认的配置了，这
也十分简便，让我们回到代码清单 8-16 中的注解@EnableMongoRepositories，只需要给它增加一个配
置项即可，如代码清单 8-21 所示。

代码清单 8-21　使用自定义类的后缀名称

```
package com.springboot.chapter8.main;
/**** imports ****/
@SpringBootApplication(scanBasePackages = "com.springboot.chapter8")
@EnableMongoRepositories(
        // 扫描包
        basePackages = "com.springboot.chapter8.repository",
        // 使用自定义后缀，其默认值为Impl
        // 此时需要修改类名：UserRepositoryImpl-->UserRepositoryStuff
        repositoryImplementationPostfix = "Stuff"
)
public class Chapter8Application {
    public static void main(String[] args) {
        SpringApplication.run(Chapter8Application.class, args);
    }
}
```

这里重新配置注解@EnableMongoRepositories 的 repositoryImplementationPostfix 属性，这样在定
义后缀时就需要 Stuff 而不是 Impl 了。

第 9 章

初识 Spring MVC

随着时代的发展，当今 Java 的开发已经从管理系统的时代迈向了互联网系统的时代。在管理系统的时代是以浏览器页面为主的业务，所以对 JSP 等要求较高，而 Struts1 或者 Struts2（其实 Struts2 和 Struts1 的差别很大，Struts2 并不来源于 Struts1 的基础，它是基于 Webwork 框架基础上派生出来的）对 JSP 提供了良好的支持，也因此耦合了大量的页面方面的内容。而在互联网时代，人们发现，当今的业务大部分已经不再发生在 PC（个人计算机）的浏览器端，而是发生在手机、平板电脑和其他的移动终端，而且这些占比已经达到 70% 以上，移动互联网的时代进一步地要求前后台进行分离，所以当今互联网系统对 JSP 的依赖已经不断地下降。这时的 Struts1 和 Struts2 耦合的页面相关的内容已无太大的用武之地，甚至显得相当的冗余，加之 Struts2 近年爆出的漏洞问题，使其声望和使用率急剧下降，目前已经在一个被淘汰的边缘。

Spring MVC 一开始就定位于一个较为松散的组合，展示给用户的视图（View）、控制器返回的数据模型（Model）、定位视图的视图解析器（ViewResolver）和处理适配器（HandlerAdapter）等内容都是独立的。换句话说，通过 Spring MVC 很容易把后台的数据转换为各种类型的数据，以满足移动互联网数据多样化的要求。例如，Spring MVC 可以十分方便地转换为目前最常用的 JSON 数据集，也可以转换为 PDF、Excel 和 XML 等。加之 Spring MVC 是基于 Spring 基础框架派生出来的 Web 框架，所以它天然就可以十分方便地整合到 Spring 框架中，而 Spring 整合 Struts2 还是比较繁复的。

基于这些趋势，Spring MVC 已经成为当前最主流的 Web 开发框架。学习 Spring MVC，首先是学习其基于 MVC 的分层的思想。

9.1　Spring MVC 框架的设计

当今 MVC（Model-View-Controller）框架已经盛行，它不单单应用于 Java 的开发，也广泛地应用于其他的系统的开发，甚至近年来对于互联网前端开发也是如此。MVC 的巨大成功在于它的理念，所以有必要先认识一下 MVC 框架。

为了给予读者更清晰的认识，先画出 Spring MVC 的示意图，如图 9-1 所示。

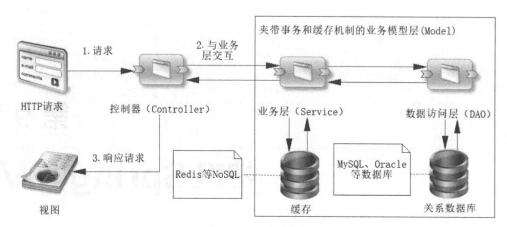

图 9-1　Spring MVC 框架设计图

其中带有阿拉伯数字的说明，是 MVC 框架运行的流程。处理请求先到达控制器（Controller），控制器的作用是进行请求分发，这样它会根据请求的内容去访问模型层（Model）；在现今互联网系统中，数据主要从数据库和 NoSQL 中来，而且对于数据库而言往往还存在事务的机制，为了适应这样的变化，设计者会把模型层再细分为两层，即服务层（Service）和数据访问层（DAO）；当控制器获取到由模型层返回的数据后，就将数据渲染到视图中，这样就能够展现给用户了。

当然这只是一个比较粗犷的说明，还有很多细节需要不断地完善。例如，如何接受请求参数、如何选择控制器、如何定位视图、视图类型等问题都需要我们进一步地阐述。

9.2　Spring MVC 流程

尽管在 Spring Boot 的开发中，我们可以很快速地通过配置实现 Spring MVC 的开发，但为了解决实际的问题，我们还是很有必要了解 Spring MVC 的运行流程和组件，否则很难理解 Spring Boot 自动为我们生成了什么，配置了什么，这些有什么用。流程和组件是 Spring MVC 的核心，Spring MVC 的流程是围绕 DispatcherServlet 而工作的，所以在 Spring MVC 中 DispatcherServlet 就是其最重要的内容。在 DispatcherServlet 的基础上，还存在其他的组件，掌握流程和组件就是 Spring MVC 开发的基础。

首先画出 Spring MVC 的流程和组件，如图 9-2 所示。

图 9-2 十分重要，它是 Spring MVC 运行的全流程，其中图中的阿拉伯数字是其执行的流程，这是 Spring MVC 开发的基础。但是严格地说，Spring MVC 处理请求并非一定需要经过全流程，有时候一些流程并不存在。例如，在我们加入@ResponseBody 时，是没有经过视图解析器和视图渲染的。关于这些内容，我们后面会再讨论，这里我们先看一个简单的实例，对这个流程做更进一步的论述。

首先，在 Web 服务器启动的过程中，如果在 Spring Boot 机制下启用 Spring MVC，它就开始初始化一些重要的组件，如 DispacherServlet、HandlerAdapter 的实现类 RequestMappingHandlerAdapter 等组件对象。关于这些组件的初始化，我们可以看到 spring-webmvc-xxx.jar 包的属性文件 DispatcherServlet.properties，它定义的对象都是在 Spring MVC 开始时就初始化，并且存放在 Spring IoC

容器中，其源码如代码清单 9-1 所示。

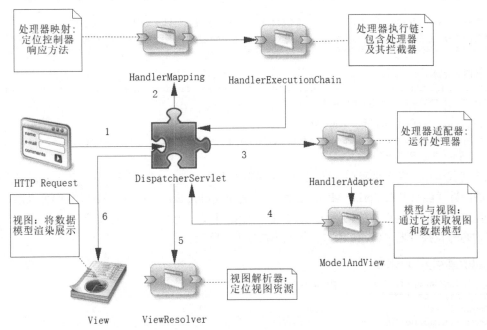

图 9-2 Spring MVC 全流程

代码清单 9-1 DispatcherServlet.properties

```
# Default implementation classes for DispatcherServlet's strategy interfaces.
# Used as fallback when no matching beans are found in the DispatcherServlet context.
# Not meant to be customized by application developers.

# 国际化解析器
org.springframework.web.servlet.LocaleResolver=org.springframework.web.servlet.i18n.A
cceptHeaderLocaleResolver

# 主题解析器
org.springframework.web.servlet.ThemeResolver=org.springframework.web.servlet.theme.F
ixedThemeResolver

# HandlerMapping 实例
org.springframework.web.servlet.HandlerMapping=org.springframework.web.servlet.handler.
BeanNameUrlHandlerMapping,\
    org.springframework.web.servlet.mvc.method.annotation.RequestMappingHandlerMapping

# 处理器适配器
org.springframework.web.servlet.HandlerAdapter=org.springframework.web.servlet.mvc.
HttpRequestHandlerAdapter,\
    org.springframework.web.servlet.mvc.SimpleControllerHandlerAdapter,\
    org.springframework.web.servlet.mvc.method.annotation.RequestMappingHandlerAdapter

# 处理器异常解析器
org.springframework.web.servlet.HandlerExceptionResolver=org.springframework.web.
servlet.mvc.method.annotation.ExceptionHandlerExceptionResolver,\
```

```
org.springframework.web.servlet.mvc.annotation.ResponseStatusExceptionResolver,\
org.springframework.web.servlet.mvc.support.DefaultHandlerExceptionResolver

# 策略视图名称转换器，当你没有返回视图逻辑名称的时候，通过它可以生成默认的视图名称
org.springframework.web.servlet.RequestToViewNameTranslator=org.springframework.web.
servlet.view.DefaultRequestToViewNameTranslator

# 视图解析器
org.springframework.web.servlet.ViewResolver=org.springframework.web.servlet.view.
InternalResourceViewResolver

# FlashMap 管理器。不常用，不再讨论
org.springframework.web.servlet.FlashMapManager=org.springframework.web.servlet.
support.SessionFlashMapManager
```

在上述代码中，中文是我加入的注释，这些组件会在 Spring MVC 得到初始化，所以我们并不需要太多的配置就能够开发 Spring MVC 程序，尤其是在 Spring Boot 中，更是如此，我们可以通过 Spring Boot 的配置来定制这些组件的初始化。下面我们一边开发一边谈它的运行流程。

其次是开发控制器（Controller），如代码清单 9-2 所示。

代码清单 9-2　控制器

```
package com.springboot.chapter9.controller;
/**** imports ****/
@Controller
@RequestMapping("/user")
public class UserController {

    // 注入用户服务类
    @Autowired
    private UserService userService = null;

    // 展示用户详情
    @RequestMapping("details")
    public ModelAndView details(Long id) {
        // 访问模型层得到数据
        User user = userService.getUser(id);
        // 模型和视图
        ModelAndView mv = new ModelAndView();
        // 定义模型视图
        mv.setViewName("user/details");
        // 加入数据模型
        mv.addObject("user", user);
        // 返回模型和视图
        return mv;
    }
}
```

这里的注解@Controller 表明这是一个控制器，然后@RequestMapping 代表请求路径和控制器（或其方法）的映射关系，它会在 Web 服务器启动 Spring MVC 时，就被扫描到 HandlerMapping 的机制中存储，之后在用户发起请求被 DispatcherServlet 拦截后，通过 URI 和其他的条件，通过 HandlerMapper 机制就能找到对应的控制器（或其方法）进行响应。只是通过 HandlerMapping 返回的是一个 HandlerExecutionChain 对象，这个对象的源码如代码清单 9-3 所示。

代码清单 9-3　HandlerExecutionChain 源码

```
package org.springframework.web.servlet;
/**** imports ****/
public class HandlerExecutionChain {
    // 日志
    private static final Log logger = LogFactory.getLog(HandlerExecutionChain.class);
    // 处理器
    private final Object handler;
    // 拦截器数组
    private HandlerInterceptor[] interceptors;
    // 拦截器列表
    private List<HandlerInterceptor> interceptorList;
    // 拦截器当前下标
    private int interceptorIndex = -1;
    ......
}
```

从源码中可以看出，HandlerExecutionChain 对象包含一个处理器（handler）。这里的处理器是对控制器（controller）的包装，因为我们的控制器方法可能存在参数，那么处理器就可以读入 HTTP 和上下文的相关参数，然后再传递给控制器方法。而在控制器执行完成返回后，处理器又可以通过配置信息对控制器的返回结果进行处理。从这段描述中可以看出，处理器包含了控制器方法的逻辑，此外还有处理器的拦截器（interceptor），这样就能够通过拦截处理器进一步地增强处理器的功能。

得到了处理器（handler），还需要去运行，但是我们有普通 HTTP 请求，也有按 BeanName 的请求，甚至是 WebSocket 的请求，所以它还需要一个适配器去运行 HandlerExecutionChain 对象包含的处理器，这就是 HandlerAdapter 接口定义的实现类。在代码清单 9-1 中，我们可以看到在 Spring MVC 中最常用的 HandlerAdapter 的实现类，这便是 HttpRequestHandlerAdapter。通过请求的类型，DispatcherServlet 就会找到它来执行 Web 请求的 HandlerExecutionChain 对象包含的内容，这样就能够执行我们的处理器（handler）了。只是 HandlerAdapter 运行 HandlerExecutionChain 对象这步还比较复杂，我们这里暂时不进行深入讨论，放到后面再谈。

在处理器调用控制器时，它首先通过模型层得到数据，再放入数据模型中，最后将返回模型和视图（ModelAndView）对象，这里控制器返回的视图名称为 "user/details"，这样就走到了视图解析器（ViewResolver），去解析视图逻辑名称了。

在代码清单 9-1 中可以看到视图解析器（ViewResolver）的自动初始化。为了定制 InternalResourceViewResolver 初始化，可以在配置文件 application.properties 中进行配置，如代码清单 9-4 所示。

代码清单 9-4　通过 application.properties 定制 InternalResourceViewResolver 初始化

```
spring.mvc.view.prefix=/WEB-INF/jsp/
spring.mvc.view.suffix=.jsp
```

通过修改这样的配置，就能在 Spring Boot 的机制下定制 InternalResourceViewResolver 这个视图解析器的初始化，也就是在返回视图名称之后，它会以前缀（prefix）和后缀（suffix）以及视图名称组成全路径定位视图。例如，在控制器中返回的是 "user/details"，那么它就会找到 /WEB-INF/jsp/user/details.jsp 作为视图（View）。严格地说，这一步也不是必需的，因为有些视图并不需要逻辑名称，在不需要的时候，就不再需要视图解析器工作了。关于这点，我们后面会再给出一个例子说明。

视图解析器定位到视图后，视图的作用是将数据模型（Model）渲染，这样就能够响应用户的请求。这一步就是视图将数据模型渲染（View）出来，用来展示给用户查看。按照我们控制器的返回，就是/WEB-INF/jsp/user/details.jsp 作为我们的视图。我们看看它如代码清单 9-5 所示的代码。

代码清单 9-5　JSP 视图

```jsp
<%@ page pageEncoding="UTF-8"%>
<%@ taglib prefix="c" uri="http://java.sun.com/jsp/jstl/core"%>
<html>
    <head>
        <title>用户详情</title>
    </head>
    <body>

        <center>
            <table border="1">
                <tr>
                    <td>标签</td>
                    <td>值</td>
                </tr>
                <tr>
                    <td>用户编号</td>
                    <td><c:out value="${user.id}"></c:out></td>
                </tr>
                <tr>
                    <td>用户名称</td>
                    <td><c:out value="${user.userName}"></c:out></td>
                </tr>
                <tr>
                    <td>用户备注</td>
                    <td><c:out value="${user.note}"></c:out></td>
                </tr>
            </table>
        </center>
    </body>
</html>
```

注意，这里因为我们的控制器里绑定数据模型的时候，属性名称为 user，而属性为 User 对象，所以就有了${user.id}代表 User 对象的 id 属性，${user.userName}代表 User 对象的 userName 属性……，这样就能够将数据模型的数据渲染到 JSP 视图上来展示用户详情给请求。

接着我们修改 Spring Boot 的启动文件，如代码清单 9-6 所示。

代码清单 9-6　Spring Boot 启动文件

```java
package com.springboot.chapter9.main;
/**** imports ****/
// 定制扫描路径
@SpringBootApplication(scanBasePackages = "com.springboot.chapter9")
// 扫描 MyBatis 的 DAO 接口
@MapperScan(basePackages = "com.springboot.chapter9",
    annotationClass = Repository.class)
public class Chapter9Application {
```

```
    public static void main(String[] args) {
        SpringApplication.run(Chapter9Application.class, args);
    }
}
```

这样，我们运行它就可以得到如下日志：

Mapped "{[/user/details]}" onto public org.springframework.web.servlet.ModelAndView
com.springboot.chapter9.controller.UserController.details(java.lang.Long)
Mapped "{[/error]}" onto public org.springframework.http.ResponseEntity<java.util.
Map<java.lang.String, java.lang.Object>> org.springframework.boot.autoconfigure.web.
BasicErrorController.error(javax.servlet.http.HttpServletRequest)
Mapped "{[/error],produces=[text/html]}" onto public org.springframework.web.servlet.
ModelAndView org.springframework.boot.autoconfigure.web.BasicErrorController.errorHtml
(javax.servlet.http.HttpServletRequest,javax.servlet.http.HttpServletResponse)
Mapped URL path [/webjars/**] onto handler of type [class org.springframework.web.
servlet.resource.ResourceHttpRequestHandler]
Mapped URL path [/**] onto handler of type [class org.springframework.web.servlet.
resource.ResourceHttpRequestHandler]
Mapped URL path [/**/favicon.ico] onto handler of type [class org.springframework.
web.servlet.resource.ResourceHttpRequestHandler]
Registering beans for JMX exposure on startup
Tomcat started on port(s): 8080 (http)
Started Chapter9Application in 3.275 seconds (JVM running for 3.608)

注意到加粗的地方，这说明我们配置的@RequestMapping 的请求映射已经在服务器启动时被扫描到了 Spring 的上下文中，所以当请求来到时就可以匹配找到对应的控制器去提供服务。

然后我们通过请求 http://localhost:8080/user/details?id=1 以及 HandlerMapping 的匹配机制就可以找到处理器提供服务。而这个处理器则包含我们开发的控制器，那么进入这个控制器后，它就执行控制器的逻辑，通过模型和视图（ModelAndView）绑定了数据模型，而且把视图名称修改为了 "user/details"，随后返回。

模型和视图（ModelAndView）返回后，视图名称为 "user/details"，而我们定义的视图解析器（InternalResourceViewResolver）的前缀为/WEB-INF/jsp/，且后缀为.jsp，这样它便能够映射为/WEB-INF/jsp/user/details.jsp，进而找到 JSP 文件作为视图，这便是视图解析器的作用。然后将数据模型渲染到视图中，这样就能够看到图 9-3 的结果了。

因为 Spring MVC 流程和组件的重要性，所以为了让读者有更好的认识，再次画出实例在 Spring MVC 里运行的流程图如图 9-4 所示。

从图 9-4 中的阿拉伯数字就能看出其运行的流程，从而更好地知道 Spring MVC 运行的过程。但是有时候，我

图 9-3　用户详情视图

们可能需要的只是 JSON 数据集，因为目前前后台分离的趋势，使用 JSON 已经是主流的方式，正如我们之前使用的@ResponseBody 标明方法一样，在后面 Spring MVC 会把数据转换为 JSON 数据集，但是这里暂时不谈@ResponseBody，因为它会采用处理器内部的机制。本节暂时不讨论处理器的内部机制，而是先用 MappingJackson2JsonView 转换出 JSON，如代码清单 9-7 所示。

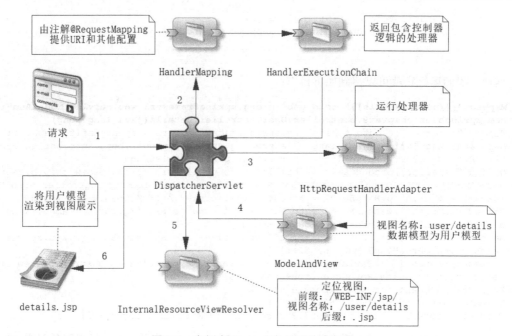

图 9-4　实例在 Spring MVC 下的流程图

代码清单 9-7　使用 JSON 视图

```
@RequestMapping("/detailsForJson")
public ModelAndView detailsForJson(Long id) {
    // 访问模型层得到数据
    User user = userService.getUser(id);
    // 模型和视图
    ModelAndView mv = new ModelAndView();
    // 生成 JSON 视图
    MappingJackson2JsonView jsonView = new MappingJackson2JsonView();
    mv.setView(jsonView);
    // 加入模型
    mv.addObject("user", user);
    return mv;
}
```

可以看到，在控制器的方法中模型和视图（ModelAndView）中捆绑了 JSON 视图（Mapping-Jackson2JsonView）和数据模型（User 对象），然后返回，其结果也会转变为 JSON，只是需要注意的是这步与我们使用 JSP 作为视图是不一样的。在代码清单 9-2 中我们给视图设置了名称，它会根据视图解析器（InternalResourceViewResolver）的解析找到 JSP，然后渲染数据到视图中，从而展示最后的结果，而这里的 JSON 视图是没有视图解析器的定位视图的，因为它不是一个逻辑视图，只是需要将数据模型（这里是 User 对象）转换为 JSON 而已。我们看看它如图 9-5 所示的流程图。

从流程图中我们可以看到并没有视图解析器，那是因为 MappingJackson2JsonView 是一个非逻辑视图。它并不需要视图解析器进行定位，它的作用只是将数据模型渲染为 JSON 数据集来响应请求。可见 Spring MVC 中，不是每一个步骤都是必需的，而是根据特别的需要会有不同的流程。也许更为让你关注的@ResponseBody 则是一个在处理器内部机制转换的，后面我们在处理器内部机制的时候会谈到它。

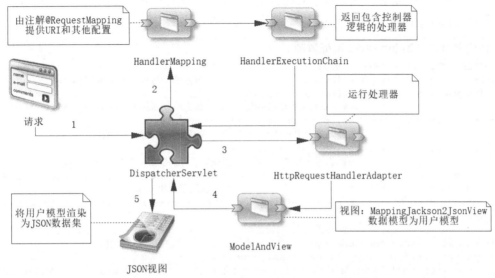

图 9-5   在 Spring MVC 流程中使用 JSON 视图

9.3   定制 **Spring MVC** 的初始化

正如 Spring Boot 所承诺的那样，它会尽可能地配置 Spring，对于 Spring MVC 也是如此，但是无论如何这些配置都可能满足不了我们的需要，需要进一步地对 Spring MVC 定制。

在 Servlet 3.0 规范中，web.xml 再也不是一个必需的配置文件。为了适应这个规范，Spring MVC 从 3.1 版本开始也进行了支持，也就是我们已经不再需要通过任何的 XML 去配置 Spring MVC 的运行环境，正如 Spring Boot 的宗旨，消除 XML 的繁杂配置。为了支持对于 Spring MVC 的配置，Spring 提供了接口 WebMvcConfigurer，这是一个基于 Java 8 的接口，所以其大部分方法都是 default 类型的，但是它们都是空实现，这样开发者只需要实现这个接口，重写需要自定义的方法即可，这样就很方便进行开发了。在 Spring Boot 中，自定义是通过配置类 WebMvcAutoConfiguration 定义的，它有一个静态的内部类 WebMvcAutoConfigurationAdapter，通过它 Spring Boot 就自动配置了 Spring MVC 的初始化，它们之间的关系如图 9-6 所示。

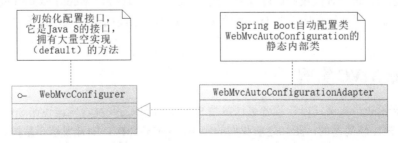

图 9-6   Spring MVC 在 Spring Boot 中初始化的配置类图

在 WebMvcAutoConfigurationAdapter 类中，它会读入 Spring 配置 Spring MVC 的属性来初始化对应组件，这样便能够在一定程度上实现自定义。不过应该首先明确可以配置哪些内容，代码清单 9-8 所示是 Spring Boot 关于 Spring MVC 可以配置的内容。

代码清单 9-8 Spring MVC 可配置项

```
# SPRING MVC (WebMvcProperties)
spring.mvc.async.request-timeout=                    # 异步请求超时时间（单位为毫秒）
spring.mvc.contentnegotiation.favor-parameter=false
                    # 是否使用请求参数（默认参数为"format"）来确定请求的媒体类型
spring.mvc.contentnegotiation.favor-path-extension=false
                    # 是否使用 URL 中的路径扩展来确定请求的媒体类型
spring.mvc.contentnegotiation.media-types.*=
                    # 设置内容协商向媒体类型映射文件扩展名。例如，YML 文本/YAML
spring.mvc.contentnegotiation.parameter-name= # 当启用 favor-parameter 参数是，自定义参数名
spring.mvc.date-format=                              # 日期格式配置，如 yyyy-MM-dd
spring.mvc.dispatch-trace-request=false # 是否让 FrameworkServlet doService 方法支持 TRACE 请求
spring.mvc.dispatch-options-request=true
                    # 是否启用 FrameworkServlet doService 方法支持 OPTIONS 请求
spring.mvc.favicon.enabled=true                 # spring MVC 的图标是否启用
spring.mvc.formcontent.putfilter.enabled=true
     # Servlet 规范要求表格数据可用于 HTTP POST 而不是 HTTP PUT 或 PATCH 请求，这个选项将使得过滤器拦截
HTTP PUT 和 PATCH，且内容类型是 application/x-www-form-urlencoded 的请求，并且将其转换为 POST 请求
spring.mvc.ignore-default-model-on-redirect=true
                    # 如果配置为 default，那么它将忽略模型重定向的场景
spring.mvc.locale=                                  # 默认国际化选项，默认取 Accept-Language
spring.mvc.locale-resolver=accept-header        # 国际化解析器，如果需要固定可以使用 fixed
spring.mvc.log-resolved-exception=false         # 是否启用警告日志异常解决
spring.mvc.message-codes-resolver-format=   # 消息代码的格式化策略。例如，' prefix_error_code '
spring.mvc.pathmatch.use-registered-suffix-pattern=false
     # 是否对 spring.mvc.contentnegotiation.media-types.* 注册的扩展采用后缀模式匹配
spring.mvc.pathmatch.use-suffix-pattern=false   # 当匹配模式到请求时，是否使用后缀模式匹配 (.*)
spring.mvc.servlet.load-on-startup=-1               # 启用 Spring Web 服务 Serlvet 的优先顺序配置
spring.mvc.static-path-pattern=/**                  # 指定静态资源路径
spring.mvc.throw-exception-if-no-handler-found=false
                    # 如果请求找不到处理器，是否抛出 NoHandlerFoundException 异常
spring.mvc.view.prefix=                             # Spring MVC 视图前缀
spring.mvc.view.suffix=                             # Spring MVC 视图后缀
```

这些配置项将会被 Spring Boot 的机制读入，然后使用 WebMvcAutoConfigurationAdapter 去定制初始化。一般而言，我们只需要配置少数的选项就能够使得 Spring MVC 工作了。

对于这些选项，这个时候我们还可以参考图 9-6 那样，实现接口 WebMvcConfigurer 加入自己定义的方法就可以了，毕竟这个接口是 Java 8 的接口，其本身已经提供了 default 方法，对其定义的方法做了空实现。

9.4 Spring MVC 实例

这一节将展示一个实例，以让读者更加熟悉 Spring MVC 的开发。应该说在 Spring Boot 中开发 Spring MVC 还是比较简易的，正如之前我们的例子，Spring MVC 的开发核心是控制器的开发，控制器的开发又分为这么几个步骤，首先是定义请求分发，让 Spring MVC 能够产生 HandlerMapping，

其次是接收请求获取参数，再次是处理业务逻辑获取数据模型，最后是绑定视图和数据模型。视图将数据模型渲染则是视图定义的问题，不属于控制器开发的步骤。

　　下面我们演示一个用户列表查询的界面。假设可以通过用户名称（userName）和备注（note）进行查询，但是一开始进入页面需要载入所有的数据展示给用户查看。这里分为两种常见的场景，一种是刚进入页面时，一般来说是不允许存在异步请求的，因为异步请求会造成数据的刷新，对用户不友好；另一种是进入页面后的查询，这时可以考虑使用 Ajax 异步请求，只刷新数据而不刷新页面，这才是良好的 UI 体验设计。

9.4.1　开发控制器

　　首先我们给出控制器的代码，如代码清单 9-9 所示。

代码清单 9-9　用户控制器

```
package com.springboot.chapter9.controller;
/****import****/
@Controller
@RequestMapping("/user")
public class UserController {

    @Autowired
    private UserService userService = null;

    ......

    @RequestMapping("/table")
    public ModelAndView table() {
        // 访问模型层得到数据
        List<User> userList = userService.findUsers(null, null);
        // 模型和视图
        ModelAndView mv = new ModelAndView();
        // 定义模型视图
        mv.setViewName("user/table");
        // 加入数据模型
        mv.addObject("userList", userList);
        // 返回模型和视图
        return mv;
    }

    @RequestMapping("/list")
    @ResponseBody
    public List<User> list(
        @RequestParam(value = "userName", required = false) String userName,
        @RequestParam(value = "note", required = false) String note) {
        // 访问模型层得到数据
        List<User> userList = userService.findUsers(userName, note);
        return userList;
    }
}
```

　　这里我们先开发控制器。开发控制器首先是指定请求分发，这个任务是交由注解@RequestMapping去完成的，这个注解可以标注类或者方法。当一个类被标注的时候，所有关于它的请求，都需要在@RequestMapping 定义的 URL 下。这个注解还可以标注方法，当方法被标注后，也可以定义部分

URL，这样就能让请求的 URL 找到对应的路径。配置了扫描路径之后，Spring MVC 扫描机制就可以将其扫描，并且装载为 HandlerMapping，以备后面使用。

这里的控制器存在两个方法。我们先看 table 方法，这个方法的任务是进入页面时，首先查询所有的用户，这是一个没有条件的查询，当它查询出所有的用户数据后，创建模型和视图（ModelAndView），接着指定视图名称为"user/table"，然后将查询到的用户列表捆绑到模型和视图中，最后返回模型和视图。这里我们继续沿用代码清单 9-4 的视图解析器，这样在 Spring MVC 的机制中就会通过视图解析器找到/WEB-INF/jsp/user/table.jsp 作为视图，然后将数据模型渲染出来。

9.4.2 视图和视图渲染

在 9.4.1 节中，我们已经开发了控制器，接着我们需要将控制器返回的视图渲染出来以达到展示给请求者的目的。这里使用了 EasyUI 作为页面端界面，下面来看代码清单 9-10 所示的视图的代码。

代码清单 9-10 视图/WEB-INF/jsp/user/table.jsp

```jsp
<%@ page pageEncoding="UTF-8"%>
<%@ taglib prefix="c" uri="http://java.sun.com/jsp/jstl/core"%>
<!DOCTYPE html>
<html>
<head>
<meta charset="UTF-8">
<title>用户列表</title>
<link rel="stylesheet" type="text/css"
    href="../../easyui/themes/default/easyui.css">
<link rel="stylesheet" type="text/css"
    href="../../easyui/themes/icon.css">
<link rel="stylesheet" type="text/css" href="../../easyui/demo/demo.css">
<script type="text/javascript" src="../../easyui/jquery.min.js"></script>
<script type="text/javascript" src="../../easyui/jquery.easyui.min.js"></script>
<script type="text/javascript">
    // 定义事件方法
    function onSearch() {
        // 指定请求路径
        var opts = $("#dg").datagrid("options");
        opts.url = "./list";
        // 获取查询参数
        var userName = $("#userName").val();
        var note = $("#note").val();
        // 组织参数
        var params = {};
        if (userName != null && userName.trim() != '') {
            params.userName = userName;
        }
        if (note != null && note.trim() != '') {
            params.note = note;
        }
        // 重新载入表格数据
        $("#dg").datagrid('load', params);
    }
</script>
</head>
<body>
    <div style="margin: 20px 0;"></div>
```

```html
<div class="easyui-layout" style="width: 100%; height: 350px;">
    <div data-options="region:'north'" style="height: 50px">
        <form id="searchForm" method="post">
            <table>
                <tr>
                    <td>用户名称：</td>
                    <td><input id="userName" name="userName"
                        class="easyui-textbox"
                        data-options="prompt:'输入用户名称...'"
                        style="width: 100%; height: 32px"></td>
                    <td>备注</td>
                    <td><input id="note" name="note" class="easyui-textbox"
                        data-options="prompt:'输入备注...'"
                         style="width: 100%; height: 32px">
                    </td>
                    <td><a href="#" class="easyui-linkbutton"
                        data-options="iconCls:'icon-search'"
                        style="width: 80px"
                        onclick="onSearch()">查询</a></td>
                </tr>
            </table>
        </form>
    </div>
    <div data-options="region:'center',title:'用户列表',iconCls:'icon-ok'">
        <table id="dg" class="easyui-datagrid",
            data-options="border:false,singleSelect:true,
            fit:true,fitColumns:true">
            <thead>
                <tr>
                    <th data-options="field:'id'" width="80">编号</th>
                    <th data-options="field:'userName'" width="100">
                        用户名称
                    </th>
                    <th data-options="field:'note'" width="80">备注</th>
                </tr>
            </thead>
            <tbody>
                <!--使用 forEach 渲染数据模型-->
                <c:forEach items="${userList}" var="user">
                    <tr>
                        <td>${user.id}</td>
                        <td>${user.userName}</td>
                        <td>${user.note}</td>
                    </tr>
                </c:forEach>
            </tbody>
        </table>
    </div>
</div>
</body>
```

这里使用了 EasyUI 以及它的控件 DataGrid（数据网格），通过 JSTL 的 forEach 标签进行循环将控制器返回的用户列表渲染到这张 JSP 中，所以在刚刚进入页面的时候，就可以展示用户列表，如图 9-7 所示。因为这里采用先取数据后渲染的方式，所以刚刚进入页面的时候并不会出现 Ajax 的异步请求，这样有助于提高 UI（用户接口）体验。

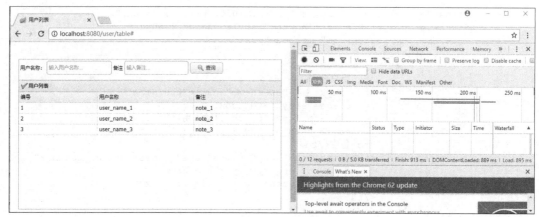

图 9-7   用户列表

但是还需要支持查询。于是页面中还定义了两个文本框，用来输入用户名和备注，然后通过查询按钮进行查询。这里查询按钮的点击事件定义为 onSearch，这样就能够找到 onSearch 函数来执行查询，在这个函数中，首先定义 DataGrid 请求的 URL，它指向了代码清单 9-9 中的 list 方法，然后通过 jQuery 去获取两个文本框的参数值，再通过 DataGrid 的 load 方法，传递参数去后端查询，得到数据后重新载入 DataGrid 的数据，这样 DataGrid 就能够得到查询的数据了。

再看回代码清单 9-9 中的 list 方法。首先它标注了了@ResponseBody，这样 Spring MVC 就知道最终需要把返回的结果转换为 JSON。然后是获取参数，这里使用了注解@RequestParam，通过指定参数名称使得 HTTP 请求的参数和方法的参数进行绑定，只是这个注解的默认规则是参数不能为空。为了克服这个问题，代码将其属性 required 设置为 false 即可，其意义就是允许参数为空。这样就可以测试这个请求了，图 9-8 是我对该后台请求的测试。

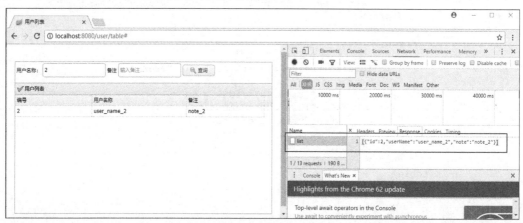

图 9-8   测试用户查询

从图 9-8 可以看出，点击查询按钮后，就会执行 Ajax 请求，把数据取回来，用来显示在 DataGrid 控件中。这样就可以在互联网系统中，第一次进入一个新的页面，就可以无刷新地显示数据，而在查询等操作中使用 Ajax，这样就有效地提高了用户的体验。

## 第 10 章

深入 Spring MVC 开发

在上章中只是简单地讨论了 Spring MVC 的大体流程，本章的任务是更加深入地讨论 Spring MVC 的开发细节，并且熟悉如何在 Spring Boot 中开发它们。在 Spring MVC 开发中，控制器的开发是最为重要的一步，而开发控制器的第一步就是让控制器的方法能够与请求的 URL 对应起来，这就是注解@RequestMapping 的功能，所以我们从这个注解开始讨论。

10.1 处理器映射

正如第 9 章谈到的，如果 Web 工程使用了 Spring MVC，那么它在启动阶段就会将注解@RequestMapping 所配置的内容保存到处理器映射（HandlerMapping）机制中去，然后等待请求的到来，通过拦截请求信息与 HandlerMapping 进行匹配，找到对应的处理器（它包含控制器的逻辑），并将处理器及其拦截器保存到 HandlerExecutionChain 对象中，返回给 DispatcherServlet，这样 DispatcherServlet 就可以运行它们了。从论述中可以看到，HandlerMapping 的主要任务是将请求定位到具体的处理器上。

关于@RequestMapping 的配置项并不多，这里通过源码来学习，如代码清单 10-1 所示。

代码清单 10-1　RequestMapping 源码分析

```
package org.springframework.web.bind.annotation;
/**** imports ****/
@Target({ElementType.METHOD, ElementType.TYPE})
@Retention(RetentionPolicy.RUNTIME)
@Documented
@Mapping
public @interface RequestMapping {
    // 配置请求映射名称
    String name() default "";

    // 通过路径映射
    @AliasFor("path")
    String[] value() default {};
```

```
    // 通过路径映射回 path 配置项
    @AliasFor("value")
    String[] path() default {};

    // 限定只响应 HTTP 请求类型，如 GET、POST、HEAD、OPTIONS、PUT、 TRACE 等
    // 默认的情况下，可以响应所有的请求类型
    RequestMethod[] method() default {};

    // 当存在对应的 HTTP 参数时才响应请求
    String[] params() default {};

    // 限定请求头存在对应的参数时才响应
    String[] headers() default {};

    // 限定 HTTP 请求体提交类型，如"application/json"、"text/html"
    String[] consumes() default {};

    // 限定返回的内容类型，仅当 HTTP 请求头中的(Accept)类型中包含该指定类型时才返回
    String[] produces() default {};
}
```

代码中对所有的配置项加入了中文说明。这里可以通过配置项 value 或者 path 来设置请求 URL，从而让对应的请求映射到控制器或其方法上，在此基础上还可以通过其他配置项来缩小请求映射的范围。当然，配置项 value 和 path 也可以通过正则式来让方法匹配多个请求。但是从现实的角度来说，如果不是有必要，尽量不要这么做。因为这样请求的匹配规则就复杂了，会对后续开发造成一定的困扰。因此在能够明确场景下，都建议一个路径对应一个方法或者让正则式的匹配规则简单明了，这样就能够提高程序的可读性，以利于后续的维护和改造。

路径是必需的配置项，这里的 method 配置项可以限定 HTTP 的请求类型，这是最常用的配置项，可以区分 HTTP 的 GET 或者 POST 等不同的请求。只是在 Spring 4.3 的版本之后，为了简化 method 配置项的配置新增了几个注解，如@GetMapping、@PostMapping、@PatchMapping、@PutMapping 和 @DeleteMapping。本章只讨论@GetMapping 和@PostMapping 的使用，在后面的 REST 风格讨论时，才会讨论@PatchMapping、@PutMapping 和@DeleteMapping。从名称可以看出，@GetMapping 对应的是 HTTP 的 GET 方法，@PostMapping 对应的是 HTTP 的 POST 方法，其他的配置项则与@RequestMapping 并无太大的区别，通过它们就可以不再设置@RequestMapping 的 method 配置项了。

10.2　获取控制器参数

在第 9 章谈过，处理器是对控制器的包装，在处理器运行的过程中会调度控制器的方法，只是它在进入控制器方法之前会对 HTTP 的参数和上下文进行解析，将它们转换为控制器所需的参数。这一步是处理器首先需要做的事情，只是在大部分的情况下不需要自己去开发这一步，因为 Spring MVC 已经提供了大量的转换规则，通过这些规则就能非常简易地获取大部分的参数。正如之前章节一样，在大部分情况下，我们并没有太在意如何获取参数，那是因为之前的场景都比较简单，在实际的开发中可能遇到一些复杂的场景，这样参数的获取就会变得复杂起来。例如，可能前端传递一个格式化的日期参数，又如需要传递复杂的对象给控制器，这个时候就需要对 Spring MVC 参数的获取做进一步的学习了。

10.2.1 在无注解下获取参数

在没有注解的情况下，Spring MVC 也可以获取参数，且参数允许为空，唯一的要求是参数名称和 HTTP 请求的参数名称保持一致，如代码清单 10-2 所示。

代码清单 10-2 无注解获取参数

```java
package com.springboot.chapter10.controller;
/**** imports ****/
@RequestMapping("/my")
@Controller
public class MyController {
    /**
     * 在无注解下获取参数，要求参数名称和HTTP请求参数名称一致
     * @param intVal  -- 整数
     * @param longVal -- 长整型
     * @param str --字符串
     * @return 响应JSON参数
     */
    // HTTP GET 请求
    @GetMapping("/no/annotation")
    @ResponseBody
    public Map<String, Object> noAnnotation(
            Integer intVal, Long longVal, String str) {
        Map<String, Object> paramsMap = new HashMap<>();
        paramsMap.put("intVal", intVal);
        paramsMap.put("longVal", longVal);
        paramsMap.put("str", str);
        return paramsMap;
    }
}
```

启动 Spring Boot 应用后，在浏览器中请求 URL：

```
http://localhost:8080/my/no/annotation?intVal=10&longVal=200
```

从代码中可以看出控制器方法参数中还有一个字符串参数 str，但因为参数在默认的规则下可以为空，所以这个请求并不会报错，因为方法标注了@ResponseBody，所以控制器返回的结果就会转化为 JSON 数据集。

10.2.2 使用@RequestParam 获取参数

上节谈到过，在无须任何注解的情况下，就要求 HTTP 参数和控制器方法参数名称保持一致。然而在前后台分离的趋势下，前端的命名规则可能与后端的规则不同，这时需要把前端的参数与后端对应起来。Spring MVC 提供了注解@RequestParam 来确定前后端参数名称的映射关系，下面用实例给予说明。在代码清单 10-2 中加入新的方法，如代码清单 10-3 所示。

代码清单 10-3 使用@RequestParam 获取参数

```java
/**
 * 通过注解@RequestParam 获取参数
 * @param intVal  -- 整数
 * @param longVal -- 长整型
 * @param str --字符串
```

```
 * @return 响应 JSON 数据集
 */
@GetMapping("/annotation")
@ResponseBody
public Map<String, Object> requestParam(
        @RequestParam("int_val") Integer intVal,
        @RequestParam("long_val") Long longVal,
        @RequestParam("str_val") String strVal) {
    Map<String, Object> paramsMap = new HashMap<>();
    paramsMap.put("intVal", intVal);
    paramsMap.put("longVal", longVal);
    paramsMap.put("strVal", strVal);
    return paramsMap;
}
```

从代码中可以看到，在方法参数处使用了注解@RequestParam，其目的是指定 HTTP 参数和方法参数的映射关系，这样处理器就会按照其配置的映射关系来得到参数，然后调用控制器的方法。启动 Spring Boot 应用后，在浏览器地址栏输入 http://localhost:8080/my/annotation?int_val=1&long_val=2&str_val=str，就能够看到请求的结果了。但如果把 3 个 HTTP 参数中的任意一个删去，就会得到异常报错的信息，因为在默认的情况下@RequestParam 标注的参数是不能为空的，为了让它能够为空，可以配置其属性 required 为 false，例如，把代码清单 10-3 中的字符串参数 str 修改为：

```
@RequestParam(value="str_val", required = false) String strVal
```

这样，对应的参数就允许为空了。

10.2.3　传递数组

在 Spring MVC 中，除了可以像上面那样传递一些简单的值外，还可以传递数组。Spring MVC 内部已经能够支持用逗号分隔的数组参数，下面在代码清单 10-2 中新增方法，如代码清单 10-4 所示。

代码清单 10-4　使用数组

```
@GetMapping("/requestArray")
@ResponseBody
public Map<String, Object> requestArray(
        int [] intArr, Long []longArr, String[] strArr) {
    Map<String, Object> paramsMap = new HashMap<>();
    paramsMap.put("intArr", intArr);
    paramsMap.put("longArr", longArr);
    paramsMap.put("strArr", strArr);
    return paramsMap;
}
```

方法里定义了采用数组，那么前端就需要依照一定的规则传递给这个方法，例如，输入 http://localhost:8080/my/requestArray?intArr=1,2,3&longArr=4,5,6&strArr=str1,str2,str3，可以看到需要传递数组参数时，每个参数的数组元素只需要通过逗号分隔即可。

10.2.4　传递 JSON

在当前前后端分离的趋势下，使用 JSON 已经是十分普遍了。对于前端的页面或者手机应用，可以通过请求后端获取 JSON 数据集，这样它们就能很方便地将数据渲染到视图中。有时前端也需要提交较为复杂的数据到后端，为了更好组织和提高代码的可读性，可以将数据转换为 JSON 数据集，通过 HTTP 请求体提交给后端，对此 Spring MVC 也提供了良好的支持。

下面使用新增用户信息来演示这个过程。先搭建一个表单（JSP 文件），将它放入文件夹/WEB-INF/jsp/user/下，其内容如代码清单 10-5 所示。

代码清单 10-5　新增用户表单（/WEB-INF/jsp/user/add.jsp）

```jsp
<%@ page pageEncoding="UTF-8"%>
<!DOCTYPE html>
<html>
<head>
<meta charset="UTF-8">
<title>新增用户</title>
<!-- 加载 Query 文件-->
<script src="https://code.jquery.com/jquery-3.2.0.js">
</script>
<script type="text/javascript">
$(document).ready(function() {
    $("#submit").click(function() {
        var userName = $("#userName").val();
        var note = $("#note").val();
        if ($.trim(userName)=='') {
            alert("用户名不能为空！");
            return;
        }
        var params = {
            userName : userName,
            note : note
        };
        $.post({
            url : "./insert",
            // 此处需要告知传递参数类型为 JSON，不能缺少
            contentType : "application/json",
            // 将 JSON 转化为字符串传递
            data : JSON.stringify(params),
            // 成功后的方法
            success : function(result) {
                if (result == null || result.id == null) {
                    alert("插入失败");
                    return;
                }
                alert("插入成功");
            }
        });
    });
});
</script>
</head>
<body>
    <div style="margin: 20px 0;"></div>
    <form id="insertForm">
        <table>
            <tr>
                <td>用户名称：</td>
                <td><input id="userName" name="userName"></td>
```

```
            </tr>
            <tr>
                <td>备注</td>
                <td><input id="note" name="note"></td>
            </tr>
            <tr>
                <td></td>
                <td align="right"><input id="submit" type="button" value="提交" /></td>
            </tr>
        </table>
    </form>
</body>
```

　　这里定义了一个简易的表单，它使用了 jQuery 进行 Ajax 提交。注意到加粗的代码，它指定了提交的请求地址（url）、数据（data）、提交类型（contentType）和事后事件（success）。从脚本来看，这里先组织了一个 JSON 数据集，而且把提交类型也设置为了 JSON 类型，然后才提交到控制器。这样控制器就可以得到一个 JSON 数据集的请求体了。

　　为了打开这个表单，需要在 UserController 中编写一个 add 方法，它将返回一个字符串，映射到这个表单上，这样就能通过视图解析器（ViewResolver）找到它了。然后再写一个相应新增用户的请求 insert 方法，它将从 HTTP 请求体中读出这个 JSON，如代码清单 10-6 所示。

代码清单 10-6　用户的 add 方法和 insert 方法

```java
package com.springboot.chapter10.controller;
/**** imports ****/
@Controller
@RequestMapping("/user")
public class UserController {
    // 注入用户服务类
    @Autowired
    private UserService userService = null;
    ......

    /**
     * 打开请求页面
     * @return 字符串，指向页面
     */
    @GetMapping("/add")
    public String add() {
        return "/user/add";
    }

    /**
     * 新增用户
     * @param user 通过@RequestBody注解得到 JSON 参数
     * @return 回填 id 后的用户信息
     */
    @PostMapping("/insert")
    @ResponseBody
    public User insert(@RequestBody User user) {
        userService.insertUser(user);
        return user;
    }
}
```

这样通过请求 add 方法，就能请求到对应的 JSP 表单。接着录入表单，点击提交按钮，这样通过 JavaScript 脚本提交 JSON 消息，就可以请求到控制器的 insert 方法。这个方法的参数标注为 @RequestBody，意味着它将接收前端提交的 JSON 请求体，而在 JSON 请求体与 User 类之间的属性名称是保持一致的，这样 Spring MVC 就会通过这层映射关系将 JSON 请求体转换为 User 对象，其测试结果如图 10-1 所示。

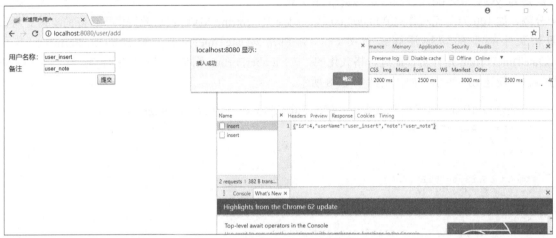

图 10-1　接受 JSON 参数新增用户

从图 10-1 可以看到请求的 add 方法就能够打开 JSP 页面，录入表单后，启动浏览器的监控功能，然后按下提交按钮，在监控区域可以看到后端返回了新增用户信息，并以 JSON 数据集给予展示。

10.2.5　通过 URL 传递参数

在一些网站中，提出了 REST 风格，这时参数往往通过 URL 进行传递。例如获取编号为 1 的用户，URL 就要写为/user/1，这里的 1 代表的是用户编号（id）。Spring MVC 对此也提供了良好的支持，可以通过处理器映射和注解@PathVariable 的组合获取 URL 参数。首先通过处理器映射可以定位参数的位置和名称，而@PathVariable 则可以通过名称来获取参数。下面演示通过 URL 传递参数获取用户信息的例子。在 UserController 中加入新的方法，如代码清单 10-7 所示。

代码清单 10-7　通过 URL 传递参数

```
// {...}代表占位符，还可以配置参数名称
@GetMapping("/{id}")
// 响应为 JSON 数据集
@ResponseBody
// @PathVariable 通过名称获取参数
public User get(@PathVariable("id") Long id) {
    return userService.getUser(id);
}
```

代码中首先通过@GetMapping 指定一个 URL，然后用{...}来标明参数的位置和名称。这里指定名称为 id，这样 Spring MVC 就会根据请求去匹配这个方法。@PathVariable 配置的字符串为 id，它对应 URL 的参数声明，这样 Spring 就知道如何从 URL 中获取参数。于是请求 http://localhost:8080/user/1，

控制器就能够获取参数了，其结果如图 10-2 所示。

10.2.6 获取格式化参数

在一些应用中，往往需要格式化数据，其中最为
典型的当属日期和货币。例如，在一些系统中日期格
式约定为 yyyy-MM-dd，金额约定为货币符号和用逗

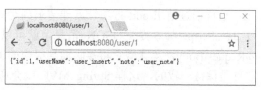

图 10-2 测试 URL 传递参数

号分隔，如 100 万美元写作$1,000,000.00 等。同样地，Spring MVC 也对此提供了良好的支持。对日
期和数字类型的转换注解进行处理，分别是 @DateTimeFormat 和 @NumberFormat。其中
@DateTimeFormat 是针对日期进行格式化的，@NumberFormat 则是针对数字进行格式化的。为了进
行测试，新建 JSP 表单，如代码清单 10-8 所示。

代码清单 10-8　格式化测试表单（/WEB-INF/jsp/format/formatter.jsp）

```
<%@ page pageEncoding="UTF-8"%>
<!DOCTYPE html>
<html>
<head>
<meta charset="UTF-8">
<title>格式化</title>
</head>
<body>
    <form action="./commit" method="post">
        <table>
            <tr>
                <td>日期（yyyy-MM-dd）</td>
                <td>
                    <input type="text" name="date" value="2017-08-08" />
                </td>
            </tr>
            <tr>
                <td>金额（#,###.##）</td>
                <td>
                    <input type="text" name="number" value="1,234,567.89" />
                </td>
            </tr>
            <tr>
                <td colspan="2" align="right">
                    <input type="submit" value="提交"/>
                </td>
            </tr>
        </table>
    </form>
</body>
</html>
```

表单中存在两个文本框，一个日期和一个金额，它们都采用了对应的格式化约定，然后在
MyController 中加入两个方法，如代码清单 10-9 所示。

代码清单 10-9　控制器打开页面和提交方法

```
// 映射 JSP 页面
@GetMapping("/format/form")
public String showFormat() {
```

```
        return "/format/formatter";
}

// 获取提交参数
@PostMapping("/format/commit")
@ResponseBody
public Map<String, Object> format(
        @DateTimeFormat(iso=ISO.DATE) Date date,
        @NumberFormat(pattern = "#,###.##") Double number) {
    Map<String, Object> dataMap = new HashMap<>();
    dataMap.put("date", date);
    dataMap.put("number", number);
    return dataMap;
}
```

这里的 showFormat 方法，是将请求映射到 JSP 表单上。format 方法参数加粗的代码使用了注解

@DateTimeFormat 和@NumberFormat，它们配置了格式
化所约定的格式，所以 Spring 会根据约定的格式把数据
转换出来，这样就可以完成参数的转换。启动 Spring Boot
后，请求 http://localhost:8080/my/format/form，就可以看
到图 10-3 所示的表单。

提交表单后，就可以看到对应的 JSON 数据集输出，
这样就可以获取那些格式化的参数了。

图 10-3 格式化表单

在 Spring Boot 中，日期参数的格式化也可以不使用@DateTimeFormat，而只在配置文件
application.properties 中加入如下配置项即可：

```
spring.mvc.date-format=yyyy-MM-dd
```

10.3 自定义参数转换规则

在 10.2 节中讨论了那些最常用的获取参数的方法，然而获取参数还没有那么简单。例如，可能
与第三方公司合作，这个时候第三方公司会以密文的形式传递参数，或者其所定义的参数规则是现
有 Spring MVC 所不能支持的，这时则需要通过自定义参数转换规则来满足这些特殊的要求。

如果回顾 10.2 节，你是否会惊讶于在 Spring MVC 中只需要简单地注解，甚至是不用任何注解
就能够得到参数。那是因为 Spring MVC 提供的处理器会先以一套规则来实现参数的转换，而大部分
的情况下开发者并不需要知道那些转换的细节。但是在开发自定义转换规则时，就很有必要掌握这
套转换规则了。而实际上处理器的转换规则还包含控制器返回后的处理，只是这节先讨论处理器是
如何获取和转换参数的内容，其他的则留到后面再讨论，到时会揭开为什么使用注解@ResponseBody
标注方法后，就能够把控制器返回转变为 JSON 数据集的秘密。

HTTP 的请求包含请求头（Header）、请求体（Body）、URL 和参数等内容，服务器还包含其上
下文环境和客户端交互会话（Session）机制，而这里的消息转换是指请求体的转换。下面我们讨论
Spring MVC 是如何从这些 HTTP 请求中获取参数的。

10.3.1 处理器获取参数逻辑

当一个请求来到时，在处理器执行的过程中，它首先会从 HTTP 请求和上下文环境来得到参数。

如果是简易的参数它会以简单的转换器进行转换，而这些简单的转换器是 Spring MVC 自身已经提供了的。但是如果是转换 HTTP 请求体（Body），它就会调用 HttpMessageConverter 接口的方法对请求体的信息进行转换，首先它会先判断能否对请求体进行转换，如果可以就会将其转换为 Java 类型。代码清单 10-10 是对 HttpMessageConverter 接口的探讨。

代码清单 10-10　HttpMessageConverter 接口

```
package org.springframework.http.converter;
/**** imports ****/
public interface HttpMessageConverter<T> {
    // 是否可读，其中 clazz 为 Java 类型，mediaType 为 HTTP 请求类型
    boolean canRead(Class<?> clazz, MediaType mediaType);

// 判断 clazz 类型是否能够转换为 mediaType 媒体类型
// 其中 clazz 为 java 类型，mediaType 为 HTTP 响应类型
    boolean canWrite(Class<?> clazz, MediaType mediaType);

    // 可支持的媒体类型列表
    List<MediaType> getSupportedMediaTypes();

    // 当 canRead 验证通过后，读入 HTTP 请求信息
    T read(Class<? extends T> clazz, HttpInputMessage inputMessage)
            throws IOException, HttpMessageNotReadableException;

    //当 canWrite 方法验证通过后，写入响应
    void write(T t, MediaType contentType, HttpOutputMessage outputMessage)
            throws IOException, HttpMessageNotWritableException;
}
```

这里需要讨论的是 canRead 和 read 方法，canWrite 和 write 方法将在后续章节讨论。回到代码清单 10-6，代码中控制器方法的参数标注了@RequestBody，所以处理器会采用请求体（Body）的内容进行参数转换，而前端的请求体为 JSON 类型，所以首先它会调用 canRead 方法来确定请求体是否可读。如果判定可读后，接着就是使用 read 方法，将前端提交的用户 JSON 类型的请求体转换为控制器的用户（User）类参数，这样控制器就能够得到参数了。

上面的 HttpMessageConverter 接口只是将 HTTP 的请求体转换为对应的 Java 对象，而对于 HTTP 参数和其他内容，还没有进行讨论。例如，以性别参数来说，前端可能传递给控制器的是一个整数，而控制器参数却是一个枚举，这样就需要提供自定义的参数转换规则。

为了讨论自定义的参数规则，很有必要先了解处理器转换参数的过程。在 Spring MVC 中，是通过 WebDataBinder 机制来获取参数的，它的主要作用是解析 HTTP 请求的上下文，然后在控制器的调用之前转换参数并且提供验证的功能，为调用控制器方法做准备。处理器会从 HTTP 请求中读取数据，然后通过三种接口来进行各类参数转换，这三种接口是 Converter、Formatter 和 GenericConverter。在 Spring MVC 的机制中这三种接口的实现类都采用了注册机的机制，默认的情况下 Spring MVC 已经在注册机内注册了许多的转换器，这样就可以实现大部分的数据类型的转换，所以在大部分的情况下无须开发者再提供转换器，这就是在上述章节中可以得到整型（Integer）、长整型（Long）、字符串（String）等各种各样参数的原因。同样地，当需要自定义转换规则时，只需要在注册机上注册自己的转换器就可以了。

实际上，WebDataBinder 机制还有一个重要的功能，那就是验证转换结果。关于验证机制，后面会再讨论。有了参数的转换和验证，最终控制器就可以得到合法的参数。得到这些参数后，就可以调用控制器的方法了。为了更好地理解，图 10-4 所展示的是 HTTP 请求体（Body）的消息转换全流程图。

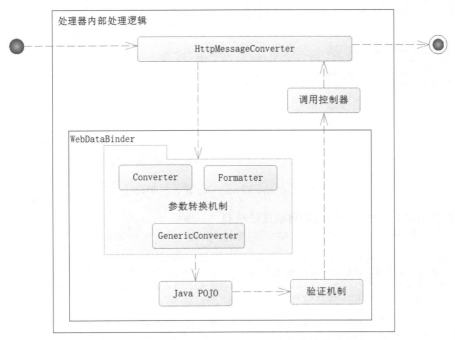

图 10-4 Spring MVC 处理器 HTTP 请求体转换流程图

这个图严格来说是请求体转换的全流程，但是有些时候 Spring MVC 并不会走完全流程，而是根据现实情况来处理消息的转换。根据上面的讨论，可以看到控制器的参数是处理器通过 Converter、Formatter 和 GenericConverter 这三个接口转换出来的。这里先谈谈这三个接口的不同之处。首先，Converter 是一个普通的转换器，例如，有一个 Integer 类型的控制器参数，而从 HTTP 对应的为字符串，对应的 Converter 就会将字符串转换为 Integer 类型；其次，Formatter 则是一个格式化转换器，类似那些日期字符串就是通过它按照约定的格式转换为日期的；最后，GenericConverter 转换器则将 HTTP 参数转换为数组。这就是上述例子可以通过比较简单的注解就能够得到各类参数的原因。

对于数据类型转换，Spring MVC 提供了一个服务机制去管理，它就是 ConversionService 接口。在默认的情况下，会使用这个接口的子类 DefaultFormattingConversionService 对象来管理这些转换类，其关系如图 10-5 所示。

从图 10-5 可以看出，Converter、Formatter 和 GenericConverter 可以通过注册机接口进行注册，这样处理器就可以获取对应的转换器来实现参数的转换。

上面讨论的是普通 Spring MVC 的参数转换规则，而在 Spring Boot 中还提供了特殊的机制来管理这些转换器。Spring Boot 的自动配置类 WebMvcAutoConfiguration 还定义了一个内部类 WebMvcAuto-ConfigurationAdapter，代码清单 10-11 是它的源码。

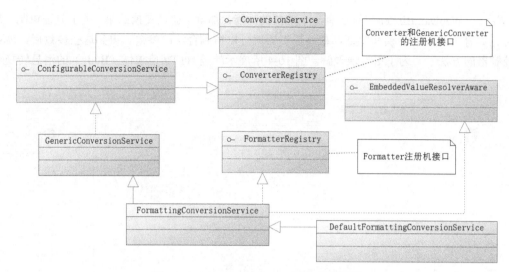

图 10-5　ConversionService 转化机制设计

代码清单 10-11　Spring Boot 的自动注册机制

```
// 注册各类转换器，registry 实际为 DefaultFormattingConversionService 对象
@Override
public void addFormatters(FormatterRegistry registry) {
    // 遍历 IoC 容器，找到 Converter 类型的 Bean 注册到服务类中
    for (Converter<?, ?> converter : getBeansOfType(Converter.class)) {
        registry.addConverter(converter);
    }
    // 遍历 IoC 容器，找到 GenericConverter 类型的 Bean 注册到服务类中
    for (GenericConverter converter : getBeansOfType(GenericConverter.class)) {
        registry.addConverter(converter);
    }
    // 遍历 IoC 容器，找到 Formatter 类型的 Bean 注册到服务类中
    for (Formatter<?> formatter : getBeansOfType(Formatter.class)) {
        registry.addFormatter(formatter);
    }
}
```

代码中加入了中文注释以利于理解，通过这个方法，可以看到在 Spring Boot 的初始化中，会将对应用户自定义的 Converter、Formatter 和 GenericConverter 的实现类所创建的 Spring Bean 自动地注册到 DefaultFormattingConversionService 对象中。这样对于开发者只需要自定义 Converter、Formatter 和 GenericConverter 的接口的 Bean，Spring Boot 就会通过这个方法将它们注册到 ConversionService 对象中。只是格式化 Formatter 接口，在实际开发中使用率比较低，所以不再论述。

10.3.2　一对一转换器（Converter）

Converter 是一对一的转化器，也就是从一种类型转换为另外一种类型，其接口定义十分简单，如代码清单 10-12 所示。

代码清单 10-12　Converter 接口源码

```
package org.springframework.core.convert.converter;
public interface Converter<S, T> {
```

```
    // 转换方法，S 代表原类型，T 代表目标类型
    T convert(S source);
}
```

这个接口的类型有源类型（S）和目标类型（T）两种，它们通过 convert 方法进行转换。例如，HTTP 的类型为字符串（String）型，而控制器参数为 Long 型，那么就可以通过 Spring 内部提供的 StringToNumber<T extends Number>进行转换。假设前端要传递一个用户的信息，这个用户信息的格式是{id}-{userName}-{note}，而控制器的参数是 User 类对象。因为这个格式比较特殊，Spring 当前并没有对应的 Converter 进行转换，因此需要自定义转换器。这里需要的是一个从 String 转换为 User 的转换器，所以可以如代码清单 10-13 所示，对它进行了定义。

代码清单 10-13　字符串用户转换器

```
package com.springboot.chapter10.converter;
/**** imports ****/
/**
 * 自定义字符串用户转换器
 */
@Component
public class StringToUserConverter implements Converter<String, User> {
    /**
     * 转换方法
     */
    @Override
    public User convert(String userStr) {
        User user = new User();
        String []strArr = userStr.split("-");
        Long id = Long.parseLong(strArr[0]);
        String userName = strArr[1];
        String note = strArr[2];
        user.setId(id);
        user.setUserName(userName);
        user.setNote(note);
        return user;
    }
}
```

这里的类标注为@Component，并且实现了 Converter 接口，这样 Spring 就会将这个类扫描并装配到 IoC 容器中。对于 Spring Boot，之前分析过它会在初始化时把这个类自动地注册到转换机制中，所以注册这步并不需要人工再处理。这里泛型指定为 String 和 User，这样 Spring MVC 就会通过 HTTP 的参数类型（String）和控制器的参数类型（User）进行匹配，就可以从注册机制中发现这个转换类，这样就能够将参数转换出来。下面写一个控制器方法对其进行验证，如代码清单 10-14 所示。

代码清单 10-14　使用控制器方法接收用户参数

```
@GetMapping("/converter")
@ResponseBody
public User getUserByConverter(User user) {
    return user;
}
```

在代码中设置断点，然后打开浏览器，在地址栏中输入 http://localhost:8080/user/converter?user=1-user_name_1-note_1 便能够看到监控的数据，如图 10-6 所示。

```
11⊖    /**
12      *  转换方法
13      */
14⊖    @Override
15    public User convert(String userStr) {
16        User user = new User();
17        String[] strArr = userStr.split("-");
18        Long id = Long.parseLong(strArr[0]);
19        String userName = strArr[1];
20        String note = strArr[2];
21        user.setId(id);
22        user.setUserName(userName);
23        user.setNote(note);
24        return user;
25    }
26
27 }
```

Name	Value
∨ ˣ⁼ʸ "user"	(id=109)
> ▫ id	Long (id=113)
> ▫ note	"note_1" (id=117)
> ▫ userName	"user_name_1" (id=120)
⊕ Add new expression	

图 10-6   监控转换器转换结果

从图 10-6 可以看出，参数已经被自定义的转换器 StringToUserConverter 转换出来。

10.3.3   GenericConverter 集合和数组转换

GenericConverter 是数组转换器。因为 Spring MVC 自身提供了一些数组转换器，需要自定义的并不多，所以这里只介绍 Spring MVC 自定义的数组转换器。假设需要同时新增多个用户，这样便需要传递一个用户列表（List<User>）给控制器。此时 Spring MVC 会使用 StringToCollectionConverter 转换它，这个类实现了 GenericConverter 接口，并且是 Spring MVC 内部已经注册的数组转换器。它首先会把字符串用逗号分隔为一个个的子字符串，然后根据原类型泛型为 String、目标类型泛型为 User 类，找到对应的 Converter 进行转换，将子字符串转换为 User 对象。上节我们已经自定义了转换器 StringToUserConverter，这样它就可以发现这个转换器，从而将字符串转换为 User 类。这样控制器就能够得到 List<User>类型的参数，如图 10-7 所示。

图 10-7   用户列表转换原理

根据这样的场景，可以使用代码清单 10-15 进行验证。

代码清单 10-15   使用集合（List）传递多个用户

```
@GetMapping("/list")
@ResponseBody
public List<User> list(List<User> userList) {
    return userList;
}
```

这样只要在浏览器地址栏中输入 URL 请求这个方法：

```
http://localhost:8080/user/list?userList=1-user_name_1-note_1,2-user_name_2-note_2,3-
user_name_3-note_3
```

这里的参数使用了一个个逗号分隔，StringToCollectionConverter 在处理时也就通过逗号分隔，然后通过之前自定义的转换器 StringToUserConverter 将其变为用户类对象，再组成为一个列表（List）

传递给控制器。

10.4 数据验证

上面在处理器逻辑中谈到了参数的转换，转换参数出来之后，紧跟着的往往需要验证参数的合法性，因此 Spring MVC 也提供了验证参数的机制。一方面，它可以支持 JSR-303 注解验证，在默认的情况下 Spring Boot 会引入关于 Hibernate Validator 机制来支持 JSR-303 验证规范；另外一方面，因为业务会比较复杂，所以需要自定义验证规则。Spring MVC 提供了相关的验证机制，这便是本节需要讨论的问题。

10.4.1 JSR-303 验证

JSR-303 验证主要是通过注解的方式进行的。这里先定义一个需要验证的 POJO，此时需要在其属性中加入相关的注解，如代码清单 10-16 所示。

代码清单 10-16 验证 POJO

```
package com.springboot.chapter10.pojo;
/**** imports ****/
public class ValidatorPojo {

    // 非空判断
    @NotNull(message ="id不能为空")
    private Long id;

    @Future(message = "需要一个将来日期") // 只能是将来的日期
    // @Past // 只能是过去的日期
    @DateTimeFormat(pattern = "yyyy-MM-dd") // 日期格式化转换
    @NotNull // 不能为空
    private Date date;

    @NotNull // 不能为空
    @DecimalMin(value = "0.1") // 最小值0.1元
    @DecimalMax(value = "10000.00") // 最大值10000元
    private Double doubleValue = null;

    @Min(value = 1, message = "最小值为1") // 最小值为1
    @Max(value = 88, message = "最大值为88") // 最大值为88
    @NotNull // 不能为空
    private Integer integer;

    @Range(min = 1, max = 888, message = "范围为1至888") // 限定范围
    private Long range;

    // 邮箱验证
    @Email(message = "邮箱格式错误")
    private String email;

    @Size(min = 20, max = 30, message = "字符串长度要求20到30之间。")
    private String size;

        /**** setter and getter ****/
}
```

POJO 中的属性带着各种各样验证注解，并且代码已经在注释中说明其作用，JSR-303 验证就是通过这些注解来执行验证的。为了测试需要编写一个 JSP，然后使用 JSON 的数据请求发送这个对象给控制器，该 JSP 如代码清单 10-17 所示。

代码清单 10-17 使用 Ajax 发送 JSON 请求（/WEB-INF/jsp/validator/pojo.jsp）

```jsp
<%@ page pageEncoding="UTF-8"%>
<!DOCTYPE html>
<html>
<head>
<meta charset="UTF-8">
<title>测试 JSR-303</title>
<!-- 加载 Query 文件-->
<script src="https://code.jquery.com/jquery-3.2.0.js"></script>
<script type="text/javascript">
$(document).ready(function() {
    // 请求验证的 POJO
        var pojo = {
                id: null,
                date : '2017-08-08',
                doubleValue : 999999.09,
                integer : 100,
                range : 1000,
                email : 'email',
                size :'adv1212',
                regexp : 'a,b,c,d'
        }
        $.post({
            url : "./validate",
            // 此处需要告知传递参数类型为 JSON，不能缺少
            contentType : "application/json",
            // 将 JSON 转化为字符串传递
            data : JSON.stringify(pojo),
            // 成功后的方法
            success : function(result) {
            }
        });
    });
</script>
</head>
<body></body></html>
```

这样，打开这个页面时，它就会通过 Ajax 请求到对应的方法，然后提供注解来进行验证。为了打开这个页面并且提供后台验证，在 MyController 中新增方法用来响应这个页面发出的 Ajax 请求，如代码清单 10-18 所示。

代码清单 10-18 打开页面和后台验证方法

```java
@GetMapping("/valid/page")
public String validPage() {
    return "/validator/pojo";
}

/***
 * 解析验证参数错误
 * @param vp —— 需要验证的 POJO，使用注解@Valid 表示验证
```

```
 * @param errors    错误信息，它由 Spring MVC 通过验证 POJO 后自动填充
 * @return 错误信息 Map
 */
@RequestMapping(value = "/valid/validate")
@ResponseBody
public Map<String, Object> validate(
        @Valid @RequestBody ValidatorPojo vp, Errors errors) {
    Map<String, Object> errMap = new HashMap<>();
    // 获取错误列表
    List<ObjectError> oes = errors.getAllErrors();
    for (ObjectError oe : oes) {
        String key = null;
        String msg = null;
        // 字段错误
        if (oe instanceof FieldError) {
            FieldError fe = (FieldError) oe;
            key = fe.getField();// 获取错误验证字段名
        } else {
            // 非字段错误
            key = oe.getObjectName();// 获取验证对象名称
        }
        // 错误信息
        msg = oe.getDefaultMessage();
        errMap.put(key, msg);
    }
    return errMap;
}
```

代码中使用@RequestBody 代表着接收一个 JSON 参数，这样 Spring 就会获取页面通过 Ajax 提交的 JSON 请求体，然后@Valid 注解则表示启动验证机制，这样 Spring 就会启用 JSR-303 验证机制进行验证。它会自动地将最后的验证结果放入 Errors 对象中，这样就可以从中得到相关验证过后的信息。

这里不妨对 JSR-303 验证机制的运行进行测试。运行 Spring Boot 的启动文件后，在浏览器地址栏中输入 URL：

```
http://localhost:8080/my/valid/page
```

然后就可以观察运行结果了，如图 10-8 所示。

图 10-8 使用 JSR-303 机制验证 POJO

显然这里的验证成功了。但是有时验证规则并不是那么简单，比如一些业务逻辑的验证。例如，假设需要验证购买商品的总价格，那么就应该是：总价格=单价×数量，这样的逻辑验证就不能通过 JSR-303 验证了。为此 Spring 还提供了自己的验证机制，下面来介绍它。

10.4.2　参数验证机制

为了能够更加灵活地提供验证机制，Spring 还提供自己的验证机制。在参数转换时，可以看到在 Spring MVC 中，存在 WebDataBinder 机制进行管理，在默认的情况下 Spring 会自动地根据上下文通过注册了的转换器转换出控制器所需的参数。在 WebDataBinder 中除了可以注册转换器外，还允许注册验证器（Validator）。

在 Spring 控制器中，它还允许使用注解@InitBinder，这个注解的作用是允许在进入控制器方法前修改 WebDataBinder 机制。下面在验证机制和日期格式绑定的场景下演示，不过在此之前，需要稍微认识一下 Spring MVC 的验证机制。在 Spring MVC 中，定义了一个接口 Validator，这个接口的源码如代码清单 10-19 所示。

代码清单 10-19　验证接口定义
```
package org.springframework.validation;
/****imports ****/
public interface Validator {

    /**
     *  判定当前验证器是否支持该 Class 类型的验证
     * @param clazz --POJO 类型
     * @return 当前验证器是否支持该 POJO 验证
     */
    boolean supports(Class<?> clazz);

    /**
     *  如果 supports 返回 true，则这个方法执行验证逻辑
     * @param target 被验证 POJO 对象
     * @param errors 错误对象
     */
    void validate(Object target, Errors errors);
}
```

这就是 Spring 所定义的验证器接口，它定义了两个方法，其中 supports 方法参数为需要验证的 POJO 类型，如果该方法返回 true，则 Spring 会使用当前验证器的 validate 方法去验证 POJO。而 validation 方法包含需要的 target 对象和错误对象 errors，其中 target 是参数绑定后的 POJO，这样便可以通过这个参数对象进行业务逻辑的自定义验证。如果发现错误，则可以保存到 errors 对象中，然后返回给控制器。下面以实例进行说明，这里先定义用户验证器，如代码清单 10-20 所示，它将对用户对象和用户名进行非空判断。

代码清单 10-20　自定义用户验证器
```
package com.springboot.chapter10.validator;
/**** imports ****/
public class UserValidator implements Validator {
    // 该验证器只支持 User 类验证
    @Override
```

```
public boolean supports(Class<?> clazz) {
    return clazz.equals(User.class);
}

// 验证逻辑
@Override
public void validate(Object target, Errors errors) {
    // 对象为空
    if (target == null) {
        // 直接在参数处报错，这样就不能进入控制器的方法
        errors.rejectValue("", null, "用户不能为空");
        return;
    }
    // 强制转换
    User user = (User) target;
    // 用户名非空串
    if (StringUtils.isEmpty(user.getUserName())) {
        // 增加错误，可以进入控制器方法
         errors.rejectValue("userName", null, "用户名不能为空");
    }
}
}
```

　　有了这个验证器，Spring 还不会自动启用它，因为还没有绑定给 WebDataBinder 机制。在 Spring MVC 中提供了一个注解@InitBinder，它的作用是在执行控制器方法前，处理器会先执行被 @InitBinder 标注的方法。这时可以将 WebDataBinder 对象作为参数传递到方法中，通过这层关系得到 WebDataBinder 对象，这个对象有一个 setValidator 方法，它可以绑定自定义的验证器，这样就可以在获取参数之后，通过自定义的验证器去验证参数，只是 WebDataBinder 除了可以绑定验证器外，还可以进行参数的自定义，例如，不使用@DateTimeFormat 获取日期参数。假设还继续使用代码清单 10-13 中的 StringToUserConverter 转换器，使用代码清单 10-21 来测试验证器和设置日志格式。

代码清单 10-21　绑定验证器

```
package com.springboot.chapter10.controller;
/**** imports ****/
@Controller
@RequestMapping("/user")
public class UserController {

    /**
     * 调用控制器前先执行这个方法
     * @param binder
     */
    @InitBinder
    public void initBinder(WebDataBinder binder) {
        // 绑定验证器
        binder.setValidator(new UserValidator());
        // 定义日期参数格式，参数不再需注解@DateTimeFormat，boolean 参数表示是否允许为空
        binder.registerCustomEditor(Date.class,
            new CustomDateEditor(new SimpleDateFormat("yyyy-MM-dd"), false));
    }

    /**
     *
```

```
    * @param user -- 用户对象用 StringToUserConverter 转换
    * @param Errors --验证器返回的错误
    * @param date -- 因为 WebDataBinder 已经绑定了格式，所以不再需要注解
    * @return 各类数据
    */
@GetMapping("/validator")
@ResponseBody
public Map<String, Object> validator(@Valid User user,
        Errors Errors, Date date) {
    Map<String, Object> map = new HashMap<>();
    map.put("user", user);
    map.put("date", date);
    // 判断是否存在错误
    if (Errors.hasErrors()) {
        // 获取全部错误
        List<ObjectError> oes = Errors.getAllErrors();
        for (ObjectError oe : oes) {
            // 判定是否字段错误
            if (oe instanceof FieldError) {
                // 字段错误
                FieldError fe = (FieldError) oe;
                map.put(fe.getField(), fe.getDefaultMessage());
            } else {
                // 对象错误
                map.put(oe.getObjectName(), oe.getDefaultMessage());
            }
        }
    }
    return map;
}
......
}
```

这里的 initBinder 方法因为标注注解@InitBinder，因此会在控制器方法前被执行，并且将
WebDataBinder 对象传递进去，在这个方法里绑定了自定义的验证器 UserValidator，而且设置了日期
的格式，所以在控制器方法中已经不再需要使用@DateTimeFormat 去定义日期格式化。通过这样的
自定义，在使用注解@Valid 标注 User 参数后，Spring MVC 就会去遍历对应的验证器，当遍历到
UserValidator 时，会去执行它的 supports 方法。因为该方法会返回 true，所以 Spring MVC 会用这个
验证器去验证 User 类的数据。对于日期类型也指定了对应的格式，这样控制器的 Date 类型的参数也
不需要再使用注解的协作。

这里还要关注一下控制器方法中的 Errors 参数。它是 Spring MVC 通过验证器验证后得到的错误
信息，由 Spring MVC 执行完验证规则后进行传递。这里首先是判断是否存在错误，如果存在错误，
则遍历错误，然后将错误信息放入 Map 中返回，因为方法标注了@ResponseBody，所以最后会转化
为 JSON 响应请求。

下面输入 http://localhost:8080/user/validator?user=1--note_1&date=2018-01-01。请注意，这里的
userName 已经传递为空，所以在进行用户验证时会存在错误信息的显示。这个请求的结果截图
如图 10-9 所示。

从图 10-9 可以看到，用户名的验证已经成功，也就是说验证器已经起到作用，而且日期也是成
功的，它返回了一个日期的 Long 型整数（时间参数与 1970-01-01 00:00:00 之间的毫秒数）。

图 10-9　启用验证器验证

10.5　数据模型

上述章节只是谈到了参数的获取和转换，通过这些处理器终于可以调用控制器了。在 Spring MVC 流程中，控制器是业务逻辑核心内容，而控制器的核心内容之一就是对数据的处理。通过上章对 Spring MVC 全流程的学习，可以看到允许控制器自定义模型和视图（ModelAndView），其中模型是存放数据的地方，视图则是展示给用户。本节暂时把视图放下，先来讨论数据模型的问题。

数据模型的作用是绑定数据，为后面的视图渲染做准备。首先对 Spring MVC 使用的模型接口和类设计进行探讨，如图 10-10 所示。

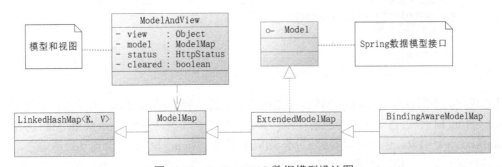

图 10-10　Spring MVC 数据模型设计图

从图 10-10 可以看到，在类 ModelAndView 中存在一个 ModelMap 类型的属性，ModelMap 继承了 LinkedHashMap 类，所以它具备 Map 接口的一切特性，除此之外它还可以增加数据属性。在 Spring MVC 的应用中，如果在控制器方法的参数中使用 ModelAndView、Model 或者 ModelMap 作为参数类型，Spring MVC 会自动创建数据模型对象，如代码清单 10-22 所示。

代码清单 10-22　使用数据模型

```
package com.springboot.chapter10.controller;
/****imports****/
@RequestMapping("/data")
@Controller
public class DataModelController {
    // 注入用户服务类
    @Autowired
    private UserService userService = null;

    // 测试 Model 接口
    @GetMapping("/model")
    public String useModel(Long id, Model model) {
        User user = userService.getUser(id);
```

```
        model.addAttribute("user", user);
        // 这里返回字符串，在 Spring MVC 中，会自动创建 ModelAndView 且绑定名称
        return "data/user";
    }

    // 测试 modelMap 类
    @GetMapping("/modelMap")
    public ModelAndView useModelMap(Long id, ModelMap modelMap) {
        User user = userService.getUser(id);
        ModelAndView mv = new ModelAndView();
        // 设置视图名称
        mv.setViewName("data/user");
        // 设置数据模型，此处 modelMap 并没有与 mv 绑定，这步系统会自动处理
        modelMap.put("user", user);
        return mv;
    }

    // 测试 ModelAndView
    @GetMapping("/mav")
    public ModelAndView useModelAndView(Long id, ModelAndView mv) {
        User user = userService.getUser(id);
        // 设置数据模型
        mv.addObject("user", user);
        // 设置视图名称
        mv.setViewName("data/user");
        return mv;
    }
}
```

从这段代码中可以看出 Spring MVC 还是比较智能的。例如，useModel 方法里，只是返回一个字符串，Spring MVC 会自动生成对应的视图，并且绑定数据模型。又如，useModelMap 方法，返回了 ModelAndView 对象，但是它没有绑定 ModelMap 对象，Spring MVC 又会自动地绑定它。

上述数据对象，无论使用哪一个都是允许的。只是它们都是渲染同一个 JSP 视图，且该视图逻辑名称为/data/user，这样通过 InternalResourceViewResolver 的定位，它就会找到/WEB-INF/jsp/data/user.jsp 作为视图，然后将数据渲染到这个 JSP 上。这个 JSP 的内容如代码清单 10-23 所示。

代码清单 10-23　用户视图（/WEB-INF/jsp/data/user.jsp）

```
<%@ page language="java" contentType="text/html; charset=UTF-8"
pageEncoding="UTF-8"%>
<!DOCTYPE html PUBLIC "-//W3C//DTD HTML 4.01 Transitional//EN"
"http://www.w3.org/TR/html4/loose.dtd">
<html>
<head>
<meta http-equiv="Content-Type" content="text/html; charset=UTF-8">
<title>用户信息</title>
</head>
<body>
    <table>
        <tr>
            <td>编号</td>
            <td>${user.id}</td>
        </tr>
        <tr>
            <td>用户名</td>
```

```
            <td>${user.userName}</td>
        </tr>
        <tr>
            <td>备注</td>
            <td>${user.note}</td>
        </tr>
    </table>
</body>
</html>
```

这样就能够测试这些内容了。

10.6　视图和视图解析器

视图是渲染数据模型展示给用户的组件，在 Spring MVC 中又分为逻辑视图和非逻辑视图。逻辑视图是需要视图解析器（ViewResolver）进行进一步定位的。例如，之前的例子所返回的字符串之所以能找到对应的 JSP，就是因为使用了逻辑视图，经由视图解析器的定位后，才能找到视图将数据模型进行渲染展示给用户查看。对于非逻辑视图，则并不需要进一步地定位视图的位置，它只需要直接将数据模型渲染出来即可。例如，代码清单 9-7 中的 MappingJackson2JsonView 视图就是这样的情况。在实际的工作中视图解析器 InternalResourceViewResolver 是比较常用的，前面的章节也一直在使用它，相信读者对其已经比较熟悉了。其他的视图解析器使用得已经不多，基于实用的原则，这里就不再详细介绍其他视图解析器的用法。本节主要的任务是讨论 Spring MVC 中视图的使用，在使用视图之前，需要先了解在 Spring MVC 中视图是怎么设计的。

10.6.1　视图设计

对于视图，除了 JSON 和 JSP 视图之外，还有其他类型的视图，如 Excel、PDF 等。虽然视图具有多样性，但是它们都会实现 Spring MVC 定义的视图接口 View，其源码如代码清单 10-24 所示。

代码清单 10-24　Spring MVC 视图接口定义

```
package org.springframework.web.servlet;
/**** imports ****/
public interface View {
    // 响应状态属性
    String RESPONSE_STATUS_ATTRIBUTE = View.class.getName() + ".responseStatus";

    // 路径变量
    String PATH_VARIABLES = View.class.getName() + ".pathVariables";

    // 选择内容类型
    String SELECTED_CONTENT_TYPE = View.class.getName() + ".selectedContentType";

    // 响应类型
    String getContentType();

    // 渲染方法
    void render(Map<String, ?> model, HttpServletRequest request,
        HttpServletResponse response) throws Exception;
}
```

在这段代码中有两个方法，其中 getContentType 方法是获取 HTTP 响应类型的，它可以返回的类型是文本、JSON 数据集或者文件等，而 render 方法则是将数据模型渲染到视图的，这是视图的核心方法，所以有必要进一步地讨论它。在它的参数中，model 是数据模型，实际就是从控制器（或者由处理器自动绑定）返回的数据模型，这样 render 方法就可以把它渲染出来。渲染视图是比较复杂的过程，为了简化视图渲染的开发，在 Spring MVC 中已经给开发者提供了许多开发好的视图类，所以在大部分的情况下并不需要自己开发自己的视图。Spring MVC 所提供的视图接口和类如图 10-11 所示。

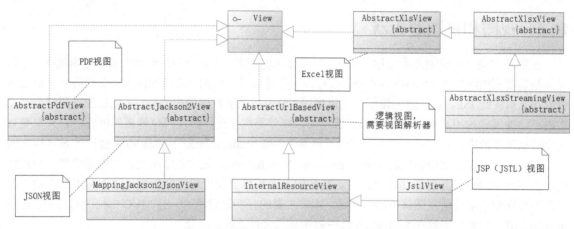

图 10-11　Spring MVC 常用视图关系模型

注意，图 10-11 中只画出了常用的视图类，并非所有的视图。从图 10-11 可以看出，在 Spring MVC 中已经开发好了各种各样的视图，所以在大部分情况下，只需要定义如何将数据模型渲染到视图中展示给用户即可。例如，之前看到的 MappingJackson2JsonView 视图，因为它不是逻辑视图，所以并不需要使用视图解析器（ViewResolver）去定位视图，它会将数据模型渲染为 JSON 数据集展示给用户查看；而常用的视图 JstlView，则是一个逻辑视图，于是可以在控制器返回一个字符串，使用视图解析器去定位对应的 JSP 文件，就能够找到对应的 JSP 文件，将数据模型传递进入，JstlView 就会将数据模型渲染，展示数据给用户。对于 PDF 和 Excel 视图等类型的视图，它们只需要接收数据模型，然后通过自定义的渲染即可。为了说明视图的使用方法，下一节将介绍如何使用 PDF 视图——AbstractPdfView。

10.6.2　视图实例——导出 PDF 文件

通过上节的讲述，需要清楚的是 AbstractPdfView 属于非逻辑视图，因此它并不需要任何的视图解析器（ViewResolver）去定位。这个视图类的名称是以 Abstract 开头的，顾名思义它是一个抽象类，并且存在需要开发者自己实现的抽象方法，所以需要先来研究这个抽象方法，如代码清单 10-25 所示。

代码清单 10-25　AbstractPdfView 文档生成抽象方法定义

```
/**
 * 通过数据模型自定义创建 PDF 文档
 * @param model 数据模型
```

```
 * @param document iText Document 代表一个 PDF 文档
 * @param writer PdfWriter PDF 写入器
 * @param request HttpServletRequest 请求对象
 * @param response HttpServletResponse 响应对象
 * @throws Exception 异常
 /
protected abstract void buildPdfDocument(Map<String, Object> model,
    Document document, PdfWriter writer, HttpServletRequest request,
    HttpServletResponse response) throws Exception;
```

通过 PDF 视图的定义，就只需要实现这个抽象方法便可以将数据模型渲染为 PDF。而这个方法中的参数，包含数据模型（model）对象、HTTP 的请求（request）和响应（response）对象，通过这些就可以得到数据模型和上下文环境的参数，此外方法中还有与 PDF 文档有关的参数（document 和 writer），通过它们就可以定制 PDF 的格式和数据的渲染。为了能够使用 PDF，需要在 Maven 的配置文件中加入相关的依赖，如代码清单 10-26 所示。

代码清单 10-26　在 pom.xml 中加入 PDF 依赖

```xml
<dependency>
    <groupId>org.xhtmlrenderer</groupId>
    <artifactId>core-renderer</artifactId>
    <version>R8</version>
</dependency>
<dependency>
    <groupId>com.itextpdf</groupId>
    <artifactId>itextpdf</artifactId>
    <version>5.5.12</version>
</dependency>
```

这样工程就导入了关于 PDF 的包。因为 AbstractPdfView 是一个抽象类，在继承它后，就要实现其定义的抽象方法，从而完成导出的逻辑，而各个控制器都会有不同的导出逻辑。为了适应不同控制器的自定义导出，这里先定义导出的接口，如代码清单 10-27 所示。

代码清单 10-27　定义 PDF 导出接口

```java
package com.springboot.chapter10.view;
/****imports****/
public interface PdfExportService {
    public void make(Map<String, Object> model, Document document,
        PdfWriter writer, HttpServletRequest request,
        HttpServletResponse response);
}
```

这样各个控制器只需要实现这个接口，就能够自定义其导出 PDF 的逻辑。接着就是继承 AbstractPdfView 的非抽象类，如代码清单 10-28 所示，通过它调度 PdfExportService 的 make 方法就可以让控制器实现自定义的导出逻辑。

代码清单 10-28　PDF 导出视图类

```java
package com.springboot.chapter10.view;
/**** imports ****/
public class PdfView extends AbstractPdfView {
    // 导出服务接口
```

```
    private PdfExportService pdfExportService = null;

    // 创建对象时载入导出服务接口
    public PdfView(PdfExportService pdfExportService) {
        this.pdfExportService = pdfExportService;
    }

    // 调用接口实现
    @Override
    protected void buildPdfDocument(Map<String, Object> model, Document document,
        PdfWriter writer,HttpServletRequest request,
        HttpServletResponse response) throws Exception {
        // 调用导出服务接口类
        pdfExportService.make(model, document, writer, request, response);
    }
}
```

这里可以看到，在创建自定义 PDF 视图时，需要自定义一个导出服务接口（PdfExportService）。通过实现这个接口，每个控制器都可以自定义其导出的逻辑。例如，需要导出用户列表，可以在用户控制器（UserController）加入代码清单 10-29 所示的代码。

代码清单 10-29　在用户控制器中导出 PDF 数据

```
package com.springboot.chapter10.controller;
/**** imports ****/
@Controller
@RequestMapping("/user")
public class UserController {
    @Autowired
    private UserService userService = null;

    ......

    // 导出接口
    @GetMapping("/export/pdf")
    public ModelAndView exportPdf(String userName, String note) {
        // 查询用户信息列表
        List<User> userList = userService.findUsers(userName, note);
        // 定义 PDF 视图
        View view = new PdfView(exportService());
        ModelAndView mv = new ModelAndView();
        // 设置视图
        mv.setView(view);
        // 加入数据模型
        mv.addObject("userList", userList);
        return mv;
    }

    // 导出 PDF 自定义
    @SuppressWarnings("unchecked")
    private PdfExportService exportService() {
        // 使用 Lambda 表达式定义自定义导出
        return (model, document, writer, request, response) -> {
            try {
                // A4 纸张
```

```
document.setPageSize(PageSize.A4);
// 标题
document.addTitle("用户信息");
// 换行
document.add(new Chunk("\n"));
// 表格，3 列
PdfPTable table = new PdfPTable(3);
// 单元格
PdfPCell cell = null;
// 字体，定义为蓝色加粗
Font f8 = new Font();
f8.setColor(Color.BLUE);
f8.setStyle(Font.BOLD);
// 标题
cell = new PdfPCell(new Paragraph("id", f8));
// 居中对齐
cell.setHorizontalAlignment(1);
// 将单元格加入表格
table.addCell(cell);
cell = new PdfPCell(new Paragraph("user_name", f8));
// 居中对齐
cell.setHorizontalAlignment(1);
table.addCell(cell);
cell = new PdfPCell(new Paragraph("note", f8));
cell.setHorizontalAlignment(1);
table.addCell(cell);
// 获取数据模型中的用户列表
List<User> userList = (List<User>) model.get("userList");
for (User user : userList) {
    document.add(new Chunk("\n"));
    cell = new PdfPCell(new Paragraph(user.getId() + ""));
    table.addCell(cell);
    cell = new PdfPCell(new Paragraph(user.getUserName()));
    table.addCell(cell);
    String note = user.getNote() == null? "" : user.getNote();
    cell = new PdfPCell(new Paragraph(note));
    table.addCell(cell);
}
// 在文档中加入表格
document.add(table);
} catch (DocumentException e) {
    e.printStackTrace();
}
};
}
}
```

方法先通过查询后台数据得到用户列表，再放入模型和视图（ModelAndView）中，然后设置一个视图（PdfView）。而定义 PdfView 时，使用 Lambda 表达式实现了导出服务接口，这样就可以很方便地让每一个控制器自定义样式和数据。对于导出结果的测试如图 10-12 所示。

这里通过自定义的 PDF 视图已经成功地渲染出来了。

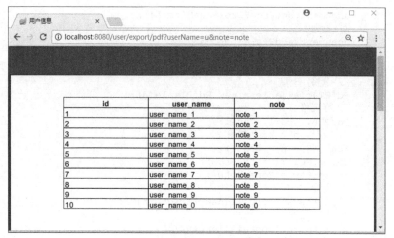

图 10-12　PDF 视图测试

10.7　文件上传

Spring MVC 对文件上传提供了良好的支持，而在 Spring Boot 中可以更为简单地配置文件上传所需的内容。为了更好地理解 Spring Boot 的配置，首先从 Spring MVC 的机制谈起。

10.7.1　Spring MVC 对文件上传的支持

首先，DispatcherServlet 会使用适配器模式，将 HttpServletRequest 接口对象转换为 MultipartHttpServletRequest 对象。MultipartHttpServletRequest 接口扩展了 HttpServletRequest 接口的所有方法，而且定义了一些操作文件的方法，这样通过这些方法就可以实现对上传文件的操作。

下面先探讨 HttpServletRequest 和 MultipartHttpServletRequest 的关系，如图 10-13 所示。

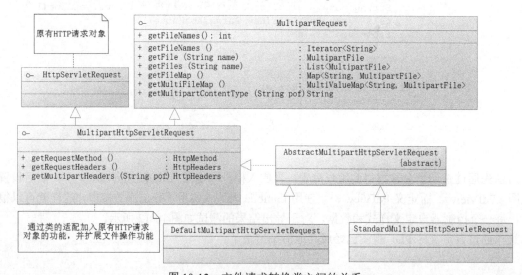

图 10-13　文件请求转换类之间的关系

这里对于文件上传的场景，Spring MVC 会将 HttpServletRequest 对象转化为 MultipartHttpServlet-Request 对象。从 MultipartHttpServletRequest 接口的定义看，它存在许多的方法用来处理文件，这样在 Spring MVC 中操作文件就十分便捷。

只是在使用 Spring MVC 上传文件时，还需要配置 MultipartHttpServletRequest，这个任务是通过 MultipartResolver 接口实现的。对于 MultipartResolver 接口，它又存在两个实现类，这两个实现类分别是 StandardServletMultipartResolver 和 CommonsMultipartResolver，可以使用它们中的任意一个来实现文件上传。在默认的情况下 Spring 推荐使用的是 StandardServletMultipartResolver，因为它只需要依赖于 Servlet API 提供的包，而对于 CommonsMultipartResolver，则需要依赖于 Apache 提供的第三方包来实现，这显然没有 StandardServletMultipartResolver 来得实在。从实用的角度来说，因为 Spring 3.1 之后已经能够支持 StandardServletMultipartResolver，所以 CommonsMultipartResolver 已经渐渐被废弃了，因此这里不再对其进行介绍。它们的关系如图 10-14 所示。

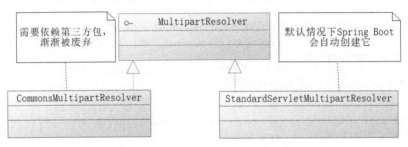

图 10-14 MultipartResolver 关系图

在 Spring Boot 的机制内，如果你没有自定义 MultipartResolver 对象，那么自动配置的机制会为你自动创建 MultipartResolver 对象，实际为 StandardServletMultipartResolver，所以你并不需要自己去创建它。为了更加灵活，Spring Boot 会提供代码清单 10-30 所示的配置项。

代码清单 10-30 文件上传配置
```
# MULTIPART (MultipartProperties)
# 是否启用 Spring MVC 多分部上传功能
spring.servlet.multipart.enabled=true
# 将文件写入磁盘的阈值。值可以使用后缀"MB"或"KB"来表示兆字节或字节大小
spring.servlet.multipart.file-size-threshold=0
# 指定默认上传的文件夹
spring.servlet.multipart.location=
# 限制单个文件最大大小
spring.servlet.multipart.max-file-size=1MB
# 限制所有文件最大大小
spring.servlet.multipart.max-request-size=10MB
# 是否延迟多部件文件请求的参数和文件的解析
spring.servlet.multipart.resolve-lazily=false
```

根据这些配置，Spring Boot 会自动生成 StandardServletMultipartResolver 对象，这样就能够对上传的文件进行配置。对于文件的上传可以使用 Servlet API 提供的 Part 接口或者 Spring MVC 提供的 MultipartFile 接口作为参数。其实无论使用哪个类都是允许的，只是我更加推荐使用的是 Part，因为毕竟 MultipartFile 是 Spring MVC 提供的第三方包才能进行支持的，后续版本变化的概率略大一些。

10.7.2 开发文件上传功能

开发 Spring Boot 下的 MVC 上传，首先需要配置代码清单 10-30 中的配置项，如代码清单 10-31 所示。

代码清单 10-31 Spring MVC 上传文件配置

```
# 指定默认上传的文件夹
spring.servlet.multipart.location=e:/springboot
# 限制单个文件最大大小，这里设置为 5MB
spring.servlet.multipart.max-file-size=5242880
# 限制所有文件最大大小，这里设置为 20MB
spring.servlet.multipart.max-request-size=20MB
```

这里定义了上传的目标文件夹为 e:/springboot，并且指定单个文件最大为 5MB，所有文件最大为 20MB。为了测试文件的上传，需要创建 JSP 文件，其内容如代码清单 10-32 所示。

代码清单 10-32 文件上传 JSP（/WEB-INF/jsp/file/upload.jsp）

```
<%@ page language="java" contentType="text/html; charset=UTF-8"
    pageEncoding="UTF-8"%>
<!DOCTYPE html PUBLIC "-//W3C//DTD HTML 4.01 Transitional//EN"
"http://www.w3.org/TR/html4/loose.dtd">
<html>
<head>
<meta http-equiv="Content-Type" content="text/html; charset=UTF-8">
<title>文件上传</title>
</head>
    <body>
        <form method="post"
                action="./request" enctype="multipart/form-data">
            <input type="file" name="file" value="请选择上传的文件" />
            <input type="submit" value="提交" />
        </form>
    </body>
</html>
```

请注意，这里的<form>表单声明为 multipart/form-data，如果没有这个声明，Spring MVC 就会解析文件请求出错，从而导致上传文件失败。有了这个 JSP 文件，下面开发文件上传控制器（这个控制器将包括使用 HttpServletRequest、MultipartFile 和 Part 参数）来完成文件上传，如代码清单 10-33 所示。

代码清单 10-33 文件上传控制器

```
package com.springboot.chapter10.controller;
/**** imports ****/
@Controller
@RequestMapping("/file")
public class FileController {
    /**
     * 打开文件上传请求页面
     * @return 指向 JSP 的字符串
     */
    @GetMapping("/upload/page")
    public String uploadPage() {
```

```
        return "/file/upload";
}

// 使用 HttpServletRequest 作为参数
@PostMapping("/upload/request")
@ResponseBody
public Map<String, Object> uploadRequest(HttpServletRequest request) {
    boolean flag = false;
    MultipartHttpServletRequest mreq = null;
    // 强制转换为 MultipartHttpServletRequest 接口对象
    if (request instanceof MultipartHttpServletRequest) {
        mreq = (MultipartHttpServletRequest) request;
    } else {
        return dealResultMap(false, "上传失败");
    }
    // 获取 MultipartFile 文件信息
    MultipartFile mf = mreq.getFile("file");
    // 获取源文件名称
    String fileName = mf.getOriginalFilename();
    File file = new File(fileName);
    try {
        // 保存文件
        mf.transferTo(file);
    } catch (Exception e) {
        e.printStackTrace();
        return dealResultMap(false, "上传失败");
    }
    return dealResultMap(true, "上传成功");
}

// 使用 Spring MVC 的 MultipartFile 类作为参数
@PostMapping("/upload/multipart")
@ResponseBody
public Map<String, Object> uploadMultipartFile(MultipartFile file) {
    String fileName = file.getOriginalFilename();
    File dest = new File(fileName);
    try {
        file.transferTo(dest);
    } catch (Exception e) {
        e.printStackTrace();
        return dealResultMap(false, "上传失败");
    }
    return dealResultMap(true, "上传成功");
}

@PostMapping("/upload/part")
@ResponseBody
public Map<String, Object> uploadPart(Part file) {
    // 获取提交文件名称
    String fileName = file.getSubmittedFileName();
    try {
        // 写入文件
        file.write(fileName);
    } catch (Exception e) {
        e.printStackTrace();
        return dealResultMap(false, "上传失败");
    }
```

```
        return dealResultMap(true, "上传成功");
    }

    // 处理上传文件结果
    private Map<String, Object> dealResultMap(boolean success, String msg) {
        Map<String, Object> result = new HashMap<String, Object>();
        result.put("success", success);
        result.put("msg", msg);
        return result;
    }
}
```

代码中 uploadPage 方法用来映射上传文件的 JSP，所以只需要请求它便能够打开上传文件的页面。uploadRequest 方法则将 HttpServletRequest 对象传递，从之前的分析可知，在调用控制器之前，DispatcherServlet 会将其转换为 MultipartHttpServletRequest 对象，所以方法中使用了强制转换，从而得到 MultipartHttpServletRequest 对象，然后获取 MultipartFile 对象，接着使用 MultipartFile 对象的 getOriginalFilename 方法就可以得到上传的文件名，而通过它的 transferTo 方法，就可以将文件保存到对应的路径中。uploadMultipartFile 则是直接使用 MultipartFile 对象获取上传的文件，从而进行操作。uploadPart 方法是使用 Servlet 的 API，可以使用其 write 方法直接写入文件，这也是我推荐的方式。

10.8 拦截器

在第 9 章中，谈到过当请求来到 DispatcherServlet 时，它会根据 HandlerMapping 的机制找到处理器，这样就会返回一个 HandlerExecutionChain 对象，这个对象包含处理器和拦截器。这里的拦截器会对处理器进行拦截，这样通过拦截器就可以增强处理器的功能，这节的内容就是对它的使用。

10.8.1 拦截器的设计

首先所有的拦截器都需要实现 HandlerInterceptor 接口，该接口定义如代码清单 10-34 所示。

代码清单 10-34   HandlerInterceptor 源码
```
package org.springframework.web.servlet;

/**** imports ****/
public interface HandlerInterceptor {

    // 处理器执行前方法
    default boolean preHandle(HttpServletRequest request, HttpServletResponse response,
        Object handler) throws Exception {
        return true;
    }

    // 处理器处理后方法
    default void postHandle(HttpServletRequest request,
            HttpServletResponse response, Object handler,
            @Nullable ModelAndView modelAndView) throws Exception {
    }

    // 处理器完成后方法
```

```
    default void afterCompletion(HttpServletRequest request, HttpServletResponse response,
        Object handler, @Nullable Exception ex) throws Exception {
    }
}
```

上面代码的中文注释是我加入的。除了需要知道拦截器各个方法的作用外，还需要知道这些方法执行的流程，如图 10-15 所示。

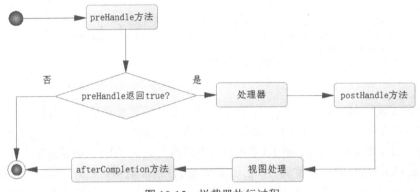

图 10-15　拦截器执行过程

从图 10-15 可以看出，其流程描述如下。

- 执行 preHandle 方法，该方法会返回一个布尔值。如果为 false，则结束所有流程；如果为 true，则执行下一步。
- 执行处理器逻辑，它包含控制器的功能。
- 执行 postHandle 方法。
- 执行视图解析和视图渲染。
- 执行 afterCompletion 方法。

因为这个接口是 Java 8 的接口，所以 3 个方法都被声明为 default，并且提供了空实现。当我们需要自己定义方法的时候，只需要实现 HandlerInterceptor，覆盖其对应的方法即可。

10.8.2　开发拦截器

从上一节的论述中知道，可以实现 HandlerInterceptor 接口即可。下面先实现一个简单的拦截器，如代码清单 10-35 所示。

代码清单 10-35　自定义简单拦截器

```
package com.springboot.chapter10.interceptor;
/**** imports ****/
public class Interceptor1 implements HandlerInterceptor {
    @Override
    public boolean preHandle(HttpServletRequest request,
            HttpServletResponse response, Object handler)
            throws Exception {
        System.out.println("处理器前方法");
        // 返回true，不会拦截后续的处理
        return true;
```

```
    }

    @Override
    public void postHandle(HttpServletRequest request,
            HttpServletResponse response, Object handler,
            ModelAndView modelAndView) throws Exception {
        System.out.println("处理器后方法");
    }

    @Override
    public void afterCompletion(HttpServletRequest request,
            HttpServletResponse response, Object handler, Exception ex)
            throws Exception {
        System.out.println("处理器完成方法");
    }
}
```

这里的代码实现了 HandlerInterceptor，然后按照自己的需要重写了 3 个具体的拦截器方法。在这些方法中都打印了一些信息，这样就可以定位拦截器方法的执行顺序。其中这里的 preHandle 方法返回的是 true，后续测试时，有兴趣的读者可以将其修改为返回 false，再观察其执行的顺序。有了这个拦截器，Spring MVC 并不会发现它，它还需要进行注册才能够拦截处理器，为此需要在配置文件中实现 WebMvcConfigurer 接口，最后覆盖其 addInterceptors 方法进行注册拦截器，如代码清单 10-36 所示。

代码清单 10-36　注册拦截器

```
package com.springboot.chapter10.main;
/**** imports ****/
// 声明配置类
@Configuration
// 定制扫描路径
@SpringBootApplication(scanBasePackages = "com.springboot.chapter10")
/****其他注解****/
public class Chapter10Application implements WebMvcConfigurer {
    public static void main(String[] args) {
        SpringApplication.run(Chapter10Application.class, args);
    }
    ......
    @Override
    public void addInterceptors(InterceptorRegistry registry) {
        // 注册拦截器到 Spring MVC 机制，然后它会返回一个拦截器注册
        InterceptorRegistration ir = registry.addInterceptor(new Interceptor1());
        // 指定拦截匹配模式，限制拦截器拦截请求
        ir.addPathPatterns("/interceptor/*");
    }
}
```

这里通过实现 WebMvcConfigurer 接口，重写其中的 addInterceptors 方法，进而加入自定义拦截器——Interceptor1，然后指定其拦截的模式，所以它只会拦截与正则式"/interceptor/*"匹配的请求。这里还需要创建对应的请求方法，为此新建控制器来实现，如代码清单 10-37 所示。

代码清单 10-37　拦截控制器

```
package com.springboot.chapter10.controller;
/**** imports ****/
```

```
@Controller
@RequestMapping("/interceptor")
public class InterceptorController {
    @GetMapping("/start")
    public String start() {
        System.out.println("执行处理器逻辑");
        return "/welcome";
    }
}
```

这里的控制器的 start 方法只是打开一个欢迎页面，十分简单，同时它定义了拦截 "/interceptor/start"，而这个请求显然会被所创建的拦截器所拦截，所以只需要请求这个方法，请求就会被我们的拦截器拦截。为了更好地测试这个拦截器，我们在欢迎页面也打印一下后台的信息，这个页面如代码清单 10-38 所示。

代码清单 10-38 欢迎页

```
<%@ page language="java" contentType="text/html; charset=UTF-8"
 pageEncoding="UTF-8"%>
<!DOCTYPE html PUBLIC "-//W3C//DTD HTML 4.01 Transitional//EN"
"http://www.w3.org/TR/html4/loose.dtd">
<html>
<head>
<meta http-equiv="Content-Type" content="text/html; charset=UTF-8">
<title>深入 Spring MVC</title>
</head>
<body>
    <h1><%
    System.out.println("视图渲染");
    out.print("欢迎学习 Spring Boot MVC 章节\n");
    %></h1>
</body>
</html>
```

这里加粗的代码是打印后台信息，其目的是监控拦截器执行的过程。下面是我请求之后后台打印的日志。

```
处理器前方法
执行处理器逻辑
处理器后方法
视图渲染
处理器完成方法
```

显然处理器被拦截器拦截了，这里需要注意的是拦截器方法的执行顺序。有兴趣的读者可以把拦截器的 preHandle 方法返回修改为 false，或者让控制器抛出异常，然后重新测试，从而进一步掌握整个拦截器的流程。这些都非常容易做到，就不再赘述了。

10.8.3 多个拦截器的顺序

上一节讨论了拦截器，而实际上拦截器可能还不止一个。那么在多个拦截器环境中，它的各个方法执行的顺序是怎么样的呢？为了探讨这个问题，我们先创建 3 个拦截器，如代码清单 10-39 所示。

代码清单 10-39 定义多个拦截器

```
/******** 拦截器 1********/
package com.springboot.chapter10.interceptor;
```

```
/**** imports ****/
public class MulitiInterceptor1 implements HandlerInterceptor {
    @Override
    public boolean preHandle(HttpServletRequest request,
            HttpServletResponse response, Object handler)
            throws Exception {
        System.out.println("【" + this.getClass().getSimpleName()
            +"】处理器前方法");
        // 返回 true，不会拦截后续的处理
        return true;
    }

    @Override
    public void postHandle(HttpServletRequest request,
            HttpServletResponse response, Object handler,
            ModelAndView modelAndView) throws Exception {
        System.out.println("【" + this.getClass().getSimpleName()
            +"】处理器后方法");
    }

    @Override
    public void afterCompletion(HttpServletRequest request,
            HttpServletResponse response, Object handler, Exception ex)
            throws Exception {
        System.out.println("【" + this.getClass().getSimpleName()
            +"】处理器完成方法");
    }
}

/******** 拦截器 2********/
package com.springboot.chapter10.interceptor;
/**** imports ****/
public class MulitiInterceptor2 implements HandlerInterceptor {
    @Override
    public boolean preHandle(HttpServletRequest request,
            HttpServletResponse response, Object handler)
            throws Exception {
        System.out.println("【" + this.getClass().getSimpleName()
            +"】处理器前方法");
        // 返回 true，不会拦截后续的处理
        return true;
    }

    @Override
    public void postHandle(HttpServletRequest request,
            HttpServletResponse response, Object handler,
            ModelAndView modelAndView) throws Exception {
        System.out.println("【" + this.getClass().getSimpleName()
            +"】处理器后方法");
    }

    @Override
    public void afterCompletion(HttpServletRequest request,
            HttpServletResponse response, Object handler, Exception ex)
            throws Exception {
        System.out.println("【" + this.getClass().getSimpleName()
            +"】处理器完成方法");
```

```
    }
}

/******** 拦截器 3********/
package com.springboot.chapter10.interceptor;
/**** imports ****/
public class MulitiInterceptor3 implements HandlerInterceptor {
    @Override
    public boolean preHandle(HttpServletRequest request,
            HttpServletResponse response, Object handler)
            throws Exception {
        System.out.println("【" + this.getClass().getSimpleName()
            +"】处理器前方法");
        // 返回 true，不会拦截后续的处理
        return true;
    }

    @Override
    public void postHandle(HttpServletRequest request,
            HttpServletResponse response, Object handler,
            ModelAndView modelAndView) throws Exception {
        System.out.println("【" + this.getClass().getSimpleName()
            +"】处理器后方法");
    }

    @Override
    public void afterCompletion(HttpServletRequest request,
            HttpServletResponse response, Object handler, Exception ex)
            throws Exception {
        System.out.println("【" + this.getClass().getSimpleName()
            +"】处理器完成方法");
    }
}
```

然后修改代码清单 10-36 中的注册拦截的方法来注册以上 3 个拦截器，如代码清单 10-40 所示。

代码清单 10-40　注册多个拦截器

```
@Override
public void addInterceptors(InterceptorRegistry registry) {
    // 注册拦截器到 Spring MVC 机制中
    InterceptorRegistration ir
        = registry.addInterceptor(new MulitiInterceptor1());
    // 指定拦截匹配模式
    ir.addPathPatterns("/interceptor/*");
    // 注册拦截器到 Spring MVC 机制中
    InterceptorRegistration ir2 = registry.addInterceptor(new MulitiInterceptor2());
    // 指定拦截匹配模式
    ir2.addPathPatterns("/interceptor/*");
    // 注册拦截器到 Spring MVC 机制中
    InterceptorRegistration ir3 = registry.addInterceptor(new MulitiInterceptor3());
    // 指定拦截匹配模式
    ir3.addPathPatterns("/interceptor/*");
}
```

这样这些拦截器都会拦截与"/interceptor/*"匹配的请求。这里使用浏览器再次请求代码清单 10-37 中的 start 方法，于是可以看到如下的日志打印出来：

```
【MulitiInterceptor1】处理器前方法
【MulitiInterceptor2】处理器前方法
【MulitiInterceptor3】处理器前方法
执行处理器逻辑
【MulitiInterceptor3】处理器后方法
【MulitiInterceptor2】处理器后方法
【MulitiInterceptor1】处理器后方法
视图渲染
【MulitiInterceptor3】处理器完成方法
【MulitiInterceptor2】处理器完成方法
【MulitiInterceptor1】处理器完成方法
```

这个结果是责任链模式的规则，对于处理器前方法采用先注册先执行，而处理器后方法和完成方法则是先注册后执行的规则。只是上述仅测试了处理器前（preHandle）方法返回为 true 的场景，在某些时候还可能返回为 false，这个时候又如何呢?为此，可以将 MulitiInterceptor2 的 preHandle 方法修改返回为 false，然后再进行测试，其日志如下：

```
【MulitiInterceptor1】处理器前方法
【MulitiInterceptor2】处理器前方法
【MulitiInterceptor1】处理器完成方法
```

从上面的日志可以看出，处理器前（preHandle）方法会执行，但是一旦返回 false，则后续的拦截器、处理器和所有拦截器的处理器后（postHandle）方法都不会被执行。完成方法 afterCompletion 则不一样，它只会执行返回 true 的拦截器的完成方法，而且顺序是先注册后执行。

10.9 国际化

在一些企业的生产实践中，客户或者员工来自各地，甚至是在不同的国家办公，所以对时间和语言的需求会各自不同。例如，我国需要的是简体中文，而美国需要的则是美国英文。为了让不同的人在各自熟悉语言和文化的环境下办理业务，就需要对系统进行国际化。Spring MVC 对此提供了良好的支持，本节我们学习这方面的知识。

10.9.1 国际化消息源

对于国际化，Spring MVC 提供了国际化消息源机制，那就是 MessageSource 接口体系。它的作用是装载国际化消息，其设计如图 10-16 所示。

这里在大部分的情况下，是使用 JDK 的 ResourceBundle 处理国际化信息的，为此这里主要使用 ResourceBundleMessageSource 这个国际化消息源。

为了更方便地使用 Spring MVC 的国际化，Spring Boot 提供了代码清单 10-41 所示的配置项，使得开发者能够以最快的速度配置国际化。

代码清单 10-41　国际化配置项
```
# 设置国际化消息是否总是采用格式化，默认为 false
spring.messages.always-use-message-format=false
# 设置国际化属性名称，如果多个可以使用逗号分隔，默认为 messages
spring.messages.basename=messages
# 设置国际化消息缓存超时秒数，默认为永远不过期，如果 0 表示每次都重新加载
spring.messages.cache-duration=
```

```
# 国际化消息编码
spring.messages.encoding=UTF-8
# 如果没有找到特定区域设置的文件，则设置是否返回到系统区域设置
spring.messages.fallback-to-system-locale=true
# 是否使用消息编码作为默认的响应消息，而非抛出 NoSuchMessageException 异常，只建议在开发阶段使用
spring.messages.use-code-as-default-message=false
```

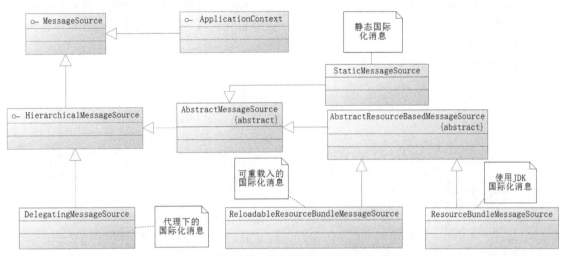

图 10-16 国际化消息设计

这些配置项在大部分的情况下都不需要配置，只需要配置几项常用的即可快速地启动国际化的消息的读入。例如，如果我们需要设置中国简体中文和美国英文的国际化消息，可以把两个属性（properties）文件放置在 resources 目录，只是这里要求有 3 个文件，且文件名分别为 messages.properties、messages_zh_CN.properties 和 messages_us_US.properties。注意，messages.propertiess 是默认的国际化文件，如果没有这个文件，则 Spring MVC 将不再启用国际化的消息机制；messages_zh_CN.properties 则表示简体中文的国际化消息，对于 messages_us_US.properties 则是美国的国际化消息。注意，这里配置文件的名称都是以messages 开头，那是因为在默认的情况下国际化的默认选项 spring.messages.basename 的值也为 messages，这样就可以不配置它。如果配置文件不是以 messages 开头，那么就需要按照自己的需要对它进行配置。通过 Spring Boot 这样简单的配置，Spring MVC 的国际化消息机制就能够读取国际化的消息文件。

10.9.2　国际化解析器

对于国际化，还需要确定用户是使用哪个国际区域。为此，Spring MVC 也提供了 LocaleResolver接口来确定用户的国际化区域。同样地，实现这个接口的也有一系列的接口和类，它们代表了不同的方法。下面先介绍它们的机制。

* AcceptHeaderLocaleResolver：使用浏览器头请求的信息去实现国际化区域。这个一般来说不常用，因为设置浏览器头是一个比较专业的设置，对用户不友好。而 Spring MVC 和 Spring Boot 都选择它作为默认的国际化解析器，因为这符合大部分计算机用户的选择。
* FixedLocaleResolver：固定的国际化区域。只能选择一种，不能变化，所以用处不大，后续不再讨论它的使用。

- CookieLocaleResolver：将国际化区域信息设置在浏览器 Cookie 中，这样使得系统可以从 Cookie 中读取国际化信息来确定用户的国际化区域。但是对于用户来说，他可以禁止浏览器使用 Cookie，这样就会读取 Cookie 失败了，失败后会使用默认的国际化区域。默认的国际化区域会从浏览器头请求读出，也可以通过服务端由开发者配置。
- SessionLocaleResolver：类似于 CookieLocaleResolver，只是将国际化信息设置在 Session 中，这样就能读取 Session 中的信息去确定用户的国际化区域。这也是最常用的让用户选择国际化的手段。

这几个类和相关接口的关系如图 10-17 所示。

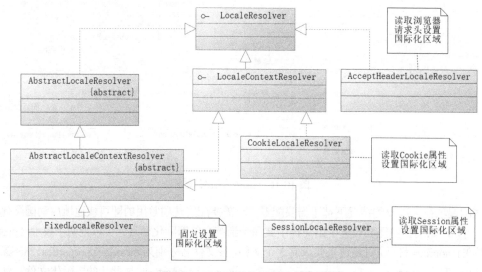

图 10-17　国际化解析器设计

从图 10-17 可以看到 4 个国际化解析器的具体实现类，它们都通过不同的继承路径实现了 LocaleResolver 接口，从而使用不同的策略去确定国际化区域。

Spring Boot 中提供了两个简单的配置项，以方便开发者能够以最快的速度配置国际化解析器。这两个配置项如代码清单 10-42 所示。

代码清单 10-42　Spring Boot 国际化选项

```
# 指定国际化区域，可以覆盖"Accept-Language" 头信息
spring.mvc.locale=
#国际化解析器，可以选择 fixed 或 accept-header
#fixed 代表固定的国际化，accept-header 代表读取浏览器的"Accept-Language"头信息
spring.mvc.locale-resolver=accept-header
```

显然可以通过这些配置快速启用 FixedLocaleResolver 和 AcceptHeaderLocaleResolver 两种解析器，在默认的情况下 Spring Boot 会使用 AcceptHeaderLocaleResolver 确定国际化区域。如果只是希望采用浏览器请求头确定国际化区域，那么配置 AcceptHeaderLocaleResolver 就可以了，无须任何开发。如果希望指定固定的国际化区域，而无须改变，那么也可以将其配置为 FixedLocaleResolver，并且指定固定的国际化区域，同样也无须任何开发，这也是比较方便的。但是有时候我们希望的是能让用户更

加灵活地指定国际化区域，这时就可能使用 CookieLocaleResolver 或者 SessionLocaleResolver。这是能够让用户指定国际化区域的方式，下节将以 SessionLocaleResolver 作为例子讲解它们的使用。

10.9.3 国际化实例——SessionLocaleResolver

上节讲述国际化的消息源的读取和几个国际化的解析器的使用。本节主要是使用实例来讲解国际化的使用，采用的是在实际工作中使用得最多的 SessionLocaleResolver。

先设置国际化消息源的配置项。下面使用国际化消息源文件为 international.properties，在 application.properties 文件中增加代码清单 10-43 所示的配置内容。

代码清单 10-43　配置国际化消息

```
# 文件编码
spring.messages.encoding=UTF-8
# 国际化文件基础名称
spring.messages.basename=international
# 国际化消息缓存有效时间（单位秒），超时将重新载入
spring.messages.cache-duration=3600
```

请注意，配置项 spring.messages.basename 的值为 international，这个配置项的默认值为 messages，这就意味着我们的国际化消息的配置文件名称为 international.properties、international_zh_CN.properties 和 international_en_US.properties，并且将其放入到 resources 文件夹中。其中 international.properties 是必不可少的，否则 Spring Boot 将不会生成国际化消息机制；对于 Spring MVC，它是默认的国际化消息源，也就是不能确定国际化或者国际化消息源查找失败，就会采用这个文件的消息源来提供国际化消息。

配置项 spring.messages.cache-duration 则表示缓存过期的时间，也就是超过 3600 s（1 h）后就会过期，从而国际化消息系统会重新读入这些国际化文件以达到更新的效果。如果不配置这项表示永不过期，这样就不会重新读入国际化文件。为了测试，这里还要创建三个国际化属性文件，如代码清单 10-44 所示。

代码清单 10-44　3 个国际化文件（都放在 resources 目录下）

```
########文件名：international_en_US.properties########
msg=Spring MVC internationalization

########文件名：international_zh_CN.properties########
#中文：Spring MVC 国际化
msg=Spring MVC\u56FD\u9645\u5316

########文件名：international.properties########
#中文：Spring MVC 国际化
msg=Spring MVC\u56FD\u9645\u5316
```

这样 Spring MVC 就会读入这些国际化消息文件。接着需要创建国际化解析器，这里主要是 SessionLocaleResolver，只是这并不能使用 Spring Boot 的配置完成。我们在开发前，需要先了解它的机制。在 Spring MVC 中，它提供了一个拦截器 LocaleChangeInterceptor，可以在处理器前处理相关的逻辑，也就是拦截器的 preHandle 方法的作用。这个拦截器可以拦截一个请求参数，通过这个参数可以确定其国际化信息，并且把国际化信息保存到 Session 中，其流程如图 10-18 所示。

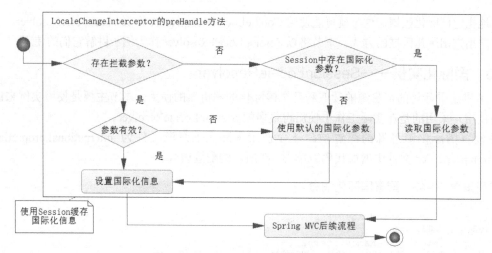

图 10-18 Spring MVC 国际化流程图

可以看到,LocaleChangeInterceptor 拦截器可以通过请求参数来确定国际化,同时把请求参数保存到 Session 中,这样后续就可以从 Session 中读取国际化的消息。只是这里还需要确定请求参数的名称,于是可以在 Spring Boot 启动中增加代码清单 10-45 所示的内容。

代码清单 10-45 添加国际化解析器和拦截器

```java
// 国际化拦截器
private LocaleChangeInterceptor lci = null;

// 国际化解析器。注意,这个 Bean Name 要为 localeResolver
@Bean(name="localeResolver")
public LocaleResolver initLocaleResolver() {
    SessionLocaleResolver slr = new SessionLocaleResolver();
    // 默认国际化区域
    slr.setDefaultLocale(Locale.SIMPLIFIED_CHINESE);
    return slr;
}

// 创建国际化拦截器
@Bean
public LocaleChangeInterceptor localeChangeInterceptor() {
    if (lci != null) {
        return lci;
    }
    lci = new LocaleChangeInterceptor();
    // 设置参数名
    lci.setParamName("language");
    return lci;
}

// 给处理器增加国际化拦截器
@Override
public void addInterceptors(InterceptorRegistry registry) {
    // 这里将通过国际化拦截器的 preHandle 方法对请求的国际化区域参数进行修改
    registry.addInterceptor(localeChangeInterceptor());
}
```

　　其中，initLocaleResolver 方法创建了一个国际化拦截器。它需要注意两点：首先需要保证其 Bean Name 为"localeResolver"，这是 Spring MVC 中的约定，否则系统就不会感知这个解析器；其次这里设置了默认的国际化区域为简体中文，也就是说，当参数为空或者为失效的时候，就使用这个默认的国际化规则。

　　localeChangeInterceptor 方法则是创建国际化拦截器。这里需要注意的是设置了一个名称为 language 的参数，也就是拦截器将读取 HTTP 请求为 language 的参数，用以设置国际化参数，这样可以通过这个参数的变化来设置用户的国际化区域。

　　addInterceptors 方法则是将拦截器 LocaleChangeInterceptor 添加到 Spring MVC 拦截器的机制中，让它能够拦截处理器，这样就能够实现修改国际化区域的作用。

　　上述已经处理完了国际化的内容，接下来需要了解的是在控制器和视图中如何获取和使用国际化区域的消息。首先是控制器，如代码清单 10-46 所示。

代码清单 10-46　国际化控制器

```
package com.springboot.chapter10.controller;
/****imports****/
@Controller
@RequestMapping("/i18n")
public class I18nController {
    // 注入国际化消息接口对象
    @Autowired
    private MessageSource messageSource;

    // 后台获取国际化信息和打开国际化视图
    @GetMapping("/page")
    public String page(HttpServletRequest request) {
        // 后台获取国际化区域
        Locale locale = LocaleContextHolder.getLocale();
        // 获取国际化消息
        String msg = messageSource.getMessage("msg", null, locale);
        System.out.println("msg = " + msg);
        // 返回视图
        return "i18n/internationalization";
    }
}
```

　　上述代码中注入了国际化消息源接口对象，它是通过代码清单 10-43 的配置来读入国际化消息配置文件时创建的。加粗部分是展示如何在后台中获取国际化区域和国际化消息。最后控制器方法会返回一个字符串，它将指向视图。这样就可以开发 JSP 来展现国际化的消息，如代码清单 10-47 所示。

代码清单 10-47　视图国际化（/WEB-INF/jsp/i18n/internationalization.jsp）

```
<%@ page language="java" contentType="text/html; charset=UTF-8"
    pageEncoding="UTF-8"%>
<%@taglib prefix="mvc" uri="http://www.springframework.org/tags/form"%>
<%@taglib prefix="spring" uri="http://www.springframework.org/tags"%>
<html>
<head>
<title>Spring MVC 国际化</title>
</head>
```

```
<body>
    <!-- 通过 HTTP 请求参数变化国际化 -->
    <a href="./page?language=zh_CN">简体中文</a>
    <a href="./page?language=en_US">美国英文</a>
    <h2>

    <!-- 找到属性文件变量名为 msg 的配置 -->
        <spring:message code="msg" />
</h2>
<!-- 当前国际化区域 -->
    Locale: ${pageContext.response.locale }
</body>
</html>
```

注意加粗的代码，这里的链接是通过 language 参数去修改国际化的，它与拦截器所定义的参数名称保持一致，所以它会被拦截，用来确定国际化区域，这样就能够实现国际化。启动 Spring Boot 后，图 10-19 和图 10-20 是我测试国际化的结果。

图 10-19　Spring MVC 简体中文国际化

图 10-20　Spring MVC 美国英文国际化

从图 10-20 可以看出，视图的国际化已经可以通过 language 参数进行转换。但是应注意的是，国际化参数已经保存在 Session 中，所以即使没有这个参数，也会从 Session 中读取来设置国际化区域。

10.10　Spring MVC 拾遗

Spring MVC 的内容比较多也比较杂，上面介绍了常用的内容，但是还有一些比较烦琐且常用的知识需要介绍，故本节命名为"拾遗"。

10.10.1　@ResponseBody 转换为 JSON 的秘密

一直以来，当想把某个控制器的返回转变为 JSON 数据集时，只需要在方法上标注 @ResponseBody 注解即可，那么 Spring MVC 是如何做到的呢？回到 10.3.1 节中，在进入控制器方法前，当遇到标注的@ResponseBody 后，处理器就会记录这个方法的响应类型为 JSON 数据集。当执行完控制器返回后，处理器会启用结果解析器（ResultResolver）去解析这个结果，它会去轮询注册给 Spring MVC 的 HttpMessageConverter 接口的实现类。因为 MappingJackson2HttpMessageConverter 这个实现类已经被 Spring MVC 所注册，加上 Spring MVC 将控制器的结果类型标明为 JSON，所以就匹配上了，于是通过它就在处理器内部把结果转换为了 JSON。当然有时候会轮询不到匹配的 HttpMessageConverter，那么它就会交由 Spring MVC 后续流程去处理。如果控制器返回结果被 MappingJackson2HttpMessageConverter 进行了转换，那么后续的模型和视图（ModelAndView）就返回 null，这样视图解析器和视图渲染将不再被执行，其流程如图 10-21 所示。

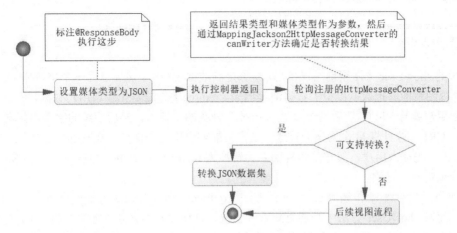

图 10-21　@ResponseBody 注解转换为 JSON 流程图

10.10.2　重定向

　　重定向（Redirect）就是通过各种方法将各种网络请求重新定个方向转到其他位置。这里继续使用代码清单 10-23 的 JSP 视图，这里需要完成插入一个新的用户信息到数据库，而插入之后需要通过该 JSP 视图展现给请求者。假设原本就存在一个 showUser 方法通过这个 JSP 视图来显示用户，这样我们希望的是插入用户之后，就使用这个 showUser 方法来展示用户，这样旧的功能就能够重用了。下面来完成这个功能，如代码清单 10-48 所示。

代码清单 10-48　重定向

```java
// 显示用户
@GetMapping("/show")
public String showUser(Long id, Model model) {
    User user = userService.getUser(id);
    model.addAttribute("user", user);
    return "data/user";
}

// 使用字符串指定跳转
@GetMapping("/redirect1")
public String redirect1(String userName, String note) {
    User user = new User();
    user.setNote(note);
    user.setUserName(userName);
    // 插入数据库后，回填 user 的 id
    userService.insertUser(user);
    return "redirect:/user/show?id=" + user.getId();
}

// 使用模型和视图指定跳转
@GetMapping("/redirect2")
public ModelAndView redirect2(String userName, String note) {
    User user = new User();
    user.setNote(note);
```

```
        user.setUserName(userName);
        userService.insertUser(user);
        ModelAndView mv = new ModelAndView();
        mv.setViewName("redirect:/user/show?id=" + user.getId());
        return mv;
    }
```

代码中的 showUser 方法查询用户信息后，绑定到数据模型中，然后返回一个字符串，它指向 JSP 视图，这样视图就能够把数据模型的数据渲染出来。redirect1 方法是先新增用户数据，而新增用户数据库会返回用户编号（id），然后通过以 "redirect:" 开头的字符串，然后后续的字符串指向 shouUser 方法请求的 URL，并且将 id 作为参数传递，这样就能够调用这个请求。在 redirect2 方法中，类似于 redirect1 方法，先插入用户，但它是将视图名称转换为 redirect1 中返回的字符串，这样 Spring MVC 也可以执行重定向。

这里使用一个参数 id 传递给 showUser 方法，redirect1 和 redirect2 方法已经包含了 user 对象的全部信息，而在 showUser 方法中却要重新查询一次，这样显然不合理。如果要将 User 对象直接传递给 showUser 方法，这在 URL 层面是完成不了的，好在 Spring MVC 也考虑了这样的场景。它提供了 RedirectAttributes，这是一个扩展了 ModelMap 的接口，它有一个 addFlashAttribute 方法，这个方法可以保存需要传递给重定位的数据，改写代码清单 10-48 中的代码，改后代码如代码清单 10-49 所示。

代码清单 10-49　重定向传递 Java 对象

```
// 显示用户
// 参数 user 直接从数据模型 RedirectAttributes 对象中取出
@RequestMapping("/showUser")
public String showUser(User user, Model model) {
    System.out.println(user.getId());
    return "data/user";
}

// 使用字符串指定跳转
@RequestMapping("/redirect1")
public String redirect1(String userName, String note, RedirectAttributes ra) {
    User user = new User();
    user.setNote(note);
    user.setUserName(userName);
    userService.insertUser(user);
    // 保存需要传递给重定向的对象
    ra.addFlashAttribute("user", user);
    return "redirect:/user/showUser";
}

// 使用模型和视图指定跳转
@RequestMapping("/redirect2")
public ModelAndView redirect2(String userName, String note,
        RedirectAttributes ra) {
    User user = new User();
    user.setNote(note);
    user.setUserName(userName);
    userService.insertUser(user);
    // 保存需要传递给重定向的对象
```

```
    ra.addFlashAttribute("user", user);
    ModelAndView mv = new ModelAndView();
    mv.setViewName("redirect:/user/showUser");
    return mv;
}
```

上述代码给方法中添加了 RedirectAttributes 对象参数，然后将 redirect1 和 redirect2 方法中插入的用户信息通过 addFlashAttribute 方法保存起来，再执行重定向到 showUser 方法中，并且再将 user 对象传递，那它又是如何做到的呢？

首先，被 addFlashAttribute 方法保存的参数，在控制器执行完成后，会被保存到 Session 对象中。当执行重定向时，在进入重定向前首先把 Session 中的参数取出，用以填充重定向方法的参数和数据模型，之后删除 Session 中的数据，然后就可以调用重定向方法，并将对象传递给重定向的方法。其流程如图 10-22 所示。

图 10-22　重定向传递对象流程图

10.10.3　操作会话对象

在 Web 应用中，操作会话（HttpSession）对象是十分普遍的，对此 Spring MVC 也提供了支持。主要是两个注解用来操作 HttpSession 对象，它们是@SessionAttribute 和@SessionAttributes。其中，@SessionAttribute 应用于参数，它的作用是将 HttpSession 中的属性读出，赋予控制器的参数；@SessionAttributes 则只能用于类的注解，它会将相关数据模型的属性保存到 Session 中。下面举例说明。

首先，在 webapp 目录下创建一个 JSP 文件，它用于让 HttpSession 记录属性然后进行转发，如代码清单 10-50 所示。

代码清单 10-50　测试操作 HttpSession(/session.jsp)
```
<%@ page language="java" contentType="text/html; charset=UTF-8"
    pageEncoding="UTF-8"%>
<!DOCTYPE html PUBLIC "-//W3C//DTD HTML 4.01 Transitional//EN"
"http://www.w3.org/TR/html4/loose.dtd">
<html>
<head>
<meta http-equiv="Content-Type" content="text/html; charset=UTF-8">
<title>Session</title>
</head>
<body>
    <%
    // session 记录数据
    session.setAttribute("id", 1L);
    // 转发 URL
    response.sendRedirect("./session/test");
    %>
</body>
</html>
```

这样请求这个 JSP 文件时，服务器就会用 HttpSession 对象记录名称为 id 的信息，然后跳转到 /session/test 上，接着就要编写控制器处理这个请求，如代码清单 10-51 所示。

代码清单 10-51　使用注解@SessionAttribute 和@SessionAttributes

```java
package com.springboot.chapter10.controller;
/**** imports ****/
// @SessionAttributes 指定数据模型名称或者属性类型，保存到 Session 中
@SessionAttributes(names = {"user"}, types = Long.class)
@Controller
@RequestMapping("/session")
public class SessionController {

    @Autowired
    private UserService userService = null;

    @GetMapping("/test")
    // @SessionAttribute 从 HttpSession 中取出数据，填充控制器方法参数
    public String test(@SessionAttribute("id") Long id, Model model) {
        // 根据类型保存到 Session 中
        model.addAttribute("id_new", id);
        User user = userService.getUser(id);
        // 根据名称保存到 Session 中
        model.addAttribute("user", user);
        return "session/test";
    }
}
```

这里的控制器标注了注解@SessionAttributes，并且指定了名称和类型，值得注意的是它们是"或者"的关系，也就是当 Spring MVC 中数据模型的属性满足名称或者类型时，它就会将属性保存到 Session 中。对于 test 方法，首先是使用注解@SessionAttribute 读出 HttpSession 保存的 id 参数，然后保存一个名称为 id_new 的 Long 型参数，按照@SessionAttributes 配置的类型，它将在控制器执行后被保存到 Session 中。接着根据 id 查询出用户，然后用名称 user 保存用户信息，按照@SessionAttributes 配置的名称，它也将在控制器执行后被保存到 Session 中。最后返回一个指向视图的字符串，指向一个新的 JSP 视图。为了测试@SessionAttributes 的配置，可以在这个视图中获取 HttpSession 保存的数据，如代码清单 10-52 所示。

代码清单 10-52　测试@SessionAttributes 视图（/WEB-INF/jsp/session/test.jsp）

```jsp
<%@ page language="java" contentType="text/html; charset=UTF-8"
    pageEncoding="UTF-8"%>
<%@ page import="com.springboot.chapter10.pojo.User" %>
<!DOCTYPE html PUBLIC "-//W3C//DTD HTML 4.01 Transitional//EN"
"http://www.w3.org/TR/html4/loose.dtd">
<html>
<head>
<meta http-equiv="Content-Type" content="text/html; charset=UTF-8">
<title>测试@SessionAttributes</title>
</head>
<body>
    <%
    // 从 Session 中获取数据
    User user = (User) session.getAttribute("user");
    Long id = (Long) session.getAttribute("id_new");
```

```
                // 展示数据
                out.print("<br>user_name = " + user.getUserName());
                out.println("<br>id_name = " + id);
            %>
        </body>
    </html>
```

加粗的代码便是从 Session 中获取数据，然后展示
在视图中。这样我们只要启动 Spring Boot 应用，然后
请求 http://localhost:8080/session.jsp，就可以得到验证
了，如图 10-23 所示。

从图 10-23 可以看出，整个操作是成功的。

图 10-23　测试 Spring MVC 的 Session 注解

10.10.4　给控制器增加通知

在 Spring AOP 中，可以通过通知来增强 Bean 的功能。同样地，Spring MVC 也可以给控制器增
加通知，于是在控制器方法的前后和异常发生时去执行不同的处理。这里涉及 4 个注解，它们是
@ControllerAdvice、@InitBinder、@ExceptionHandler 和@ModelAttribute。这里需要注意的是它们的
作用和执行的顺序。

- @ControllerAdvice：定义一个控制器的通知类，允许定义一些关于增强控制器的各类通知和
  限定增强哪些控制器功能等。
- @InitBinder：定义控制器参数绑定规则，如转换规则、格式化等，它会在参数转换之前执行。
- @ExceptionHandler：定义控制器发生异常后的操作。一般来说，发生异常后，可以跳转到指
  定的友好页面，以避免用户使用的不友好。
- @ModelAttribute: 可以在控制器方法执行之前，对数据模型进行操作。

下面展示这些注解的使用方法。首先是创建控制器的通知，如代码清单 10-53 所示。

代码清单 10-53　定义控制器通知

```
package com.springboot.chapter10.controller.advice;
/**** imports ****/
@ControllerAdvice(
        // 指定拦截的包
        basePackages = { "com.springboot.chapter10.controller.advice.test.*" },
        // 限定被标注为@Controller 的类才被拦截
        annotations = Controller.class)
public class MyControllerAdvice {

    // 绑定格式化、参数转换规则和增加验证器等
    @InitBinder
    public void initDataBinder(WebDataBinder binder) {
        // 自定义日期编辑器，限定格式为 yyyy-MM-dd，且参数不允许为空
        CustomDateEditor dateEditor =
            new CustomDateEditor(new SimpleDateFormat("yyyy-MM-dd"), false);
        // 注册自定义日期编辑器
        binder.registerCustomEditor(Date.class, dateEditor);
    }

    // 在执行控制器之前先执行，可以初始化数据模型
    @ModelAttribute
```

```
    public void projectModel(Model model) {
        model.addAttribute("project_name", "chapter10");
    }

    // 异常处理，使得被拦截的控制器方法发生异常时，都能用相同的视图响应
    @ExceptionHandler(value = Exception.class)
    public String exception(Model model, Exception ex) {
        // 给数据模型增加异常消息
        model.addAttribute("exception_message", ex.getMessage());
        // 返回异常视图
        return "exception";
    }
}
```

请注意加粗的注解，下面阐述它们的作用。

- @ControllerAdvice 标明这是一个控制器通知类，这个注解也标注了@Component，所以它会在 Spring IoC 启动中自动扫描和装配。它的配置项 basePackages 配置的是包名限制，也就是符合该配置的包的控制器才会被这个控制器通知所拦截，而 annotations 的配置项则是在原有包名限定的基础上再添加被标注为@Controller 的类才会被拦截。

- @InitBinder 是一个在控制器参数转换前被执行的代码。这里的 WebDataBinder 参数对象是 Spring MVC 会自动生成的参数，这里定义了日期（Date）类型的参数，采用了限定格式"yyyy-MM-dd"，则不再需要加入@DateTimeFormat 对格式再进行指定，直接采用"yyyy-MM-dd"格式传递日期参数即可。

- @ModelAttribute 是一个数据模型的注解。它在执行控制器方法前被执行，代码中增加了一个工程名称（project_name）的字符串，因此在控制器方法中可以获取它。

- @ExceptionHandler 的配置项为 Exception，它可以拦截所有控制器发生的异常。这里的 Exception 参数是 Spring MVC 执行控制器发生异常时传递的，而在方法中，给数据模型添加了异常信息，然后返回一个字符串 exception，这个字符就指向了对应的 JSP 视图。

为了测试这个控制器通知，需要开发新的控制器和字符串 exception 指向的 JSP 视图。先来完成控制器，如代码清单 10-54 所示。

代码清单 10-54 测试控制器通知

```
package com.springboot.chapter10.controller.advice.test;
/**** imports ****/
@Controller
@RequestMapping("/advice")
public class AdviceController {

    @GetMapping("/test")
    // 因为日期格式被控制器通知限定，所以无法再给出
    public String test(Date date, ModelMap modelMap) {
        // 从数据模型中获取数据
        System.out.println(modelMap.get("project_name"));
        // 打印日期参数
        System.out.println(DateUtils.format(date, "yyyy-MM-dd"));
        // 抛出异常，这样流转到控制器异常通知
        throw new RuntimeException("异常了，跳转到控制器通知的异常信息里");
    }
}
```

这个控制器所在的包正好是控制器通知（MyControllerAdvice ）所指定的包，它标注的
@Controller 也是通知指定的注解，这样控制器通知就可以拦截这个控制器。这样它会先执行其标注
了 @InitBinder 和 @ModelAttribute 的两个方法。因为标注 @InitBinder 的方法设定了日期格式为
"yyyy-MM-dd"，所以控制器方法的日期参数并没有加入格式的限定。而标注 @ModelAttribute 的方法
在数据模型中设置了新的属性，所以这里的控制器也能从数据模型中获取数据。控制器方法最后抛
出了异常，这样就会让 MyControllerAdvice 标注 @ExceptionHandler 的方法被触发，并且会将异常消
息传递给它。为了让异常通知被展示，需要一个 JSP 视图，如代码清单 10-55 所示。

代码清单 10-55　展示异常页面（/WEB-INF/jsp/exception.jsp）

```jsp
<%@ page language="java" contentType="text/html; charset=UTF-8"
    pageEncoding="UTF-8"%>
<!DOCTYPE html PUBLIC "-//W3C//DTD HTML 4.01 Transitional//EN"
"http://www.w3.org/TR/html4/loose.dtd">
<html>
<head>
<meta http-equiv="Content-Type" content="text/html; charset=UTF-8">
<title>异常页面</title>
</head>
<body>
    <h3><td>${exception_message}</td></h3>
</body>
</html>
```

通过加粗的代码，就将控制器异常通知所绑定的异常消息渲染到 JSP 中。这样凡是控制器发生异
常，就能够通过对应的异常页面给渲染出来，从而避免系统对使用者的不友好，提高网站的友好度。

通过上面的代码，整个流程就开发完成了。如
图 10-24 所示是对其进行测试的结果。

显然测试的结果是成功了。读者也可以从后台
的日志查看相关参数的打印。

图 10-24　控制器异常通知测试

10.10.5　获取请求头参数

在 HTTP 请求中，有些网站会利用请求头的数据进行身份验证，所以有时在控制器中还需要拿
到请求头的数据。在 Spring MVC 中可以通过注解 @RequestHeader 进行获取。下面先编写一个 JSP，
让它通过 JavaScript 携带请求头对后端控制器发出请求，如代码清单 10-56 所示。

代码清单 10-56　带请求头的 HTTP 请求

```jsp
<%@ page pageEncoding="UTF-8"%>
<!DOCTYPE html>
<html>
<head>
<meta charset="UTF-8">
<title>获取请求头参数</title>
<!-- 加载 Query 文件-->
<script src="https://code.jquery.com/jquery-3.2.0.js">
</script>
<script type="text/javascript">
$.post({
    url : "./user",
```

```
    // 设置请求头参数
    headers : {id : '1'},
    // 成功后的方法
    success : function(user) {
        if (user == null || user.id == null) {
            alert("获取失败");
            return;
        }
        // 弹出请求返回的用户信息
        alert("id=" + user.id +", user_name=" +user.userName+", note="+ user.note);
    }
});
</script>
</head>
<body>
</body>
```

代码中使用脚本对控制器发出了请求，而加粗的代码则是设置了请求头，是一个键为 id 而值为 1 的请求头，这样这个请求头也会发送到控制器中。那么控制器该怎么取到这个请求头参数呢？其实也是十分简单的，使用注解@RequestHeader 就可以了。下面在 UserController 中加入代码清单 10-57 所示的代码。

代码清单 10-57　使用@RequestHeader 接收请求头参数

```
@GetMapping("/header/page")
public String headerPage() {
    return "header";
}


@PostMapping("/header/user")
@ResponseBody
// 通过@RequestHeader 接收请求头参数
public User headerUser(@RequestHeader("id") Long id) {
    User user = userService.getUser(id);
    return user;
}
```

代码中 headerPage 方法是请求代码清单 10-56 的 JSP 页面。headerUser 方法中的参数 id 则是使用注解@RequestHeader（"id"），它代表从请求头中获取键为 id 的参数，这样就能从请求头中获取参数。在浏览器地址栏中输入 http://localhost:8080/user/header/page 就可以看到结果，如图 10-25 所示。

图 10-25　获取请求头测试

第 11 章

构建 REST 风格网站

在 HTTP 协议发展的过程中，提出了很多的规则，但是这些规则有些烦琐，于是又提出了一种风格约定，它便是 REST 风格。实际上严格地说它不是一种标准，而是一种风格。在现今互联网的世界中这种风格已经被广泛使用起来了。尤其是现今流行的微服务中，这样的风格甚至被推荐为各个微服务系统之间用于交互的方式。首先在 REST 风格中，每一个资源都只是对应着一个网址，而一个代表资源网址应该是一个名词，而不存在动词，这代表对一个资源的操作。在这样的风格下对于简易参数则尽量通过网址进行传递。例如，要获取 id 为 1 的用户的 URL 可能就设计成 http://localhost:8080/user/1。其中 user 是名词，它代表用户信息，1 则是用户的编号，它的含义就是获取用户 id 为 1 的资源信息。为了更好地介绍这些内容，需要再进一步地学习 REST 风格的一些特点。

11.1 REST 简述

REST 这个词，是 Roy Thomas Fielding 在他 2000 年的博士论文中提出的。Fielding 博士是 HTTP 协议（1.0 版和 1.1 版）的主要设计者、Apache 服务器软件的作者之一、Apache 基金会的第一任主席。所以，他的这篇论文一经发表，就引起了关注，并且立即对互联网开发产生了深远的影响。Fielding 将他对互联网软件的架构原则，命名为 REST（Representational State Transfer）。如果一个架构符合 REST 原则，就称它为 REST 风格架构。

11.1.1 REST 名词解释

本节主要针对 REST 做必要的名词解释，REST 按其英文名称（Representational State Transfer）可翻译为表现层状态转换。首先需要有资源才能表现，所以第一个名词是"**资源**"。有了资源也要根据需要以合适的形式表现资源，这就是第二个名词——**表现层**。最后是资源可以被新增、修改、删除等，也就是第三个名词"**状态转换**"。这就是 REST 风格的三个主要的名词。下面对其做进一步的阐述。

- 资源：它可以是系统权限用户、角色和菜单等，也可以是一些媒体类型，如文本、图片、歌曲，总之它就是一个具体存在的对象。可以用一个 URI（Uniform Resource Identifier，统一资源定位符）指向它，每个资源对应一个特定的 URI。要获取这个资源，访问它的 URI 即可，而在 REST 中每一个资源都会对应一个独一无二的 URI。在 REST 中，URI 也可以称为端点（End Point）。

- **表现层**：有了资源还需要确定如何表现这个资源。例如，一个用户可以使用 JSON、XML 或者其他的形式表现出来，又如可能返回的是一幅图片。在现今的互联网开发中，JSON 数据集已经是一种最常用的表现形式，所以全书也是以 JSON 为中心的。
- **状态转换**：现实中资源并不是一成不变的，它是一个变化的过程，一个资源可以经历创建（create）、访问（visit）、修改（update）和删除（delete）的过程。对于 HTTP 协议，是一个没有状态的协议，这也意味着对于资源的状态变化就只能在服务器端保存和变化，不过好在 HTTP 中却存在多种动作来对应这些变化。本章后面会具体讲解这些动作和它们的使用。

有了上面的描述，下面稍微总结一下 REST 风格架构的特点：

- 服务器存在一系列的资源，每一个资源通过单独唯一的 URI 进行标识；
- 客户端和服务器之间可以相互传递资源，而资源会以某种表现层得以展示；
- 客户端通过 HTTP 协议所定义的动作对资源进行操作，以实现资源的状态转换。

11.1.2　HTTP 的动作

上面讲述了 REST 的关键名词，也谈到了 REST 风格的资源是通过 HTTP 的行为去操作资源的。对于资源而言，它存在创建（create）、修改（update）、访问（visit）和删除（delete）的状态转换，这样它就对应于 HTTP 的行为的 5 种动作。

- **GET（VISIT）**：访问服务器资源（一个或者多个资源）。
- **POST（CREATE）**：提交服务器资源信息，用来创建新的资源。
- **PUT（UPDATE）**：修改服务器已经存在的资源，使用 PUT 时需要把资源的所有属性一并提交。
- **PATCH（UPDATE）**：修改服务器已经存在的资源，使用 PATCH 时只需要将部分资源属性提交。目前来说这个动作并不常用也不普及，有些 Java 类还不能完全支持它，所以在现实中使用它需要慎重。
- **DELETE（DELETE）**：从服务器将资源删除。

以上就是本章需要重点讨论的内容，其中 POST 动作对应创建资源，PUT 和 PATCH 对应更新资源，GET 请求对应访问资源，DELETE 对应删除资源。对于 HTTP 协议，还有另外两种不常用的动作行为。

- **HEAD**：获取资源的元数据（Content-type）。
- **OPTIONS**：提供资源可供客户端修改的属性信息。

对于这两个不常用的动作，不再进行更为细致的讨论，因为实用价值不是很大。下面给出几个 REST 风格的请求的 URI，以帮助读者理解 REST 的概念，如代码清单 11-1 所示。

代码清单 11-1　REST 风格的 URI 设计

```
#获取用户信息，1是用户编号
GET /user/1
#查询多个用户信息
```

```
GET /users/{userName}/{note}
#创建用户
POST /user/{userName}/{sex}/{note}
#修改用户全部属性
PUT /user/{id}/{userName}/{sex}/{note}
#修改用户名称（部分属性）
PATCH /user/{id}/{userName}
```

注意，在 URI 中并没有出现动词，而对于参数主要通过 URI 设计去获取。对于参数数量超过 5 个的可以考虑使用传递 JSON 的方式来传递参数。关于 JSON 传递参数，在 Spring MVC 中已经有了详尽的阐述，这里就不再赘述。

11.1.3　REST 风格的一些误区

在设计 URI 时 REST 风格存在一些规范，例如，一般不应该在 URI 中存在动词：

```
GET    /user/get/1
```

这里的 get 是一个动词，在 REST 风格是不应该存在这样的动词的，可以修改为：

```
GET    /user/1
```

这样就代表获取 id 为 1 的用户信息。

另外一个误区是加入版本号，例如：

```
GET    /v1/user/1
```

其中 v1 代表一个版本号，而 user 代表用户信息，1 则代表用户编号。这是一个错误的表达，因为在 REST 风格中资源的 URI 是唯一的，如果存在版本号，可以设置 HTTP 请求头，使用请求头的信息进行区分。例如，设置请求头的 version 参数为 1.0：

```
Accept: version = 1.0
```

在很多时候 REST 都不推荐使用类似于

```
PUT    users?userName=user_name&note=note
```

这样传递参数。这是一个更新用户的 URI，按 REST 风格的建议是采用

```
PUT    users/{userName}/{note}
```

但是有时候会出现参数很多的情况，如果全部写入到 URI 中，可读性和使用就会带来很大的困扰。这时就不应该考虑使用 URI 传递参数，而是考虑请求体获取参数，类似 10.2.4 节那样处理就可以了。

11.2　使用 Spring MVC 开发 REST 风格端点

Spring 对 REST 风格的支持是基于 Spring MVC 设计基础的，因此对于开发 REST 风格网站的开发者，熟悉 Spring MVC 的开发是十分必要的。在 Spring 4.3 之前只能使用@RequestMapping 设计 URI，在 Spring 4.3 之后则有更多的注解引入使得 REST 风格的开发更为便捷。下面从 Spring MVC 整合 REST 风格的角度进行讨论。

11.2.1　Spring MVC 整合 REST

在 10.1 节中,讨论了如果使用@RequestMapping 让 URL 映射到对应的控制器,只要把 URI 设计为符合 REST 风格规范,那么显然就已经满足 REST 风格了。不过为了更为便捷地支持 REST 风格的开发,Spring 4.3 之后除了@RequestMapping 外,还可以使用以下 5 个注解。

- @GetMapping:对应 HTTP 的 GET 请求,获取资源。
- @PostMapping:对应 HTTP 的 POST 请求,创建资源。
- @PutMapping:对应 HTTP 的 PUT 请求,提交所有资源属性以修改资源。
- @PatchMapping:对应 HTTP 的 PATCH 请求,提交资源部分修改的属性。
- @DeleteMapping:对应 HTTP 的 DELETE 请求,删除服务器端的资源。

从描述中可以看出 5 个注解主要是针对 HTTP 的动作而言的,通过它们就能够有效地支持 REST 风格的规范。

在 REST 风格的设计中,如果是简单的参数,往往会通过 URL 直接传递,在 Spring MVC 可以使用注解@PathVariable 进行获取,这样就能够满足 REST 风格传递参数的要求。对于那些复杂的参数,例如,传递一个复杂的资源需要十几个甚至几十个字段,可以考虑使用请求体 JSON 的方式提交给服务器,这样就可以使用注解@RequestBody 将 JSON 数据集转换为 Java 对象。

通过@RequestMapping、@GetMapping 等注解就能把 URI 定位到对应的控制器方法上,通过注解@PathVariable 就能够将 URI 地址的参数获取,通过@RequestBody 可以将请求体为 JSON 的数据转化为复杂的 Java 对象,其他均可以依据 Spring MVC 的参数规则进行处理。这样就能够进入到对应的控制器,进入控制器后,就可以根据获取的参数来处理对应的逻辑。最后可以得到后台的数据,准备渲染给请求。在现今的开发中,数据转化为 JSON 是最常见的方式,这个时候可以考虑使用注解@ResponseBody,这样 Spring MVC 就会通过 MappingJackson2HttpMessageConverter 最终将数据转换为 JSON 数据集,而在 Spring MVC 对 REST 风格的设计中,甚至可以使用注解@RestController 让整个控制器都默认转换为 JSON 数据集。这些在后续章节中也会谈到。实际上有时候还需要转变为其他的数据形式,如 URI 可能请求的是一幅图片、一段视频等。这显然就是 REST 的表现形式。为了克服这个问题,Spring 提供了一个协商资源的视图解析器——ContentNegotiatingViewResolver,关于它后面会再讨论。

11.2.2　使用 Spring 开发 REST 风格的端点

假设已经开发好了服务层(Service)和数据访问层(DAO),那么只需要开发控制器就可以了。对于 DAO 层而言,使用的是 PO(Persisent Object),它直接对应数据库的表,假设存在代码清单 11-2 所示的 PO 对象。

代码清单 11-2　用户 PO 对象

```
package com.springboot.chapter11.pojo;
/**** imports ****/
@Alias("user")
public class User {
    private Long id;
    private String userName;
```

```
    private SexEnum sex = null;
    private String note;
    /**** setter and getter ****/
}
```

对于这个 PO，它的属性 sex 是一个枚举 SexEnum 类型，这会让前端难以理解。为了处理它，需要一个 VO（View Object，视图对象）去转换，如代码清单 11-3 所示。

代码清单 11-3　用户 VO

```
package com.springboot.chapter11.vo;
public class UserVo {
    private Long id;
    private String userName;
    private int sexCode;
    private String sexName;
    private String note;
    /**** setter and getter ****/
}
```

这样就把枚举转变为了简单的字符串和代码，使用它就可以对前端表达清晰的含义。下面开发一个基于 REST 风格的控制器。这里会以用户控制器作为介绍，先给出一部分代码，如代码清单 11-4 所示。

代码清单 11-4　用户控制器

```
package com.springboot.chapter11.controller;
/**** imports ****/
@Controller
public class UserController {
    // 用户服务接口
    @Autowired
    private UserService userService = null;

    // 映射 JSP 视图
    @GetMapping("/restful")
    public String index() {
        return "restful";
    }

    // 转换 Vo 变为 PO
    private User changeToPo(UserVo userVo) {
        User user = new User();
        user.setId(userVo.getId());
        user.setUserName(userVo.getUserName());
        user.setSex(SexEnum.getSexEnum(userVo.getSexCode()));
        user.setNote(userVo.getNote());
        return user;
    }

    // 转换 PO 变为 VO
    private UserVo changeToVo(User user) {
        UserVo userVo = new UserVo();
        userVo.setId(user.getId());
        userVo.setUserName(user.getUserName());
        userVo.setSexCode(user.getSex().getCode());
        userVo.setSexName(user.getSex().getName());
```

```
            userVo.setNote(user.getNote());
            return userVo;
        }

        // 将 PO 列表转换为 VO 列表
        private List<UserVo> changeToVoes(List<User> poList) {
            List<UserVo> voList = new ArrayList<>();
            for (User user : poList) {
                UserVo userVo = changeToVo(user);
                voList.add(userVo);
            }
            return voList;
        }
    }
        // 结果 VO
        public class ResultVo {

            private Boolean success = null;
            private String message = null;

            public ResultVo() {
            }

            public ResultVo(Boolean success, String message) {
                this.success = success;
                this.message = message;
            }
            /**** setter and getter ****/
        }
        ......
    }
```

这样只需要在控制器加入对应的方法就可以完成 REST 风格的设计。在这里的 index 方法中会跳转到一个 JSP 视图中去，这个 JSP 可以用于编写 JavaScript 脚本来测试请求。下面先给出这个 JSP 的代码，如代码清单 11-5 所示。

代码清单 11-5   用于测试的 JSP

```
<%@ page language="java" contentType="text/html; charset=UTF-8"
    pageEncoding="UTF-8"%>
<!DOCTYPE html PUBLIC "-//W3C//DTD HTML 4.01 Transitional//EN"
"http://www.w3.org/TR/html4/loose.dtd">
<html>
<head>
<meta http-equiv="Content-Type" content="text/html; charset=UTF-8">
<title>Hello Spring Boot</title>
<script type="text/javascript" src="https://code.jquery.com/jquery-3.2.1.min.js"></script>
<script type="text/javascript">
<!--
    测试 JavaScript 代码
-->
</script>
</head>
<body>
    <h1>测试 RESTful 下的请求</h1>
</body>
</html>
```

　　这个 JSP 加载了 jQuery 的脚本，后面讲解请求时，只需要在加粗的地方编写对应的 JavaScript 脚本就可以进行测试。

　　要有资源，首先需要创建资源（用户）。这里会用到 POST 动作，所以会使用注解@PostMapping，如代码清单 11-6 所示。

代码清单 11-6　使用 HTTP POST 动作创建资源（用户）

```
@PostMapping("/user")
@ResponseBody
public User insertUser(@RequestBody UserVo userVo) {
    User user = this.changeToPo(userVo);
    return userService.insertUser(user);
}
```

　　注解@PostMapping 表示采用 POST 动作提交用户信息，@RequestBody 代表接收的是一个 JSON 数据集参数。为了测试这个请求，可以使用 JavaScript 脚本进行测试，如代码清单 11-7 所示。

代码清单 11-7　测试 POST 请求

```
function post() {
    var params = {
        'userName': 'user_name_new',
        'sexCode' : 1,
        'note' : "note_new"
    }
    $.post({
        url : "./user",
        // 此处需要告知传递参数类型为JSON，不能缺少
        contentType : "application/json",
        // 将JSON转化为字符串传递
        data : JSON.stringify(params),
        // 成功后的方法
        success : function(result) {
            if (result == null || result.id == null) {
                alert("插入失败");
                return;
            }
            alert("插入成功");
        }
    });
}
```

　　这里使用了 jQuery 的 post 函数进行提交，这样它就以 POST 方法请求 REST 端点。请求体声明为 JSON 数据集，并且将请求体转换为了 JSON 字符串进行提交后台。于是对于控制器的 insertUser 方法就可以接收这个请求，由于 insertUser 这个方法标注了@ResponseBody，因此最后会将其转化为 JSON 返回给前端的 JavaScript 请求。

　　有了创建自然就有了获取。这时需要的是 GET 请求，于是就有了代码清单 11-8。

代码清单 11-8　获取用户的 GET 请求

```
// 获取用户
@GetMapping(value = "/user/{id}")
@ResponseBody
public UserVo getUser(@PathVariable("id") Long id) {
```

```
        User user = userService.getUser(id);
        return changeToVo(user);
    }
```

这里采用注解@GetMapping 声明 HTTP 的 GET 请求，并且把参数编号（id）以 URI 的形式传递，这符合了 REST 风格的要求。在 getUser 方法中使用了注解@PathVariable 从 URI 中获取参数，而方法标注@ResponseBody 表示将 REST 的表现层的形式设置为 JSON 数据集。为了测试这个方法，可以采用代码清单 11-9 的 JavaScript 脚本进行验证。

代码清单 11-9　使用 JavaScript 验证 GET 请求

```
function get() {
    $.get("./user/1", function(user, status) {
        if (user == null) {
            alert("结果为空")
        } else {
            alert("用户信息为"+JSON.stringify(user));
        }
    });
}
```

这里使用了 jQuery 的 get 请求，并且将 1 作为用户编号（id）传递给后台的方法，这样就可以请求后台的控制器方法。也许你会考虑按其他字段查询用户，于是就有了代码清单 11-10 用来通过用户名称和备注查询用户。

代码清单 11-10　查询符合要求的用户

```
@GetMapping("/users/{userName}/{note}/{start}/{limit}")
@ResponseBody
public List<UserVo> findUsers(
        @PathVariable("userName") String userName,
        @PathVariable("note") String note,
        @PathVariable("start") int start,
        @PathVariable("limit") int limit) {
    List<User> userList = userService.findUsers(userName, note, start, limit);
    return this.changeToVoes(userList);
}
```

这里将 4 个参数通过 URI 进行了传递，还是使用注解@PathVariable 从 URI 中获取参数。如果参数多于 5 个，则应考虑对参数的规则进行简化，以提高代码的可读性，如使用请求体传递 JSON 等。对于这个方法的测试可以参考代码清单 11-9。由于相似度较高，因此这里不再赘述。

有了用户资源，除了可以进行获取和查询以外，有时还需要修改数据。于是便有了修改用户信息的请求，如代码清单 11-11 所示。

代码清单 11-11　使用 HTTP 的 PUT 请求修改用户信息

```
@PutMapping("/user/{id}")
@ResponseBody
public User updateUser(@PathVariable("id") Long id, @RequestBody UserVo userVo) {
    User user = this.changeToPo(userVo);
    user.setId(id);
    userService.updateUser(user);
    return user;
}
```

　　这里使用@PutMapping 标注它是一个 HTTP 的 PUT 请求，按 REST 风格的特点是要求传递所有的属性。这里的编号（id）是通过 URI 进行传递的，而请求体需要修改的数据则是通过 JSON 格式传递的，所以在获取参数时使用注解@PathVariable 获取编号，而采用@RequestBody 获取修改的数据。可以使用代码清单 11-12 中的 JavaScript 脚本进行测试。

代码清单 11-12　测试修改用户的 PUT 请求

```javascript
function updateUser() {
    var params = {
        'userName': 'user_name_1_new',
        'sexCode' : 1,
        'note' : "note_new_1"
    }
$.ajax({url : "./user/1",
        // 此处告知使用 PUT 请求
        type :'PUT',
        // 此处需要告知传递参数类型为 JSON，不能缺少
        contentType : "application/json",
        // 将 JSON 转化为字符串传递
        data : JSON.stringify(params),
        success : function(user, status) {
            if (user == null) {
                alert("结果为空")
            } else {
                alert(JSON.stringify(user));
            }
        }
    });
}
```

　　因为 jQuery 里不存在 put 方法，所以这里使用 ajax 方法代替。通过 url 将编号为 1 的参数传递给后台，然后将类型（type）定义为 "PUT"，这样就是一个 PUT 请求了，并且通过配置告知传递的请求体为 JSON 数据集，传递给后台，这样就完成了对服务器的 PUT 请求。

　　有时候，可能只希望修改一个用户名称，而不是将所有的用户信息传递。这时就可以使用 HTTP 的 PATCH 请求，如代码清单 11-13 所示。

代码清单 11-13　使用 PATCH 请求修改用户名称

```java
@PatchMapping("/user/{id}/{userName}")
@ResponseBody
public ResultVo changeUserName(@PathVariable("id") Long id,
        @PathVariable("userName") String userName) {
    int result = userService.updateUserName(id, userName);
    ResultVo resultVo = new ResultVo(result>0,
        result > 0 ? "更新成功" : "更新用户【" + id + "】失败。");
    return resultVo;
}
```

　　这里使用@PatchMapping 标注它为一个 HTTP 的 PATCH 请求，意味着将对资源的属性做部分修改。因为涉及的参数比较少，所以编号（id）和用户名称（userName）都通过 URI 进行传递。它可以采用代码清单 11-14 所示的 JavaScript 脚本进行测试。

代码清单 11-14 测试 PATCH 请求

```
function updateUserName() {
    $.ajax({url:"./user/1/user_name_patch",
        type:"PATCH",
        success: function(result, status) {
            if (result == null) {
                    alert("结果为空")
            } else {
                alert(result.success? "更新成功" : "更新失败");
            }
        }
    })
}
```

这里依旧使用了 jQuery 的 ajax 方法，URI 传递了两个后台需要的参数，然后将请求类型（type）修改为 PATCH，这样就是一个 HTTP 的 PATCH 请求了。只是这个 PACTH 请求并不常用，一些重要的 Java 类可能还不能够支持它，所以在现实中要慎用这个请求。

有了增查改，还缺少一个删除请求，这就是 HTTP 的 DELETE 请求。代码清单 11-15 所示是一个删除资源（用户）的请求。

代码清单 11-15 使用 HTTP 的 DELETE 请求

```
@DeleteMapping("/user/{id}")
@ResponseBody
public ResultVo deleteUser(@PathVariable("id") Long id) {
    int result = userService.deleteUser(id);
    ResultVo resultVo = new ResultVo(result>0,
        result > 0 ? "更新成功" : "更新用户【" + id + "】失败。");
    return resultVo;
}
```

在这段代码中使用@DeleteMapping 标注它是一个 HTTP 的 DELETE 请求，而用户编号则采用 URI 进行传递，这样就能够删除用户了。可以用代码清单 11-16 的 JavaScript 脚本对删除用户的 HTTP 的 DELETE 请求进行测试。

代码清单 11-16 测试删除用户的 HTTP 的 DELETE 请求

```
function deleteUser() {
    $.ajax({
        url : "./user/1",
        type :'DELETE',
        success : function(result) {
        if (result == null) {
            alert("结果为空")
        } else {
            alert(result.success? "删除成功" : "删除失败");
        }
    }});
}
```

与 PATCH 和 PUT 请求一样，jQuery 并不存在直接的方法，所以这里采用了 ajax 方法，将类型（type）定义为 DELETE，这样便是 HTTP 的 DELETE 请求了，而用户编号（id）则是通过 URI 进行传递的，这样就可以对资源进行删除。

前面讲述了 REST 风格下的 POST、PUT、PATCH、DELETE 和 GET 请求，但是都是通过 JavaScript
来完成的。在一些表单的提交中，也许不需要再使用 JavaScript 进行提交，这时需要采用别的方式进
行提交。例如，现在改写修改用户名称的控制器方法，如代码清单 11-17 所示。

代码清单 11-17　控制器修改用户名称

```
@PatchMapping("/user/name")
@ResponseBody
public ResultVo changeUserName2(Long id, String userName) {
    int result = userService.updateUserName(id, userName);
    ResultVo resultVo = new ResultVo(result>0,
        result > 0 ? "更新成功" : "更新用户名【" + id + "】失败。");
    return resultVo;
}

// 映射 JSP 视图
@GetMapping("/user/name")
public String changeUserName() {
    return "change_user_name";
}
```

这里仍旧使用@PatchMapping 标注 changeUserName2 方法，这样就是一个 HTTP 的 PATCH 请
求。除这个 changeUserName2 方法外，还有 changeUserName 方法返回一个字符串，请求它就会跳
转到 JSP 表单中。这个表单用来请求 changeUserName2 方法，其内容如代码清单 11-18 所示。

代码清单 11-18　修改用户名称表单

```
<%@ page language="java" contentType="text/html; charset=UTF-8"
    pageEncoding="UTF-8"%>
<!DOCTYPE html PUBLIC "-//W3C//DTD HTML 4.01 Transitional//EN"
"http://www.w3.org/TR/html4/loose.dtd">
<html>
<head>
<meta http-equiv="Content-Type" content="text/html; charset=UTF-8">
<title>表单定义HTTP动作</title>
</head>
<body>
    <form id="form" action="./name" method="post">
        <table>
            <tr>
                <td>用户编号</td>
                <td><input id="id" name="id"/></td>
            </tr>
            <tr>
                <td>用户名称</td>
                <td><input id="userName" name="userName"/></td>
            </tr>
            <tr>
                <td></td>
                <td align="right">
                    <input id="submit" name="submit" type="submit"/>
                </td>
            </tr>
        </table>
        <input type="hidden" name="_method" id="_method" value="PATCH"/>
    </form>
```

```
</body>
</html>
```

这里提交的表单中需要注意两点：一是 form 定义的是 POST 请求；二是 form 中还存在一个命名为_method 的隐藏字段，并且定义其值为 PATCH。这样就能够定位到对应服务器的方法了。

11.2.3 使用@RestController

因为现在前后端分离，所以使用 JSON 作为前后端交互已经十分普遍。如果每一个方法都加入 @ResponseBody 才能将数据模型转换为 JSON，这显然有些冗余。Spring MVC 在支持 REST 风格中还存在一个注解@RestController，通过它可以将控制器返回的对象转化为 JSON 数据集，例如，代码清单 11-19 就是这样的。

代码清单 11-19　使用@RestController

```
package com.springboot.chapter11.controller;
/**** imports ****/
@RestController // 方法默认使用 JSON 视图
public class UserController2 {
    // 用户服务接口
    @Autowired
    private UserService userService = null;

    // 映射 JSP 视图
    @GetMapping(value = "/restful2")
    public ModelAndView index() {
        ModelAndView mv = new ModelAndView("restful");
        return mv;
    }

    // 获取用户
    @GetMapping(value = "/user2/{id}")
    public UserVo getUser(@PathVariable("id") Long id) {
        User user = userService.getUser(id);
        return changeToVo(user);
    }
    // 转换 PO 变为 VO
    private UserVo changeToVo(User user) {
        UserVo userVo = new UserVo();
        userVo.setId(user.getId());
        userVo.setUserName(user.getUserName());
        userVo.setSexCode(user.getSex().getCode());
        userVo.setSexName(user.getSex().getName());
        userVo.setNote(user.getNote());
        return userVo;
    }

    // 转换 Vo 变为 PO
    private User changeToPo(UserVo userVo) {
        User user = new User();
        user.setId(userVo.getId());
        user.setUserName(userVo.getUserName());
        user.setSex(SexEnum.getSexEnum(userVo.getSexCode()));
        user.setNote(userVo.getNote());
```

```
        return user;
    }
}
```

这里采用了@RestController 定义，这样对于 getUser 返回的对象就会转变为 JSON 数据集了。为了使得 JSP 视图也能够被渲染成功，原本通过直接返回字符串的方式就不能再用了。这时可以参考 index 方法，采用 ModelAndView 的返回，这样就能够让 Spring MVC 通过视图名称找到对应的视图，将数据模型进行渲染，展示 JSP 视图给用户观看。

11.2.4 渲染结果

在讲解注解@RestController 时，可以看到将数据转变为 JSTL 或者 JSON 展示给客户端。但是实际上还可能有更多的资源类型的视图，如 PDF、Excel 等媒体类型（MediaType）。在第 9 章和第 10 章中，对于返回数据表现在流程中可能存在两种：一种是类似于注解@ResponseBody 那样，在返回结果后，由处理器使用已经注册在 Spring IoC 容器中的 HttpMessageConverter 接口实现类——Mapping Jackson2HttpMessageConverter 进行直接转换，这时就不需要再使用视图解析器对数据模型进行处理；另外一种是类似于代码清单 11-19 那样，使用 ModelAndView 捆绑视图，然后让后面的视图解析器进行处理。

先讨论使用 HttpMessageConverter 接口实现类的方案。在 Spring MVC 中，IoC 容器启动时注册了两个 HttpMessageConverter 接口的实现类，它们分别为 StringHttpMessageConverter 和 Mapping Jackson2HttpMessageConverter。HttpMessageConverter 接口中定义了一个 canWrite 方法：

```
boolean canWrite(Class<?> clazz, MediaType mediaType)
```

它返回一个布尔值，而 MediaType 则是可以传入的媒体类型，Spring MVC 在执行控制器的方法后，会去遍历注册的 HttpMessageConverter 接口的实现类，并使用 canWrite 方法去判断是否拦截控制器的返回。

在@RequestMapping、GetMapping 等注解中还存在 consumes 和 produces 两个属性。其中 consumes 代表的是限制该方法接收什么类型的请求体（body），produces 代表的是限定返回的媒体类型，仅当 request 请求头中的(Accept)类型中包含该指定类型才返回。例如，如果只希望返回一个用户名称字符串，而不是 JSON 或者 JSP 页面，可以采用如代码清单 11-20 所示的方法。

代码清单 11-20　使用字符串作为 REST 风格的表示层

```
package com.springboot.chapter11.controller;
/**** imports ****/
@RestController
public class UserController2 {
......
// 获取用户
@GetMapping(value = "/user2/{id}")
    public UserVo getUser(@PathVariable("id") Long id) {
    User user = userService.getUser(id);
    return changeToVo(user);
}

    @GetMapping(value="/user2/name/{id}",
        // 接受任意类型的请求体
```

```
        consumes= MediaType.ALL_VALUE,
        // 限定返回的媒体类型为文本
        produces=MediaType.TEXT_PLAIN_VALUE)
    public String getUserName(@PathVariable("id") Long id) {
        User user = userService.getUser(id);
        // 返回字符
        return user.getUserName();
    }
}
```

这个控制器声明了@RestController，则默认会使用 JSON 数据集作为结果，那么它就会默认方法标注为 "application/json;charset=UTF-8"。这样在控制器 getUser 方法结束后，Spring 就会遍历注册好 HttpMessageConverter 接口的实现类，而其中已经注册好的 MappingJackson2HttpMessageConverter 的 canWrite 方法就会返回 true，那么它就会启用 MappingJackson2HttpMessageConverter 将其转换为 JSON 数据集。

对于 getUserName 方法，它则与 getUser 方法完全不一样，因为@GetMapping 的属性 consumes 声明为接收所有的请求体（Body），所以它可以接收任何的请求体，而对于结果则声明为普通文本类型，也就是修改了原有@RestController 默认的 JSON 类型，同样结果也会被 Spring MVC 自身注册好的 StringHttpMessageConverter 拦截，这样就可以转变为一个简单的字符串。

对于 HttpMessageConverter 机制没有处理的数据模型，按 Spring MVC 的流程，它会流转到视图解析器（ViewResolver），正如代码清单 11-19 中可以看到使用了 ModelAndView。在 Spring 对 REST 风格的支持中，还会提供协商视图解析器——ContentNegotiatingViewResolver。它是一个中介，在控制器返回结果找不到 HttpMessageConverter 解析时，就会流转到它那里，这样它就会对返回的结果进行解析。例如，返回的是 ModelAndView，则它会去处理这个 ModelAndView，首先是解析这个 View 的类型，然后根据其返回，找到最好的视图解析器去处理。就代码清单 11-19 来说即找到 InternalResource ViewResolver 进行处理，进而找到对应的 JSP 进行渲染。实际上 Spring MVC 已经内置好了以下视图解析器。

- BeanNameViewResolver：根据请求 URI 名称找到对应的视图。
- ViewResolverComposite：视图解析器组合。
- InternalResourceViewResolver：逻辑视图解析器，也是最常用的解析器。

一般来说，只需要使用它们就可以得到想要的对应的视图，对于 JstlViewResolver 也是一个 InternalResourceViewResolver 的子类。因此在使用 ModelAndView 给出视图名称后即可找到对应的 JSP 视图。

11.2.5 处理 HTTP 状态码、异常和响应头

本章之前的内容只是讨论了能够找到数据的资源处理，而没有讨论没有找到资源或者发生异常时应当如何处理。当发生资源找不到或者处理逻辑发生异常时，需要考虑的是返回给客户端的 HTTP 状态码和错误消息的问题。为了简化这些开发，Spring 提供了实体封装类 ResponseEntity 和注解 @ResponseStatus。ResponseEntity 可以有效封装错误消息和状态码，通过@ResponseStatus 可以配置指定的响应码给客户端。

在大部分情况下，后台请求成功后会返回一个 200 的状态码，代表请求成功。但是有时候这些

还不够具体，例如，新增了用户，使用 200 状态码固然是没错，但使用 201 状态码会更加具体一些，因为 201 状态码代表着新增资源成功，200 只是代表请求成功。这时就可以使用 ResponseEntity 类或者@ResponseStatus 来标识本次请求的状态码。除了可以在 HTTP 响应头中加入属性响应码之外，还可以给响应头加入属性来提供成功或者失败的消息。下面修改插入用户的方法，将状态码修改为 201，并且插入响应头的属性来标识这次请求的结果，如代码清单 11-21 所示。

代码清单 11-21　使用状态码

```
package com.springboot.chapter11.controller;
/**** imports ****/
@RestController
public class UserController2 {
    ....

    @PostMapping(value = "/user2/entity")
    public ResponseEntity<UserVo> insertUserEntity(
            @RequestBody UserVo userVo) {
        User user = this.changeToPo(userVo);
        userService.insertUser(user);
        UserVo result = this.changeToVo(user);
        HttpHeaders headers = new HttpHeaders();
        String success =
            (result == null || result.getId() == null) ? "false" : "true";
        // 设置响应头，比较常用的方式
        headers.add("success", success);
        // 下面是使用集合（List）方式，不是太常用
        // headers.put("success", Arrays.asList(success));
        // 返回创建成功的状态码
        return new ResponseEntity<UserVo>(result, headers, HttpStatus.CREATED);
    }

    @PostMapping(value = "/user2/annotation")
    // 指定状态码为 201（资源创建成功）
    @ResponseStatus(HttpStatus.CREATED)
    public UserVo insertUserAnnotation(@RequestBody UserVo userVo) {
        User user = this.changeToPo(userVo);
        userService.insertUser(user);
        UserVo result = this.changeToVo(user);
        return result;
    }
}
```

在这段代码中，insertUserEntity 方法中定义返回为一个 ResponseEntity<UserVo>的对象，这里还生成了响应头（HttpHeaders 对象），并且添加了属性 success 来表示请求是否成功，在最后返回的时刻生成了一个 ResponseEntity<UserVo>对象，然后将查询到的用户对象和响应头捆绑上，并且指定状态码为 201（创建资源成功）。在 insertUserAnnotation 方法上则使用了@ResponseStatus 注解将 HTTP 的响应码标注为 201（创建资源成功），所以在方法正常返回时 Spring 就会将响应码设置为 201。为了测试这些代码，还可以开发一段 JavaScript 脚本进行测试，如代码清单 11-22 所示。

代码清单 11-22　测试请求响应码

```
function postStatus() {
    // 请求体
```

```
        var params = {
            'userName': 'user_name_new',
            'sexCode' : 1,
            'note' : "note_new"
        }
        var url = "./user2/entity";
        // var url = "./user2/annotation";
        $.post({
            url : url,
            // 此处需要告知传递参数类型为 JSON，不能缺少
            contentType : "application/json",
            // 将 JSON 转化为字符串传递
            data : JSON.stringify(params),
            // 成功后的方法
            success : function(result, status, jqXHR) {
                // 获取响应头
                var success = jqXHR.getResponseHeader("success");
                // 获取状态码
                var status = jqXHR.status;
                alert("响应头参数是：" + success+"，状态码是：" + status);
                if (result == null || result.id == null) {
                    alert("插入失败");
                    return;
                }
                alert("插入成功");
            }
        });
    }
```

有了这段脚本，启动 Spring Boot 后使用它进行测试，能够看到图 11-1 所示的结果。

图 11-1　测试请求响应头属性和响应码

从图 11-1 可以看出请求成功，并且通过 JavaScript 脚本获取了 HTTP 的响应头和响应码 201（创建资源成功），通过上述的例子那样就能够设置响应头消息和 HTTP 响应码了。

但是有时候会出现一些异常，例如，按照编号（id）查找用户，可能查找不到数据，这个时候就不能以正常返回去处理了，又或者在执行的过程中产生了异常，这也是需要我们进行处理的。回到 10.10.4 节中曾经学过的@ControllerAdvice 和@ExceptionHandler 注解的使用，其中注解@ControllerAdvice 是用来定义控制器通知的，@ExceptionHandler 则是指定异常发生的处理方法。利用这些知识就能够处理异常了，不过在此之前先定义查找失败的异常，如代码清单 11-23 所示。

代码清单 11-23　定义查找失败异常

```
package com.springboot.chapter11.exception;
public class NotFoundException extends RuntimeException {
```

```
private static final long serialVersionUID = 1L;
// 异常编码
private Long code;
// 异常自定义信息
private String customMsg;

public NotFoundException() {
}

public NotFoundException(Long code, String customMsg) {
    super();
    this.code = code;
    this.customMsg = customMsg;
}

/**** setter and getter ****/
}
```

这里自定义了异常类，它继承了 RuntimeException，所以可以在找不到用户的时刻抛出该异常。而在控制器抛出异常后，则可以在控制器通知（@ControllerAdvice）中来处理这些异常，这个时候就需要使用注解@ExceptionHandler 了。实际上，在 Spring Boot 的机制里早已准备好了 org.springframework.boot.autoconfigure.web.BasicErrorController 对象去处理发生的异常，当然这并不是很友好，有时候你可能希望得到友好的页面，这就需要你自定义控制器通知了。下面定义一个自定义的控制器通知，如代码清单 11-24 所示。

代码清单 11-24　定义控制器通知来处理异常

```
package com.springboot.chapter11.exception;
/**** imports ****/
// 控制器通知
@ControllerAdvice(
        // 指定拦截包的控制器
        basePackages = { "com.springboot.chapter11.controller.*" },
        // 限定被标注为@Controller 或者@RestController 的类才被拦截
        annotations = {Controller.class, RestController.class})
public class VoControllerAdvice {

    // 异常处理，可以定义异常类型进行拦截处理
    @ExceptionHandler(value = NotFoundException.class)
    // 以 JSON 表达方式响应
    @ResponseBody
    // 定义为服务器错误状态码
    @ResponseStatus(HttpStatus.INTERNAL_SERVER_ERROR)
    public Map<String, Object> exception(HttpServletRequest request,
            NotFoundException ex) {
        Map<String, Object> msgMap = new HashMap<>();
        // 获取异常信息
        msgMap.put("code", ex.getCode());
        msgMap.put("message", ex.getCustomMsg());
        return msgMap;
    }
}
```

这里使用了@ControllerAdvice 来标注类，说明在定义一个控制器通知。配置了它所拦截的包，限定了拦截的那些被标注为注解@Controller 和@RestController 的控制器，按照其定义就能够拦截本

章开发的控制器（UserController 和 UserController2）了。这里的@ExceptionHandler 定义了拦截 NotFoundException 的异常，@ResponseBody 定义了响应的信息以 JSON 格式表达，@ResponseStatus 定义了状态码为 500（服务器内部错误），这样就会把这个状态码传达给请求者。

为了测试这个控制器通知对异常的处理，这里在控制器（UserController）加入代码清单 11-25 所示的代码。

代码清单 11-25　测试控制器通知异常处理

```
@GetMapping(value="/user/exp/{id}",
        // 产生 JSON 数据集
        produces = MediaType.APPLICATION_JSON_UTF8_VALUE)
// 响应成功
@ResponseStatus(HttpStatus.OK)
@ResponseBody
public UserVo getUserForExp(@PathVariable("id") Long id) {
    User user = userService.getUser(id);
    // 如果找不到用户，则抛出异常，进入控制器通知
    if (user == null) {
        throw new NotFoundException(1L, "找不到用户【" + id +"】信息");
    }
    UserVo userVo = changeToVo(user);
    return userVo;
}
```

这里可以看到方法标注响应码为 200（请求成功），如果查找用户失败，那么就抛出 NotFoundException 异常。一旦这个异常抛出，就会被控制器通知所拦截，最终经由@ExceptionHandler 定义的方法所处理，这样就能够对异常进行处理了。图 11-2 所示是我测试查找不到用户时出现的场景。

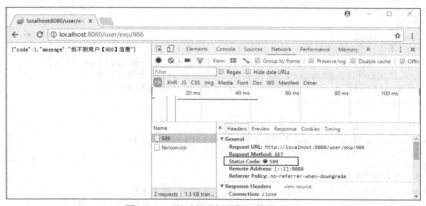

图 11-2　测试控制器通知异常处理

从图 11-2 可以看出，请求了编号为 986 的用户信息，这个用户信息不存在就跳转到控制器通知对应的方法里。该方法处理后返回错误消息，并将状态码修改为 500（服务器错误）。通过上述便能够处理那些发生异常的请求。

11.3　客户端请求 RestTemplate

在当今微服务中，会将一个大系统拆分为多个微服务系统。按微服务应用的建议，每个微服务

系统都会暴露 REST 风格的 URI 请求给别的微服务系统所调用。为了方便完成系统之间的相互调用，Spring 还给予了模板类 RestTemplate，通过它可以很方便地对 REST 请求进行系统之间的调用，完成系统之间的数据集成。在 Spring Cloud 中还可以进行声明式调用，这些是后续章节要讨论的问题，这里先讨论 RestTemplate 的使用方法。

例如，要完成一个产品交易的系统，显然需要有产品、用户、财务的基础才能完成。为了简化开发人员的复杂度，设计者可以把产品、用户和财务都分别作为一个单独的微服务系统，而交易也是一个独立的微服务系统。这样的分离后，产品、用户、财务和交易之间的资源就相互隔离了，为了使得它们之间能够相互访问，就必须有一套相互交互的机制。例如，交易系统希望得到产品、用户和财务的信息以完成整个交易的过程。应该说现今完成系统的交互方式存在多种，如 WebService、远程调用（RPC）等，但是为了简易，微服务推荐使用的是 REST 风格来完成系统之间的交互，如图 11-3 所示。当然这些也会带来很多的问题，如在并发的过程中导致数据不一致、分布式数据库事务等诸多问题。虽然现今也有办法对这些问题进行处理，但也比较复杂，这已经不在本书讨论的范围之内，所以就不再深入地讨论这些话题。

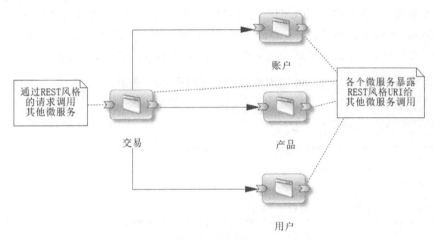

图 11-3　微服务系统使用 REST 集成

从图 11-3 可以看出，在一个互联网微服务系统中，被拆分为了产品、用户、账户和交易系统，它们共同构建成为一个分布式的互联网系统，并且遵循 REST 风格的暴露请求的 URI。为了能让交易完成，交易系统会通过 RestTemplate 去请求各个子系统的资源来完成其所需的业务。在 Spring 5 所推出的新框架 WebFlux 中，还可以学习到 WebClient 的集成方式，这是后续章节的内容，这里开始对 RestTemplate 做进一步的学习。

11.3.1　使用 RestTemplate 请求后端

使用 RestTemplate 请求后端存在多种方法，但是本书并不打算将所有的方法一一列出这样生涩地去介绍它们，而是以实例的形式介绍那些最常用场景。只要按实例多实践，相信读者就能够掌握好它们。这里 RestTemplate 的底层是通过类 HttpURLConnection 实现的，这是要记住的。

下面从简单的开始，先来看如何通过 RestTemplate 获取用户信息，如代码清单 11-26 所示。

代码清单 11-26 使用 RestTemplate 进行 HTTP GET 请求

```
// 获取用户
public static UserVo getUser(Long id) {
    // 创建一个 RestTemplate 对象
    RestTemplate restTmpl = new RestTemplate();
    // 消费服务，第一个参数为 url，第二个是返回类型，第三个是 URI 路径参数
    UserVo userVo = restTmpl.getForObject(
            "http://localhost:8080/user/{id}", UserVo.class, id);
    // 打印用户名称
    System.out.println(userVo.getUserName());
    return userVo;
}
```

这里使用 RestTemplate 进行了一次最为简单的 GET 请求，这里的 getForObject 方法是需要关注的核心方法。第一个参数 URI 标明请求服务器什么资源，而{id}则代表参数。第二个参数声明为 UserVo.class，表示请求将返回 UserVo 类的结果，而实际上服务器只会返回 JSON 类型的数据给我们，只是 RestTemplate 内部会将其转变为 Java 对象，这样使用就很便利了。第二个参数后面则是 URI 中对应的参数，只是这里的 URI 只有一个参数，所以就只有一个 id。实际上它是一个可变长参数，如果 URI 有多个参数，只要按顺序写就可以了。但是如果你的参数很多，显然可读性就不是那么好了。不过放心，Spring 已经考虑到了这个问题。下面对用户进行查询，这里涉及用户名称（userName）、备注（note）、开始行数（start）和限制记录数（limit）4 个参数，它的实现如代码清单 11-27 所示。

代码清单 11-27 RestTemplate 使用多参数的 HTTP GET 请求

```
public static List<UserVo> findUser(String userName,
        String note, int start, int limit) {
    RestTemplate restTmpl = new RestTemplate();
    // 使用 Map 封装多个参数，以提高可读性
    Map<String, Object> params = new HashMap<String, Object>();
    params.put("userName", "user");
    params.put("note", "note");
    params.put("start", start);
    params.put("limit", limit);
    // Map 中的 key 和 URI 中的参数一一对应
    String url = "http://localhost:8080/users/{userName}/{note}/{start}/{limit}";
    // 请求后端
    ResponseEntity<List> responseEntity = restTmpl.getForEntity(url, List.class, params);
    List<UserVo> userVoes = responseEntity.getBody();
    return userVoes;
}
```

这里先将参数用一个 Map 对象封装起来，而 Map 的键和 URI 中所定义的参数是保持一致的，这样就能够将参数一一封装到 Map 中，有效地提高可读性。这里返回的是一个 List 对象，所以返回类型声明为 List，这样 RestTemplate 就会解析结果返回数据。

下面讨论新增用户的场景。因为在新增用户时字段比较多，所以往往会采用传递请求体（Body）的方式，需要对请求进行一定的设置才能够使用请求体的方式来进行 POST 请求。下面通过提交用户信息来演示如何处理请求体（Body）的问题，如代码清单 11-28 所示。

代码清单 11-28 通过 POST 请求传递 JSON 请求体（Body）

```
// 新增用户
public static User insertUser(UserVo newUserVo) {
    // 请求头
```

```
HttpHeaders headers = new HttpHeaders();
// 设置请求内容为 JSON 类型
headers.setContentType(MediaType.APPLICATION_JSON_UTF8);
// 创建请求实体对象
HttpEntity<UserVo> request = new HttpEntity<>(newUserVo, headers);
RestTemplate restTmpl = new RestTemplate();
// 请求时传递请求实体对象，并返回回填 id 的用户
User user = restTmpl.postForObject("http://localhost:8080/user", request, User.class);
System.out.println(user.getId());
return user;
}
```

上面的代码先是定义了 HTTP 头（HttpHeaders），并将其请求体内容设置为 JSON 类型，然后将它和请求体实体（UserVo 对象）绑定到请求实体对象（HttpEntity）上，在 RestTemplate 的 postForObject 方法中将请求实体对象传递过去，让后台接收就可以了。

还差一个 HTTP 的 DELETE 请求。有了上述的内容，这个就简单了，如代码清单 11-29 所示。

代码清单 11-29　使用 RestTemplate 执行 DELETE 请求

```
public static void deleteUser(Long id) {
    RestTemplate restTmpl = new RestTemplate();
    restTmpl.delete("http://localhost:8080/user/{id}", id);
}
```

这个请求相当简单，相信已经无须再多余进行阐述了。到了这里也许读者会问 HTTP 的 PATCH 请求呢？因为 RestTemplate 是通过 HttpURLConnection 去实现的，在我的测试中，它并不能支持 PATCH 请求，而产生了异常。这是因为 PATCH 请求是为了完善 PUT 请求后来加入的，在 JDK 的 HttpURLConnection 中并没有能够支持 PATCH 请求，Spring 目前只是预留这样的机制而已。

11.3.2　获取响应头、状态码和资源交换

上面只是讨论了成功获取资源的情况，有时候请求并不能保证能够成功地获取资源。例如，给出一个用户的 id，但是这个用户在数据库中并不存在，又如插入数据库时发生了异常，这时报错的信息可以就存放在响应头中，并且服务器也会返回错误的状态码。在这样的场景下获取响应头和 HTTP 状态码就可以辨别请求是否成功，如果是发生了错误，它还可以给出信息反馈错误原因。

这里以代码清单 11-21 为例，在插入用户后需要它将响应头和响应码返回给客户端，这时可以通过服务器的响应头或者响应码判定请求是否成功。代码清单 11-30 所示代码将演示这个过程。

代码清单 11-30　获取服务器响应头属性和 HTTP 状态码

```
public User insertUserEntity(UserVo newUserVo) {
    // 请求头
    HttpHeaders headers = new HttpHeaders();
    // 请求类型
    headers.setContentType(MediaType.APPLICATION_JSON_UTF8);
    // 绑定请求体和头
    HttpEntity<UserVo> request = new HttpEntity<>(newUserVo, headers);
    RestTemplate restTmpl = new RestTemplate();
    // 请求服务器
    ResponseEntity<User> userEntity = restTmpl.postForEntity(
        "http://localhost:8080/user2/entity", request, User.class);
    // 获取响应体
    User user = userEntity.getBody();
    // 获取响应头
```

```
       HttpHeaders respHeaders = userEntity.getHeaders();
       // 获取响应属性
       List<String> success = respHeaders.get("success");
       // 响应的 HTTP 状态码
       int status = userEntity.getStatusCodeValue();
       System.out.println(user.getId());
       return user;
}
```

这里可以看到使用了 RestTemplate 的 postForEntity 方法，它将会返回一个 ResponseEntity 对象，这个对象包含了服务器返回的响应体（Body）、状态码（status）和响应头，这些获取的方法已经在代码中加粗，请读者留意。在请求不到资源时，往往服务器端会通过这些内容来给予客户端提示。

为了更加灵活，RestTemplate 还提供了一个 exchange 方法，它可以作为资源的交换而使用，你可以根据自己的需要定制更多的参数。实际上，我认为使用它不如使用之前我们使用过的 getForObject、postForEntity 方法等可读性高，不过作为一个最为灵活的方式还是值得进行一定的讨论。下面用代码清单 11-31 所示的代码进行说明。

代码清单 11-31　使用 RestTemplate 的 exchange 方法

```
public static User useExchange(UserVo newUserVo, Long id) {
       // 请求头
       HttpHeaders headers = new HttpHeaders();
       // 请求类型
       headers.setContentType(MediaType.APPLICATION_JSON_UTF8);
       // 绑定请求体和头
       HttpEntity<UserVo> request = new HttpEntity<>(newUserVo, headers);
       RestTemplate restTmpl = new RestTemplate();
       String url = "http://localhost:8080/user2/entity";
       // 请求服务器
       ResponseEntity<User> userEntity
           = restTmpl.exchange(url, HttpMethod.POST, request, User.class);
       // 获取响应体
       User user = userEntity.getBody();
       // 获取响应头
       HttpHeaders respHeaders = userEntity.getHeaders();
       // 响应头属性
       List<String> success = respHeaders.get("success");
       // 响应的 HTTP 状态码
       int status = userEntity.getStatusCodeValue();
       System.out.println(user.getId());
       // 修改 URL 获取资源
       url = "http://localhost:8080/user/{id}";
       // 传递 URL 地址参数
       ResponseEntity<UserVo> userVoEntity
           = restTmpl.exchange(url, HttpMethod.GET, null, UserVo.class, id);
       // 获取响应体
       UserVo userVo = userVoEntity.getBody();
       System.out.println(userVo.getUserName());
       return user;
}
```

显然在这个方法中，可以指定请求头、请求体、HTTP 请求类型和参数等，这是最灵活的方式。但灵活也意味着需要指定的内容更多，使用便利还是不如 postForEntity 等方法，所以更多的时候推荐使用 postForEntity 和 getForEntity 这类方法，因为它们具有更高的可读性和易用性。

第 12 章

安全——Spring Security

　　第 11 章中谈到了 REST 风格，这是构建分布式微服务常见的系统集成的方案。但是对于请求，还需要考虑安全性的问题，例如，对于一些重要的操作，有些请求需要用户验明身份后才可以进行；有时候，可能需要与第三方公司合作，存在系统之间的交互，这时也需要验证合作方身份才能处理业务。这样做的意义在于保护自己的网站安全，避免一些恶意攻击导致数据和服务的不安全。在互联网的世界里，这些往往是必需的，因为互联网中存在太多的恶意攻击，保证自己网站安全是十分必要的。

　　为了提供安全的机制，Spring 提供了其安全框架 Spring Security，它是一个能够为基于 Spring 生态圈，提供安全访问控制解决方案的框架。它提供了一组可以在 Spring 应用上下文中配置的机制，充分利用了 Spring 的强大特性，为应用系统提供声明式的安全访问控制功能，减少了为企业系统安全控制编写大量重复代码的工作。

　　为了使用 Spring Security，需要在 Maven 配置文件中引入对应的依赖，如代码清单 12-1 所示。

代码清单 12-1　引入 Spring Security 依赖

```
<dependency>
    <groupId>org.springframework.boot</groupId>
    <artifactId>spring-boot-starter-security</artifactId>
</dependency>
```

　　这样工程就能够把 Spring Security 的依赖包加载进来。下面让我们开始它的学习。

12.1　概述和简单安全认证

　　在 Java Web 工程中，一般使用 Servlet 过滤器（Filter）对请求进行拦截，然后在 Filter 中通过自己的验证逻辑来决定是否放行请求。同样地，Spring Security 也是基于这个原理，在进入到 DispatcherServlet 前就可以对 Spring MVC 的请求进行拦截，然后通过一定的验证，从而决定是否放行请求访问系统。

　　为了对请求进行拦截，Spring Security 提供了过滤器 DelegatingFilterProxy 类给予开发者配置。

在传统的 Web 工程中，可以使用 web.xml 进行配置，但是因为 Spring Boot 推荐的是全注解的方式，所以这里不再介绍使用 web.xml 的方式。在传统的 Spring 全注解的方式下，只需要加入 @EnableWebSecurity 就可以驱动 Spring Security 了。而在 Spring Boot 中，只需配置了代码清单 12-1 所示的代码，它便会自动启动 Spring Security。

为了后续的学习，这里稍微讨论一下 Spring Security 的原理。一旦启用了 Spring Security，Spring IoC 容器就会为你创建一个名称为 springSecurityFilterChain 的 Spring Bean。它的类型为 FilterChainProxy，事实上它也实现了 Filter 接口，只是它是一个特殊的拦截器。在 Spring Security 操作的过程中它会提供 Servlet 过滤器 DelegatingFilterProxy，这个过滤器会通过 Spring Web IoC 容器去获取 Spring Security 所自动创建的 FilterChainProxy 对象，这个对象上存在一个拦截器列表（List），列表上存在用户验证的拦截器、跨站点请求伪造等拦截器，这样它就可以提供多种拦截功能。于是焦点又落到了 FilterChainProxy 对象上，通过它还可以注册 Filter，也就是允许注册自定义的 Filter 来实现对应的拦截逻辑，以满足不同的需要。当然，Spring Security 也实现了大部分常用的安全功能，并提供了相应的机制来简化开发者的工作，所以大部分情况下并不需要自定义开发，使用它提供的机制即可。本章的主要内容是学习用 Spring Security 提供的机制来构建安全网站。

虽然上面的论述有点生涩，但实际上在传统的 Spring 项目中，Spring Security 的启用只需要一个注解。例如，在 Web 工程中可以使用@EnableWebSecurity 来驱动 Spring Security 的启动，如果属于非 Web 工程，可以使用@EnableGlobalAuthentication，而事实上@EnableWebSecurity 上已经标注了 @EnableGlobalAuthentication 并且依据自己的需要加入了许多 Web 的特性。而在 Spring Boot 中，只要加入了代码清单 12-1 所示的代码，直接启动 Spring Boot 的应用也会启用 Spring Security，这样就可以看到如下打印随机生成密码的日志（请注意，需要保证你的日志级别为 INFO 或者其以下才能看到）：

```
2018-03-20 08:56:34.880  INFO 22784 --- [ main] b.a.s.AuthenticationManagerConfiguration :

Using default security password: c0cbca5f-9a04-4c2e-b29f-c5b2cc80373d
```

加粗的密码是随机生成的，也就是每次启动密码都会不一样。然后我们不妨进行一次请求 URL，很快你就可以看到如图 12-1 所示的登录界面。

在文本框输入用户名（User）为"user"，密码为日志打出的随机密码，然后点击登录（Login）按钮，它就能够跳转到请求路径，如图 12-2 所示。

图 12-1　登录页面

图 12-2　登录后的页面

显然登录成功了，但是也暴露了下面的问题：
- 每次启动都会造成密码的不同，造成客户每次都需要输入不同的密码，不是太方便；
- 用户只能使用"user"，无法多样化，无法构建不同用户的不同权限；

- 不能自定义验证的方法，毕竟有些企业拥有自己的验证方式和策略；
- 登录页面不能自定义，界面不美观；
- 不能自定义哪些请求需要安全验证，哪些请求可以不需要安全验证；

......

关于这些问题，本章后续几节会慢慢地解决。不过 Spring Boot 的自动配置机制，还是允许开发者很快速地修改用户名和密码。例如，我们在 application.properties 文件中加入代码清单 12-2 所示的配置。

代码清单 12-2　在 application.properties 中配置用户和密码

```
#定义视图解析器的规则
spring.mvc.view.prefix=/WEB-INF/jsp/
spring.mvc.view.suffix=.jsp
#自定义用户名和密码
spring.security.user.name=myuser
spring.security.user.password=123456
```

有了安全配置的属性，即使没有加入@EnableWebSecurity，Spring Boot 也会根据配置的项自动启动安全机制。只是这里使用用户名"myuser"和密码"123456"就可以登录系统了，这样就可以自定义用户和密码了，不需要再随机生成密码。除这些配置外，Spring Boot 还支持代码清单 12-3 所列明的配置项。

代码清单 12-3　Spring Boot 对 Spring Security 支持的配置项

```
# SECURITY (SecurityProperties)
# Spring Security 过滤器排序
spring.security.filter.order=-100
# 安全过滤器责任链拦截的分发类型
spring.security.filter.dispatcher-types=async,error,request
# 用户名，默认值为 user
spring.security.user.name=user
# 用户密码
spring.security.user.password=
# 用户角色
spring.security.user.roles=

# SECURITY OAUTH2 CLIENT (OAuth2ClientProperties)
# OAuth 提供者详细配置信息
spring.security.oauth2.client.provider.*= #
# OAuth 客户端登记信息
spring.security.oauth2.client.registration.*=
```

以上就是 Spring Boot 关于 Spring Security 可以配置的选项。在实际的工作中，大部分选项无须进行配置，只需要配置少量的内容即可。更多时候，在实际的开发中，我们会选择自定义用户、角色和权限等内容，所以简单配置的方案就不再深入讨论了。为了实现自定义的功能，还需要进一步地学习 Spring Security 的机制。

12.2　使用 WebSecurityConfigurerAdapter 自定义

前面讨论了 FilterChainProxy 对象，过滤器 DelegatingFilterProxy 的拦截逻辑就是根据它的逻辑来完成的。接下来需要关注的是它的初始化。为了给 FilterChainProxy 对象加入自定义的初始化，Spring Security 提供了 SecurityConfigurer 接口，通过它就能够实现对 Spring Security 的配置。只是有了这个接口还不太方便，因为它只是能够提供接口定义的功能，为了更方便，Spring 对 Web 工程还提供了专门的接口 WebSecurityConfiguer，并且在这个接口的定义上提供了一个抽象类 WebSecurityConfigurer Adapter。开发者通过继承它就能得到 Spring Security 默认的安全功能。也可以通过覆盖它提供的方法，来自定义自己的安全拦截方案。这里需要研究 WebSecurityConfigurerAdapter 中默认存在的 3 个方法，它们是：

```
/**
* 用来配置用户签名服务，主要是 user-details 机制，你还可以给予用户赋予角色
* @param auth 签名管理器构造器,用于构建用户具体权限控制
*/
protected void configure(AuthenticationManagerBuilder auth);

/**
* 用来配置 Filter 链
*@param web  Spring Web Security 对象
*/
public void configure(WebSecurity web);

/**
* 用来配置拦截保护的请求，比如什么请求放行，什么请求需要验证
* @param http http 安全请求对象
*/
protected void configure(HttpSecurity http) throws Exception;
```

对于使用 WebSecurity 参数的方法主要是配置 Filter 链的内容，可以配置 Filter 链忽略哪些内容。WebSecurityConfigurerAdapter 提供的是空实现，也就是没有任何的配置。而对于 AuthenticationManager Builder 参数的方法，则是定义用户（user）、密码（password）和角色（role），在默认的情况下 Spring 不会为你创建任何的用户和密码，也就是有登录页面而没有可登录的用户。对于 HttpSecurity 参数的方法，则是指定用户和角色与对应 URL 的访问权限，也就是开发者可以通过覆盖这个方法来指定用户或者角色的访问权限。在 WebSecurityConfigurerAdapter 提供的验证方式下满足通过用户验证或者 HTTP 基本验证的任何请求，Spring Security 都会放行。

12.3 自定义用户服务信息

正如之前所论述的，在 WebSecurityConfigurerAdapter 中的方法

```
protected void configure(AuthenticationManagerBuilder auth);
```

是一个用于配置用户信息的方法，在 Spring Security 中默认是没有任何用户配置的。而在 Spring Boot 中，如果没有用户的配置，它将会自动地生成一个名称为 user、密码通过随机生成的用户，密码则可以在日志中观察得到。但是这样就存在各类的弊端。为了克服这些弊端，这里先来讨论如何进行自定义用户签名服务。这里主要包含使用内存签名服务、数据库签名服务和自定义签名服务。关于如何限定请求权限，是通过 WebSecurityConfigurerAdapter 中的方法 configure（HttpSecurity http）来实现的。只是这里在默认的情况下，所有的请求一旦通过验证就会得到放行。在这节里，暂时不讨论不同用户不同权限的问题，而仅仅讨论如何验证用户和赋予用户角色的问题。

12.3.1 使用内存签名服务

从标题来看，顾名思义就是将用户的信息存放在内存中。相对而言，它比较简单，适合于测试的快速环境搭建环境。下面先举一个例子，如代码清单 12-4 所示。

代码清单 12-4　使用内存用户

```
package com.springboot.chapter12.main;
/**** imports ****/
@SpringBootApplication(scanBasePackages = "com.springboot.chapter12")
public class Chapter12Application  extends WebSecurityConfigurerAdapter {

    @Override
    protected void configure(AuthenticationManagerBuilder auth) throws Exception {
        // 密码编码器
        PasswordEncoder passwordEncoder = new BCryptPasswordEncoder();
        // 使用内存存储
        auth.inMemoryAuthentication()
            // 设置密码编码器
            .passwordEncoder(passwordEncoder)
            // 注册用户 admin, 密码为 abc,并赋予 USER 和 ADMIN 的角色权限
            .withUser("admin")
                // 可通过 passwordEncoder.encode("abc")得到加密后的密码
                .password("$2a$10$5OpFvQlTIbM9Bx2pfbKVzurdQXL9zndm1SrAjEkPyIuCcZ7CqR6je")
                .roles("USER", "ADMIN")
            // 连接方法 and
            .and()
            // 注册用户 myuser, 密码为 123456,并赋予 USER 的角色权限
            .withUser("myuser")
                // 可通过 passwordEncoder.encode("123456")得到加密后的密码
                .password("$2a$10$ezW1uns4ZV63FgCLiFHJqOI6oR6jaaPYn33jNrxnkHZ.ayAFmfzLS")
                .roles("USER");
    }
    ......

}
```

在 Spring 5 的 Security 中都要求使用密码编码器，否则会发生异常，所以代码中首先创建了一个 BCryptPasswordEncoder 实例，这个类实现了 PasswordEncoder 接口，它采用的是单向不可逆的密码加密方式。这里的 AuthenticationManagerBuilder 是关注的焦点，其中 inMemoryAuthentication 方法将返回内存保存用户信息的管理器配置（InMemoryUserDetailsManagerConfigurer），这样启用内存缓存的机制保存用户信息。首先通过 passwordEncoder 方法，设置了密码编码器，这里的 withUser 方法是注册用户名称，返回用户详情构造器（UserDetailsBuilder）对象，这样就能够去配置用户的信息了；password 方法是设置密码，采用的是通过 BCrypt 加密方式加密后的密码字符串，于是用户登录就需要这个密码了；roles 方法赋予角色类型，将来就可以通过这个角色名称赋予权限了。只是这个 roles 方法还有内涵，它实际是另外一个方法的简写，这个方法是 authorities，使用它可以注册角色名称，而代码中 roles 方法给的角色名称实际上 Spring Security 会加入前缀 "ROLE_"；and 方法则是一个连接方法，也就是开启另外一个用户的注册。通过 configure(AuthenticationManagerBuilder auth)方法，可以注册两个用户：一个是 admin 用户，其密码为 abc，它拥有 ROLE_USER 和 ROLE_ADMIN 两个角色；另一个是 myuser 用户，其密码为 123456，它只拥有 ROLE_USER 一个角色。

上述代码中，使用了 and 方法作为连接。有时候这样显得比较冗余，于是我们可以修改代码清单 12-4 中的 configure 方法，如代码清单 12-5 所示。

代码清单 12-5　取消连接方法 and()

```
@Override
protected void configure(AuthenticationManagerBuilder auth) throws Exception {
    // 密码编码器
    PasswordEncoder passwordEncoder = new BCryptPasswordEncoder();
    // 使用内存存储
    InMemoryUserDetailsManagerConfigurer<AuthenticationManagerBuilder> userConfig
        = auth.inMemoryAuthentication()
            // 设置密码编码器
            .passwordEncoder(passwordEncoder);
    // 注册用户 admin，密码为 abc,并赋予 USER 和 ADMIN 的角色权限
    userConfig.withUser("admin")
        // 可通过 passwordEncoder.encode("abc") 得到加密后的密码
        .password("$2a$10$5OpFvQlTIbM9Bx2pfbKVzurdQXL9zndm1SrAjEkPyIuCcZ7CqR6je")
        .authorities("ROLE_USER", "ROLE_ADMIN");
    // 注册用户 myuser，密码为 123456，并赋予 USER 的角色权限
    userConfig.withUser("myuser")
        // 可通过 passwordEncoder.encode("123456") 得到加密后的密码
        .password("$2a$10$ezW1uns4ZV63FgCLiFHJqOI6oR6jaaPYn33jNrxnkHZ.ayAFmfzLS")
        .authorities("ROLE_USER");
}
```

这样会清爽一些，还是实现与代码清单 9-4 相同的功能，只是这里将 roles 方法修改为了 authorities 方法，所以多加入了前缀 "ROLE_"。但是无论如何，使用内存缓存用户信息这样的方式都不是主要的方式，因为内存空间毕竟有限，而且会占用 JVM 的内存空间，不过在开发和测试阶段使用这样的方式可以满足快速开发和测试的需求。

内存用户的使用方法就介绍到这里。因为用户详情构造器（UserDetailsBuilder）后面还会经常用到，所以给出表 12-1 来介绍它的其他方法的使用。

表 12-1　UserDetailsBuilder 方法简介

项 目 类 型	描　　述
accountExpired(boolean)	设置账号是否过期
accountLocked(boolean)	是否锁定账号
credentialsExpired(boolean)	定义凭证是否过期
disabled(boolean)	是否禁用用户
username(String)	定义用户名
authorities(GrantedAuthority...)	赋予一个或者权限
authorities(List<? extends GrantedAuthority>)	使用列表（List）赋予权限
password(String)	定义密码
roles(String...)	赋予角色，会自动加入前缀 "ROLE_"

12.3.2　使用数据库定义用户认证服务

在大部分的情况下，用户的信息会存放在数据库，为此 Spring Security 提供了对数据库的查询方

法来满足开发者的需要。JdbcUserDetailsManagerConfigurer 是一个 Spring Security 对于数据库配置的支持，并且它也提供了默认的 SQL。只是在大部分的情况下，不会采用它默认提供的 SQL，基于实用的原则，这里就不再深入讨论默认的 SQL 了。既然涉及了数据库，就需要准备好数据库（MySQL）的表和数据，如代码清单 12-6 所示。

代码清单 12-6　创建权限表

```sql
/**角色表**/
create table t_role(
    id        int(12) not null auto_increment,
    role_name varchar(60) not null,
    note      varchar(256),
    primary key (id)
);
/**用户表**/
create table t_user(
    id        int(12) not null auto_increment,
    user_name varchar(60) not null,
    pwd       varchar(100) not null,
    /**是否可用，1 表示可用，0 表示不可用**/
    available INT(1) DEFAULT 1 CHECK(available IN (0, 1)),
    note      varchar(256),
    primary key (id),
    unique(user_name)
);
/**用户角色表**/
create table t_user_role (
    id      int(12) not null auto_increment,
    role_id int(12) not null,
    user_id int(12) not null,
    primary key (id),
    unique(role_id, user_id)
);
/**外键约束**/
alter table t_user_role add constraint FK_Reference_1 foreign key
(role_id) references t_role (id) on delete restrict on update restrict;
alter table t_user_role add constraint FK_Reference_2 foreign key
(user_id) references t_user (id) on delete restrict on update restrict;
```

读者可以在数据库表中插入对应的数据，然后使用 Spring Security 提供的数据库权限进行验证。下面使用代码清单 12-7 作为演示的实例。

代码清单 12-7　使用数据库验证

```java
package com.springboot.chapter12.main;
/**** imports ****/
@SpringBootApplication(scanBasePackages = "com.springboot.chapter12")
public class Chapter12Application extends WebSecurityConfigurerAdapter {
    // 注入数据源
    @Autowired
    private DataSource dataSource = null;
    // 使用用户名称查询密码
    String pwdQuery = " select user_name, pwd, available"
            + " from t_user where user_name = ?";
    // 使用用户名称查询角色信息
    String roleQuery = " select u.user_name, r.role_name "
```

```
                  + " from t_user u, t_user_role ur, t_role r "
                  + "where u.id = ur.user_id and r.id = ur.role_id"
                  + " and u.user_name = ?";

          /**
           * 覆盖 WebSecurityConfigurerAdapter 用户详情方法
           * @param auth 用户签名管理器构造器
           */
          protected void configure(AuthenticationManagerBuilder auth) throws Exception {
              // 密码编码器
              PasswordEncoder passwordEncoder = new BCryptPasswordEncoder();
              auth.jdbcAuthentication()
                  // 密码编码器
                  .passwordEncoder(passwordEncoder)
                  // 数据源
                  .dataSource(dataSource)
                  // 查询用户，自动判断密码是否一致
                  .usersByUsernameQuery(pwdQuery)
                  // 赋予权限
                  .authoritiesByUsernameQuery(roleQuery);
          }
      }
```

代码中首先使用@Autowired 注入了数据源，这样就能够使用 SQL。其次定义了两条 SQL，其中 pwdQuery 所定义的是根据用户名查询用户信息，roleQuery 是使用角色名去查询角色信息，这样就能够赋予角色。

然后看到 configure 方法，使用了 AuthenticationManagerBuilder 的 jdbcAuthentication 方法，这样就可以启用 JDBC 的方式进行验证了。passwordEncoder 方法则是设置密码解码器，然后使用 dataSource 方法绑定注入的数据源，接着是 usersByUsernameQuery 方法，它通过 pwdQuery 所定义的 SQL 返回 3 个列，分别是用户名、密码和布尔值。这样就可以对用户名和密码进行验证了，其中布尔值是判断用户是否有效，这里返回的是 available 列，它存储的数据已经被约束为 1 和 0，如果为 1 则用户是有效的，否则就是无效用户。而 authoritiesByUsernameQuery 方法会用 roleQuery 定义的 SQL 通过用户名称去查询角色名称，这样 Spring Security 就会根据查询的结果赋予权限。值得注意的是，如果这条 SQL 返回多条，那么就会给这个用户赋予多个角色。

但是上述代码中存在一个弊端，虽然通过 BCrypt 加密的密文很难破译，但是仍旧不能避免用户使用类似 "a12345" "abcdefg" 这样的简单密码，如果被人截取了这些简单的密码，进行匹配，那么一些用户的密码就可能被别人破译。为了克服这些问题，在实际的企业生产中还可能通过自己的阴匙对密码进行加密处理，而阴匙存在企业服务器上，这样即使密文被人截取，别人也无法得到阴匙破解密文，这样就能够大大地提高网站的安全性。对此 Spring Security 也进行了支持，只需要使用密码编码器（Pbkdf2PasswordEncoder 类）对象即可。这里我们先在 application.properties 中加入一个属性：

```
system.user.password.secret=uvwxyz
```

这是一个阴匙，只有拿到这个阴匙才能通过加密算法对密码进行匹配，这样破解的难度就大大增加了，就能够更加安全地保护密码信息。然后对代码清单 12-7 中的部分代码进行改造，如代码清单 12-8 所示。

代码清单 12-8 设置密码管理器
```java
// 注入配置的阴匙
@Value("${system.user.password.secret}")
private String secret = null;

@Override
protected void configure(AuthenticationManagerBuilder auth) throws Exception {
    PasswordEncoder passwordEncoder = new Pbkdf2PasswordEncoder(this.secret);
    auth.jdbcAuthentication()
        // 密码编码器
        .passwordEncoder(passwordEncoder)
        // 数据源
        .dataSource(dataSource)
        // 查询用户，自动判断密码是否一致
        .usersByUsernameQuery(pwdQuery)
        // 赋予权限
        .authoritiesByUsernameQuery(roleQuery);
}
```

在这段代码中，使用了 Pbkdf2PasswordEncoder 创建密码编码器（PasswordEncoder）。实际上，Spring Security 还存在 SCryptPasswordEncoder 和 DelegatingPasswordEncoder 等密码加载器，用户可以根据自己的需要去创建不同的密码编码器，甚至可以自己实现密码编码器（PasswordEncoder）接口，定义自己的编码器。而在后面通过 JdbcAuthentication 设置了密码编码器，这样 Spring Security 就会启用这个密码编码器，这样密码就更加安全了。

12.3.3 使用自定义用户认证服务

在现今，有些企业的用户量很大，使用数据库进行验证有时候甚至会造成网站的缓慢，所以有些企业会考虑使用专门的 NoSQL 存储用户数据，如 Redis，这样就能够大大地加速用户的验证速度。由于需求的多样化，有时候我们也需要对用户进行自定义验证。

在广泛使用 Redis 的今天，如果 Redis 有缓存数据用户数据，那么就从 Redis 中读取，如果没有，则需要从数据库中查询用户信息，这也是我们目前最为常见的场景。关于这样的场景的实现请参考第 7 章的内容，这里不再详细讨论。假设系统已经提供 UserRoleService 的接口，通过它可以操作 Redis 和数据库，下面就基于这个基础进行开发。首先设置用户权限的方式，对于 Spring Security 提供了一个 UserDetailsService 接口，通过它可以获取用户信息，而这个接口只有一个 loadUserByUsername 方法需要实现，这个方法定义返回 UserDetails 接口对象，于是很快可以通过类似于代码清单 12-9 所示的代码来实现这个接口，进而获取用户信息。

代码清单 12-9 实现 UserDetailsService 接口定义用户服务类
```java
ppackage com.springboot.chapter12.service.impl;
/**** imports****/
@Service
public class UserDetailsServiceImpl implements UserDetailsService {

    // 注入服务接口
    @Autowired
    private UserRoleService userRoleService = null;

    @Override
```

```
@Transactional
public UserDetails loadUserByUsername(String userName)
        throws UsernameNotFoundException {
    // 获取数据库用户信息
    DatabaseUser dbUser = userRoleService.getUserByName(userName);
    // 获取数据库角色信息
    List<DatabaseRole> roleList
        = userRoleService.findRolesByUserName(userName);
    // 将信息转换为 UserDetails 对象
    return changeToUser(dbUser, roleList);
}

private UserDetails changeToUser(DatabaseUser dbUser,
        List<DatabaseRole> roleList) {
    // 权限列表
    List<GrantedAuthority> authorityList = new ArrayList<>();
    // 赋予查询到的角色
    for (DatabaseRole role : roleList) {
        GrantedAuthority authority
            = new SimpleGrantedAuthority(role.getRoleName());
        authorityList.add(authority);
    }
    // 创建 UserDetails 对象，设置用户名、密码和权限
    UserDetails userDetails = new User(dbUser.getUserName(),
        dbUser.getPwd(), authorityList);
    return userDetails;
}
}
```

把这个类标注为@Service，这样 Spring 就能够自动地扫描它为 Bean，然后通过自动注入了 UserRoleService 接口。接着是覆盖接口的 loadUserByUsername 方法，在这个方法中先通过 UserRoleService 接口查询到用户和对应的角色信息，然后通过 changeToUser 方法把它转换为一个 UserDetails 接口的对象，在这个 changeToUser 方法里，先是构建了一个权限列表，然后通过 User（org.springframework.security.core.userdetails.User）的构造方法将用户名称和密码传递，这样这个用户详情（UserDetails）就拥有了这些信息。

然后我们需要给认证服务注册这个 UserDetailsServiceImpl，因此需要改造 Spring Boot 的启动文件，如代码清单 12-10 所示。

代码清单 12-10　使用自定义的 UserDetailsService

```
package com.springboot.chapter12.main;
/**** imports ****/
@SpringBootApplication(scanBasePackages = "com.springboot.chapter12")
@MapperScan(annotationClass = Mapper.class, basePackages = "com.springboot.chapter12")
@EnableCaching
public class Chapter12Application extends WebSecurityConfigurerAdapter {

    @Value("${system.user.password.secret}")
    private String secret = null;

    @Autowired
    private UserDetailsService userDetailsService = null;
```

```
protected void configure(AuthenticationManagerBuilder auth)
        throws Exception {
    // 密码编码器
    PasswordEncoder passwordEncoder = new Pbkdf2PasswordEncoder(secret);
    // 设置用户密码服务和密码编码器
    auth.userDetailsService(userDetailsService)
        .passwordEncoder(passwordEncoder);
}
......
}
```

这里因为 UserDetailsServiceImpl 被标注为@Service，所以会被 Spring 的上下文扫描装配为 Bean。configure 方法首先声明了密码编码器，这样就能够对密码进行加密和比较了，然后再通过 userDetailsService 方法注册用户服务实现类，同时绑定密码的编码器，这样就能够使用加密过后的密码了。

12.4　限制请求

上面只是验证了用户，并且还可以给予用户赋予了不同的角色，但对于不同的角色而言其访问的权限也是不一样的。例如，一个网站可能存在普通用户和管理员用户，管理员用户拥有的权限会比普通用户要大得多，所以用户给予了登录的权限之外，还需要对于不同的角色赋予不同的权限。在上述配置用户中，继承了抽象类 WebSecurityConfigurerAdapter，并覆盖了其 configure(Authentication ManagerBuilder)方法，除此之外，这个抽象类还提供了另外一个方法，那就是 configure(HttpSecurity)，通过它便能够实现对于不同角色（用户）赋予不同权限的功能。

因为 WebSecurityConfigurerAdapter 已经实现 configure(HttpSecurity)的方法，所以先从它原有的方法进行探讨，其源码如代码清单 12-11 所示。

代码清单 12-11　WebSecurityConfigurerAdapter 的 configure(HttpSecurity)方法
```
// WebSecurityConfigurerAdapter 默认设定访问权限和登录方式
protected void configure(HttpSecurity http) throws Exception {
    logger.debug("Using default configure(HttpSecurity). "
        + "If subclassed this will potentially "
        + "override subclass configure(HttpSecurity).");
    // 只需要通过验证就可以访问所有的请求
    // authorizeRequests 方法限定只对签名成功的用户请求
    // anyRequest 方法限定所有请求
    // authenticated 方法对所有签名成功的用户允许方法
    http.authorizeRequests().anyRequest().authenticated()
        // and方法是连接词，formLogin 代表使用 Spring Security 默认的登录界面
        .and().formLogin()
        // httpBasic 方法说明启用 HTTP 基础认证
        .and().httpBasic();
}
```

代码中的中文注释是我加入的，有利于快速理解它的逻辑。从源码可以看出，只需要通过用户认证便可以访问所有的请求地址。它还通过 formLogin 方法配置了使用 Spring Security 的默认登录页面和 httpBasic 方法启用浏览器的 HTTP 基础认证方式。所以在默认的情况下，只要登录了用户，一切的请求就会畅通无阻了，但这往往不是我们真实的需要，毕竟不同的用户有着不同的角色，有时候我们需

要根据角色赋予权限。因此在很多的时候需要覆盖掉这个方法，让不同的角色有着不同的权限。

12.4.1 配置请求路径访问权限

对于 Spring Security，它允许使用 Ant 风格或者正则式的路径限定安全请求，代码清单 12-12 是展示 Ant 风格的路径限定。

代码清单 12-12　使用 Ant 风格配置限定

```
@Override
protected void configure(HttpSecurity http) throws Exception {
    // 限定签名后的权限
    http.
        /* ########第一段######## */
        authorizeRequests()
        // 限定"/user/welcome"请求赋予角色 ROLE_USER 或者 ROLE_ADMIN
        .antMatchers("/user/welcome", "/user/details").hasAnyRole("USER", "ADMIN")
        // 限定"/admin/"下所有请求权限赋予角色 ROLE_ADMIN
        .antMatchers("/admin/**").hasAuthority("ROLE_ADMIN")
        // 其他路径允许签名后访问
        .anyRequest().permitAll()

        /* ######## 第二段 ######## */
        /** and 代表连接词 **/
        // 对于没有配置权限的其他请求允许匿名访问
        .and().anonymous()

        /* ######## 第三段 ######## */
        // 使用 Spring Security 默认的登录页面
        .and().formLogin()
        // 启动 HTTP 基础验证
        .and().httpBasic();
}
```

请注意，上述代码分为 3 段，下面进行分段论述。

首先是第一段，authorizeRequests 方法表示设置哪些需要签名的请求，并且可以将不同的请求权限赋予不同的角色。antMatchers 配置的是请求的路径，这里使用的是 Ant 风格的配置，"/user/welcome" "/user/details" 明确指定了请求的路径。接着是 hasAnyRole 方法，指定了角色 "ROLE_USER" "ROLE_ADMIN"，指定了这些路径只能这些角色访问。对于 "/admin/**" 则是统配指定，只是分配了 "ROLE_ADMIN" 角色可以访问。注意，hasAnyRole 方法会默认加入前缀 "ROLE_"，而 hasAuthority 方法则不会，它们都表示对应的请求路径只有用户分配了对应的角色才能访问。然后 anyRequest 方法代表任意的没有限定的请求，permitAll 方法则表示没有配置过权限限定的路径允许全部访问。

再看到第二段，首先是 and 方法，它代表连接词，重新加入新的权限验证规则。这里配置了 anonymous 方法，说明允许匿名访问没有配置过的请求。

最后是第三段，formLogin 方法代表启用 Spring Security 默认的登录页面，httpBasic 方法表示启用 HTTP 的 Basic 请求输入用户和密码。

关于权限的方法还有很多，如表 12-2 所示。

表 12-2　权限方法说明

方　　法	含　　义
access(String)	参数为 SpEL，如果返回为 true 则允许访问
anonymous()	允许匿名访问
authorizeRequests()	限定通过签名的请求
anyRequest()	限定任意的请求
hasAnyRole(String...)	将访问权限赋予多个角色（角色会自动加入前缀"ROLE_"）
hasRole(String)	将访问权限赋予一个角色（角色会自动加入前缀"ROLE_"）
permitAll()	无条件允许访问
and()	连接词，并取消之前限定前提规则
httpBasic()	启用浏览器的 HTTP 基础验证
formLogin()	启用 Spring Security 默认的登录页面
not()	对其他方法的访问采取求反
fullyAuthenticated()	如果是完整验证（并非 Remember-me），则允许访问
denyAll()	无条件不允许任何访问
hasIpAddress(String)	如果是给定的 IP 地址则允许访问
rememberme()	用户通过 Remember-me 功能验证就允许访问
hasAuthority(String)	如果是给定的角色就允许访问（不加入前缀"ROLE_"）
hasAnyAuthority(String...)	如果是给定的角色中的任意一个就允许访问（不加入前缀"ROLE_"）

　　表 12-2 中的 access 方法后面我们会再谈。这里通过上述的方法你就可以给予请求的地址一定的权限保护了。有时候需要注意的一点是，对于这里的配置，会采取先配置优先的原则，因为有些时候权限会产生冲突。例如，代码清单第二段是允许匿名的访问，而且没有给出地址。但是，因为第一段中加入了限制，所以基于先配置优先的原则，Spring Security 还是会采用第一段的限制访问的。因此，在实际的工作中，把具体的配置放到前面配置，把不具体的配置放到后面配置。

　　上述的 antMatchers 方法是采用 Ant 风格的路径，此外也可以采用正则式的规则，这些都是允许的，例如：

```
http.authorizeRequests()
    .regexMatchers("/user/welcome", "/user/details").hasAnyRole("USER", "ADMIN")
    .regexMatchers("/admin/.*").hasAuthority("ROLE_ADMIN")
    .and().formLogin()
    .and().httpBasic();
```

这个时候就是采用正则式的方式给予请求路径的限定。

12.4.2　使用 Spring 表达式配置访问权限

　　有时候需要更加强大的验证功能，而上述功能只是使用方法进行配置，为了更加灵活，我们还可以使用 Spring EL 进行配置。这就需要使用到表 12-2 中的 access 方法，它的参数就是一个 Spring 表达式，如果这个表达式返回 true，就允许访问，否则就不允许访问。除此之外，Spring Security 还提供了一些有用的表示式语言来增强原有的功能，我们在这节学习它们。

下面先给出实例，如代码清单 12-13 所示。

代码清单 12-13 Spring 表达式设置权限

```
@Override
protected void configure(HttpSecurity http) throws Exception {
    http.authorizeRequests()
            // 使用 Spring 表达式限定只有角色 ROLE_USER 或者 ROLE_ADMIN
            .antMatchers("/user/**").access("hasRole('USER') or hasRole('ADMIN')")
            // 设置访问权限给角色 ROLE_ADMIN，要求是完整登录(非记住我登录)
            .antMatchers("/admin/welcome1").
                access("hasAuthority('ROLE_ADMIN') && isFullyAuthenticated()")
            // 限定"/admin/welcome2"访问权限给角色 ROLE_ADMIN，允许不完整登录
            .antMatchers("/admin/welcome2").access("hasAuthority('ROLE_ADMIN')")
            // 使用记住我的功能
            .and().rememberMe()
            // 使用 Spring Security 默认的登录页面
            .and().formLogin()
            // 启动 HTTP 基础验证
            .and().httpBasic();
}
```

上述代码中使用了 3 个 Spring 表达式，借助它们来实现配置访问权限的功能。其中第一个表达式使用了 hasRole 方法，通过它的参数限定了角色"ROLE_USER"或"ROLE_ADMIN"才拥有访问权限；第二个表达式是使用 hasAuthority 方法，通过限定"ROLE_ADMIN"角色才拥有访问权，并且要求是完整登录，不再接受"记住我"（Remember Me）这样的验证方式进行访问，关于"记住我"功能后面会再讨论；第三个表达式是允许"ROLE_ADMIN"角色进行访问。最后加粗的 rememberMe 方法是启用"记住我"功能。

除代码中演示的这些正则式的方法以外，Spring Security 还提供了其他的方法，如表 12-3 所示。

表 12-3 Spring Security 中的 Spring 表达式方法

方 法	含 义
authentication()	用户认证对象
denyAll()	拒绝任何访问
hasAnyRole(String ...)	当前用户是否存在参数中列明的对象属性
hasRole(String)	当前用户是否存在角色
hasIpAddress(String)	是否请求来自指定的 IP
isAnonymous()	是否匿名访问
isAuthenticated()	是否用户通过认证签名
isFullyAuthenticated()	是否用户是完整验证，即非"记住我"（Remember Me 认证）功能通过的认证
isRememberMe()	是否是通过"记住我"功能通过的验证
permitAll()	无条件允许任何访问
principal()	用户的 principal 对象

通过表中的 Spring 表达式就能够配置权限，从而限定请求的访问权限。

12.4.3 强制使用 HTTPS

在一些实际的工作环境中，如银行、金融公司和商品购物等，对于银行账户、密码、身份信息等往往都是极为敏感的，对于这些信息往往需要更为谨慎地进行保护。通过 HTTPS 协议采用证书进行加密，对于那些敏感的信息就可以通过加密进行保护了。对于那些需要加密的页面，在 Spring 中可以强制使用 HTTPS 请求，如代码清单 12-14 所示。

代码清单 12-14　强制使用 HTTPS 请求

```
http
    // 使用安全渠道，限定为 https 请求
    .requiresChannel().antMatchers("/admin/**").requiresSecure()
    // 不使用 HTTPS 请求
    .and().requiresChannel().antMatchers("/user/**").requiresInsecure()
    // 限定允许的访问角色
    .and().authorizeRequests().antMatchers("/admin/**").hasAnyRole("ADMIN")
    .antMatchers("/user/**").hasAnyRole("ROLE","ADMIN");
```

这里的 requiresChannel 方法说明使用通道，然后 antMatchers 是一个限定请求，最后使用 requiresSecure 表示使用 HTTPS 请求。这样对于 Ant 风格下的地址/admin/**就只能使用 HTTPS 协议进行请求了，而对于 requiresInsecure 则是取消安全请求的机制，这样就可以使用普通的 HTTP 请求。

12.4.4 防止跨站点请求伪造

跨站点请求伪造（Cross-Site Request Forgery，CSRF）是一种常见的攻击手段，我们先来了解什么是 CSRF。如图 12-3 所示，首先是浏览器请求安全网站，于是可以进行登录，在登录后，浏览器会记录一些信息，以 Cookie 的形式进行保存，然后在不关闭浏览器的情况下，用户可能访问一个危险网站，危险网站通过获取 Cookie 信息来仿造用户的请求，进而请求安全网站，这样就给网站带来很大的危险。

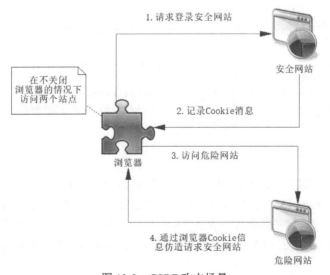

图 12-3　CSRF 攻击场景

为了克服这个危险，Spring Security 提供了方案来处理 CSRF 过滤器。在默认的情况下，它会启用这个过滤器来防止 CSRF 攻击。当然，我们也可以关闭这个功能。例如，使用代码

```
http.csrf().disable().authorizeRequests()......
```

就可以关闭 CSRF 过滤器的验证了，只是这样就会给网站带来一定被攻击的风险，因此在大部分的情况下，都不建议将这个功能关闭。

那么对于不关闭 CSRF 的 Spring Security，每次 HTTP 请求的表单（Form）就要求存在 CSRF 参数。当访问表单的时候，Spring Security 就生成 CSRF 参数，放入表单中，这样当提交表单到服务器时，就要求连同 CSRF 参数一并提交到服务器。Spring Security 就会对 CSRF 参数进行判断，判断是否与其生成的保持一致。如果一致，它就不会认为该请求来自 CSRF 攻击；如果 CSRF 参数为空或者与服务器的不一致，它就认为这是一个来自 CSRF 的攻击而拒绝请求。因为这个参数不在 Cookie 中，所以第三方网站是无法伪造的，这样就可避免 CSRF 攻击。

假设已经配置好路径 "/csrf/form"，请求映射为 "/WEB-INF/jsp/csrf_form.jsp"，下面需要给这个 JSP 表单添加参数 token 的信息，如代码清单 12-15 所示。

代码清单 12-15　在 JSP 中插入 CSRF 的 token 信息（/WEB-INF/jsp/csrf_form.jsp）

```
<!DOCTYPE html PUBLIC "-//W3C//DTD HTML 4.01 Transitional//EN"
"http://www.w3.org/TR/html4/loose.dtd">
<html>
<head>
    <meta http-equiv="Content-Type" content="text/html; charset=UTF-8">
    <title>CSRF FORM</title>
</head>
<body>
    <form action="./commit" method="post">
        <p>
            名称: <input id="name" name="name" type="text" value="" />
        </p>
        <p>
            描述: <input id="describe" name="describe" type="text" value="" />
        </p>
        <p>
            <input type="submit" value="提交"/>
        </p>
        <input type="hidden" id="${_csrf.parameterName}"
            name="${_csrf.parameterName}" value="${_csrf.token}" />

    </form>
</body>
</html>
```

注意加粗代码中的 JSTL 表达式，其中_csrf 对象是 Spring 提供的。当启用 CSRF 攻击的安全认证功能后，Spring Security 机制就会生成对应的 CSRF 参数，它的属性 parameterName 代表的是名称，属性 token 代表 token 值。这些都会放在表单（form）的隐藏域中，所以在提交的时候会提交到服务器后端。这时 Spring Security 的 CSRF 过滤器就会去验证这个 token 参数是否有效，进而可以避免 CSRF 攻击。

12.5 用户认证功能

通过 12.3 节的内容，可以通过用户服务在后台定义用户、角色和权限等安全内容。但仍旧使用的是 Spring Security 所提供的默认登录界面，其次也没有讨论退出登录的功能，这里需要对这些内容进行讨论。

12.5.1 自定义登录页面

上述的安全登录都使用 Spring Security 默认的登录页面，实际上，更多的时候需要的是自定义的登录页。有时候还需要一个"记住我"功能，避免用户在自己的客户端每次都需要输入密码。关于这些，Spring Security 都提供了进行管理的方法。代码清单 12-16 所示的代码将通过覆盖 WebSecurity ConfigurerAdapter 的 configure(HttpSecurity)方法，让登录页指向对应的请求路径和启用"记住我"（Remember Me）功能。

代码清单 12-16　Spring Boot 配置登录请求连接和"记住我"

```
@Override
protected void configure(HttpSecurity http) throws Exception {
    http
        // 访问/admin下的请求需要管理员权限
        .authorizeRequests().antMatchers("/admin/**").access("hasRole('ADMIN')")
        // 启用 remember me 功能
        .and().rememberMe().tokenValiditySeconds(86400).key("remember-me-key")
        // 启用 HTTP Batic 功能
        .and().httpBasic()
        // 通过签名后可以访问任何请求
        .and().authorizeRequests().antMatchers("/**").permitAll()
        // 设置登录页和默认的跳转路径
        .and().formLogin().loginPage("/login/page")
            .defaultSuccessUrl("/admin/welcome1");
}
```

这里的 rememberMe 方法意思为启用了"记住我"功能，这个"记住我"的有效时间为 1 天（86 400 s），而在浏览器中将使用 Cookie 以键"remember-me-key"进行保存，只是在保存之前会以 MD5 加密，这样就能够在一定程度上对内容进行保护。loginPage 方法是指定登录路径为"login/page"，defaultSuccessUrl 方法是指定默认的跳转路径为"admin/welcome1"。

这样需要指定 login/page 所映射的路径，我们可以使用传统的控制器去映射，也可以使用新增的映射关系去完成，如代码清单 12-17 所示。

代码清单 12-17　新增映射关系

```
package com.springboot.chapter12.config;
/**** imports ****/
@Configuration
public class WebConfig implements WebMvcConfigurer {
    // 增加映射关系
    @Override
    public void addViewControllers(ViewControllerRegistry registry) {
        // 使得/login/page 映射为 login.jsp
```

```
registry.addViewController("/login/page").setViewName("login");
// 使得/logout/page 映射为 logout_welcome.jsp
registry.addViewController("/logout/page").setViewName("logout_welcome");
// 使得/logout 映射为 logout.jsp
registry.addViewController("/logout").setViewName("logout");
    }
}
```

代码中 WebConfig 类实现了 WebMvcConfigurer 接口，并覆盖了 addViewControllers 方法。在方法里存在 3 个路径的配置，但这里只讨论注册的 URL，即"/login/page"，它映射为"login.jsp"，后面的两个路径后续会再讨论。这里给出这个 JSP 的代码，如代码清单 12-18 所示。

代码清单 12-18　自定义登录页面

```jsp
<%@ page language="java" contentType="text/html; charset=UTF-8"
    pageEncoding="UTF-8"%>
<!DOCTYPE html PUBLIC "-//W3C//DTD HTML 4.01 Transitional//EN"
"http://www.w3.org/TR/html4/loose.dtd">
<html>
<head>
    <meta http-equiv="Content-Type" content="text/html; charset=UTF-8">
    <title>自定义登录表单</title>
</head>
<body>
    <form action="/login/page" method="POST">
        <p>名称：<input id="username" name="username" type="text" value=""/></p>
        <p>密码：<input id="password" name="password" type="password" value=""/></p>
        <p>记住我：<input id="remember_me" name="remember-me" type="checkbox"></p>
        <p><input type="submit" value="登录"></p>
        <input type="hidden" id="${_csrf.parameterName}"
            name="${_csrf.parameterName}" value="${_csrf.token}"/>
    </form>
</body>
</html>
```

请注意这个表单的字段定义，这里的表单（form）提交的 action 定义为"/login/page"，这里安全登录拦截器就会拦截这些参数了，这里要求 method 为"POST"，不能是"GET"。表单中定义用户名且要求参数名称为 username，密码为 password，"记住我"为 remember-me，且"记住我"是一个 checkbox。这样提交到登录 URL 的时候，Spring Security 就可以获取这些参数，只是要切记这里的参数名是不能修改的。之前我们讨论过，Spring Boot 中 CSRF 过滤器是会默认启动的，因此这里还会在请求表单中加入了对应的参数，这样就可以避免 CSRF 的攻击了。通过上面的代码，就可以实现自定义登录页面和启用"记住我"功能。

12.5.2　启用 HTTP Basic 认证

HTTP Basic 认证是一个浏览器的自动弹出简单的模态对话框的功能。在 REST 风格的网站就比较适合这样的验证，为此我们可以使用代码清单 12-19 所示的代码片段来启用它。

代码清单 12-19　通过代码修改 HTTP Basic 认证功能

```
#启用 HTTP Basic 认证
http.httpBasic()
```

```
#设置名称
.realmName("my-basic-name");
```

这里的 httpBasic 方法的作用是启用 HTTPBasic 认证,而 realmName 方法的作用是设置模态对话框的标题。

12.5.3 登出

有了登录,自然就会有登出。对于默认的情况下,Spring Security 会提供一个 URL——"/logout",只要使用 HTTP 的 POST 请求(注意,GET 请求是不能退出的)了这个 URL,Spring Security 就会登出,并且清除 Remember Me 功能保存的相关信息。有时候也想自定义请求退出的路径。如代码清单 12-17 将请求 "/logout/page" 映射为 "logout_welcome.jsp",作为登出后的欢迎页面,这样便需要开发 logout_welcome.jsp,如代码清单 12-20 所示。

代码清单 12-20 登出页面(/WEB-INF/jsp/logout_welcome.jsp)

```
<%@ page language="java" contentType="text/html; charset=UTF-8" pageEncoding="UTF-8"%>
<%@ taglib prefix="c" uri="http://java.sun.com/jstl/core"%>
<!DOCTYPE html PUBLIC "-//W3C//DTD HTML 4.01 Transitional//EN"
"http://www.w3.org/TR/html4/loose.dtd">
<html>
<head>
    <meta http-equiv="Content-Type" content="text/html; charset=UTF-8">
    <title>Spring Security 登出</title>
</head>
<body>
    <h2>您已经登出了系统/h2>
</body>
</html>
```

再回看代码清单 12-17,它还将请求将 "/logout" 映射为 "logout.jsp",作为测试登出的页面,于是这里还需要开发这个页面,如代码清单 12-21 所示。

代码清单 12-21 登出页面

```
<%@ page language="java" contentType="text/html; charset=UTF-8"
    pageEncoding="UTF-8"%>
<!DOCTYPE html PUBLIC "-//W3C//DTD HTML 4.01 Transitional//EN"
"http://www.w3.org/TR/html4/loose.dtd">
<html>
<head>
    <meta http-equiv="Content-Type" content="text/html; charset=UTF-8">
    <title>登出</title>
</head>
<body>
    <form action="/logout/page" method="POST">
        <p><input type="submit" value="登出"></p>
        <input type="hidden" id="${_csrf.parameterName}"
            name="${_csrf.parameterName}" value="${_csrf.token}"/>
    </form>
</body>
</html>
```

这里的表单（form）定义将提交路径设置为"/logout/page"，方法为 POST（不能为 GET），并且表单中还有 CSRF 的 token 参数。为了使 Spring Security 的 LogoutFilter 能够拦截这个动作的请求，需要修改 WebSecurityConfigurerAdapter 的方法 configure(HttpSecurity)，如代码清单 12-22 所示。

代码清单 12-22　注册自定义登录页面

```
@Override
protected void configure(HttpSecurity http) throws Exception {
    http
            // 访问/admin 下的请求需要管理员权限
            .authorizeRequests().antMatchers("/admin/**")
                .access("hasRole('ADMIN')")
            // 通过签名后可以访问任何请求
            .and().authorizeRequests()
                .antMatchers("/**").permitAll()
            // 设置登录页和默认的跳转路径
            .and().formLogin().loginPage("/login/page")
                .defaultSuccessUrl("/admin/welcome1")
            // 登出页面和默认跳转路径
            .and().logout().logoutUrl("/logout/page")
                .logoutSuccessUrl("/welcome");
}
```

在加粗代码中，定义了成功登出跳转的路径为"/welcome"，而登出的请求 URL 为"/logout/page"。这样当使用 POST 方法请求"/logout/page"的时候，Spring Security 的过滤器 LogoutFilter 就可以拦截这个请求执行登出操作了，这时它只拦截 HTTP 的 POST 请求，而不拦截 GET 请求。

第13章

学点 Spring 其他的技术

到这里 Spring Boot 的主要内容已经讲解。只是 Spring 涉及的内容还是比较多的，还有一些常用但是比较烦琐的内容需要进行学习，如异步线程池、JMS 消息、定时和 WebSocket 等。虽然没有之前章节的内容那么常用，但是这些知识在实际的工作中对于企业而言还是相当实用的。

13.1 异步线程池

在前面的章节中，除了 Redis 发布订阅的应用外都是同步应用，也就是一个请求都是在同一个线程中运行。但是有时候可能需要异步，也就是一个请求可能存在两个或者以上的线程。在实际的场景中，如后台管理系统，有些任务需要操作比较多的数据进行统计分析，典型的如报表，需要去生成。而报表可能需要访问的是亿级数据量并且进行比较复杂的运算，这样报表的生成就需要比较多的时间了。对于系统运维人员，目的只是点击生成报表的按钮，而不需要查看报表。如果请求和生成报表的请求在同一个线程，那么他就需要等待比较长的时间，如图 13-1 所示。

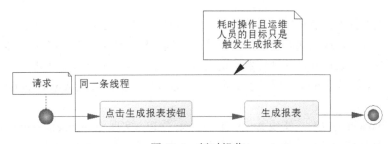

图 13-1　耗时操作

查看报表是业务人员的工作，所以他的希望是点击按钮后，页面不需要等待报表的生成，因为等待报表生成的过程会十分漫长和枯燥。为了满足运维人员的要求，往往需要生成报表交由后台线程去操作，而生成报表则是另外一个线程的任务，如图 13-2 所示。

在图 13-2 中可以看到，线程运维人员的请求是在线程 1 中运行的，而线程 1 会启动线程 2 来运行报表的生成。这样运维人员的请求就不再需要等待报表的生成，并且可以很快结束，这显然才是运维人员真实的需要。在本节我们基于这个模拟的场景讲述开发。

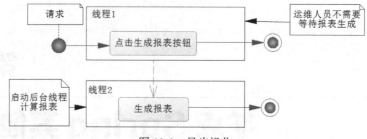

图 13-2 异步操作

13.1.1 定义线程池和开启异步可用

在 Spring 中存在一个 AsyncConfigurer 接口，它是一个可以配置异步线程池的接口，它的源码如代码清单 13-1 所示。

代码清单 13-1 AsyncConfigurer 接口源码

```
package org.springframework.scheduling.annotation;
/**** imports ****/
public interface AsyncConfigurer {

    // 获取线程池
    @Nullable
    default Executor getAsyncExecutor() {
        return null;
    }

    // 异步异常处理器
    @Nullable
    default AsyncUncaughtExceptionHandler getAsyncUncaughtExceptionHandler() {
        return null;
    }
}
```

从代码中可以看到方法还是比较简单的，其中 getAsyncExecutor 方法返回的是一个自定义线程池，这样在开启异步时，线程池就会提供空闲线程来执行异步任务。因为线程中的业务逻辑可能抛出异常，所以还有一个处理异常的处理器也定义方法，使得异常可以自定义处理。为了使得这个接口更加方便使用，在代码中 Spring 提供了空实现，所以我们只需要实现 AsyncConfigurer 接口覆盖掉对应的方法即可。

因此只需要 Java 配置文件，实现 AsyncConfigurer 接口，实现 getAsyncExecutor 方法返回的线程池，这样 Spring 就会使用这个线程池作为其异步调用的线程。为了使得异步可用，Spring 还提供一个注解@EnableAsync，如果 Java 配置文件标注它，那么 Spring 就会开启异步可用，这样就可以使用注解@Async 驱动 Spring 使用异步调用，下节我们会看到这样的实例。

13.1.2 异步实例

首先开发一个 Java 配置文件，如代码清单 13-2 所示。

代码清单 13-2 使用 Java 配置定义线程池和启用异步

```
package com.springboot.chapter13.config;
/**** imports ****/
@Configuration
@EnableAsync
public class AsyncConfig implements AsyncConfigurer  {
    // 定义线程池
    @Override
    public Executor getAsyncExecutor() {
        // 定义线程池
        ThreadPoolTaskExecutor taskExecutor = new ThreadPoolTaskExecutor();
        // 核心线程数
        taskExecutor.setCorePoolSize(10);
        // 线程池最大线程数
        taskExecutor.setMaxPoolSize(30);
        // 线程队列最大线程数
        taskExecutor.setQueueCapacity(2000);
        // 初始化
        taskExecutor.initialize();
        return taskExecutor;
    }
}
```

在代码中，注解@EnableAsync 代表开启 Spring 异步。这样就可以使用@Async 驱动 Spring 使用异步，但是异步需要提供可用线程池，所以这里的配置类还会实现 AsyncConfigurer 接口，然后覆盖 getAsyncExecutor 方法，这样就可以自定义一个线程池。因此当方法被标注@Async 时，Spring 就会通过这个线程池的空闲线程去运行该方法。在 getAsyncExecutor 方法中创建了线程池，设置了其核心线程为 10、最大线程数为 30、线程队列为 2000 的限制，然后将线程池初始化，这样异步便可用。

为了进行测试，定义一个异步服务接口，如代码清单 13-3 所示。

代码清单 13-3 异步服务接口

```
package com.springboot.chapter13.service;
public interface AsyncService {
    // 模拟报表生成的异步方法
    public void generateReport();
}
```

然后就是它的实现，如代码清单 13-4 所示。

代码清单 13-4 异步服务方法实现

```
package com.springboot.chapter13.service.impl;
/**** imports ****/
@Service
public class AsyncServiceImpl implements AsyncService {

    @Override
    @Async // 声明使用异步调用
    public void generateReport() {
        // 打印异步线程名称
        System.out.println("报表线程名称: "
            + "【" + Thread.currentThread().getName() +"】");
    }
}
```

这个方法比较简单，只是需要注意使用注解@Async 进行了标注，这样在 Spring 的调用中，它就会使用线程池的线程去执行它。在方法中打印出了当前运行线程的名称，以便后续验证。然后再开发一个控制器，如代码清单 13-5 所示。

代码清单 13-5　异步控制器

```
package com.springboot.chapter13.controller;
/**** imports ****/
@Controller
@RequestMapping("/async")
public class AsyncController {
    // 注入异步服务接口
    @Autowired
    private AsyncService asyncService = null;

    @GetMapping("/page")
    public String asyncPage() {
        System.out.println("请求线程名称："
            + "【" + Thread.currentThread().getName() +"】");
        // 调用异步服务
        asyncService.generateReport();
        return "async";
    }
}
```

这个控制器与平常的控制器并没有不同，只是在 asyncPage 方法中打印出了当前线程的名称，然后调用异步方法，最后返回一个字符串，进而指定跳转的页面。

启动服务后，对 asyncPage 方法进行请求，就可以看到日志打出如下：

```
请求线程名称：【http-nio-8080-exec-1】
报表线程名称：【ThreadPoolTaskExecutor-1】
```

通过观察日志，可以看到控制器方法和异步方法是由不同的线程运行的。通过类似的方法，就能够在 Spring 中使用异步调用。

13.2　异步消息

有时候需要与其他系统集成，这时需要发送消息给其他系统，让其完成对应的功能。例如，我们生活中常用的短信系统，各个业务系统需要通知客户时，完全可以通过消息发送到短信系统，从而发送短信给客户。对于业务系统而言，短信系统是一个异步的系统，可能发送消息后，短信系统因为繁忙而没有很快地将短信发出，正如生活中常常需要收到验证码登录一样，验证码可能在点击页面按钮后的数秒后才会发送到客户手机中。

为了给其他系统发送消息，Java 引入了 JMS（Java Message Service，Java 消息服务）。JMS 按其规范分为点对点（Point-to-Point）和发布订阅（Publish/Subscribe）两种形式。点对点就是将一个系统的消息发布到指定的另外一个系统，这样另外一个系统就能获得消息，从而处理对应的业务逻辑；发布订阅模式是一个系统约定将消息发布到一个主题（Topic）中，然后各个系统就能够通过订阅这个主题，根据发送过来的信息处理对应的业务。在更多的时候，开发者往往更多地使用发布订阅模式，因为可以进行更多的扩展，使得更多的系统能够监控得到消息，所以本节主要讨论发布订阅模式。

在实际工作中实现 JMS 服务的规范有很多，其中比较常用的有传统的 ActiveMQ 和分布式的 Kafka。为了更为可靠和安全，还存在 AMQP 协议（Advanced Message Queuing Protocol），实现它比较常用的有 RabbitMQ 等。下面对 ActiveMQ 和 RabbitMQ 的使用展开讨论。

13.2.1　JMS 实例——ActiveMQ

这节我们讨论 ActiveMQ 的使用。首先在 http://activemq.apache.org/download.html 下载 ActiveMQ，然后进入其 bin 目录下，如果是 Linux 平台则可以运行 activemq.sh，如果是 Windows 系统，则根据是 32 位还是 64 位机选择对应的启动目录运行 activemq.bat 文件，即可启动 ActiveMQ。运行之后，用浏览器打开 http://localhost:8161/admin/，使用用户名 "admin" 和密码 "admin" 登录，则可以看到如图 13-3 所示的页面。当看到这个页面时，说明 ActiveMQ 已经启动好了。

图 13-3　ActiveMQ 管理页

为了能够支持 ActiveMQ，首先配置 Maven 依赖，如代码清单 13-6 所示。

代码清单 13-6　配置关于 ActiveMQ 的依赖

```
<!--依赖于 starter，这样可以使用自动配置-->
<dependency>
    <groupId>org.springframework.boot</groupId>
    <artifactId>spring-boot-starter-activemq</artifactId>
</dependency>
<!--依赖于连接池，这样就可以启用 JMS 连接池-->
<dependency>
    <groupId>org.apache.activemq</groupId>
    <artifactId>activemq-pool</artifactId>
</dependency>
```

代码中引入了 ActiveMQ 的 starter，这样便可以通过 application.properties 文件配置关于 ActiveMQ 的内容。这里还引入了 activemq-pool 的依赖，这样便可以使用连接池的机制。有了这些依赖，就可以在 application.properties 文件中配置 ActiveMQ 的信息，如代码清单 13-7 所示。

代码清单 13-7 配置 ActiveMQ 和 JMS 信息

```
# ActiveMQ 地址
spring.activemq.broker-url=tcp://localhost:61616
# 配置用户名和密码
spring.activemq.user=admin
spring.activemq.password=admin
# 是否使用发布订阅模式，默认为 false，即用的是点对点的模式
spring.jms.pub-sub-domain=true
# 默认目的地址
spring.jms.template.default-destination=activemq.default.destination
# 是否启用连接池
spring.activemq.pool.enabled=true
# 连接池最大连接数配置
spring.activemq.pool.max-connections=50
```

这样 Spring Boot 会根据代码清单 13-7 初始化许多与 ActiveMQ 相关的对象，如 JMS 连接工厂、连接池和 JmsTemplate 对象等。而对于消息的发送或者接收可以通过模板对象 JmsTemplate 去处理，关于接收信息，Spring 4.1 之后的版本提供注解@JmsListener 进一步地简化了开发者的工作。为此需要定义一个接口，它既能够发送 JMS 消息，也能够接收 JMS 消息，如代码清单 13-8 所示。

代码清单 13-8 定义 ActiveMQ 服务接口

```
package com.springboot.chapter13.service;
// ActiveMQ 服务接口
public interface ActiveMqService {

    // 发送消息
    public void sendMsg(String message);

    // 接收消息
    public void receiveMsg(String message);
}
```

接着就是其实现类，如代码清单 13-9 所示。

代码清单 13-9 ActiveMQ 服务实现类

```
package com.springboot.chapter13.service.impl;
/**** imports ****/
@Service
public class ActiveMqServiceImpl implements ActiveMqService {

    // 注入由 Spring Boot 自动生产的 jmsTemplate
    @Autowired
    private JmsTemplate jmsTemplate = null;

    @Override
    public void sendMsg(String message) {
        System.out.println("发送消息【" + message + "】");
        jmsTemplate.convertAndSend(message);
        // 自定义发送地址
        // jmsTemplate.convertAndSend("your-destination", message);
    }

    @Override
    // 使用注解，监听地址发送过来的消息
```

```
@JmsListener(destination
        = "${spring.jms.template.default-destination}")
public void receiveMsg(String message) {
    System.out.println("接收到消息：【" + message + "】");
}
}
```

这里首先注入了 JmsTemplate，这个对象是由 Spring Boot 的自动配置机制生成的。接着的是
sendMsg 方法，它的作用是发送 JMS 消息，这里的 convertAndSend 方法，就是一个发送消息的方法。
稍微讨论一下它的工作原理。首先是 convert，顾名思义就是转换，在默认的情况下，JmsTemplate 会提
供一个 SimpleMessageConverter 去提供转换规则，它实现了 MessageConverter 接口。如果要使用其他
的序列化器，如 SerializerMessageConverter（序列化消息转换器）或者 Jackson2JsonMessageConverter
（Json 消息转换器），只需要使用 JmsTemplate 的 setMessageConverter 方法进行设置即可，不过在一般
情况下 SimpleMessageConverter 已经足够使用了。然后就是发送消息，因为在配置文件 application.
properties 中配置了默认地址，所以这里不需要使用地址。

　　上面的例子发送的只是字符串消息，这是一个很普通的消息。但有时，希望能够发送的是 POJO。
例如，定义一个 POJO 类 User，如代码清单 13-10 所示。

代码清单 13-10　User 的 POJO 对象

```
package com.springboot.chapter13.pojo;
/**** imports ****/
public class User implements Serializable {
    private static final long serialVersionUID = 8081849731640304905L;
    private Long id;
    private String userName = null;
    private String note = null;

    public User(Long id, String userName, String note) {
        this.id = id;
        this.userName = userName;
        this.note = note;
    }
    /**** setter and getter ****/
}
```

　　注意，这个类要求的是这个对象能够进行序列化，也就是实现 Serializable 接口。这里还需要注意
的是加粗的 Long 属性，里面还有一些文章，后面会再讨论它。然后在创建类 ActiveMqUserServiceImpl 中
加入两个方法，如代码清单 13-11 所示。

代码清单 13-11　使用 ActiveMQ 发送 User 对象

```
package com.springboot.chapter13.service.impl;
/**** imports ****/
@Service
public class ActiveMqUserServiceImpl implements ActiveMqUserService {

    // 注入由 Spring Boot 自动生产的 jmsTemplate
    @Autowired
    private JmsTemplate jmsTemplate = null;

    // 自定义地址
```

```java
    private static final String myDestination = "my-destination";

    @Override
    public void sendUser(User user) {
        System.out.println("发送消息【" + user + "】");
        // 使用自定义地址发送对象
        jmsTemplate.convertAndSend(myDestination, user);
    }

    @Override
    // 监控自定义地址
    @JmsListener(destination = myDestination)
    public void receiveUser(User user) {
        System.out.println("接收到消息：【" + user + "】");
    }
}
```

根据实现类去创建 ActiveMqUserService 接口的定义不是太难，这里不再展示接口代码。然而到这里还是不能发送对象，因为 ActiveMQ 并不信任 User 类，为了让 User 对象能够被信任，需要配置 application.properties 文件，增加配置项如代码清单 13-12 所示。

代码清单 13-12　配置 ActiveMQ 信任 User 类

```
spring.activemq.packages.trusted=com.springboot.chapter13.pojo,java.lang
# spring.activemq.packages.trust-all=true
```

这里配置了 ActiveMQ 信任的包列表，首先是 com.springboot.chapter13.pojo 包，这样它就能够信任 User 类，其次是配置了 java.lang 包，之所以这样配置，是因为之前的 User 对象存在一个 id 属性，它是 Long 型。如果希望 ActiveMQ 信任所有的包，也可以把 spring.activemq.packages.trust-all 配置为 true，它的默认值为 false。

为了测试 ActiveMqServiceImpl 类，这里开发了一个控制器，如代码清单 13-13 所示。

代码清单 13-13　测试 ActiveMQ 控制器

```java
package com.springboot.chapter13.controller;
/**** imports ****/
@Controller
@RequestMapping("/activemq")
public class ActiveMqController {

    // 注入服务对象
    @Autowired
    private ActiveMqService activeMqService = null;

    // 注入服务对象
    @Autowired
    private ActiveMqUserService activeMqUserService = null;

    // 测试普通消息的发送
    @ResponseBody
    @GetMapping("/msg")
    public Map<String, Object> msg(String message) {
        activeMqService.sendMsg(message);
        return result(true, message);
    }
```

```
// 测试 User 对象的发送
@ResponseBody
@GetMapping("/user")
public Map<String, Object> sendUser(Long id,
        String userName, String note) {
    User user = new User(id, userName, note);
    activeMqUserService.sendUser(user);
    return result(true, user);

}

private Map<String, Object> result(Boolean success, Object message) {
    Map<String, Object> result = new HashMap<>();
    result.put("success", success);
    result.put("message", message);
    return result;
}
}
```

启动 Spring Boot 的应用，分别使用对应的 URL 以及参数请求 sendMsg 方法和 sendUser 方法可以得到如下的日志：

```
发送消息【123】
接收到消息：【123】
发送消息【com.springboot.chapter13.pojo.User@12d5513】
接收到消息：【com.springboot.chapter13.pojo.User@3d6a0144】
```
显然消息和对象都已经发送成功。

13.2.2 使用 AMQP——RabbitMQ

AMQP 也是一种常用的消息协议。AMQP 是一个提供统一消息服务的应用层标准协议，基于此协议的客户端与消息中间件可传递消息，并不受客户端/中间件不同产品、不同开发语言等条件的限制。

首先加入我们的 Maven 依赖，如代码清单 13-14 所示。

代码清单 13-14　在 Spring Boot 中加入对 AMPQ 的依赖
```
<dependency>
    <groupId>org.springframework.boot</groupId>
    <artifactId>spring-boot-starter-amqp</artifactId>
</dependency>
```

这样项目就依赖于 AMPQ 的 starter 了，它会将 RabbitMQ 对应的包加载进来。接着我们需要配置 RabbitMQ 的信息，如代码清单 13-15 所示。

代码清单 13-15　使用 Spring Boot 配置 RabbitMQ
```
#RabbitMQ 配置
#RabbitMQ 服务器地址
spring.rabbitmq.host=localhost
#RabbitMQ 端口
spring.rabbitmq.port=5672
#RabbitMQ 用户
spring.rabbitmq.username=admin
#RabbitMQ 密码
spring.rabbitmq.password=123456
```

```
#是否确认发送的消息已经被消费
spring.rabbitmq.publisher-confirms=true

#RabbitMQ 的消息队列名称，由它发送字符串
rabbitmq.queue.msg=spring-boot-queue-msg
#RabbitMQ 的消息队列名称，由它发送用户对象
rabbitmq.queue.user=spring-boot-queue-user
```

这段代码中未加粗的代码是 AMPQ 的 starter 提供的配置项，加粗的是自定义的配置属性。Spring Boot 会依据配置的内容创建 RabbitMQ 的相关对象，如连接工厂、RabbitTemplate 等。这里的配置项 spring.rabbitmq.publisher-confirms 声明为 true，意味着发送消息方可以监听发送消息到消费端是否成功，如果成功则它会根据设置的类进行回调，然后加粗的代码就自定义了两个消息队列的名称。

下面根据这两个消息队列名称在 Spring Boot 启动文件中创建 RabbitMQ 的队列，如代码清单 13-16 所示。

代码清单 13-16　创建两个 RabbitMQ 队列

```
// 消息队列名称
@Value("${rabbitmq.queue.msg}")
private String msgQueueName = null;

// 用户队列名称
@Value("${rabbitmq.queue.user}")
private String userQueueName = null;

@Bean
public Queue createQueueMsg() {
    // 创建字符串消息队列，boolean 值代表是否持久化消息
    return new Queue(msgQueueName, true);
}

@Bean
public Queue createQueueUser() {
    // 创建用户消息队列，boolean 值代表是否持久化消息
    return new Queue(userQueueName, true);
}
```

这里 Spring Boot 的机制会自动注册这两个队列，所以并不需要自己做进一步的绑定。接着声明一个接口用于发送消息，它可以发送字符串消息，也可以将用户消息以对象的形式发送，如代码清单 13-17 所示。

代码清单 13-17　定义 RabbitMQ 服务接口

```
package com.springboot.chapter13.service;
/**** imports ****/
public interface RabbitMqService {
    // 发送字符串消息
    public void sendMsg(String msg);

    // 发送用户消息
    public void sendUser(User user);
}
```

这个接口很简单，接着就可以实现它了，如代码清单 13-18 所示。

代码清单 13-18　RabbitMQ 服务接口实现类

```java
package com.springboot.chapter13.service.impl;
/**** imports ****/
@Service
public class RabbitMqServiceImpl
        // 实现 ConfirmCallback 接口，这样可以回调
        implements ConfirmCallback, RabbitMqService {

    @Value("${rabbitmq.queue.msg}")
    private String msgRouting = null;

    @Value("${rabbitmq.queue.user}")
    private String userRouting = null;

    // 注入由 Spring Boot 自动配置的 RabbitTemplate
    @Autowired
    private RabbitTemplate rabbitTemplate = null;

    // 发送消息
    @Override
    public void sendMsg(String msg) {
        System.out.println("发送消息: 【" + msg + "】");
        // 设置回调
        rabbitTemplate.setConfirmCallback(this);
        // 发送消息，通过 msgRouting 确定队列
        rabbitTemplate.convertAndSend(msgRouting, msg);
    }

    // 发送用户
    @Override
    public void sendUser(User user) {
        System.out.println("发送用户消息: 【" + user + "】");
        // 设置回调
        rabbitTemplate.setConfirmCallback(this);
        rabbitTemplate.convertAndSend(userRouting, user);
    }

    // 回调确认方法
    @Override
    public void confirm(CorrelationData correlationData,
            boolean ack, String cause) {
        if (ack) {
            System.out.println("消息成功消费");
        } else {
            System.out.println("消息消费失败:" + cause);
        }
    }
}
```

这个类实现了 RabbitMqService 的 confirm 方法，换句话说，这个类可以作为 RabbitMQ 的生产者的回调类。其中注入了 RabbitTemplate 对象，这个对象是由 Spring Boot 通过自动配置生成的，并不需要自行处理。接着看到 sendMsg 方法，这里设置了回调为当前对象，所以发送消息后，当消费者得到消息时，它就会调用 confirm 方法。RabbitTemplate 的 convertAndSend 方法则是转换和发送消息。与 JmsTemplate 一样，这个方法也是先转换消息，这里的消息转换是通过 SimpleMessageConverter

对象转换，这个类也是 RabbitTemplate 默认的转换类，如果有需要可以改变它。而方法里设置了 msgRouting 的路径，它就是消息（字符串）队列的名称，所以消息最终会发送到这个队列中，等待监听它的消费者进行消费。sendUser 方法也是如此，只是它发送的是一个用户 POJO 而已。

上面是开发了消息的生产者，为了测试还需要一个消费者来消费生产者发送的消息。于是再创建一个类，用于接收这些发送的消息，如代码清单 13-19 所示。

代码清单 13-19　RabbitMQ 接收器

```
package com.springboot.chapter13.rabbit.receiver;
/**** imports ****/
@Component
public class RabbitMessageReceiver {

    // 定义监听字符串队列名称
    @RabbitListener(queues = { "${rabbitmq.queue.msg}" })
    public void receiveMsg(String msg) {
        System.out.println("收到消息：【" + msg + "】");
    }

    // 定义监听用户队列名称
    @RabbitListener(queues = { "${rabbitmq.queue.user}" })
    public void receiveUser(User user) {
        System.out.println("收到用户信息【" + user + "】");
    }
}
```

这个接收者的定义也比较简单，只需要在方法上标注@RabbitListener 即可，然后在其配置项 queues 配置所需要的队列名称，这样就能够直接接收到 RabbitMQ 所发送的消息。为了测试这节的内容，可以再创建一个控制器，如代码清单 13-20 所示。

代码清单 13-20　使用控制器测试 RabbitMQ 服务和接收器

```
package com.springboot.chapter13.controller;
/**** imports ****/
@RestController
@RequestMapping("/rabbitmq")
public class RabbitMqController {
    // 注入 Spring Boot 自定生成的对象
    @Autowired
    private RabbitMqService rabbitMqService = null;

    @GetMapping("/msg") // 字符串
    public Map<String, Object> msg(String message) {
        rabbitMqService.sendMsg(message);
        return resultMap("message", message);
    }

    @GetMapping("/user") // 用户
    public Map<String, Object> user(Long id, String userName, String note) {
        User user = new User(id, userName, note);
        rabbitMqService.sendUser(user);
        return resultMap("user", user);
    }
    // 结果 Map
    private Map<String, Object> resultMap(String key, Object obj) {
```

```
        Map<String, Object> result = new HashMap<>();
        result.put("success", true);
        result.put(key, obj);
        return result;
    }
}
```

这样使用 HTTP 请求 msg 和 user 方法，就能够通过对应的接口发送消息，并且对应的消费者也会接收消息，而且会执行确认机制。

13.3　定时任务

在企业的实践生产中，可能需要使用一些定时任务。例如，在月末、季末和年末需要统计各种各样的报表，月表需要月末跑批量生成，季表需要季末跑批量生成，这样就需要制定不同的定时任务。

在 Spring 中使用定时器是比较简单的，首先在配置文件中加入@EnableScheduling，就能够使用注解驱动定时任务的机制，然后可以通过注解@Scheduled 去配置如何定时。下面加入 Spring Boot 启动类标注@EnableScheduling，然后再开发一个服务类，如代码清单 13-21 所示。

代码清单 13-21　测试简易定时任务
```java
package com.springboot.chapter13.service.impl;
/**** imports ****/
@Service
public class ScheduleServiceImpl {
    // 计数器
    int count1 = 1;
    int count2 = 1;

    // 每隔一秒执行一次
    @Scheduled(fixedRate = 1000)
    // 使用异步执行
    @Async
    public void job1() {
        System.out.println("【" +Thread.currentThread().getName()+"】"
                + "【job1】每秒钟执行一次，执行第【" + count1 + "】次");
        count1 ++;
    }

    // 每隔一秒执行一次
    @Scheduled(fixedRate = 1000)
    // 使用异步执行
    @Async
    public void job2() {
        System.out.println("【" +Thread.currentThread().getName()+"】"
                + "【job2】每秒钟执行一次，执行第【" + count2 + "】次");
        count2 ++;
    }
}
```

这里的注解@Scheduled 配置为按时间间隔执行，每隔 1 s 便执行一次。使用@Async 注解代表这需要使用异步线程执行，关于它的使用可参考 13.1 节的内容。这样，启动 Spring Boot 程序，很快通过观察后台就可以看到每秒都会有如下的日志：

```
【ThreadPoolTaskExecutor-2】【job2】每秒钟执行一次，执行第【1】次
【ThreadPoolTaskExecutor-1】【job1】每秒钟执行一次，执行第【1】次
【ThreadPoolTaskExecutor-3】【job1】每秒钟执行一次，执行第【2】次
【ThreadPoolTaskExecutor-4】【job2】每秒钟执行一次，执行第【2】次
【ThreadPoolTaskExecutor-5】【job1】每秒钟执行一次，执行第【3】次
【ThreadPoolTaskExecutor-2】【job2】每秒钟执行一次，执行第【3】次
......
```

这说明每秒钟 Spring 都会运行这个标注了@Scheduled 的方法，并且在不同的线程之间执行。

上述中@Scheduled 只是按照时间间隔执行，有时候需要指定更为具体的时间，例如，每天晚上 11:00 开始跑批量生成报表，或者一些任务在每周日执行。为了能够更为精确地指定任务执行的时间，所以有必要更为细致地研究@Scheduled 的配置项，如表 13-1 所示。

表 13-1 @Scheduled 的配置项

配 置 项	类 型	描 述
cron	String	使用表达式的方式定义任务执行时间
zone	String	可以通过它设定区域时间
fixedDelay	long	表示从上一个任务完成开始到下一个任务开始的间隔，单位为毫秒
fixedDelayString	String	与 fixedDelay 相同，只是使用字符串，这样可以使用 SpEL 来引入配置文件的配置
initialDelay	long	在 Spring IoC 容器完成初始化后，首次任务执行延迟时间，单位为毫秒
initialDelayString	String	与 initialDelay 相同，只是使用字符串，这样可以使用 SpEL 来引入配置文件的配置
fixedRate	long	从上一个任务开始到下一个任务开始的间隔，单位为毫秒
fixedRateString	String	与 fixedRate 相同，只是使用字符串，这样可以使用 SpEL 来引入配置文件的配置

表 13-1 中的配置项除了 cron 外都比较好理解，只有 cron 是可以通过表达式更为灵活地配置运行的方式。cron 有 6～7 个空格分隔的时间元素，按顺序依次是"秒 分 时 天 月 星期 年"，其中年是一个可以不配置的元素，例如下面的配置：

```
0 0 0 ? * WED
```

这个配置表示每个星期三中午 0 点整。这个表达式需要注意的是其中的特殊字符，如?和*，这里因为天和星期会产生定义上的冲突，所以往往会以通配符?表示，它表示不指定值，而*则表示任意的月。除此以外还会有表 13-2 所示的其他通配符。

表 13-2 通配符含义

通 配 符	描 述
*	表示任意值
?	不指定值，用于处理天和星期配置的冲突
-	指定时间区间

续表

通 配 符	描 述
/	指定时间间隔执行
L	最后的
#	第几个
,	列举多个项

为了说明它们的使用，下面举例如表 13-3 所示。

表 13-3　cron 表达式举例

项 目 类 型	描 述
"0 0 0 * * ?"	每天 00:00 点整触发
"0 15 23 ? * *"	每天 23:15 触发
"0 15 0 * * ?"	每天 00:15 触发
"0 15 10 * * ? *"	每天早上 10:15 触发
"0 30 10 * * ? 2018"	2018 年的每天早上 10:30 触发
"0 * 23 * * ?"	每天从 23:00 开始到 23:59 每分钟一次触发
"0 0/3 23 * * ?"	每天从 23:00 开始到 23:59 结束每 3 分钟一次触发
"0 0/3 20,23 * * ?"	每天的 20:00 至 20:59 和 23:00 至 23:59 两个时间段内每 3 分钟一次触发
"0 0-5 21 * * ?"	每天 21:00 至 21:05 每分钟一次触发
"0 10,44 14 ? 3 WED"	3 月的每周三的 14:10 和 14:44 触发
"0 0 23 ? * MON-FRI"	每周一到周五的 23:00 触发
"0 30 23 ? * 6L 2017-2020"	2017 年至 2020 年的每月最后一个周五的 23:30 触发
"0 15 22 ? * 6#3"	每月第三周周五的 22:15 触发

到这里关于 @Scheduled 的内容就结束了。下面再通过两个实例来巩固对定时任务的理解，如代码清单 13-22 所示。

代码清单 13-22　定时机制例子

```
int count3 = 1;
int count4 = 1;
// Spring IoC 容器初始化后，第一次延迟 3 秒，每隔 1 秒执行一次
@Scheduled(initialDelay = 3000, fixedRate = 1000)
@Async
public void job3() {
    System.out.println("【" + Thread.currentThread().getName() + "】"
        + "【job3】每秒钟执行一次，执行第【" + count3 + "】次");
    count3++;
}

// 11:00 到 11:59 点每分钟执行一次
@Scheduled(cron = "0 * 11 * * ?")
@Async
public void job4() {
    System.out.println("【" + Thread.currentThread().getName()
```

```
            + "】【job4】每分钟执行一次，执行第【" + count4 + "】次");
        count4 ++;
    }
```

13.4 WebSocket 应用

WebSocket 协议是基于 TCP 的一种新的网络协议。它实现了浏览器与服务器全双工（full-duplex）通信——允许服务器主动发送信息给客户端，这样就可以实现从客户端发送消息到服务器，而服务器又可以转发消息到客户端，这样就能够实现客户端之间的交互。对于 WebSocket 的开发，Spring 也提供了良好的支持。目前很多浏览器已经实现了 WebSocket 协议，但是依旧存在着很多浏览器没有实现该协议，为了兼容那些没有实现该协议的浏览器，往往还需要通过 STOMP 协议来完成这些兼容。

不过无论如何都需要先加入关于 WebSocket 的依赖，如代码清单 13-23 所示。

代码清单 13-23　加入依赖

```
<dependency>
    <groupId>org.springframework.boot</groupId>
    <artifactId>spring-boot-starter-security</artifactId>
</dependency>
<dependency>
    <groupId>org.springframework.boot</groupId>
    <artifactId>spring-boot-starter-websocket</artifactId>
</dependency>
```

这里可以看到，加入了关于 Spring Security 的依赖，因为有时候对于 WebSocket 而言，需要的是点对点的通信，这一点需要用户进行登录，在后续章节中会看到这样的场景。

13.4.1　开发简易的 WebSocket 服务

对于 WebSocket 的使用，可以先通过 Spring 创建 Java 配置文件。在这个文件中，先新建 ServerEndpointExporter 对象，通过它可以定义 WebSocket 服务器的端点，这样客户端就能请求服务器的端点，其内容如代码清单 13-24 所示。

代码清单 13-24　自定义 WebSocket 服务端点配置

```
package com.springboot.chapter13.main;
/**** imports ***/
@Configuration
public class WebSocketConfig {
    // 创建服务器端点
    @Bean
    public ServerEndpointExporter serverEndpointExporter() {
        return new ServerEndpointExporter();
    }
}
```

有了这个 Bean，就可以使用@ServerEndpoint 定义一个端点服务类。在这个站点服务类中，还可以定义 WebSocket 的打开、关闭、错误和发送消息的方法。例如，代码清单 13-25 就是定义一个服务器端点的功能。

代码清单 13-25 定义 WebSocket 服务端站点

```
package com.springboot.chapter13.service.impl;
/**** imports ****/
@ServerEndpoint("/ws")
@Service
public class WebSocketServiceImpl {
    // 静态变量，用来记录当前在线连接数。应该把它设计成线程安全的
    private static int onlineCount = 0;
    // concurrent 包的线程安全 Set，用来存放每个客户端对应的 WebSocketServiceImpl 对象
    private static CopyOnWriteArraySet<WebSocketServiceImpl>
            webSocketSet = new CopyOnWriteArraySet<>();
    // 与某个客户端的连接会话，需要通过它来给客户端发送数据
    private Session session;
    /**
     * 连接建立成功调用的方法*/
    @OnOpen
    public void onOpen(Session session) {
        this.session = session;
        webSocketSet.add(this);          // 加入 set 中
        addOnlineCount();                // 在线数加 1
        System.out.println("有新连接加入！当前在线人数为" + getOnlineCount());
        try {
            sendMessage("有新的连接加入了！！");
        } catch (IOException e) {
            System.out.println("IO 异常");
        }
    }

    /**
     * 连接关闭调用的方法
     */
    @OnClose
    public void onClose() {
        webSocketSet.remove(this);    // 从 set 中删除
        subOnlineCount();             // 在线数减 1
        System.out.println("有一连接关闭！当前在线人数为" + getOnlineCount());
    }

    /**
     * 收到客户端消息后调用的方法
     * @param message 客户端发送过来的消息
     */
    @OnMessage
    public void onMessage(String message, Session session) {
        System.out.println("来自客户端的消息:" + message);

        // 群发消息
        for (WebSocketServiceImpl item : webSocketSet) {
            try {
                /*
                // 获取当前用户名称
                String userName = item.getSession()
                        .getUserPrincipal().getName();
                System.out.println(userName);
                */
                item.sendMessage(message);
```

```
        } catch (IOException e) {
            e.printStackTrace();
        }
    }
}

/**
 * 发生错误时调用
 */
@OnError
public void onError(Session session, Throwable error) {
    System.out.println("发生错误");
    error.printStackTrace();
}



/**
 * 发送消息
 * @param message 客户端消息
 * @throws IOException
 */
private void sendMessage(String message) throws IOException {
    this.session.getBasicRemote().sendText(message);
}

// 返回在线数
private static synchronized int getOnlineCount() {
    return onlineCount;
}

// 当连接人数增加时
private static synchronized void addOnlineCount() {
    WebSocketServiceImpl.onlineCount++;
}

// 当连接人数减少时
private static synchronized void subOnlineCount() {
    WebSocketServiceImpl.onlineCount--;
}
}
```

这里稍微解释一下这些主要注解的作用。

- @ServerEndpoint("/ws")：表示让 Spring 创建 WebSocket 的服务端点，其中请求地址是 "/ws"。
- @OnOpen：标注客户端打开 WebSocket 服务端点调用方法。
- @OnClose：标注客户端关闭 WebSocket 服务端点调用方法。
- @OnMessage：标注客户端发送消息，WebSocket 服务端点调用方法。
- @OnError：标注客户端请求 WebSocket 服务端点发生异常调用方法。

因为每一个客户端打开时，都会为其创建一个 WebSocketServiceImpl 对象，所以这里的打开方法中都会去计数并且将这个对象保存到 CopyOnWriteArraySet 中，这样就可以知道拥有多少连接。对于关闭方法则是清除这个对象，并且计数减一。对于消息发送方法，则是通过轮询对所有的客户端连接都给予发送消息，所以所有的连接都可以收到这个消息。但是有时候可能只是需要发送给特定的用户，则需要得到用户的信息，然后再发送给特定的用户。

有了服务器端点，就需要开发客户端的页面，如代码清单 13-26 所示。

代码清单 13-26　WebSocket 页面开发（/WEB-INF/jsp/websocket.jsp）

```jsp
<%@ page language="java" contentType="text/html; charset=UTF-8"
    pageEncoding="UTF-8"%>
<!DOCTYPE html PUBLIC "-//W3C//DTD HTML 4.01 Transitional//EN"
"http://www.w3.org/TR/html4/loose.dtd">
<html>
<head>
<meta http-equiv="Content-Type" content="text/html; charset=UTF-8">
<title>My WebSocket</title>
<script type="text/javascript" src="https://code.jquery.com/jquery-3.2.1.min.js"></script>
<script type="text/javascript" src="./../js/websocket.js"></script>
</head>
<body>
    测试一下 WebSocket 站点吧
    <br />
    <input id="message" type="text" />
    <button onclick="sendMessage()">发送消息</button>
    <button onclick="closeWebSocket()">关闭 WebSocket 连接</button>
    <div id="context"></div>
</body>
</html>
```

这段代码中定义了一个文本框和两个按钮和一个层（div），文本框是给予客户输入消息的，两个按钮一个是发送，另一个是关闭 WebSocket 连接。JavaScript 则是引入了 jQuery 和自定的一个脚本，这个脚本的内容如代码清单 13-27 所示。

代码清单 13-27　WebSocket 客户端脚本（/resources/static/js/websocket.js）

```javascript
var websocket = null;
// 判断当前浏览器是否支持 WebSocket
if ('WebSocket' in window) {
    // 创建 WebSocket 对象，连接服务器端点
    websocket = new WebSocket("ws://localhost:8080/ws");
} else {
    alert('Not support websocket')
}

// 连接发生错误的回调方法
websocket.onerror = function() {
    appendMessage("error");
};

// 连接成功建立的回调方法
websocket.onopen = function(event) {
    appendMessage("open");
}

// 接收到消息的回调方法
websocket.onmessage = function(event) {
    appendMessage(event.data);
}
```

```
    // 连接关闭的回调方法
    websocket.onclose = function() {
        appendMessage("close");
    }

    // 监听窗口关闭事件，当窗口关闭时，主动关闭 websocket 连接
    // 防止连接还没断开就关闭窗口，server 端会抛异常
    window.onbeforeunload = function() {
        websocket.close();
    }

    // 将消息显示在网页上
    function appendMessage(message) {
        var context = $("#context").html() +"<br/>" + message;
        $("#context").html(context);
    }

    // 关闭连接
    function closeWebSocket() {
        websocket.close();
    }

    // 发送消息
    function sendMessage() {
        var message = $("#message").val();
        websocket.send(message);
    }
```

这个脚本定义了一个 WebSocket 的 JavaScript 对象，其中给出了 ws 的地址，路径 "/ws" 代表连接服务器的哪个端点，这样就能定位到 WebSocketServiceImpl 服务类中，然后定义了其打开、关闭、错误和接收消息方法，这样这个页面就可以与服务器端点通信。为了打开这个页面，还需要定义一个控制器如代码清单 13-28 所示。

代码清单 13-28   通过控制器打开 WebSocket 页面

```
package com.springboot.chapter13.controller;
/**** imports ****/
@Controller
@RequestMapping("/websocket")
public class WebSocketController {
    // 跳转 websocket 页面
    @GetMapping("/index")
    public String websocket() {
        return "websocket";
    }
}
```

这样通过请求 websocket 方法，就能够看到 WebSocket 的页面，这里可以打开两个页面。然后就可以相互发送消息，如图 13-4 所示。

但并不是所有的浏览器都支持 WebSocket 协议，一些旧版本的浏览器并不能支持 WebSocket 协议，因此还需要去兼容这些浏览器。为此可以引入 WebSocket 协议的子协议 STOMP（Simple or Streaming Text Orientated Messaging Protocol），通过它即可兼容那些不支持 WebSocket 协议的浏览器。

图 13-4 测试 Spring WebSocket 客户端

13.4.2 使用 STOMP

正如上面所言，并不是所有的浏览器都能够支持 WebSocket 协议，为了使得 WebSocket 的应用能够兼容那些不支持的浏览器，可以使用 STOMP 协议进行处理。首先需要在配置文件中加入注解 @EnableWebSocketMessageBroker，这个注解将会启动 WebSocket 下的子协议 STOMP。为了配置这个协议，可以实现 Spring 提供给接口 WebSocketMessageBrokerConfigurer。为了更为简单，Spring 还提供了这个接口的空实现的抽象类 AbstractWebSocketMessageBrokerConfigurer，通过覆盖它所定义的方法即可。下面给出具体的实例，如代码清单 13-29 所示。

代码清单 13-29 配置 STOMP 的服务端点和请求订阅前缀

```
package com.springboot.chapter13.config;
/**** imports ****/
// 使用 STOMP 协议
@EnableWebSocketMessageBroker
@Configuration
public class WebSocketConfig implements WebSocketMessageBrokerConfigurer {
    ......
    // 注册服务器端点
    @Override
    public void registerStompEndpoints(StompEndpointRegistry registry) {
        // 增加一个聊天服务端点
        registry.addEndpoint("/socket").withSockJS();
        // 增加一个用户服务端点
        registry.addEndpoint("/wsuser").withSockJS();
    }

    // 定义服务器端点请求和订阅前缀
    @Override
    public void configureMessageBroker(MessageBrokerRegistry registry) {
        // 客户端订阅路径前缀
        registry.enableSimpleBroker("/sub", "/queue");
        // 服务端点请求前缀
        registry.setApplicationDestinationPrefixes("/request");
    }
}
```

代码中使用了@EnableWebSocketMessageBroker 驱动 Spring 启用 STOMP 协议。然后这个配置类继承了 AbstractWebSocketMessageBrokerConfigurer，这样覆盖其定义的方法就可以配置 STOP 的相关

服务。其中 registerStompEndpoints 方法是用于注册端点的方法，这里定义了"/socket"和"/wsuser"两个服务端点，而在定义端点时还加入了 withSockJS 方法，这个方法的声明代表着可以支持 SockJS。SockJS 是一个第三方关于支持 WebSocket 请求的 JavaScript 框架。再看到 configureMessageBroker 方法，这个方法可以注册请求的前缀和客户端订阅的前缀。

有了以上代码，Spring Boot 就会自动创建 SimpMessagingTemplate 对象，它是一个可以进行转发消息的模板，通过这个模板可以发送消息到特定的地址，甚至是限制给特定的用户发送消息。下面给出控制器，如代码清单 13-30 所示。

代码清单 13-30　STOMP 下的控制器

```
package com.springboot.chapter13.controller;
/****imports****/
@Controller
@RequestMapping("/websocket")
public class WebSocketController {
    ......

    @Autowired // 注入 Spring Boot 自动配置消息模板对象
    private SimpMessagingTemplate simpMessagingTemplate;

    // 发送页面
    @GetMapping("/send")
    public String send() {
        return "send";
    }

    // 接收页面
    @GetMapping("/receive")
    public String receive() {
        return "receive";
    }

    // 对特定用户发送页面
    @GetMapping("/sendUser")
    public String sendUser() {
        return "send-user";
    }

    // 接收用户消息页面
    @GetMapping("/receiveUser")
    public String receiveUser() {
        return "receive-user";
    }

    // 定义消息请求路径
    @MessageMapping("/send")
    // 定义结果发送到特定路径
    @SendTo("/sub/chat")
    public String sendMsg(String value) {
        return value;
    }

    // 将消息发送给特定用户
    @MessageMapping("/sendUser")
    public void sendToUser(Principal principal, String body) {
        String srcUser = principal.getName();
```

```
        // 解析用户和消息
        String []args = body.split(",");
        String desUser = args[0];
        String message = "【" + srcUser + "】给你发来消息：" + args[1];
        // 发送到用户和监听地址
        simpMessagingTemplate.convertAndSendToUser(desUser,
            "/queue/customer", message);
    }
}
```

　　这里的 send、receive、sendUser 和 receiveUser 方法都是定义了 Spring MVC 的视图，这样就可以指向 4 个 JSP 视图。接着就是 sendMsg 和 sendToUser 方法，这两个方法标注了 @MessageMapping 注解，这个注解与 Spring MVC 的 @RequestMapping 类似，它是定义 WebSocket 请求的路径，当然需要与 WebSocketConfig 所定义的前缀（"/request"）连用。先看到 sendMsg 方法，它还会标注 @SendTo 注解，然后配置为 "/sub/chat"，说明在执行完成这个方法后，会将返回结果发送到订阅的这个目的地中，这样客户端就可以得到消息。接着再看到 sendToUser 方法，这个方法存在 Principal 参数，如果你使用了 Spring Security，这个参数可以获取当前用户的消息，然后通过 SimpMessagingTemplate 的 convertAndSendToUser 方法，就可以设置发送给对应的目的地并且限定特定的用户消息。因为这里涉及用户，所以需要使用 Spring Security。这里通过 Maven 引入对应的 starter 后，在 Spring Boot 的启用文件中加入 Spring Security 的配置，如代码清单 13-31 所示。

代码清单 13-31　开启 Spring Security 用户认证

```
package com.springboot.chapter13.main;
/**** imports ****/
@SpringBootApplication(scanBasePackages = "com.springboot.chapter13")
@EnableScheduling
public class Chapter13Application extends WebSecurityConfigurerAdapter {

    // 定义 3 个可以登录的内存用户
    @Override
    protected void configure(AuthenticationManagerBuilder auth) throws Exception {
        // 密码加密器
        PasswordEncoder passwordEncoder = new BCryptPasswordEncoder();
        // 加入三个内存用户，密码分别为加密后的"p1","p2"和"p3"
        // 可以通过 passwordEncoder.encode("p1")这样获得加密后的密码
        auth.inMemoryAuthentication().passwordEncoder(passwordEncoder)
            .withUser("user1")
            .password("$2a$10$7njFQKL2WV862XP6Hlyly.F0lkSHtOOQyQ/rlY7Ok26h.gGZD4IqG")
            .roles("USER").and().withUser("user2")
            .password("$2a$10$Q2PwvWNpog5sZX583LuQfet.y1rfPMsqtrb7IjmvRn7Ew/wNUjVwS")
            .roles("ADMIN").and().withUser("user3")
            .password("$2a$10$GskYZT.34BdhmEdOlAS8Re7D73RprpGN0NjaiqS2Ud8XdcBcJck4u")
            .roles("USER");
    }

    ......

}
```

　　这样就限定了 3 个可以登录的用户和密码。为了测试还需要客户端，这里涉及了 WebSocketController 所定义的 4 个映射地址，下面一个个地给出。首先是 WebSocketController 的 send 方法映射的 send.jsp，如代码清单 13-32 所示。

代码清单 13-32　发送 WebSocket 请求的客户端页面（/WEB-INF/jsp/send.jsp）

```jsp
<%@ page language="java" contentType="text/html; charset=UTF-8"
    pageEncoding="UTF-8"%>
<!DOCTYPE html PUBLIC "-//W3C//DTD HTML 4.01 Transitional//EN"
"http://www.w3.org/TR/html4/loose.dtd">
<html>
<head>
    <title>My WebSocket</title>
    <script type="text/javascript"
        src="https://code.jquery.com/jquery-3.2.1.min.js"></script>
    <script type="text/javascript"
        src="https://cdn.jsdelivr.net/sockjs/1/sockjs.min.js"></script>
    <!--
    stomp.min.js 的下载地址为
    https://raw.githubusercontent.com/jmesnil/stomp-websocket/master/lib/stomp.min.js
    该地址设定为文本，所以不能直接载入，需要自行先下载，再使用
    -->
    <script type="text/javascript" src="./../js/stomp.min.js"></script>
</head>
<script type="text/javascript">
    var stompClient = null;
     // 设置连接
    function setConnected(connected) {
        $("#connect").attr({"disabled": connected});
        $("#disconnect").attr({"disabled": !connected});

        if (connected) {
            $("#conversationDiv").show();
        } else {
            $("#conversationDiv").hide();
        }
        $("#response").html("");
    }

    // 开启 socket 连接
    function connect() {
        // 定义请求服务器的端点
        var socket = new SockJS('/socket');
        // stomp 客户端
        stompClient = Stomp.over(socket);
        // 连接服务器端点
        stompClient.connect({}, function(frame) {
            // 建立连接后的回调
            setConnected(true);
        });
    }
    // 断开 socket 连接
    function disconnect() {
        if (stompClient != null) {
            stompClient.disconnect();
        }
        setConnected(false);
        console.log("Disconnected");
    }
    // 向/request/send 服务端发送消息
    function sendMsg() {
        var value = $("#message").val();
        // 发送消息到"/request/send"，其中/request 是服务器定义的前缀
        // 而/send 则是@MessageMapping 所配置的路径
```

```
            stompClient.send("/request/send", {}, value);
        }
        connect();
</script>

<body>
    <div>
        <div>
            <button id="connect" onclick="connect();">连接</button>
            <button id="disconnect" disabled="disabled"
            onclick="disconnect();">断开连接</button>
        </div>
        <div id="conversationDiv">
            <p>
                <label>发送的内容</label>
            </p>
            <p>
                <textarea id="message" rows="5"></textarea>
            </p>
            <button id="sendMsg" onclick="sendMsg();">Send</button>
            <p id="response"></p>
        </div>
    </div>
</body>
</html>
```

这里需要留意的是加粗的代码。这里加入了 socket.min.js 和 stomp.min.js 两个 JavaScript 脚本，这样就可以通过对应 JavaScript API 进行请求服务器端点。首先是建立连接，可以看到 connect 函数，其次是发送消息可以看到 sendMsg 函数，最后是关闭连接可以看到 disconnect 函数。在注释中我已经解释得比较清楚，所以这里不再赘述。这里的 sendMsg 函数请求的是 WebSocketController 的 sendMsg 方法，这样这个方法就将消息发送到 "/sub/chat" 中，所以需要一个客户端去订阅这个地址，这就是 WebSocketController 的 receive 方法所映射的 JSP——receive.jsp，如代码清单 13-33 所示。

代码清单 13-33 客户端订阅消息（/WEB-INF/jsp/receive.jsp）

```
<%@ page language="java" contentType="text/html; charset=UTF-8"
    pageEncoding="UTF-8"%>
<!DOCTYPE html PUBLIC "-//W3C//DTD HTML 4.01 Transitional//EN"
"http://www.w3.org/TR/html4/loose.dtd">
<html>
<head>
    <title>My WebSocket</title>
    <script type="text/javascript"
        src="https://code.jquery.com/jquery-3.2.1.min.js"></script>
    <script type="text/javascript"
        src="https://cdn.jsdelivr.net/sockjs/1/sockjs.min.js"></script>
    <script type="text/javascript" src="./../js/stomp.min.js"></script>
</head>
<script type="text/javascript">
    var noticeSocket = function() {
        // 连接服务器端点
        var s = new SockJS('/socket');
        // 客户端
        var stompClient = Stomp.over(s);
        stompClient.connect({}, function() {
            console.log('notice socket connected!');
```

```
                    // 订阅消息地址
            stompClient.subscribe('/sub/chat', function(data) {
                $('#receive').html(data.body);
            });
        });
    };
    noticeSocket();
</script>
<body>
<h1><span id="receive">等待接收消息</span></h1>
</body>
</html>
```

此处，客户端 stompClient 在服务器端点之后，加入了订阅消息的地址，这样就能够获取
WebSocketController 的 sendMsg 方法发送到"/sub/chat"的消息。启动 Spring Boot 后，使用 Spring
Security 定义的 3 个用户中的一个登录，就可以打开发送请求页面和接收请求页面，如图 13-5 所示。

图 13-5　测试消息发送

这里打开了两个不同的页面，左边发送的消息，可以使得右边的页面接收到消息，从而直接在
页面中显示，这样消息通信就成功了。但这是对所有的客户端都发送，有时候可能是仅仅希望只对
一个用户发送，这样就会用到 WebSocketController 的 sendToUser 方法。这里先定义发送的页面，它
对应于 WebSocketController 的 sendUser 方法，如代码清单 13-34 所示。

代码清单 13-34　发送用户消息页面（/WEB-INF/jsp/send-user.jsp）

```jsp
<%@ page language="java" contentType="text/html; charset=UTF-8"
    pageEncoding="UTF-8"%>
<!DOCTYPE html PUBLIC "-//W3C//DTD HTML 4.01 Transitional//EN"
"http://www.w3.org/TR/html4/loose.dtd">
<html>
<head>
    <title>My WebSocket</title>
    <script type="text/javascript"
        src="https://code.jquery.com/jquery-3.2.1.min.js"></script>
    <script type="text/javascript"
        src="https://cdn.jsdelivr.net/sockjs/1/sockjs.min.js"></script>
    <script type="text/javascript" src="./../js/stomp.min.js"></script>
</head>
<script type="text/javascript">
    var stompClient = null;
    // 重置连接状态页面
    function setConnected(connected) {
        $("#connect").attr({"disabled": connected});
        $("#disconnect").attr({"disabled": !connected});
```

```
            if (connected) {
                $("#conversationDiv").show();
            } else {
                $("#conversationDiv").hide();
            }
            $("#response").html("");
        }

    // 开启 socket 连接
    function connect() {
    // 连接/wsuser 服务端点
        var socket = new SockJS('/wsuser');
        // stomp 客户端
        stompClient = Stomp.over(socket);
        stompClient.connect({}, function(frame) {
            setConnected(true);
        });
    }
    // 断开 socket 连接
    function disconnect() {
        if (stompClient != null) {
            stompClient.disconnect();
        }
        setConnected(false);
        console.log("Disconnected");
    }
    // 向"/request/sendUser"服务端发送消息
    function sendMsg() {
        var value = $("#message").val();
        var user = $("#user").val();
        // 用户和消息组成的字符串
        var text = user +"," + value;
        stompClient.send("/request/sendUser", {}, text);
    }
    connect();
</script>
<body>
    <div>
        <div>
            <button id="connect" onclick="connect();">连接</button>
            <button id="disconnect" disabled="disabled" onclick="disconnect();">断开连接
            </button>
        </div>
        <div id="conversationDiv">
            <p><label>发送给用户</label></p>
            <p><input type="text" id="user"/></p>
            <p><label>发送的内容</label></p>
            <p><textarea id="message" rows="5"></textarea></p>
            <button id="sendMsg" onclick="sendMsg();">发送</button>
            <p id="response"></p>
        </div>
    </div>
</body>
</html>
```

这里连接的是服务器端点"/wsuser"，而请求的是"/request/sendUser"，这样就对应了 WebSocket Controller 的 sendToUser 方法。这里值得注意的是，把用户名称和消息都发给了服务端点，所以在 sendToUser 方法里，分离了用户名和消息，然后就通过消息模板（simpMessagingTemplate）的

convertAndSendToUser 方法，指定了用户参数，然后发送到地址"/queue/customer"，这样对应的用户登录后，通过订阅这个地址就能够得到服务器发送的消息。下面给出订阅这个地址的页面代码，如代码清单 13-35 所示。

代码清单 13-35　订阅指定用户的消息（/WEB-INF/jsp/receive-user.jsp）

```
<%@ page language="java" contentType="text/html; charset=UTF-8"
    pageEncoding="UTF-8"%>
<!DOCTYPE html PUBLIC "-//W3C//DTD HTML 4.01 Transitional//EN"
    "http://www.w3.org/TR/html4/loose.dtd">
<html>
<head>
    <title>My WebSocket</title>
    <script type="text/javascript"
        src="https://code.jquery.com/jquery-3.2.1.min.js"></script>
    <script type="text/javascript"
        src="https://cdn.jsdelivr.net/sockjs/1/sockjs.min.js"></script>
    <script type="text/javascript" src="./../js/stomp.min.js"></script>
</head>
<script type="text/javascript">
    var noticeSocket = function() {
        var s = new SockJS('/wsuser');
        var stompClient = Stomp.over(s);
        stompClient.connect({}, function() {
            console.log('notice socket connected!');
            stompClient.subscribe('/user/queue/customer', function(data) {
                $('#receive').html(data.body);
            });
        });
    };
    noticeSocket();
</script>
<body>
    <h1><span id="receive">等待接收消息</span></h1>
</body>
</html>
```

加粗的 JavaScript 脚本中订阅了"/user/queue/customer"，这里的"/user"前缀是不能缺少的，它代表着订阅指定用户的消息。至此，所有的页面和代码都开发完成，可以对指定用户的消息进行测试，如图 13-6 所示。

图 13-6　给指定的用户发送消息

图 13-6 中，最左边的浏览器使用 user1 登录，中间的是 user2，右边的是 user3，然后左边的浏览器指定了发给 user3，所以右边的浏览器就得到这个消息，而中间的浏览器则得不到由 user1 发出来的消息。

## 第 14 章

Spring 5 新框架——WebFlux

在互联网的应用中，存在电商和金融等企业，这些企业对于业务的严谨性要求特别高，因为它们的业务关系到用户和商家的账户以及财产的安全，所以它们对于数据的一致性十分重视，在存在并发的时候，就需要通过锁或者其他机制保证一些重要数据的一致性，但这也会造成性能的下降。对于另外一些互联网应用则不一样，如游戏、视频、新闻和广告的网站，它们一般不会涉及账户和财产的问题，也就是不需要很高的数据一致性，但是对于并发数和响应速度却十分在意，而使用传统的开发模式会引入一致性的机制，这是造成它们性能瓶颈的原因之一，为此一些软件设计者提出了响应式编程的理念。

在 Servlet 3.1 规范发布后，Java EE 就已经能够支持响应式的编程。随着 Java 8 发布，Java 语言的语法得到了极大的丰富，使得 Java 能够更好地支持响应式编程。为了适应这个潮流，Spring 5 发布了新一代响应式的 Web 框架，那便是 Spring WebFlux。只是在 Spring Boot 1.x.x 版本中是不能支持 WebFlux 的，需要在 Spring Boot 2.x.x 版本才能支持，而本书使用的是 2.0.0.RELEASE 版本，所以能够支持 WebFlux 的开发。不过在讨论 WebFlux 之前，需要了解 RxJava 和 Reactor，本书只是蜻蜓点水式地提到 Reactor，因为它是 Spring WebFlux 默认的实现方式。不过在这一切开始之前，都需要了解响应式的基础概念。

14.1　基础概念

对于响应式编程，维基百科是这样定义的[①]：

In computing, reactive programming is an asynchronous programming paradigm concerned with data streams and the propagation of change.

这里的关键字是数据流（data streams）、异步（asynchronous ）和消息。此外，响应式编程还有宣言，具体的可以参考网址：

```
https://www.reactivemanifesto.org/zh-CN
```

---

① 在计算中，响应式编程是一种面向数据流和变化传播的编程范式。

本书只是简要地论述它的一些基础的概念。

14.1.1　响应式编程的宣言

对于响应式框架，是基于响应式宣言的理念所产生的编程方式。响应式宣言分为 4 大理念。

- 灵敏的：就是可以快速响应的，只要有任何可能，系统都应该能够尽可能快地做出响应。
- 可恢复的：系统在运行中可能出现问题，但是能够有很强大的容错机制和修复机制保持响应性。
- 可伸缩的：在任何负载下，响应式编程都可以根据自身压力变化，请求少时，通过减少资源释放服务器的压力，负载大时能够通过扩展算法和软硬件的方式扩展服务能力，以经济实惠的方式实现可伸缩性。
- 消息驱动的：响应式编程存在异步消息机制，事件之间的协作是通过消息进行连接的。

基于这样的理念，响应式编程提出了各种模型来满足响应式编程的理念，其中著名的有 Reactor 和 RxJava，Spring 5 就是基于它们构建 WebFlux，而默认的情况下它会使用 Reactor。本章以 Reactor 为例来介绍 WebFlux，所以在此之前需要对 Reactor 有所了解。

14.1.2　Reactor 模型

为了解释这个模型存在的含义，先来看传统的编程中的模型，如图 14-1 所示。

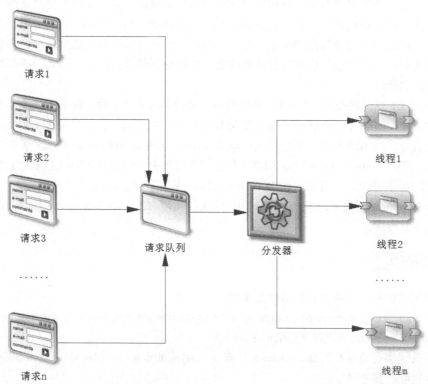

图 14-1　传统的多线程模型

在这个模型中往往是请求量大于系统最大线程数（这里记为 M），假设大部分请求是比较耗时的操作，那么请求数量上来后，M 条线程就不能及时地响应用户了。很显然，大量的线程就只能在请求队列中等待或者被系统所抛弃，这样对于后续的请求而言，要么新来的线程要等到旧线程运行完成后才能提供服务，要么就被系统所抛弃。这样的场景往往存在那种需要大量数据流的网站中，如视频、游戏、图片和复杂计算等的网站就常常发生这样的场景。

为了克服这些网站所带来的问题，一些开发者提出了一种 Reactor（反应器）模式，其模型图如图 14-2 所示。

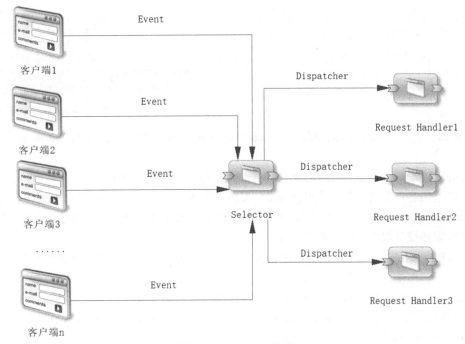

图 14-2　Reactor 模式

首先客户端会先向服务器注册其感兴趣的事件（Event），这样客户端就订阅了对应的事件，只是订阅事件并不会给服务器发送请求。当客户端发生一些已经注册的事件时，就会触发服务器的响应。当触发服务器响应时，服务器存在一个 Selector 线程，这个线程只是负责轮询客户端发送过来的事件，并不处理请求，当它接收到有客户端事件时，就会找到对应的请求处理器（Request Handler），然后启用另外一条线程运行处理器。因为 Selector 线程只是进行轮询，并不处理复杂的业务功能，所以它可以在轮询之后对请求做实时响应，速度十分快。由于事件存在很多种，所以请求处理器也存在多个，因此还需要进行区分事件的类型，所以 Selector 存在一个路由的问题。当请求处理器处理业务时，结果最终也会转换为数据流（data stream）发送到客户端。对于数据流的处理上还有一些细节，如后面将详细谈到的背压（Back Pressure）等。

从上述中可以看出，Reactor 是一种基于事件的模型，对于服务器线程而言，它也是一种异步的，首先是 Selector 线程轮询到事件，然后通过路由找到处理器去运行对应的逻辑，处理器最后所返回的结果会转换为数据流。

14.1.3　Spring WebFlux 的概述

在 Servlet 3.1 之前，Web 容器都是基于阻塞机制开发的，而在 Servlet 3.1（包含）之后，就开始了非阻塞的规范。对于高并发网站，使用函数式的编程就显得更为直观和简易，所以它十分适合那些需要高并发和大量请求的互联网的应用，特别是那些需要高速响应而对业务逻辑要求并不十分严格的网站，如游戏、视频、新闻浏览网站等。

在 Java 8 发布之后，引入了 Lambda 表达式和 Functional 接口等新特性，使得 Java 的语法更为丰富。此时 Spring 也有了开发响应式编程框架的想法，于是在 Spring 社区的支持下，Spring 5 推出了 Spring WebFlux 这样新一代的 Web 响应式编程框架。关于这些可以在 Spring 官方 Spring 5 的网站中看到图 14-3 所示的说明图[①]。

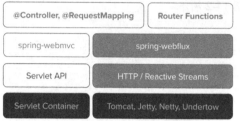

图 14-3　Spring WebFlux 架构图

可以看到，对于响应式编程而言分为 Router Functions、Spring WebFlux 和 HTTP/Reactive Streams 共 3 层。

- Router Functions：是一个路由分发层，也就是它会根据请求的事件，决定采用什么类的什么方法处理客户端发送过来的事件请求。显然，在 Reactor 模式中，它就是 Selector 的作用。
- Spring-webflux：是一种控制层，类似 Spring MVC 框架的层级，它主要处理业务逻辑前进行的封装和控制数据流返回格式等。
- HTTP/Reactive Streams：是将结果转换为数据流的过程。对于数据流的处理还存在一些重要的细节，这是后续需要讨论的。

Spring WebFlux 需要的是能够支持 Servlet 3.1+的容器，如 Tomcat、Jetty 和 Undertow 等，而在 Java 异步编程的领域，使用得最多的却是 Netty，所以在 Spring Boot 对 Spring WebFlux 的 starter 中默认是依赖于 Netty 库的。

在 Spring WebFlux 中，存在两种开发方式，一种是类似于 Spring MVC 的模式，另一种则是函数功能性的编程，无论哪种都是允许的。我认为，类似于 Spring MVC 的模式会成为主要的方式，因为它相对于函数功能性的编程会更为简单，而这样的方式与 Spring MVC 会存在很多相同之处，也更容易被当前熟悉 Spring MVC 的开发者所接受。

在介绍它们之前，还需要对数据流的封装有一定的了解。那就是 Reactor 提供的 Flux 和 Mono，它们都是封装数据流的类。其中 Flux 是存放 0~N 个数据流序列，响应式框架会一个接一个地（请注意不是一次性）将它们发送到客户端；而对于 Mono 则是存放 0~1 个数据流序列，这就是它们之间的区别，而它们是可以进行相互转换的。这里还存在一个背压（Backpressure）的概念，只是这个概念只对 Flux 有意义。对于客户端，有时候响应能力距离服务端有很大的差距，如果在很短的时间内服务端将大量的数据流传输给客户端，那么客户端就可能被压垮。为了处理这个问题，一般会考虑使用响应式拉取，也就是将服务端的数据流划分为多个序列，一次仅发送一个数据流序列给客户

---

① 这个图来自 Spring 官网。网址为 https://docs.spring.io/spring-framework/docs/5.0.0.BUILD-SNAPSHOT/spring-framework-reference/html/web-reactive.html。

端，当客户端处理完这个序列后，再给服务端发送消息，然后再拉取第二个序列进行处理，处理完后，再给服务端发送消息，以此类推，直至 Flux 中的 0～N 个数据流被完全处理，这样客户端就可以根据自己响应的速度来获取数据流。

Mono 和 Flux 在 Spring WebFlux 中是常常用到的，所以后面的内容中会经常出现它们的身影。有了这些基础内容，就可以开始本章的响应式编程的讲解。

14.1.4 WebHandler 接口和运行流程

与 Spring MVC 使用 DispatcherServlet 不同的是 Spring WebFlux 使用的是 WebHandler。它与 DispatcherServlet 有异曲同工之妙，它们十分相似，所以就不需要像 DispatcherServlet 那样再详细地介绍它。只是 WebHandler 是一个接口，为此 Spring WebFlux 为其提供了几个实现类，以便于在不同的场景下使用，如图 14-4 所示。

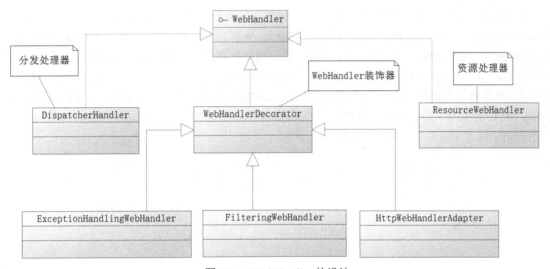

图 14-4　WebHandler 的设计

在图 14-4 中，DispatcherHandler 是我们关注的核心；WebHandlerDecorator 则是一个装饰者，采用了装饰者模式去装饰 WebHandler，而实际上并没有改变 WebHandler 的执行本质，所以不再详细讨论；而 ResourceWebHandler 则是资源的管理器，主要是处理文件和其他资源的，也属于次要的内容。因此，接下来以 DispatcherHandler 作为核心内容进行讨论，而实际上它与 Spring MVC 的 DispatcherServlet 是十分接近的，为了更好地研究 WebFlux 的流程，这里对 DispatcherHandler 的 handle 方法源码进行探讨，如代码清单 14-1 所示。

代码清单 14-1　DispatcherHandler 的 handle 方法

```
@Override
public Mono<Void> handle(ServerWebExchange exchange) {
    // 日志
    if (logger.isDebugEnabled()) {
        ServerHttpRequest request = exchange.getRequest();
        logger.debug("Processing " + request.getMethodValue()
```

```
                    + " request for [" + request.getURI() + "]");
            }
        return
            Flux // Reactive 框架封装数据流的类 Flux
                    // 循环 HandlerMapping
                    .fromIterable(this.handlerMappings)
                    // 找到合适的处理器
                    .concatMap(mapping -> mapping.getHandler(exchange))
                    // 处理第一条合适的记录
                    .next()
                    // 如果出现找不到处理器的情况
                    .switchIfEmpty(Mono.error(HANDLER_NOT_FOUND_EXCEPTION))
                    // 通过反射运行处理器
                    .flatMap(handler -> invokeHandler(exchange, handler))
                    // 解析结果，将其转换为对应的数据流序列
                    .flatMap(result -> handleResult(exchange, result));
        }
```

在源码中我加入了中文注释来帮助读者了解整个运行的流程。与 Spring MVC 一样，都是从 HandlerMapping 找到对应的处理器，这也是为什么 Spring WebFlux 也沿用@Controller、@RequestMapping、@GetMapping、@PostMapping 等注解的原因，通过这些配置路径就能够通过 getHandler 方法找到对应的处理器（与 Spring MVC 一样，处理器包含控制器的逻辑）。找到处理器后，就会通过 invokeHandler 方法运行处理器，在这个方法里也是找到合适的 HandlerAdapter 去运行处理器的，这些都可以参考 Spring MVC 的原理，最后就到了处理结果的 handleResult 方法，通过它将结果转变为对应的数据流序列。如图 14-5 所示是它大致的流程图。

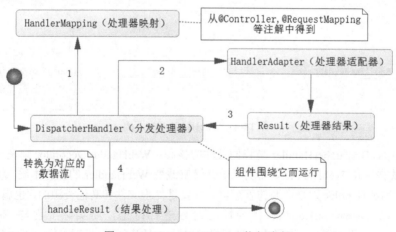

图 14-5 DispatcherHandler 执行流程

上面只是通过文字描述了它大致的运行过程，下面再加以实例代码进行说明。首先需要加入关于 Spring WebFlux 的开发包，如代码清单 14-2 所示。

代码清单 14-2 引入依赖包

```
<dependency>
    <groupId>org.springframework.boot</groupId>
    <artifactId>spring-boot-starter-data-jpa</artifactId>
</dependency>
```

```
<dependency>
    <groupId>org.springframework.boot</groupId>
    <artifactId>spring-boot-starter-data-mongodb-reactive</artifactId>
</dependency>
<dependency>
    <groupId>org.springframework.boot</groupId>
    <artifactId>spring-boot-starter-webflux</artifactId>
</dependency>
<!--Tomcat 依赖 -->
<dependency>
    <groupId>org.springframework.boot</groupId>
    <artifactId>spring-boot-starter-tomcat</artifactId>
    <scope>provided</scope>
</dependency>
```

本章以 MongoDB 作为响应式编程的数据源，所以引入了 JPA 和 MongoDB 的 starter。与此同时将 WebFlux 的 starter 包引入进来了，而它会依赖于 Spring Web 的包，这里还引入了 tomcat 作为默认的服务器，这样就可以进入开发的环节。这里之所以引入 MongoDB 的依赖，是因为 Spring WebFlux 只能支持 Spring Data Reactive，它是一种非阻塞的数据响应方式。遗憾的是，因为数据库的开发往往是阻塞的，所以 Spring Data Reactive 并不能对数据库的开发给予有效支持。如果需要使用数据库的场景，则需要处理很多细节，实用性价值不大，所以这里不再介绍。幸好 Spring Data Reactive 可以支持 Redis、MongoDB 等 NoSQL 的开发，而 Redis 功能有限，它更加适合作为缓存使用，所以本书选择使用 MongoDB 作为 Spring WebFlux 讲解的例子，这也是使用最广泛的方式。但是，请注意这里不要把 spring-boot-starter-web 的依赖也加载进来，如果将它也加载进来，Spring 只会加载 Spring MVC，而非 Spring WebFlux 了。开发的过程又分为服务端和客户端的开发，下面分别进行阐述。

14.2　通过 Spring MVC 方式开发 WebFlux 服务端

这是一种类似 Spring MVC 的方式，其中@Controller、@ResponseMapping、@GetMapping、@PostMapping 等 Spring MVC 注解依旧有效，这就为构建 WebFlux 的应用带来了便利。在开发 WebFlux 的时候，可以参考 Spring MVC 的开发，这是很有裨益的，本节主要以一个简单的例子来展示如何开发 WebFlux。

14.2.1　开发持久层

这里采用 MongoDB 作为开发的数据源。先定义用户 POJO，如代码清单 14-3 所示。

代码清单 14-3　用户 POJO

```
package com.springboot.chapter14.pojo;
/**** imports ****/
// 标识为 MongoDB 文档
@Document
public class User implements Serializable {
    private static final long serialVersionUID = 3923229573077975377L;
    @Id
    private Long id;
    // 性别
    private SexEnum sex;
    // 在 MongoDB 中使用 user_name 保存属性
```

```
    @Field("user_name")
    private String userName;
    private String note;
    /**** setter and getter ****/
}
```

代码中使用了一个性别的枚举,其内容如代码清单 14-4 所示。

代码清单 14-4 用户性别枚举

```
package com.springboot.chapter14.enumeration;
public enum SexEnum {
    MALE(1, "男"),
    FEMALE(0, "女");
    private int code;
    private String name;

    SexEnum(int code, String name) {
        this.code = code;
        this.name = name;
    }

    public static SexEnum getSexEnum(int code) {
        SexEnum [] emuns = SexEnum.values();
        for (SexEnum item : emuns) {
            if (item.getCode() == code) {
                return item;
            }
        }
        return null;
    }
    /**** setter and getter ****/
}
```

因为使用了 MongoDB,所以这里会采用 JPA 作为持久层。这样就要继承相关的接口。而 Spring WebFlux 为响应式提供了接口 ReactiveMongoRepository,这样通过继承它就声明了一个 JPA 的接口,如代码清单 14-5 所示。

代码清单 14-5 WebFlux 关于 MongoDB 的 JPA 接口声明

```
package com.springboot.chapter14.repository;
/**** imports ****/
@Repository
// 注意,这里需要继承 ReactiveMongoRepository
public interface UserRepository extends ReactiveMongoRepository<User, Long> {

    /**
     * 对用户名和备注进行模糊查询
     * @param userName —— 用户名称
     * @param note —— 备注
     * @return 符合条件的用户
     */
    public Flux<User> findByUserNameLikeAndNoteLike(
        String userName, String note);
}
```

这里需要注意的是,接口声明需要扩展的是 ReactiveMongoRepository,这是一个 WebFlux 为

MongoDB 提供的接口，将来就可以通过配置将它扫描到 IoC 容器中。还需注意的是 findByUserName LikeAndNoteLike 方法，它是一个按照 JPA 规则命名的方法，它的作用就是使用用户名和备注进行模糊查询。

14.2.2　开发服务层

有了持久层，接着开发服务层。对于用户服务，先定义用户服务接口（UserService），如代码清单 14-6 所示。

代码清单 14-6　用户服务接口定义

```
package com.springboot.chapter14.service;
/**** imports ****/
public interface UserService {

    Mono<User> getUser(Long id);

    Mono<User> insertUser(User user);

    Mono<User> updateUser(User user);

    Mono<Void> deleteUser(Long id);

    Flux<User> findUsers(String userName, String note);
}
```

然后就实现这个接口，如代码清单 14-7 所示。

代码清单 14-7　实现用户服务接口

```
package com.springboot.chapter14.service.impl;
/**** imports ****/
@Service
public class UserServiceImpl implements UserService {
    @Autowired
    private UserRepository userRepository;

    @Override
    public Mono<User> getUser(Long id) {
        return userRepository.findById(id);
    }

    @Override
    public Mono<User> insertUser( User user) {
        return userRepository.save(user);
    }

    @Override
    public Mono<User> updateUser(User user) {
        return userRepository.save(user);
    }

    @Override
    public Mono<Void> deleteUser(Long id) {
        Mono<Void> result = userRepository.deleteById(id);
        return result;
```

```
    }

    @Override
    public Flux<User> findUsers(String userName, String note) {
        return userRepository.findByUserNameLikeAndNoteLike(userName, note);
    }

}
```

　　这里的接口 UserRepository 通过 IoC 容器进行注入。然后就可以通过它来实现对应的业务功能。这与 Spring MVC 的分层是相同的，只是更让人关注控制层的开发。关于 Flux 和 Mono 的使用说明，将在控制层中给予说明。

14.2.3　开发控制层

　　与 Spring MVC 一样，Spring WebFlux 也可以使用@Controller、@RestController、@GetMapping等注解。对于 WebFlux 而言，使用 REST 风格更为适合，所以这里使用的也是 REST 风格的控制器。它与 Spring MVC 几乎一模一样，只是要稍微注意返回的类型。对于用户的信息，由于存在性别这个枚举，前端会难以理解这个枚举，因此还需要转换性别。为了更为简单，先定义用户的视图模型对象（UserVo），如代码清单 14-8 所示。

代码清单 14-8　定义用户视图模型

```
package com.springboot.chapter14.vo;
public class UserVo {
    private Long id;
    private String userName;
    private int sexCode;
    private String sexName;
    private String note;
    /**** setter and getter ****/
}
```

　　通过这个转换，就能够将性别枚举转换为 sexCode 和 sexName，这样就可以很方便地让前端的开发人员进行区别和渲染。接下来开发控制器，如代码清单 14-9 所示。

代码清单 14-9　用户控制器

```
package com.springboot.chapter14.controller;
/**** imports ****/
// REST 风格控制器
@RestController
public class UserController {

    @Autowired
    private UserService userService;

    // 获取用户
    @GetMapping("/user/{id}")
    public Mono<UserVo> getUser(@PathVariable Long id) {
        return userService.getUser(id)
                // 从 User 对象转换为 UserVo 对象
                .map(u -> translate(u));
    }
```

```java
// 新增用户
@PostMapping("/user")
public Mono<UserVo> insertUser(@RequestBody User user) {
    return userService.insertUser(user)
            // 从 User 对象转换为 UserVo 对象
            .map(u -> translate(u));
}

// 更新用户
@PutMapping("/user")
public Mono<UserVo> updateUser(@RequestBody User user) {
    return userService.updateUser(user)
            // 从 User 对象转换为 UserVo 对象
            .map(u -> translate(u));
}

// 删除用户
@DeleteMapping("/user/{id}")
public Mono<Void> deleteUser(@PathVariable Long id) {
    return userService.deleteUser(id);
}

// 查询用户
@GetMapping("/user/{userName}/{note}")
public Flux<UserVo> findUsers(@PathVariable String userName, @PathVariable String note) {
    return userService.findUsers(userName, note)
            // 从 User 对象转换为 UserVo 对象
            .map(u -> translate(u));
}

/***
 * 完成 PO 到 VO 的转换
 * @param user ——PO 持久对象
 * @return UserVo ——VO 视图对象
 */
private UserVo translate(User user) {
    UserVo userVo = new UserVo();
    userVo.setUserName(user.getUserName());
    userVo.setSexCode(user.getSex().getCode());
    userVo.setSexName(user.getSex().getName());
    userVo.setNote(user.getNote());
    userVo.setId(user.getId());
    return userVo;
}

}
```

这里的@RestController 代表采用 REST 风格的控制器，这样 Spring 就知道将返回的内容转换为 JSON 数据序列。但是应注意的是，这里的方法返回的或者是 Flux<User>或者是 Mono<User>，Mono 则是一个 0～1 个数据流序列，而 Flux 是一个 0～N 个数据流序列。每一个方法都被标注了 @GetMapping 或者@PostMapping 这样的路由注解，这样请求就会被解析到 HandlerMapping 的机制中，于是就能够根据 URI 进行路由到对应的方法中去。与 Spring MVC 一样，它也能够支持同样的注解参数，这样就能够获取由客户端发送过来的参数，这里因为采用了 REST 风格，所以少量参数

由 URL 地址传递，这样就可以通过@PathVariable 将它们读取出来。用户信息中的属性性别枚举
（SexEnum）对于前端来说还是难以理解的，于是需要将其转换为 UserVo 对象，因此这里使用了 map
方法进行转换，这个方法调用 translate 方法将 PO 转换为 VO，这样前端就能更好地理解这些数据。

14.2.4　配置服务

有了上述的内容，还需要对其进行一定的配置，才能使用启动应用。为此配置 Spring Boot 的配
置文件，如代码清单 14-10 所示。

代码清单 14-10　配置文件（application.properties）

```
# MongoDB 服务器
spring.data.mongodb.host=192.168.11.131
# MongoDB 用户名
spring.data.mongodb.username=spring
# MongoDB 密码
spring.data.mongodb.password=123456
# MongoDB 端口
spring.data.mongodb.port=27017
# MongoDB 库名称
spring.data.mongodb.database=springboot
```

然后编写 Spring Boot 的启动文件，如代码清单 14-11 所示。

代码清单 14-11　启动文件

```
package com.springboot.chapter14.main;
/**** imports ****/
// 定义扫描包
@SpringBootApplication(scanBasePackages="com.springboot.chapter14")
// 因为引入 JPA，所以默认情况下，需要配置数据源
// 通过@EnableAutoConfiguration 排除原有自动配置的数据源
@EnableAutoConfiguration(exclude={DataSourceAutoConfiguration.class})
// 在 WebFlux 下，驱动 MongoDB 的 JPA 接口
@EnableReactiveMongoRepositories(
    // 定义扫描的包
    basePackages="com.springboot.chapter14.repository")
public class Chapter14Application {

    public static void main(String[] args) {
        SpringApplication.run(Chapter14Application.class, args);
    }
}
```

因为引入了 JPA，所以在默认的情况下 Spring Boot 会尝试装配关系数据库数据源（DataSource），
而这里使用的 MongoDB 并没有关系数据库，所以使用@EnableAutoConfiguration 去排除数据源的初
始化，否则将会得到错误的启动日志。在 WebFlux 中使用响应式的 MongoDB 的 JPA 接口，需要使
用注解@EnableReactiveMongoRepositories 进行驱动，它还定义了扫描的包，这样就可以将代码清单
14-5 中的接口扫描到 IoC 容器中。服务端的开发到此已经结束了，运行启动文件后，可以通过浏览
器请求 URI：

```
http://localhost:8080/user/1
```

这样就可以通过控制器 findUser 方法得到对应的 JSON 数据集，其结果如图 14-6 所示。

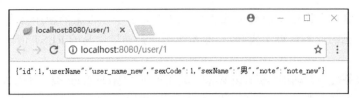

图 14-6　测试 WebFlux 请求

显然运行成功了。这样就完成了简单的 WebFlux 开发。

14.2.5　客户端开发——WebClient

在当今微服务的理念中，会将一个大型的系统拆分为多个微服务系统。这样的拆分的好处在于，首先各个微系统相对独立，便于开发和维护，简化开发人员负担。例如，一个电商网站，首先存在产品微服务，用以发布和管理产品之用，用账户微服务来管理账务方面的信息，同时也有用用户微服务来管理会员的信息等。各个服务并不是孤立的，它们之间是相互调用的。例如，一次交易需要通过用户微服务去判断用户等级，以确定用户的优惠程度，通过账务微服务管理用户的消费款项，用产品微服务管理产品的发放等，用交易微服务去记录交易的发生情况，这样各个系统就存在了各种各样联系。这些就是当今火热的微服务概念，而各个微服务之间则是通过 REST 风格的请求进行相互调用的，其关系如图 14-7 所示。

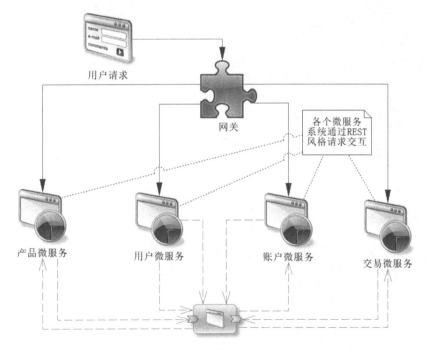

图 14-7　微服务示意图

图 14-7 中，一个服务被划分为多个微服务，而每个微服务之间的相互协作是通过 REST 风格的

请求得以实现的，这些在图中均以虚箭线表示。这样对于一个很大的应用开发，就可以让各自的开发人员集中于自己的业务逻辑完成开发，而系统之间则通过简易的 REST 请求接口方式进行相互调用。

为了方便微服务之间的调用，Spring WebFlux 还提供了 WebClient 类给予开发者使用。它是一个比 RestTemplate 更为强大的类，通过它可以请求后端的服务。例如，下面使用它对控制器的 5 个方法进行请求，如代码清单 14-12 所示。

代码清单 14-12　使用 WebClient 请求

```
package com.springboot.chapter14.client;
/**** imports ****/
public class Chapter14WebClient {
    public static void main(String[] args) {
        // 创建 WebClient 对象，并且设置请求基础路径
        WebClient client = WebClient.create("http://localhost:8080");
        // 一个新的用户
        User newUser = new User();
        newUser.setId(2L);
        newUser.setNote("note_new");
        newUser.setUserName("user_name_new");
        newUser.setSex(SexEnum.MALE);
        // 新增用户
        insertUser(client, newUser);
        // 获取用户
        getUser(client, 2L);
        User updUser = new User();
        updUser.setId(1L);
        updUser.setNote("note_update");
        updUser.setUserName("user_name_update");
        updUser.setSex(SexEnum.FEMALE);
        // 更新用户
        updateUser(client, updUser);
        // 查询用户
        findUsers(client, "user", "note");
        // 删除用户
        deleteUser(client, 2L);

    }

    private static void insertUser(WebClient client, User newUser) {
        // 注意，这只是定义一个时间，并不会发送请求
        Mono<UserVo> userMono =
            // 定义 POST 请求
            client.post()
                // 设置请求 URI
                .uri("/user")
                // 请求体为 JSON 数据流
                .contentType(MediaType.APPLICATION_STREAM_JSON)
                // 请求体内容
                .body(Mono.just(newUser), User.class)
                // 接收请求结果类型
                .accept(MediaType.APPLICATION_STREAM_JSON)
                // 设置请求结果检索规则
                .retrieve()
```

```
                    // 将结果体转换为一个 Mono 封装的数据流
                    .bodyToMono(UserVo.class);
        // 获取服务器发布的数据流, 此时才会发送请求
        UserVo user = userMono.block();
        System.out.println("【用户名称】" + user.getUserName());
    }

    private static void getUser(WebClient client, Long id) {
        Mono<UserVo> userMono =
            // 定义 GET 请求
            client.get()
                    // 定义请求 URI 和参数
                    .uri("/user/{id}", id)
                    // 接收请求结果类型
                    .accept(MediaType.APPLICATION_STREAM_JSON)
                    // 设置请求结果检索规则
                    .retrieve()
                    // 将结果体转换为一个 Mono 封装的数据流
                    .bodyToMono(UserVo.class);
        // 获取服务器发布的数据流, 此时才会发送请求
        UserVo user = userMono.block();
        System.out.println("【用户名称】" + user.getUserName());
    }

    private static void updateUser(WebClient client, User updUser) {
        Mono<UserVo> userMono =
            // 定义 PUT 请求
            client.put().uri("/user")
                    // 请求体为 JSON 数据流
                    .contentType(MediaType.APPLICATION_STREAM_JSON)
                    // 请求体内容
                    .body(Mono.just(updUser), User.class)
                    // 接收请求结果类型
                    .accept(MediaType.APPLICATION_STREAM_JSON)
                    // 设置请求结果检索规则
                    .retrieve()
                    // 将结果体转换为一个 Mono 封装的数据流
                    .bodyToMono(UserVo.class);
        // 获取服务器发布的数据流, 此时才会发送请求
        UserVo user = userMono.block();
        System.out.println("【用户名称】" + user.getUserName());
    }

    private static void findUsers(WebClient client, String userName, String note) {
        // 定义参数 map
        Map<String, Object> paramMap = new HashMap<>();
        paramMap.put("userName", userName);
        paramMap.put("note", note);
        Flux<UserVo> userFlux =
            // 定义 PUT 请求, 使用 Map 传递多个参数
            client.get().uri("/user/{userName}/{note}", paramMap)
                    // 接收请求结果类型
                    .accept(MediaType.APPLICATION_STREAM_JSON)
                    // 设置请求结果检索规则
                    .retrieve()
                    // 将结果体转换为一个 Mono 封装的数据流
                    .bodyToFlux(UserVo.class);
```

```
                // 通过 Iterator 遍历结果数据流，执行后服务器才会响应
                Iterator<UserVo> iterator = userFlux.toIterable().iterator();
                // 遍历
                while (iterator.hasNext()) {
                    UserVo item = iterator.next();
                    System.out.println("【用户名称】" + item.getUserName());
                }
        }

        private static void deleteUser(WebClient client, Long id) {
            Mono<Void> result =
                client.delete()
                        // 设置请求 URI
                        .uri("/user/{id}", id)
                        // 接收请求结果类型
                        .accept(MediaType.APPLICATION_STREAM_JSON)
                        // 设置请求结果检索规则
                        .retrieve()
                        // 将结果体转换为一个 Mono 封装的数据流
                        .bodyToMono(Void.class);
            // 获取服务器发布的数据流，此时才会发送请求
            Void voidResult = result.block();
            System.out.println(voidResult);
        }
    }
```

先看到 main 方法，这里采用了 WebClient 的静态方法 create 来创建 WebClient 对象，而这个方法需要一个字符串参数，这个参数是网站的基础的 URI，这样就能够定位基础的 URI。下面再根据方法一个个来描述。

- getUser 方法：注意关于 userMono 对象的初始化的代码，它只是给后端注册一个事件而已，并不会发送请求。其中 get 方法说明请求是一个 HTTP 的 GET 请求，uri 方法则给出 URI 和参数，accept 方法表示接收什么类型的参数，这里定义为 JSON 数据流，而 retrieve 方法则表示结果检索，bodyToMono 方法则表示将结果集转变为 Mono 封装的数据流序列，这样就能够将数据检索回来。使用 Mono 的 block 方法则是发送触发事件，这样服务器才会响应事件，将数据流传送到客户端中。

- insertUser 方法：这个方法的 userMono 定义，使用的是 post 方法，说明是一个 HTTP 的 POST 请求，其他内容则与 getUser 方法大体一致。这里只说明不一致的地方，例如，contentType 方法表示发送给服务器的是什么类型的数据，这里定义为 JSON 数据流，而 body 方法则是定义请求体是什么，这里定义了 User 参数。通过这样定义，控制器 UserController 就可以通过@RequestBody 获取这个参数。

- updateUser 方法：这个方法采用 put 请求，与 insertUser 方法十分相近，这里不再赘述。

- findUsers 方法：这里因为是多个数据序列，所以定义为 Flux，采用的也是 HTTP 的 GET 请求，接收的结果也是 JSON。只是这里是两个参数的传递，更多的时候会将 uri 方法的传递参数写为：

```
uri("/user/{userName}/{note}", userName, note)
```

而代码中却采用了 Map 的封装，是因为这里演示的是在多个参数的传递中，uri 方法允许传

递 Map。当请求的 URI 存在 5 个或以上参数时，使用 Map 封装参数可读性会更高。方法最后采用了 bodyToFlux 方法，意味着将数据流结果转变为一个 Flux 对象。同样地，这个 Flux 定义也只是定义一个事件，等到调用 userflux.toIterable().iterator()时才会发送请求到服务器，但是应注意这是一种下拉式的获取，也就是只在每一次执行循环时，才会向服务器要一个数据流序列到客户端处理，当处理完一个数据流序列后，才会执行第二次，获取下一个数据流序列，直至获取所有的数据流序列才会结束。

- deleteUser 方法：这个方法采用了 delete 请求，然后传递参数和返回结果与 getUser 大同小异，只是这个方法返回 Mono<Void>，这里对应无返回的删除结果。

14.3　深入 WebFlux 服务端开发

正如上面的例子，服务端的开发十分接近 Spring MVC，在大部分的情况下可以参考 Spring MVC 的内容。但有时候也有一些特殊的要求，例如，需要读出请求的 HTTP 首部所设置内容、新增加参数转换和验证规则等，此外还有一些错误的处理。这些都是在实际开发中最常见到的内容，需要进一步地学习它们。WebFlux 的组件与 Spring MVC 是十分接近，它可以实现接口 WebFluxConfigurer 进行配置。WebFluxConfigurer 是一个 Java 8 之后的接口，是一个拥有默认实现（default）方法的接口，所以实现接口并不需要全部覆盖其定义的方法，只需要覆盖对应的方法即可。

14.3.1　类型转换器——Converter

例如，现在来实现一个类型转换，约定用户将以字符串格式{id}-{userName}-{sex}-{note}进行传递，然后通过类型转换器（Converter）得到用户数据。首先需要定义一个转换器，如代码清单 14-13 所示。

代码清单 14-13　实现类型转换

```
package com.springboot.chapter14.config;
/**** imports ****/
// 实现 Java 8 的接口 WebFluxConfigurer，该接口都是 default 方法
@Configuration
public class WebFluxConfig implements WebFluxConfigurer {
    // 注册 Converter
    @Override
    public void addFormatters(FormatterRegistry registry) {
        registry.addConverter(stringToUserConverter());
    }

    // 定义 String --> User 类型转换器
    // @Bean// 如果定义为 Spring Bean，Spring Boot 会自动识别为类型转换器
    public Converter<String, User> stringToUserConverter() {
        Converter<String, User> converter = new Converter<String, User>() {
            @Override
            public User convert(String src) {
                String strArr[] = src.split("-");
                User user = new User();
                Long id = Long.valueOf(strArr[0]);
                user.setId(id);
                user.setUserName(strArr[1]);
```

```
                            int sexCode = Integer.valueOf(strArr[2]);
                            SexEnum sex = SexEnum.getSexEnum(sexCode);
                            user.setSex(sex);
                            user.setNote(strArr[3]);
                            return user;
                        }
                    };
                    return converter;
                }
            }
```

从上述代码中可以看到实现了 WebFluxConfigurer 接口,并覆盖了其 addFormatters 方法。这个方法是加载转换器(Converter)和格式化器(Formatter)的,这里使用了 stringToUser 方法来定义了一个 Converter,这样就能够将字符串按照约定的格式转换为用户类。实际上这样写还是有点冗余,这里想表达的是,可以通过继承实现 WebFluxConfigurer 接口,覆盖对应的方法,来自定义所需的一些组件。最为简单的方法是删除 addFormatters 方法,而将转换器定义为一个 Spring Bean,Spring Boot 就会自动识别这个 Bean 为转换器,而无须再自行进行注册。

为了测试这个转换器,在 UserController 中加入一个方法,如代码清单 14-14 所示。

代码清单 14-14　使用转换器

```
@PostMapping("/user2/{user}")
public Mono<UserVo> insertUser2(@PathVariable("user") User user) {
    return userService.insertUser(user)
            // 进行 PO 和 VO 之间的转换
            .map(u -> translate(u));
}
```

这里采用了通过 URI 传值的 REST 风格的方式,这样就可以把用户按照约定的格式传递到控制器的方法中,并且通过转换器进行转换。代码清单 14-15 所示是用 WebClient 进行测试的代码片段。

代码清单 14-15　WebClient 测试转换器片段

```
private static void insertUser2(WebClient client) {
    // 注意,这只是定义一个时间,并不会发送请求
    Mono<UserVo> userMono =
        // 定义 POST 请求
        client.post()
        // 设置请求 URI 和约定格式的用户信息
        .uri("/user2/{user}", "3-convert-0-note")
        // 接收请求结果类型
        .accept(MediaType.APPLICATION_STREAM_JSON)
        // 设置请求结果检索规则
        .retrieve()
        // 将结果体转换为一个 Mono 封装的数据流
        .bodyToMono(UserVo.class);
    // 获取服务器发布的数据流,此时才会发送请求
    UserVo user = userMono.block();
    System.out.println("【用户名称】" + user.getUserName());
}
```

注意到加粗的代码,这里的参数是通过 URI 和所约定格式传递的,这样就能够传递这个参数到服务端。关于日期格式化器,WebFlux 允许我们通过 application.properties 进行配置。例如:

```
spring.webflux.date-format=yyyy-MM-dd
```

关于它的使用方法与 Spring MVC 类似，所以这里就不再赘述了。

14.3.2　验证器——Validator

有时候还需要对参数进行验证，如代码清单 14-15 中的 insertUser2 方法中的用户参数，需要验证用户名称不能为空。这个时候可以考虑使用 Spring MVC 的 Validator 机制，首先新建用户验证器 UserValidator，如代码清单 14-16 所示。

代码清单 14-16　用户验证器

```
package com.springboot.chapter14.validator;
/**** imports ****/
public class UserValidator implements Validator {

    // 确定支持的验证类型
    @Override
    public boolean supports(Class<?> clazz) {
        return clazz.equals(User.class);
    }

    // 验证逻辑
    @Override
    public void validate(Object target, Errors errors) {
        User user = (User) target;
        // 监测用户名是否为空
        if (StringUtils.isEmpty(user.getUserName())) {
            errors.rejectValue("userName", null, "用户名不能为空");
        }
    }
}
```

这样就定义了用户验证器，为了使用它可以在代码清单 14-13 中覆盖 WebFluxConfigurer 接口的 getValidator 方法，从而加入用户验证器。需要注意的是，这里创建一个验证器，不能是多个，而这个验证器是全局性的，为各个控制器所共享。如代码清单 14-17 所示。

代码清单 14-17　加入验证器

```
package com.springboot.chapter14.config;
/****imports****/
@Configuration
public class WebFluxConfig implements WebFluxConfigurer {
    ......
    // 设置全局性验证器
    @Override
    public Validator getValidator() {
        return new UserValidator();
    }
}
```

上面只是定义了验证器，但并没有启用，为了测试这个验证器，需要在对应的方法中加入@Valid 注解，为此还需要在 UserController 中新增 insertUser3 方法，这样才能启用用户验证器，如代码清单 14-18 所示。

代码清单 14-18 新增 insertUser3 方法

```
@PostMapping("/user3")
public Mono<UserVo> insertUser3(@Valid @RequestBody User user) {
    return userService.insertUser(user)
            // 进行 PO 和 VO 之间的转换
            .map(u -> translate(u));
}
```

这里给参数 user 标识了注解@Valid，这样 Spring 就会启用 UserValidator 进行参数验证。但这里是在全局加入验证器，有时候倒希望使用局部验证器，而不是使用全局验证器。这时可以仿照 Spring MVC 的办法使用注解@InitBinder，然后将类和验证器进行绑定。例如，删除代码清单 14-17 中的 getValidator 方法，然后在 UserController 中加入代码清单 14-19。

代码清单 14-19 加入局部验证器

```
// 加入局部验证器
@InitBinder
public void initBinder(DataBinder binder) {
    binder.setValidator(new UserValidator());
}
```

这样 UserValidator 就只是对当前的控制器有效，而不是全局有效。

14.3.3 访问静态资源

当然有时还需要访问一些文件，如图片、配置内容等。这时可以覆盖 WebFluxConfigurer 的 addResourceHandlers 方法，如代码清单 14-20 所示。

代码清单 14-20 设置静态资源

```
@Override
public void addResourceHandlers(ResourceHandlerRegistry registry) {
    registry
            // 注册资源，可以通过 URI 访问
            .addResourceHandler("/resources/static/**")
            // 注册 Spring 资源，可以在 Spring 机制中访问
            .addResourceLocations("/public", "classpath:/static/")
            // 缓存一年(365 天)
            .setCacheControl(CacheControl.maxAge(365, TimeUnit.DAYS));
}
```

通过这样的限定，就可以直接通过 URI 来访问/resources/static/下的静态资源，而在 Spring 的上下文机制中还可以直接访问/public 路径，它将能够访问 classpath:/static/下的资源。这里还设置了缓存的时限，设定为一年（365 天）。为了区分静态资源设置一个前缀，这样便能够把静态资源和动态资源区分出来，为此我们可以在 application.properties 文件中进行配置：

```
spring.webflux.static-path-pattern=/static/**
```

这样在访问静态资源的时候就需要加入/static/前缀了。

到这里还没讨论完 WebFlux 的内容，如果还需要定制别的内容，可以覆盖 WebFluxConfigurer 接口中的其他方法，如配置视图解析器的 configureViewResolvers 方法、解析参数的 configureArgumentResolvers 方法等。只是这些内容并没有那么常用，所以就不再讨论它们了。

14.4　深入客户端开发

上述的客户端开发只是考虑了正常的状态，而有些特殊的要求却没有考虑。例如，如何设置请求头？又如，服务端发生了错误，应当如何处理？关于这类的问题，是实践中常常发生的，所以还是很有必要讨论它们。

14.4.1　处理服务端错误和转换

之前的客户端开发是基于 retrieve 方法将服务端的数据流转换。实际上还需要处理关于错误的数据，这时 HTTP 就会返回异常代码给客户端，并进行错误处理。例如，控制器 UserController 中的 getUser 方法，可能服务端没有对应编号（id）的用户信息，这时可能服务器会返回为空，这就需要进行处理。这时可以使用客户端来处理这些问题，例如，代码清单 14-21 就是为了处理出现错误的情况。

代码清单 14-21　客户端处理服务端的错误

```
public static void getUser2(WebClient client, Long id) {
    Mono<UserVo> userMono =
        // HTTP GET 请求
        client.get()
            // 定义请求 URI 和参数
            .uri("/user/{id}", id)
            // 接收结果为 JSON 数据流
            .accept(MediaType.APPLICATION_STREAM_JSON)
            // 设置检索
            .retrieve().onStatus(
                // 发生 4 开头或者 5 开头的状态码，4 开头是客户端错误，5 开头是服务器错误
                // 第一个 Lambda 表达式，返回如果为 true，则执行第二个 Lambda 表达式
                status -> status.is4xxClientError() || status.is5xxServerError(),
                // 如果发生异常，则用第二个表达式返回作为结果
                // 第二个 Lambda 表达式
                response -> Mono.empty())
                // 将请求结果转换为 Mono 数据流
            .bodyToMono(UserVo.class);
    UserVo user = userMono.block();
    // 如果用户正常返回
    if (user != null) {
        System.out.println("【用户名称】" + user.getUserName());
    } else {// 不能正常返回或者用户为空
        System.out.println("服务器没有返回编号为：" + id + "的用户");
    }
}
```

这里采用了 onStatus 方法，这个方法是监控服务器返回的方法。它的两个参数都采用了 Lambda 表达式的方式。第一个 Lambda 表达式的参数 status 是 HttpStatus 类型的，它需要返回的是 boolean 值，而代码给出的判断条件是是否为 4 开头（客户端错误）或者 5 开头（服务器错误）的服务器响应码。第二个 Lambda 表达式参数为 ClientResponse 类型的，它是在第一个 Lambda 表达式返回 true 时触发，这里是让结果转化为空（调用 Mono 的 empty 方法）。后面就使用 userMono 的 block 方法请求服务端，如果对应用户编号的用户不存在则服务器会抛出异常，这时请求就出现 HTTP 服务状态

码是 4 或者 5 开头的，这样就进行了错误处理的机制，返回为空，并能够通过加粗的 if...else...语句的逻辑进行处理请求结果。

在代码清单 14-21 中，只是简单地将对象转换为服务器提供的 UserVo 对象。有时候一些系统交互中，客户端系统也存在自己的对象，如 UserPojo，如代码清单 14-22 所示。

代码清单 14-22　客户端 UserPojo

```
package com.springboot.chapter14.client.pojo;
public class UserPojo {
    private Long id;
    private String userName;
    // 1-男 2-女
    private int sex = 1;
    private String note = null;
    /**** setter and getter ****/
}
```

客户端从服务器端获取的是 UserVo 对象，而客户端自身使用的却是 UserPojo，因此需要进行自定义的转换。这时可以在代码清单 14-21 中加入 map 方法进行转换，也可以使用 exchange 方法代替 retrieve 方法，如代码清单 14-23 所示。

代码清单 14-23　使用自定义转换规则

```
// 转换方法
private static UserPojo translate(UserVo vo) {
    if (vo == null) {
        return null;
    }
    UserPojo pojo = new UserPojo();
    pojo.setId(vo.getId());
    pojo.setUserName(vo.getUserName());
    // 性别转换
    pojo.setSex(vo.getSexCode() == 1 ? 1 : 2);
    pojo.setNote(vo.getNote());
    return pojo;
}

public static void getUserPojo(WebClient client, Long id) {
    Mono<UserPojo> userMono =
        // HTTP GET 请求
        client.get()
            // 定义请求 URI 和参数
            .uri("/user/{id}", id)
            // 接收结果为 JSON 数据流
            .accept(MediaType.APPLICATION_STREAM_JSON)
            // 启用交换
            .exchange()
            // 出现错误则返回空
            .doOnError(ex -> Mono.empty())
            // 获取服务器发送过来的 UserVo 对象
            .flatMap(response -> response.bodyToMono(UserVo.class))
            // 通过自定义方法转换为客户端的 UserPojo
            .map(user -> translate(user));
    // 获取客户端的 UserPojo
    UserPojo pojo = userMono.block();
```

```
    // 不为空打印信息
    if (pojo != null) {
        System.out.println("获取的用户名称为" + pojo.getUserName());
    } else {
        System.out.println("获取的用户编号为" + id + "失败");
    }
}
```

这里的代码定义了 translate 方法，则是一个将服务器对象转换为客户端对象的方法。代码中不再使用 retrieve 方法，而是转用了 exchange 方法，它将允许自定义转换，会更为灵活。为了处理错误，这里还定义了 doOnError 方法，一旦出现请求报错问题，则将返回空对象。在 flatMap 方法中，将对服务器的方法请求转换为 Mono<UserVo>对象。但这并不是客户端自定义的 Mono<UserPojo>对象，为了解决这个问题，还使用了 map 方法，然后通过 translate 方法将最后结果转换为 Mono<UserPojo>对象。这样就能够完成自定义的转换规则，对于 Flux 也是类似的。

14.4.2　设置请求头

有时需要给 HTTP 请求头设置一些属性，以便于服务端的获取。下面，在用户控制器（UserController）加入新的方法，如代码清单 14-24 所示。

代码清单 14-24　服务器端通过@RequestHeader 获取参数

```
@PutMapping("/user/name")
public Mono<UserVo> updateUserName(@RequestHeader("id") Long id,
        @RequestHeader("userName") String userName) {
    Mono<User> userMono = userService.getUser(id);
    User user = userMono.block();
    if (user == null) { // 查找不到用户信息，抛出运行异常消息......
        throw new RuntimeException("找不到用户信息");
    }
    user.setUserName(userName);
    return this.updateUser(user);
}
```

服务端和 Spring MVC 也是如出一辙地使用@RequestHeader 从请求头中获取参数，然后根据参数去查询用户。如果查询不到用户，则抛出异常，否则就更新用户信息。

有了服务端的方法，接着使用客户端进行测试。这里需要注意的是如何给请求头设置值。下面用实例说明，如代码清单 14-25 所示。

代码清单 14-25　使用 WebClient 设置请求头

```
public static void updateUserName(WebClient client, Long id, String userName) {
    Mono<UserVo> monoUserVo = client
        // HTTP PUT 请求
        .put()
        // 请求 URI
        .uri("/user/name", userName)
        // 第一个请求头
        .header("id", id +"")
        // 第二个请求头
        .header("userName", userName)
        // 设置接收 JSON 数据流
        .accept(MediaType.APPLICATION_STREAM_JSON)
```

```
        // 检索
        .retrieve()
        // 根据服务端响应码处理逻辑
        .onStatus(
            status -> status.is4xxClientError() || status.is5xxServerError(),
            response -> Mono.empty())
        // 转换为 UserVo 对象
        .bodyToMono(UserVo.class);
    UserVo userVo = monoUserVo.block();
    // 不为空打印信息
    if (userVo != null) {
        System.out.println("获取的用户名称为" + userVo.getUserName());
    } else {
        System.out.println("获取的用户编号为" + id + "失败");
    }
}
```

注意这里的两个 header 方法，它们各自设置了用户编号（id）和用户名（userName），这样就可以以请求头的形式给服务器传递参数。通过这样就可以请求到代码清单 14-24 所示的方法。

14.5 使用路由函数方式开发 WebFlux

除了上述使用类似 Spring MVC 的开发方式之外，Spring WebFlux 还提供了路由函数（router functions）开发方式来开发 WebFlux。这样的方式体现了高并发的特性，也符合近期兴起的函数式编程的潮流。但是也会引入更多的 API 和长长的方法链，使得可读性和可维护性变差。因此在使用时，作为开发者应该考虑其利弊，在不同的场景中区别使用。

14.5.1 开发处理器

开发路由函数方式，首先需要开发一个处理器（Handler）用来处理各种场景。这里依照 14.2 节的内容，就可以拥有 UserRepository 接口，在这个基础上，可以开发用户处理器（UserHandler），其省略代码如代码清单 14-26 所示。

代码清单 14-26　用户处理器

```
package com.springboot.chapter14.handler;
/**** immports *****/
@Service
public class UserHandler {

    @Autowired
    private UserRepository userRepository = null;

    public Mono<ServerResponse> getUser(ServerRequest request) {
        ......
    }

    public Mono<ServerResponse> insertUser(ServerRequest request) {
        ......
    }

    public Mono<ServerResponse> updateUser(ServerRequest request) {
        ......
```

```
    }

    public Mono<ServerResponse> deleteUser(ServerRequest request) {
        ......
    }

    public Mono<ServerResponse> findUsers(ServerRequest request) {
        ......
    }

    public Mono<ServerResponse> updateUserName(ServerRequest request) {
        ......
    }

    /***
     * 完成 PO 到 VO 的转换
     *
     * @param user PO 持久对象
     * @return UserVo ——VO 视图对象
     */
    private UserVo translate(User user) {
        UserVo userVo = new UserVo();
        userVo.setUserName(user.getUserName());
        userVo.setSexCode(user.getSex().getCode());
        userVo.setSexName(user.getSex().getName());
        userVo.setNote(user.getNote());
        userVo.setId(user.getId());
        return userVo;
    }
}
```

上述代码中的 translate 方法代表从 User 类型转换为 UserVo 类型。除了它，其他方法的参数都是 ServerRequest 对象，代表请求，而其返回的类型都为 Mono<ServerResponse>，代表请求的响应。这些方法都给出了省略方法体的命名，下面分别讨论它们的实现。

先来实现 getUser 方法，如代码清单 14-27 所示。

代码清单 14-27　获取用户信息

```
public Mono<ServerResponse> getUser(ServerRequest request) {
    // 获取请求 URI 参数
    String idStr = request.pathVariable("id");
    Long id = Long.valueOf(idStr);
    Mono<UserVo> userVoMono = userRepository.findById(id)
        // 转换为 UserVo
        .map(u -> translate(u));
    return ServerResponse
            // 响应成功
            .ok()
            // 响应体类型
            .contentType(MediaType.APPLICATION_JSON_UTF8)
            // 响应体
            .body(userVoMono, UserVo.class);
}
```

代码中通过 ServerRequest 的 pathVariable 方法获取在 URI 上的参数，然后将其转换为长整型（Long）参数，通过 JPA 接口（UserRepository）去获取用户信息，这样便能得到用户数据。最后通过 ServerResponse 进行应答，其中 ok 方法表示成功响应，contentType 方法表示以什么类型的数据响应，body 方法是设置响应的内容，这里使用了查询到的用户信息，并声明为 UserVo 对象类型。最值得关注的是 return 语句，这里使用 ServerResponse 的 ok 方法，说明响应成功；contentType 方法则是指定响应类型，这里设置为 JSON 数据集；body 则是响应体定义为 Mono<UserVo>数据流序列。

接下来的方法是 insertUser 方法的实现，如代码清单 14-28 所示。

代码清单 14-28 新增用户

```
public Mono<ServerResponse> insertUser(ServerRequest request) {
    Mono<User> userMonoParam = request.bodyToMono(User.class);
    Mono<UserVo> userVoMono = userMonoParam
            // 缓存请求体
            .cache()
            // 处理业务逻辑，转变数据流
            .flatMap(user ->userRepository.save(user))
            // 转换为 UserVo 对象
            .map(u->translate(u)));
    return ServerResponse
            // 响应成功
            .ok()
            // 响应体类型
            .contentType(MediaType.APPLICATION_JSON_UTF8)
            // 响应体
            .body(userVoMono, UserVo.class);
}
```

这个方法通过 ServerRequest 的 bodyToMono 把请求体转变为 User 对象——userMonoParam。然后使用了一个很重要的方法——cache，否则程序就会在等待数据的接收，不会往下一步走，通过这个方法就能够将这个流对象缓存起来。flatMap 方法中使用了 userRepository 的 save 方法保存对象，最后再通过 translate 方法转换为 UserVo 类型。关于 return 语句的说明可参考 getUser 方法。

再来实现 updateUser 方法，如代码清单 14-29 所示。

代码清单 14-29 更新用户

```
public Mono<ServerResponse> updateUser(ServerRequest request) {
    Mono<User> userMonoParam = request.bodyToMono(User.class);
    Mono<UserVo> userVoMono = userMonoParam.cache()
            .flatMap(user ->userRepository.save(user)
                    .map(u->translate(u)));
    return ServerResponse
            // 响应成功
            .ok()
            // 响应体类型
            .contentType(MediaType.APPLICATION_JSON_UTF8)
            // 响应体
            .body(userVoMono, UserVo.class);
}
```

关于这个方法的说明可参考 insertUser 方法的论述。

接着就是 deleteUser 方法，如代码清单 14-30 所示。

代码清单 14-30 删除用户方法

```
public Mono<ServerResponse> deleteUser(ServerRequest request) {
    // 获取请求 URI 参数
```

```
        String idStr = request.pathVariable("id");
        Long id = Long.valueOf(idStr);
        Mono<Void> monoVoid = userRepository.deleteById(id);
        return ServerResponse
                // 响应成功
                .ok()
                // 响应体类型
                .contentType(MediaType.APPLICATION_JSON_UTF8)
                // 响应体
                .body(monoVoid, Void.class);
    }
```

deleteUser 方法与 getUser 方法也是接近的,只是返回的是 Mono<Void>,没有其他特别之处,这里不再详细讨论。

然后就是 findUsers 方法。这个方法可能查询到零到多个对象,所以会使用 Flux 进行封装数据流序列,如代码清单 14-31 所示。

代码清单 14-31　findUsers 方法

```
public Mono<ServerResponse> findUsers(ServerRequest request) {
    String userName = request.pathVariable("userName");
    String note = request.pathVariable("note");
    Flux<UserVo> userVoFlux =
            userRepository.findByUserNameLikeAndNoteLike(userName, note)
            .map(u -> translate(u));
    // 可参考 getUser 方法的注释
    return ServerResponse
            .ok()
            .contentType(MediaType.APPLICATION_JSON_UTF8)
            .body(userVoFlux, UserVo.class);
}
```

代码中只是使用 Flux 封装了多个数据单元,而实际上与之前的 getUser 方法也并无太多特别之处,所以也不特别论述。

最后是 updateUserName 方法,这个方法将会从请求头中获取参数,然后再进行业务处理,如代码清单 14-32 所示。

代码清单 14-32　修改用户名

```
public Mono<ServerResponse> updateUserName(ServerRequest request) {
    // 获取请求头数据
    String idStr = request.headers().header("id").get(0);
    Long id = Long.valueOf(idStr);
    String userName = request.headers().header("userName").get(0);
    // 获取原有用户信息
    Mono<User> userMono = userRepository.findById(id);
    User user = userMono.block();
    // 修改用户名
    user.setUserName(userName);
    Mono<UserVo> result = userRepository.save(user).map(u -> translate(u));
    // 响应结果
    return ServerResponse
            .ok()
            .contentType(MediaType.APPLICATION_JSON_UTF8)
            .body(result, UserVo.class);
}
```

这个方法中，唯一值得提及的是获取请求头参数的方法。主要是 ServerRequest 的 headers 方法。

至此，用户处理器的各个方法的开发就介绍完成了。但它还不能接收请求，因为还没有使得它与请求 URI 对应起来，也没有设置请求接收和响应的类型等信息。

14.5.2 开发请求路由

上节开发了用户处理器，为了让 HTTP 请求能够映射到方法上，还需要一个路由的功能，为此需要开发路由器，使得请求能够映射到路由的方法上，如代码清单 14-33 所示。

代码清单 14-33 路由开发

```
package com.springboot.chapter14.config;
// 静态导入
import static org.springframework.http.MediaType.APPLICATION_STREAM_JSON;
import static org.springframework.web.reactive.function.server.RequestPredicates.*;
import static org.springframework.web.reactive.function.server.RouterFunctions.route;
/**** other packages import ****/
@Configuration
public class RouterConfig {
    // 注入用户处理器
    @Autowired
    private UserHandler userHandler = null;

    // 用户路由
    @Bean
    public RouterFunction<ServerResponse> userRouter() {
        RouterFunction<ServerResponse> router =
            // 对应请求 URI 的对应关系
            route(
                // GET 请求及其路径
                GET("/router/user/{id}")
                // 响应结果为 JSON 数据流
                .and(accept(APPLICATION_STREAM_JSON)),
                // 定义处理方法
                userHandler :: getUser)
            // 增加一个路由
            .andRoute(
                // GET 请求及其路径
                GET("/router/user/{userName}/{note}")
                .and(accept(APPLICATION_STREAM_JSON)),
                // 定义处理方法
                userHandler :: findUsers)
            // 增加一个路由
            .andRoute(
                // POST 请求及其路径
                POST("/router/user")
                // 请求体为 JSON 数据流
                .and(contentType(APPLICATION_STREAM_JSON))
                // 响应结果为 JSON 数据流
                .and(accept(APPLICATION_STREAM_JSON))),
                // 定义处理方法
                userHandler :: insertUser)
            // 增加一个路由
            .andRoute(
                // PUT 请求及其路径
```

```
            PUT("/router/user")
            // 请求体为 JSON 数据流
            .and(contentType(APPLICATION_STREAM_JSON))
            // 响应结果为 JSON 数据流
            .and(accept(APPLICATION_STREAM_JSON)),
            // 定义处理方法
            userHandler :: updateUser)
        .andRoute(
            // DELETE 请求及其路径
            DELETE("/router/user/{id}")
            // 响应结果为 JSON 数据流
            .and(accept(APPLICATION_STREAM_JSON)),
            // 定义处理方法
            userHandler :: deleteUser)
        .andRoute(
            // PUT 请求及其路径
            PUT("/router/user/name")
            // 响应结果为 JSON 数据流
            .and(accept(APPLICATION_STREAM_JSON)),
            // 定义处理方法
            userHandler:: updateUserName
        );
    return router;
    }
}
```

这里的方法 userRouter 标识为@Bean，这样 IoC 容器就会将其装配为 Spring Bean，而 Spring Boot 会根据其类型自动地识别这是一个 WebFlux 的路由器。代码中为了更加快捷地使用静态方法，使用了静态导入的功能（这是 JDK 5 就已经提供的功能），这样编码就更接近函数式的编程方式。这段代码中先通过@Autowired 注入了用户处理器（UserHandler），这样就能够使用这个处理器。在 userRouter 方法中，使用静态导入的 router 方法定义了用户处理器的 gerUser 方法与"/user/{id}"对应起来，并且通过静态导入的 GET 方法设置这是一个 HTTP GET 方法，通过 accept 方法设置请求响应为 JSON 数据流。定义用户处理器的 findUsers 方法时，与 getUser 方法大体一致，所以这里就不再赘述。定义 insertUser 方法时，因为客户端传递 JSON 数据流作为用户的信息，并且涉及数据的变更，因此采用了 POST 方法，并且通过 contentType 方法来定义请求体的数据类型，这样便能够指定请求的具体方法和具体的请求类型。对于 updateUser、updateUserName 和 deleteUser 方法都是与此类似的，这里就不再一一论述。

14.5.3　使用过滤器

在互联网的环境中往往还需要保护这些业务请求，以避免网站被攻击。这时可以采用过滤器的方式拦截请求，通过验证身份后才处理业务逻辑。例如，现在要求请求头上存放用户名和密码服务才会去处理业务。这样就能够在一定程度上保护请求。如代码清单 14-34 所示是对这一场景的模拟。

代码清单 14-34　使用过滤器

```
package com.springboot.chapter14.config;
/**** imports ****/
@Configuration
public class RouterConfig {
```

```
        // 注入用户处理器
        @Autowired
        private UserHandler userHandler = null;

        // 请求头用户名属性名称
        private static final String HEADER_NAME = "header_user";
        // 请求头密码属性名称
        private static final String HEADER_VALUE = "header_password";

        @Bean
        public RouterFunction<ServerResponse> securityRouter() {
            RouterFunction<ServerResponse> router =
                    // 对应请求 URI 的对应关系
                    route(
                        // GET 请求及其路径
                        GET("/security/user/{id}")
                        // 响应结果为 JSON 数据流
                        .and(accept(APPLICATION_STREAM_JSON)),
                        // 定义处理方法
                        userHandler :: getUser)
                    // 使用过滤器
                    .filter((request, next) -> filterLogic(request, next));
            return router;
        }

        // 请求过滤器逻辑
        private Mono<ServerResponse> filterLogic(ServerRequest request,
                HandlerFunction<ServerResponse> next) {
            // 取出请求头
            String userName = request.headers().header(HEADER_NAME).get(0);
            String password = request.headers().header(HEADER_VALUE).get(0);
            // 验证通过的条件
            if (!StringUtils.isEmpty(userName) && !StringUtils.isEmpty(password)
                && !userName.equals(password)) {
                // 接受请求
                return next.handle(request);
            }
            // 请求头不匹配，则不允许请求，返回为未签名错误
            return ServerResponse.status(HttpStatus.UNAUTHORIZED).build();
        }

        ......
}
```

先看到代码中的 securityRouter 方法，它与之前所定义的路由方式并无太大的不同，只是添加了 flter 方法，这个方法又指向了 filterLogic 方法。这个方法的参数是一个 ServerRequest，另一个是 HandlerFunction，方法的逻辑则是取出请求头中的用户名和密码，然后做了自己的逻辑判断。如果验证通过，则返回 next.handle(request) 代表接受请求，然后就路由到了处理器中；如果验证没有通过，则使用 ServerResponse 将响应状态设置为未签名（UNAUTHORIZED）返回给请求者，这样请求就被拒绝了。

第15章

实践一下——抢购商品

前面几章已经基本讨论了 Spring Boot 的主要内容，本章在通过抢购商品的实践来回顾之前内容的同时，阐述高并发与锁的问题。这里假设电商网站抢购的场景，电商网站往往存在很多的商品，有些商品会以低价限量推销，并且会在推销之前做广告以吸引网站会员购买。如果是十分热销的商品，就会有大量的会员等待在商品推出的那一刻，打开手机、电脑和平板电脑点击抢购，这个瞬间就会给网站带来很大的并发量，这便是一个高并发的场景，处理这些并发是互联网常见的场景之一。因此本章既需复习之前学习到的 Spring Boot 的知识，也会讨论高并发的问题。持久层 MyBatis 已经成为当今互联网持久层的主流框架，因此本章选择使用它作为实践的持久层。

15.1 设计与开发

这里先以最为普通的方式介绍开发，然后再讨论在高并发的时刻会出现的超发现象。本章会在 Spring Boot 中先搭建现今非常流行的 SSM（Spring + Spring MVC +MyBatis）框架的开发组合，不过在此之前需要先把数据库表创建起来。

15.1.1 数据库表设计

在开发前，先创建两张数据库的表，这两张表的关系如图 15-1 所示。

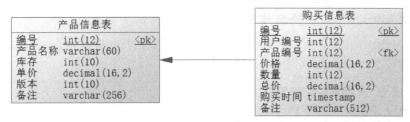

图 15-1　表的关系

当一个用户购买产品时，会先去访问产品表中的库存，如果库存不足则不扣减产品，只有产品库存足才会扣减，然后记录当次用户购买的信息到购买信息表中。代码清单 15-1 所示是建表 SQL。

代码清单 15-1　建表 SQL

```
/****产品信息表 *****/
create table T_Product
(
id             int(12)       not null auto_increment comment   '编号',
product_name varchar(60)    not null comment '产品名称',
stock          int(10)       not null comment '库存',
price          decimal(16,2) not null comment '单价',
version        int(10)       not null default 0 comment '版本号',
note           varchar(256)  null comment '备注',
primary key(id)
);

/****购买信息表 *****/
create table T_PURCHASE_RECORD
(
id          int(12)        not null auto_increment comment   '编号',
user_id     int(12)        not null comment '用户编号',
product_id int(12)         not null comment '产品编号',
price       decimal(16,2) not null comment '价格',
quantity    int(12) not null comment '数量',
sum         decimal(16,2) not null comment '总价',
purchase_date timestamp not null default now() comment '购买日期',
note        varchar(512)   null comment '备注',
primary key  (id)
);
```

这样就有了测试需要的两张表。执行一次购买的流程是，首先判定产品表的产品有没有足够的库存支持用户的购买，如果有则对产品表执行减库存，然后再将购买信息插入到购买记录表中；如果库存不足，则返回交易失败的信息，如图 15-2 所示。

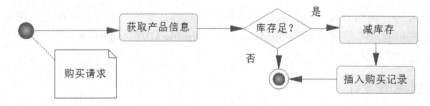

图 15-2　购买流程

15.1.2　使用 MyBatis 开发持久层

因为当今 MyBatis 流行，所以这里选择使用它作为项目的持久层。为了与数据库的两张表相互对应，这里创建两个 POJO，如代码清单 15-2 所示。

代码清单 15-2　产品和购买记录 POJO

```
/** ######## 产品 POJO #########**/
package com.springboot.chapter15.pojo;
/**** imports ****/
// MyBatis 别名定义
@Alias("product")
```

```java
public class ProductPo implements Serializable {
    private static final long serialVersionUID = 3288311147760635602L;
    private Long id;
    private String productName;
    private int stock;
    private double price;
    private int version;
    private String note;
    /**** setter and getter ****/
}

/** ######## 购买记录 POJO ########**/
package com.springboot.chapter15.pojo;
/**** imports ****/
// MyBatis 别名定义
@Alias("purchaseRecord")
public class PurchaseRecordPo implements Serializable {
    private static final long serialVersionUID = -360816189433370174L;
    private Long id;
    private Long userId;
    private Long productId;
    private double price;
    private int quantity;
    private double sum;
    private Timestamp purchaseTime;
    private String note;
    /**** setter and getter ****/
}
```

这里加粗的@Alias 属于 MyBatis 的注解，它主要的作用是定义 MyBatis 的别名，将来对 Spring Boot 配置扫描后就能够在 MyBatis 上下文中使用它。接着需要的是对应的 SQL 和 POJO 的映射文件，那就是 MyBatis 的映射文件，其中产品 POJO 的映射文件如代码清单 15-3 所示。

代码清单 15-3　产品映射文件（Product）

```xml
<?xml version="1.0" encoding="UTF-8" ?>
<!DOCTYPE mapper
  PUBLIC "-//mybatis.org//DTD Mapper 3.0//EN"
  "http://mybatis.org/dtd/mybatis-3-mapper.dtd">
<mapper namespace="com.springboot.chapter15.dao.ProductDao">
    <!-- 获取产品 -->
    <select id="getProduct" parameterType="long" resultType="product">
        select id, product_name as productName,
        stock, price, version, note from t_product
        where id=#{id}
    </select>

    <!-- 减库存 -->
    <update id="decreaseProduct">
        update t_product set stock = stock - #{quantity}
        where id = #{id}
    </update>
</mapper>
```

这里的两条 SQL，第一条是获取产品，第二条是减产品库存。这里的 resultType 使用的是 product，之所以可以这样，是因为我们在 POJO 中使用@Alias 定义了别名，而命名空间（namespace）定义为

com.springboot.chapter15.dao.ProductDao，这就需要我们对应定义这样的接口，如代码清单 15-4 所示。

代码清单 15-4　MyBatis 产品接口定义

```
package com.springboot.chapter15.dao;
/**** imports ****/
@Mapper
public interface ProductDao {
    // 获取产品
    public ProductPo getProduct(Long id);

    // 减库存，而@Param标明MyBatis参数传递给后台
    public int decreaseProduct(@Param("id") Long id,
        @Param("quantity") int quantity);
}
```

这里 MyBatis 的接口被标注了@Mapper，这就意味着可以通过 Spring Boot 的 Java 配置来将接口扫描到 Spring IoC 容器当中。然后定义了映射文件所定义的两个方法，它们的方法名和参数与映射文件中的 SQL 的 id 和参数保持一致，这样 MyBatis 就可以找到对应的 SQL 和映射对应的参数。

以上处理完了 MyBatis 关于产品的内容，接着需要处理的是插入购买记录的内容。首先是映射文件，如代码清单 15-5 所示。

代码清单 15-5　购买记录映射文件

```
<?xml version="1.0" encoding="UTF-8" ?>
<!DOCTYPE mapper
  PUBLIC "-//mybatis.org//DTD Mapper 3.0//EN"
  "http://mybatis.org/dtd/mybatis-3-mapper.dtd">
<mapper namespace="com.springboot.chapter15.dao.PurchaseRecordDao">
    <insert id="insertPurchaseRecord" parameterType="purchaseRecord">
        insert into t_purchase_record(
        user_id, product_id, price, quantity, sum, purchase_date, note)
        values(#{userId}, #{productId}, #{price}, #{quantity},
        #{sum}, now(), #{note})
    </insert>
</mapper>
```

因为这里只是插入购买记录的 SQL，所以还是相当简单的。同样的属性 parameterType 所指定 purchaseRecord 是一个别名，它是购买记录（PurchaseRecordPo）的别名。命名空间则定义为 com.springboot.chapter15.dao.PurchaseRecordDao，这样就需要定义 MyBatis 的接口，如代码清单 15-6 所示。

代码清单 15-6　MyBatis 购买记录接口

```
package com.springboot.chapter15.dao;
/**** imports ****/
@Mapper
public interface PurchaseRecordDao {
    public int insertPurchaseRecord(PurchaseRecordPo pr);
}
```

至此，关于 MyBatis 持久层的开发结束。下面讨论更为复杂的业务层和控制层的开发，这是本章的重点内容。

15.1.3 使用 Spring 开发业务层和控制层

上面以 MyBatis 框架开发了持久层，现在需要讨论开发业务层。先来定义业务层接口，如代码清单 15-7 所示。

代码清单 15-7 业务层接口

```java
package com.springboot.chapter15.service;

public interface PurchaseService {
    /**
     * 处理购买业务
     * @param userId 用户编号
     * @param productId 产品编号
     * @param quantity 购买数量
     * @return 成功 or 失败
     */
    public boolean purchase(Long userId, Long productId, int quantity);
}
```

这里定义了 purchase 方法，用来处理业务流程，然后就可以提供它的实现类。对于实现类而言，一方面需要处理业务逻辑，另一方面需要留意数据库事务的处理，其实现如代码清单 15-8 所示。

代码清单 15-8 购买产品业务层实现

```java
package com.springboot.chapter15.service.impl;
/**** imports ****/
@Service
public class PurchaseServiceImpl implements PurchaseService {
    @Autowired
    private ProductDao productDao = null;
    @Autowired
    private PurchaseRecordDao purchaseRecordDao = null;

    @Override
    // 启动 Spring 数据库事务机制
    @Transactional
    public boolean purchase(Long userId, Long productId, int quantity) {
        // 获取产品
        ProductPo product = productDao.getProduct(productId);
        // 比较库存和购买数量
        if (product.getStock() < quantity) {
            // 库存不足
            return false;
        }
        // 扣减库存
        productDao.decreaseProduct(productId, quantity);
        // 初始化购买记录
        PurchaseRecordPo pr = this.initPurchaseRecord(userId, product, quantity);
        // 插入购买记录
        purchaseRecordDao.insertPurchaseRecord(pr);
        return true;
    }

    // 初始化购买信息
    private PurchaseRecordPo initPurchaseRecord(
```

```
            Long userId, ProductPo product, int quantity) {
        PurchaseRecordPo pr = new PurchaseRecordPo();
        pr.setNote("购买日志,时间: " + System.currentTimeMillis());
        pr.setPrice(product.getPrice());
        pr.setProductId(product.getId());
        pr.setQuantity(quantity);
        double sum = product.getPrice() * quantity;
        pr.setSum(sum);
        pr.setUserId(userId);
        return pr;
    }
}
```

这里的 purchase 方法上标注了@Transactional,这就意味着会启用数据库事务。对于事务,Spring Boot 会自动地根据配置来创建事务管理器,所以这里并不需要显式地配置事务管理器,而默认隔离级别的选择可以在 Spring Boot 的配置文件中处理。purchase 方法则是执行了图 15-2 所描述的流程,这样业务层也就开发完成,接下来就是控制层了。

有了上面的代码,控制器的开发就简单多了。现今微服务是以 REST 风格为主,所以这里也以 REST 风格来开发控制器,如代码清单 15-9 所示。

代码清单 15-9 开发 REST 风格控制器

```
package com.springboot.chapter15.controller;
/**** imports ****/
// REST 风格控制器
@RestController
public class PurchaseController {
    @Autowired
    PurchaseService purchaseService = null;

    // 定义 JSP 视图
    @GetMapping("/test")
    public ModelAndView testPage() {
        ModelAndView mv = new ModelAndView("test");
        return mv;
    }

    @PostMapping("/purchase")
    public Result purchase(Long userId, Long productId, Integer quantity) {
        boolean success= purchaseService.purchase(userId, productId, quantity);
        String message = success? "抢购成功" : "抢购失败";
        Result result = new Result(success, message);
        return result;
    }

    // 响应结果
    class Result {
        private boolean success = false;
        private String message = null;

        public Result() {
        }

        public Result(boolean success, String message) {
            this.success = success;
            this.message = message;
```

```
        }
        /**** setter and getter ****/
    }
}
```

这里的控制器标注了@RestController，表示采用 REST 风格，这样就会将返回的结果默认转化为 JSON 数据集。这里的 testPage 方法是指向具体的 JSP 页面，后面就可以通过它进行测试。purchase 方法则标注了@PostMapping，表示接收 POST 请求，它调用一个简单的方法就可以绑定结果返回，也十分简单。

15.1.4 测试和配置

下面需要测试控制器购买的方法，主要是通过 Ajax 方式进行测试，因为当今的业务已经发生在移动端，而页面端采用 Ajax 方式也比较多，这也比较贴合现今企业的应用。代码清单 15-9 中定义了一个 JSP 视图，在这里需要实现它，如代码清单 15-10 所示。

代码清单 15-10　测试控制器（/WEB-INF/jsp/test.jsp）

```
<%@ page language="java" contentType="text/html; charset=UTF-8"
    pageEncoding="UTF-8"%>
<!DOCTYPE html PUBLIC "-//W3C//DTD HTML 4.01 Transitional//EN"
"http://www.w3.org/TR/html4/loose.dtd">
<html>
<head>
<title>购买产品测试</title>
<script type="text/javascript"
    src="https://code.jquery.com/jquery-3.2.1.min.js"></script>
</head>
<!--后面需要改写这段 JavaScript 脚本进行测试-->
<script type="text/javascript">
    var params = {
        userId : 1,
        productId : 1,
        quantity : 3
    };
    // 通过 POST 请求后端
    $.post("./purchase", params, function(result) {
        alert(result.message);
    });
</script>
<body>
    <h1>抢购产品测试</h1>
</body>
</html>
```

至此开发工作已经完成，页面中使用 JavaScript 脚本对后台进行了测试。对于这段脚本，本章后续测试高并发时会进行改写。但是项目中还缺乏对 Spring Boot 的配置，如代码清单 15-11 所示是对其开发环境的配置。

代码清单 15-11　配置开发环境

```
########## 数据库配置 ##########
spring.datasource.url=jdbc:mysql://localhost:3306/spring_boot_chapter15
spring.datasource.username=root
spring.datasource.password=123456
```

```
#spring.datasource.driver-class-name=com.mysql.jdbc.Driver
spring.datasource.tomcat.max-idle=10
spring.datasource.tomcat.max-active=50
spring.datasource.tomcat.max-wait=10000
spring.datasource.tomcat.initial-size=5
# 采用隔离级别为读写提交
spring.datasource.tomcat.default-transaction-isolation=2

########## MyBatis 配置 ##########
# 映射文件
mybatis.mapper-locations=classpath:com/springboot/chapter15/mapper/*.xml
# 扫描别名
mybatis.type-aliases-package=com.springboot.chapter15.pojo

########## 视图配置 ##########
spring.mvc.view.prefix=/WEB-INF/jsp/
spring.mvc.view.suffix=.jsp
```

通过上面的配置就可以配置数据库、MyBatis 和视图解析器的内容，这便是 Spring Boot 的便捷之处，经过简单配置便能开箱使用。

接下来就是最后关于 Spring Boot 启动文件的配置，主要定义扫描包和 MyBatis 的整合，如代码清单 15-12 所示。

代码清单 15-12　修改 Spring Boot 启动文件

```
package com.springboot.chapter15.main;
/**** imports ****/
// 定义扫描包
@SpringBootApplication(scanBasePackages = "com.springboot.chapter15")
// 定义扫描 MyBatis 接口
@MapperScan(annotationClass =Mapper.class,
    basePackages="com.springboot.chapter15")
public class Chapter15Application {

    public static void main(String[] args) {
        SpringApplication.run(Chapter15Application.class, args);
    }
}
```

到这里就可以运行它了。在浏览器中输入 http://localhost:8080/test 后，可以看到图 15-3 所示的结果。

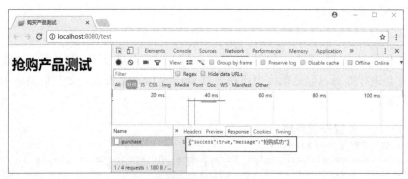

图 15-3　测试结果

这样的结果在普通的场景下是可行的，但是一旦进入一个高并发的环境，就会出现超发的问题。下节将讨论这些内容。

15.2 高并发开发

上述的开发代码在低并发时往往不会出现什么问题，但是一旦进入一个高并发的时刻，问题就会随之而来。在企业的生产实践中，往往对于那些热门的商品会事先进行广告宣传，然后告知大众在某天某个时刻开始进行抢购。到了那个时刻大量的网站会员就会打开电脑和手机进行疯狂的抢购，这时网站就需要面对高并发的场景。下面对这样的场景进行深入讨论。

15.2.1 超发现象

下面改写代码清单 15-10 中的 JavaScript 脚本，用来模仿高并发的场景，这里模拟 5 万人同时抢购 3 万件商品的场景，如代码清单 15-13 所示。

代码清单 15-13 模拟高并发的测试脚本

```
for (var i=1; i<=50000; i++) {
    var params = {
        userId : 1,
        productId : 1,
        quantity : 1
    };
    // 通过 POST 请求后端，这里的 JavaScript 会采用异步请求
    $.post("./purchase", params, function(result) {
    });
}
```

这里假设数据库的商品存量为 3 万件，然后进行测试。待测试完成，执行查询数据库的数据后，可以看到图 15-4 所示的结果。

图 15-4 超发现象

可以看到产品的库存（stock）变为了-4，这说明在高并发的环境下，系统出现了超发的现象，也就是原有的 30 000 件产品，发放了 30 004 件，这就是高并发存在的超发现象，这是一种错误。在高并发的环境下，除了考虑超发的问题外，还应该考虑性能问题，因为速度不能太慢，导致用户体验不佳而影响用户的体验。下面执行 SQL 来看最后一条购买插入记录和第一条插入记录的时间戳，如图 15-5 所示。

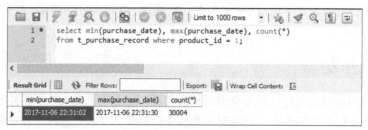

图 15-5　查看抢购性能

可以看到最后一条记录和第一条记录相差 28 s。而一共存在 30 004 条购买记录，这是一种超发的现象，先来探讨这个问题出现的原因，在多线程环境中可能出现如表 15-1 所示的场景。

表 15-1　超发现象分析

时　刻	线　程　1	线　程　2	备　注
T1	读取库存为 1		可购买
T2		读取库存为 1	可购买
T3	扣减库存		此时库存为 0
T4		扣减库存	**此时库存为−1，商品超发了**
T5	插入交易记录		正常购买记录
T6		插入交易记录	**错误，库存已经不足**

从表 15-1 可以看出，在线程 1 和线程 2 开始阶段都同时读入库存为 1，但是在 T3 时刻线程 1 扣减库存后商品就没有库存了，线程 2 此时并不会感知线程 1 的这个操作，而是继续按自己原有的判断，按照库存为 1 进行扣减库存，这样就出现了 T4 时刻库存为−1，而 T6 时刻错误记录的超发场景。为了克服超发的现象，当前企业级的开发提出了乐观锁、悲观锁和使用 Redis 等多种方案，本章后面将探讨这些问题。

15.2.2　悲观锁

本节讨论使用悲观锁处理高并发超发的问题。在高并发中出现超发现象，根本在于共享的数据（本章的例子是商品库存）被多个线程所修改，无法保证其执行的顺序。如果一个数据库事务读取到产品后，就将数据直接锁定，不允许别的线程进行读写操作，直至当前数据库事务完成才释放这条数据的锁，则不会出现之前看到的超发问题。下面改写代码清单 15-3 中的 getProduct 的 SQL 语句，如代码清单 15-14 所示。

代码清单 15-14　使用悲观锁

```
<!-- 获取产品 -->
<select id="getProduct" parameterType="long" resultType="product">
    select id, product_name as productName,
    stock, price, version, note from t_product
    where id=#{id} for update
</select>
```

请注意，这里的代码与修改之前的代码并没有太大的不一样，只是在 SQL 的最后加入了 for

update 语句。这样在数据库事务执行的过程中，就会锁定查询出来的数据，其他的事务将不能再对其进行读写，这样就避免了数据的不一致。单个请求直至数据库事务完成，才会释放这个锁，其他的请求才能重新得到这个锁。这里还是采用代码清单 15-13 的脚本进行测试，可以得到如图 15-6 的结果。

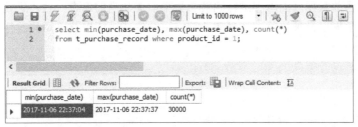

图 15-6　悲观锁结果

看到了有 3 万条记录，说明结果是正确的，这说明上面的代码已经克服了超发现象。但是还存在一个问题，就是性能。从图 15-6 可以看出最后一笔与第一笔相差了 33 s，性能比不加锁高出了 5 s，这里存在着性能的丢失。来分析一下原因。首先，当开启一个事务执行 for update 语句时，数据库就会给这条记录加入锁，让其他的事务等待，直至事务结束才会释放锁，如图 15-7 所示。

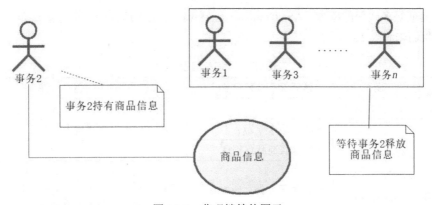

图 15-7　悲观锁等待图示

图 15-7 中假设事务 2 得到了商品信息的锁，那么事务 1, 3, …, n 就必须等待持有商品信息的事务 2 结束然后释放商品信息，才能去抢夺商品信息，这样就有大量的线程被挂起和等待，所以性能就低下了。

从上述分析可见，悲观锁是使用数据库内部的锁对记录进行加锁，从而使得其他事务等待以保证数据的一致。但这样会造成过多的等待和事务上下文的切换导致缓慢，因为悲观锁中资源只能被一个事务锁持有，所以也被称为独占锁或者排他锁。为了解决这些问题，提高运行效率，一些开发者提出其他的方案，那就是乐观锁了。

15.2.3　乐观锁

从上面讨论可以看出，虽然悲观锁可以解决高并发下的超发现象，但却不是一个高效的方案。

为了提高性能,一些开发者采用了乐观锁方案。乐观锁是一种不使用数据库锁和不阻塞线程并发的方案。

以本章的商品购买为例来说,就是一个线程一开始先读取既有的商品库存数据,保存起来,我们把这些旧数据称为旧值,然后去执行一定的业务逻辑,等到需要对共享数据做修改时,会事先将保存的旧值库存与当前数据库的库存进行比较,如果旧值与当前库存一致,它就认为数据没有被修改过,否则就认为数据已经被修改过,当前计算将不被信任,所以就不再修改任何数据。其流程如图 15-8 所示。

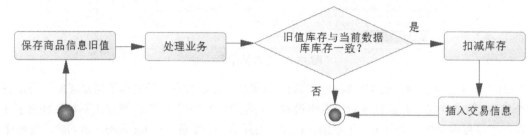

图 15-8　乐观锁解决超发问题图示

这个方案就是多线程的概念 CAS(Compare and Swap),然而这样的一个方案却会引发一种 ABA 问题,下面我们来看表 15-2。

表 15-2　ABA 问题论述

时刻	线　程 1	线程 2(购买 C 件)	备　注
T1	读取商品库存为 A 件		线程 1 保存旧库存值为 A 件
T2		读取商品库存为 A 件	线程 2 保存旧库存值为 A 件
T3		计算购买商品总价格	
T4	计算剩余商品价格	扣减库存 C 件,剩下 B 件	当前库存为 A 件,与线程 2 保存的旧值一致,因此线程 2 可减库存。**此时线程 1 在当前库存为 B 的情况下计算剩余商品价格**
T5		取消购买,库存回退为 A 件	因为一些原因,此时线程 2 回退,这样库存又变为了 A 件,**此时线程 1 计算的剩余商品价格就可能出错了**
T6	记录剩余商品价格		**因为线程 2 在 T5 时刻的回退,导致库存为 A,与线程 1 的旧值保持一致,这样线程 1 就扣减了库存,而其计算的剩余商品价格则可能出错**

从表中可以看出,在 T2 到 T5 时刻,线程 1 计算商品总价格的时候,当前库存会被线程 2 所修改,它是一个 A→B→A 的过程,所以人们比较形象地称之为“ABA 问题”。换句话说,线程 1 在计算商品总价格时,当前库存是一个变化的值,这样就可能出现错误的计算。显然这里共享值回退导致了数据的不一致,为了克服这个问题,一些开发者引入了一些规则,典型的如增加版本号(version),

并且规定：只要操作过程中修改共享值，无论是业务正常、回退还是异常，版本号（version）只能
递增，不能递减。这样重新做表 15-2，如表 15-3 所示。

表 15-3　使用版本号解决 ABA 问题

时刻	线　程　1	线程 2（购买 C 件）	备　　注
T1	读取商品版本号（version）为 1		线程 1 记录：version=1
T2		读取商品版本号（version）为 1	线程 2 记录：version=1
T3	计算剩余商品价格	计算商品总价格	
T4		扣减库存 C 件，剩下 B 件	线程 2 记录：version = version +1=2
T5		取消购买，库存回退为 A 件	线程 2 记录：version = version+1=3
T6	取消业务		**线程 1 记录 version 旧值为 1，而当前为 3，所以取消业务**

从表 15-3 可以看出，由于版本号（version）只能递增而不能递减，所以无论是线程 2 进行减库
存还是回退商品，版本号都只会递增而不会递减，这样在 T6 时刻，线程 1 使用其保存的 version 旧
值 1 与当前版本号 3 进行比较，就会发现商品已经被修改过了，数据已经不可信，于是便取消业务
处理。为了使用乐观锁，应留意代码清单 15-1 中对于产品表（T_PRODUCT）中的字段 version，下
面使用它来使用乐观锁。

首先删除代码清单 15-13 中的 for update 语句，也就是不再给数据库的记录加锁。这样就没有之
前分析悲观锁的阻塞其他线程并发的问题了，然后回看代码清单 15-3 中的减库存 SQL，下面来改造
它，如代码清单 15-15 所示。

代码清单 15-15　使用乐观锁

```
<!-- 减库存 -->
<update id="decreaseProduct">
    update t_product set stock = stock - #{quantity},
    version = version +1
    where id = #{id} and version = #{version}
</update>
```

这里的减库存在更新库存的同时也会递增版本号，因为之前谈过，任何对于产品信息的修改，
版本号只会递增而不会递减。此外，这里的条件除了产品编号外，还有版本号，通过这个判断就可
以让当前执行的事务知道，有没有别的事务已经修改过数据，一旦版本号判断失败，则什么数据也
不会触发更新。由于这里已经将原有的 2 个参数变为了 3 个参数，于是需要同步修改 ProductDao 接
口的减库存方法（decreaseProduct）定义：

```
public int decreaseProduct(@Param("id") Long id,
    @Param("quantity") int quantity, @Param("version") int version);
```

这样通过 MyBatis 就可以操作这条 SQL，然后我们修改 PurchaseServiceImpl 的 purchase 方法，
如代码清单 15-16 所示。

代码清单 15-16 使用乐观锁处理超发问题

```
@Override
// 启动 Spring 数据库事务机制，并将隔离级别设置为读写提交
@Transactional(isolation = Isolation.READ_COMMITTED)
public boolean purchase(Long userId, Long productId, int quantity) {
    // 获取产品（线程旧值）
    ProductPo product = productDao.getProduct(productId);
    // 比较库存和购买数量
    if (product.getStock() < quantity) {
        // 库存不足
        return false;
    }
    // 获取当前版本号
    int version = product.getVersion();
    // 扣减库存，同时将当前版本号发送给后台进行比较
    int result = productDao.decreaseProduct(productId, quantity, version);
    // 如果更新数据失败，说明数据在多线程中被其他线程修改，导致失败返回
    if (result == 0) {
        return false;
    }
    // 初始化购买记录
    PurchaseRecordPo pr = this.initPurchaseRecord(userId, product, quantity);
    // 插入购买记录
    purchaseRecordDao.insertPurchaseRecord(pr);
    return true;
}
```

从代码中可以看到，一个事务的开始就读入了产品的信息，并保存到旧值中。然后在做减库存时会先读出当前版本号，然后传递给后台的 SQL 去减库存，在 SQL 更新时会比较当前线程版本号和数据库版本号，如果一致则更新成功，并将版本号（version）加一，此时就会返回更新数据的条数不为 0，如果为 0，则表示当前线程版本号与数据库版本号不一致，则更新失败，此原因是其他线程已经先于当前线程修改过数据。

做了以上修改后，重新使用代码清单 15-13 的 JavaScript 脚本进行测试，就会得到图 15-9 所示的结果。

图 15-9 乐观锁测试结果

你也许会诧异，为什么在 50 000 次请求过后，产品还会有库存呢？这里暂时放下这个问题，先来看插入购买记录的情况，如图 15-10 所示。

从性能来看，一共耗时 27 s，与不用任何锁的机制差不多，因此没有任何的丢失。插入记录数与剩余商品库存加起来也是 3 万，因此并没有发生超发现象。换句话说，性能没有丢失也没有发生

超发。因为没有独占资源和阻塞任何线程的并发，所以乐观锁也称为非独占锁或无阻塞锁。但是，因为加入了版本号的判断，所以大量的请求得到了失败的结果，而且这个失败率有点高。下面我们要处理这个问题。

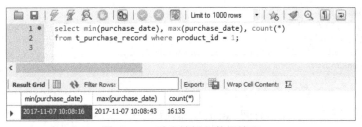

图 15-10 乐观锁插入数据情况

在上面的测试中，可以看到大量的请求更新失败。为了处理这个问题，乐观锁还可以引入重入机制，也就是一旦更新失败，就重新做一次，所以有时候也可以称乐观锁为可重入的锁。其原理是一旦发现版本号被更新，不是结束请求，而是重新做一次乐观锁流程，直至成功为止。但是这个流程的重入会带来一个问题，那就是可能造成大量的 SQL 被执行。例如，原本一个请求需要执行 3 条 SQL，如果需要重入 4 次才能成功，那么就会有十几条 SQL 被执行，在高并发场景下，会给数据库带来很大的压力。为了克服这个问题，一般会考虑使用限制时间或者重入次数的办法，以压制过多的 SQL 被执行。下面通过代码来讨论重入的机制。

先讨论时间戳的限制。将一个请求限制 100 ms 的生存期，如果在 100 ms 内发生版本号冲突而导致不能更新的，则会重新尝试请求，否则视为请求失败，如代码清单 15-17 所示。

代码清单 15-17 使用时间戳限制重入的乐观锁实现抢购商品

```java
@Override
// 启动 Spring 数据库事务机制，并将隔离级别设置为读写提交
@Transactional(isolation = Isolation.READ_COMMITTED)
public boolean purchase(Long userId, Long productId, int quantity) {
    // 当前时间
    long start = System.currentTimeMillis();
    // 循环尝试直至成功
    while(true) {
        // 循环时间
        long end = System.currentTimeMillis();
        // 如果循环时间大于 100 ms 返回终止循环
        if (end - start > 100) {
            return false;
        }
    // 获取产品
    ProductPo product = productDao.getProduct(productId);
    // 比较库存和购买数量
    if (product.getStock() < quantity) {
        // 库存不足
        return false;
    }
    // 获取当前版本号
    int version = product.getVersion();
    // 扣减库存,同时将当前版本号发送给后台去比较
    int result = productDao.decreaseProduct(productId, quantity, version);
```

```
    // 如果更新数据失败，说明数据在多线程中被其他线程修改
    // 导致失败，则通过循环重入尝试购买商品
    if (result == 0) {
        continue;
    }
    // 初始化购买记录
    PurchaseRecordPo pr = this.initPurchaseRecord(userId, product, quantity);
    // 插入购买记录
    purchaseRecordDao.insertPurchaseRecord(pr);
    return true;
    }
}
```

这里进入方法后则记录了开始时间（start），然后就进入循环。在执行业务逻辑之前，先判断循环时间(end)和开始时间的时间戳。如果小于等于 100 ms，则继续尝试；如果大于 100 ms，则返回失败。在扣减库存的时候，如果扣减成功，则返回更新条数不为 0；如果为 0，则扣减失败，那么就进入下一次循环，直至成功或者超时。再次使用代码清单 15-13 的 JavaScript 脚本测试之后，可以得到图 15-11 所示的结果。

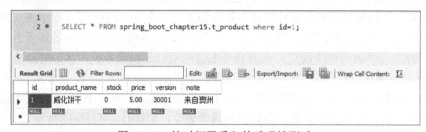

图 15-11　按时间戳重入的乐观锁测试

从图 15-11 可以看到，商品库存没有，这说明之前大量的请求失败的情况没有了。但是按时间戳的重入也有一个弊端，就是系统会随着自身的忙碌而大大减少重入的次数。因此有时候也会采用按次数重入的机制，代码清单 15-18 所示就是至多尝试 3 次的算法。

代码清单 15-18　使用限定次数重入的乐观锁

```
@Override
// 启动 Spring 数据库事务机制
@Transactional
public boolean purchase(Long userId, Long productId, int quantity) {
    // 限定循环 3 次
    for (int i = 0; i < 3; i++) {
        // 获取产品
        ProductPo product = productDao.getProduct(productId);
        // 比较库存和购买数量
        if (product.getStock() < quantity) {
            // 库存不足
            return false;
        }
        // 获取当前版本号
        int version = product.getVersion();
        // 扣减库存，同时将当前版本号发送给后台去比较
        int result = productDao.decreaseProduct(productId, quantity, version);
        // 如果更新数据失败，说明数据在多线程中被其他线程修改，导致失败，则通过循环重入尝试购买商品
```

```
        if (result == 0) {
            continue;
        }
        // 初始化购买记录
        PurchaseRecordPo pr = this.initPurchaseRecord(userId, product, quantity);
        // 插入购买记录
        purchaseRecordDao.insertPurchaseRecord(pr);
        return true;
    }
    return false;
}
```

这里的代码与之前的比较接近，不同的地方在于使用了 for 循环限定了最多三次尝试。在实际的测试中可以发现，请求失败的次数也会大大地降低。

现在总结一下乐观锁的机制：乐观锁是一种不使用数据库锁的机制，并且不会造成线程的阻塞，只是采用多版本号机制来实现。但是，因为版本的冲突造成了请求失败的概率剧增，所以这时往往需要通过重入的机制将请求失败的概率降低。但是，多次的重入会带来过多执行 SQL 的问题。为了克服这个问题，可以考虑使用按时间戳或者限制重入次数的办法。可见乐观锁还是一个相对比较复杂的机制。目前，有些企业已经开始使用 NoSQL 来处理这方面的问题，其中当属 Redis 解决方案。

15.2.4 使用 Redis 处理高并发

在高并发的环境中，有时候数据库的方案过于缓慢，因为数据库是一个写入磁盘的过程，这个速度显然没有写入内存的 Redis 快。Redis 的机制也能够帮助我们克服超发现象，但是，因为其命令方式运算能力比较薄弱，所以往往采用 Redis Lua 去代替它原有的命令方式。Redis Lua 在 Redis 的执行中是具备原子性的，当它被执行时不会被其他客户端发送过来的命令打断，通过这样一种机制可以在需要高并发的环境下考虑使用 Redis 去代替数据库作为响应用户的数据载体。因为 Redis 的性能是数据库的数倍甚至数十倍，所以可以极大地提高数据响应的性能。但是 Redis 存储的不稳定却是一个要处理的问题，所以还需要有一定的机制将 Redis 存储的数据刷入数据库中。

这里的设计分为以下两步。

- 先使用 Redis 响应高并发用户的请求。注意，这一步并不涉及任何数据库的操作，而只是涉及 Redis。因为 Redis 性能比数据库要快得多，所以在响应高并发时会比数据库要快得多。
- 因为 Redis 的存储不稳定，所以需要及时地将数据保存到数据库中。这里将会启用定时任务去查找 Redis 保存的购买信息，将它们保存到数据库中。

因为使用到 Redis，所以要先配置 Redis，这里将在 application.properties 文件中增加代码清单 15-19 所示的配置。

代码清单 15-19　配置 Redis

```
spring.redis.jedis.pool.min-idle=5
spring.redis.jedis.pool.max-active=10
spring.redis.jedis.pool.max-idle=10
spring.redis.jedis.pool.max-wait=2000
spring.redis.port=6379
spring.redis.host=192.168.11.131
spring.redis.password=123456
spring.redis.timeout=1000
```

有了上述的配置，Spring Boot 就会自动地为我们生成相关对象，如 RedisTemplate、StringRedis Template 等，这样即可拿来就用了。这里将会在类 PurchaseServiceImpl 的基础上添加相应的代码，只是不再给出对于接口的改造，因为这些都比较简单。代码将使用 Redis 的 Lua 编程，如代码清单 15-20 所示。

代码清单 15-20 使用 Redis Lua 响应请求

```java
@Autowired
StringRedisTemplate stringRedisTemplate = null;
String purchaseScript =
        // 先将产品编号保存到集合中
        " redis.call('sadd', KEYS[1], ARGV[2]) \n"
        // 购买列表
        + "local productPurchaseList = KEYS[2]..ARGV[2] \n"
        // 用户编号
        + "local userId = ARGV[1] \n"
        // 产品键
        + "local product = 'product_'..ARGV[2] \n"
        // 购买数量
        + "local quantity = tonumber(ARGV[3]) \n"
        // 当前库存
        + "local stock = tonumber(redis.call('hget', product, 'stock')) \n"
        // 价格
        + "local price = tonumber(redis.call('hget', product, 'price')) \n"
        // 购买时间
        + "local purchase_date = ARGV[4] \n"
        // 库存不足，返回 0
        + "if stock < quantity then return 0 end \n"
        // 减库存
        + "stock = stock - quantity \n"
        + "redis.call('hset', product, 'stock', tostring(stock)) \n"
        // 计算价格
        + "local sum = price * quantity \n"
        // 合并购买记录数据
        + "local purchaseRecord = userId..','..quantity..','"
        + "..sum..','..price..','..purchase_date \n"
        //将购买记录保存到 list 里
        + "redis.call('rpush', productPurchaseList, purchaseRecord) \n"
        // 返回成功
        + "return 1 \n";
// Redis 购买记录集合前缀
private static final String PURCHASE_PRODUCT_LIST = "purchase_list_";
// 抢购商品集合
private static final String PRODUCT_SCHEDULE_SET = "product_schedule_set";
// 32 位 SHA1 编码，第一次执行的时候先让 Redis 进行缓存脚本返回
private String sha1 = null;

@Override
public boolean purchaseRedis(Long userId, Long productId, int quantity) {
    // 购买时间
    Long purchaseDate = System.currentTimeMillis();
    Jedis jedis = null;
    try {
        // 获取原始连接
        jedis = (Jedis) stringRedisTemplate
            .getConnectionFactory().getConnection().getNativeConnection();
```

```
    // 如果没有加载过，则先将脚本加载到 Redis 服务器，让其返回 sha1
    if (sha1 == null) {
        sha1 = jedis.scriptLoad(purchaseScript);
    }
    // 执行脚本，返回结果
    Object res = jedis.evalsha(sha1, 2, PRODUCT_SCHEDULE_SET,
        PURCHASE_PRODUCT_LIST, userId + "", productId + "",
        quantity + "", purchaseDate + "");
    Long result = (Long) res;
    return result == 1;
} finally {
    // 关闭 jedis 连接
    if (jedis != null && jedis.isConnected()) {
        jedis.close();
    }
}
}
```

上述代码中的 StringRedisTemplate 是由 Spring Boot 的机制自动生成的，这样就可以直接注入使用。购买记录代码中使用了 Lua 语言，其逻辑已经在代码的注释中给予说明，因此不再赘述。只是第一次执行时，会先把脚本缓存到 Redis 服务器中，然后 Redis 会返回一个 32 位的 SHA1 编码，并缓存到变量 sha1 中，再通过它将程序需要的键和参数传递给后台去执行 Lua 脚本。Lua 脚本会在减库存后，将购买信息缓存起来，但是请注意这里并没有使用任何数据库的操作，而仅仅是使用 Redis，这样性能就可以大幅度地提高了。只是代码加粗地方是有点难度的，难度集中在方法上，所以这里再稍微解释一下参数的含义。局部变量 sha1 代表 32 位的 SHA1 编码，用来执行缓存在 Redis 的脚本。参数 2 代表将前面两个参数以键（key）的形式传递到脚本中，所以 PRODUCT_SCHEDULE_SET 和 PURCHASE_PRODUCT_LIST 都只是键，它们在 Lua 脚本中以 KEYS[index]表示，而 index 则是它的索引，以 1 开始，例如，KEYS[1]表示第一个键。从第二个参数之后，则都是脚本的参数，在 Lua 脚本中会以 ARGV[index]表示，同样以 1 开始，与 KEYS[index]类似。

通过这样，就能将抢购的商品和抢购信息保存到 Redis 中，但是这里没有涉及任何数据库，所以一切都是以 Redis 来支持用户的响应，这样性能有了大幅度的提高。但是之前分析过，在 Redis 中数据并不是太稳定，所以最后还需要将 Redis 数据存入到数据库中。为此这里在类 PurchaseServiceImpl 的基础上加入保存购买记录到数据库的代码，如代码清单 15-21 所示。

代码清单 15-21 保存购买记录

```
@Override
// 当运行方法启用新的独立事务运行
@Transactional(propagation = Propagation.REQUIRES_NEW)
public boolean dealRedisPurchase(List<PurchaseRecordPo> prpList) {
    for (PurchaseRecordPo prp : prpList) {
        purchaseRecordDao.insertPurchaseRecord(prp);
        productDao.decreaseProduct(prp.getProductId(), prp.getQuantity());
    }
    return true;
}
```

这个方法是将购买记录保存到数据库中。但是请注意，这里的事务传播行为（propagation）配置为 Propagation.REQUIRES_NEW，这意味着调用它就会将当前事务挂起，开启新的事务。这样在回滚时只会回滚这个方法内部的事务，而不会影响全局事务。

为了执行定时任务，首先需要改造的是 Spring Boot 的启动文件，如代码清单 15-22 所示。

代码清单 15-22 改造 Spring Boot 启动文件开启定时机制

```
package com.springboot.chapter15.main;
/**** imports ****/
@SpringBootApplication(scanBasePackages = "com.springboot.chapter15")
@MapperScan(annotationClass = Mapper.class,
    basePackages = "com.springboot.chapter15")
@EnableScheduling
public class Chapter15Application {
    public static void main(String[] args) {
        SpringApplication.run(Chapter15Application.class, args);
    }
}
```

这里主要是加入了注解@EnableScheduling，这样就可以启动 Spring 的定时机制。为此需要一个定时的方法来提供服务，把 Redis 的数据导入到数据库中。下面先来新建任务接口，如代码清单 15-24 所示。

代码清单 15-23 定时任务接口

```
package com.springboot.chapter15.task;
public interface TaskService {
    /***
     * 购买定时任务
     */
    public void purchaseTask();
}
```

然后就可以开发其实现类，实现定时机制。这里可以选择没有业务发生的半夜三更进行处理缓存数据，例如定时每天凌晨 1 点钟执行一次任务，于是就可以如代码清单 15-23 所示编写这个定时接口的实现类。

代码清单 15-24 定时任务实现

```
package com.springboot.chapter15.task.impl;
/**** imports ****/
@Service
public class TaskServiceImpl implements TaskService {

    @Autowired
    private StringRedisTemplate stringRedisTemplate = null;
    @Autowired
    private PurchaseService purchaseService = null;

    private static final String PRODUCT_SCHEDULE_SET = "product_schedule_set";
    private static final String PURCHASE_PRODUCT_LIST = "purchase_list_";
    // 每次取出 1000 条，避免一次取出消耗太多内存
    private static final int ONE_TIME_SIZE = 1000;

    @Override
    // 每天凌晨 1 点钟开始执行任务
    @Scheduled(cron = "0 0 1 * * ?")
    // 下面是用于测试的配置，每分钟执行一次任务
```

```java
// @Scheduled(fixedRate = 1000 * 60)
public void purchaseTask() {
    System.out.println("定时任务开始......");
    Set<String> productIdList
        = stringRedisTemplate.opsForSet().members(PRODUCT_SCHEDULE_SET);
    List<PurchaseRecordPo> prpList =new ArrayList<>();
    for (String productIdStr : productIdList) {
        Long productId = Long.parseLong(productIdStr);
        String purchaseKey = PURCHASE_PRODUCT_LIST + productId;
        BoundListOperations<String, String> ops
                = stringRedisTemplate.boundListOps(purchaseKey);
        // 计算记录数
        long size = stringRedisTemplate.opsForList().size(purchaseKey);
        Long times = size % ONE_TIME_SIZE == 0 ?
                size / ONE_TIME_SIZE : size / ONE_TIME_SIZE + 1;
        for (int i = 0; i < times; i++) {
            // 获取至多 TIME_SIZE 个抢红包信息
            List<String> prList = null;
            if (i == 0) {
                prList = ops.range(i * ONE_TIME_SIZE,
                    (i + 1) * ONE_TIME_SIZE);
            } else {
                prList = ops.range(i * ONE_TIME_SIZE + 1,
                    (i + 1) * ONE_TIME_SIZE);
            }
            for (String prStr : prList) {
                PurchaseRecordPo prp
                    = this.createPurchaseRecord(productId, prStr);
                prpList.add(prp);
            }
            try {
                // 该方法采用新建事务的方式，不会导致全局事务回滚
                purchaseService.dealRedisPurchase(prpList);
            } catch(Exception ex) {
                ex.printStackTrace();
            }
            // 清除列表为空，等待重新写入数据
            prpList.clear();
        }
        // 删除购买列表
        stringRedisTemplate.delete(purchaseKey);
        // 从商品集合中删除商品
        stringRedisTemplate.opsForSet()
            .remove(PRODUCT_SCHEDULE_SET, productIdStr);
    }
    System.out.println("定时任务结束......");
}

private PurchaseRecordPo createPurchaseRecord(
        Long productId, String prStr) {
    String[] arr = prStr.split(",");
    Long userId = Long.parseLong(arr[0]);
    int quantity = Integer.parseInt(arr[1]);
    double sum = Double.valueOf(arr[2]);
    double price = Double.valueOf(arr[3]);
    Long time = Long.parseLong(arr[4]);
    Timestamp purchaseTime = new Timestamp(time);
```

```
                PurchaseRecordPo pr = new PurchaseRecordPo();
                pr.setProductId(productId);
                pr.setPurchaseTime(purchaseTime);
                pr.setPrice(price);
                pr.setQuantity(quantity);
                pr.setSum(sum);
                pr.setUserId(userId);
                pr.setNote("购买日志，时间：" + purchaseTime.getTime());
                return pr;
        }
    }
```

这里使用@Scheduled 来定制执行任务的时间，设置了每天凌晨 1 点钟进行处理。在实际的学习和测试中，可以根据自己的需要来定制，例如，注释设置为每分钟执行一次，以便于观察结果。这里先从产品列表中读出产品编号，然后根据产品编号找到购买列表。这里每次从 Redis 只是读出 1000条记录，这样做的目的是避免消耗过多的内存，以避免 JVM 的溢出异常，这是在操作大量数据时需要注意的地方。在读出数据后，就转换为了 POJO 对象，于是就通过 PurchaseService 的createPurchaseRecord 方法进行保存，这个方法已经把传播行为设置为 Propagation.REQUIRES_NEW，所以这里采用了 try...catch...的结构，即使循环中任何一次的调用出现异常，都不会干预后续循环的执行。最后会删除 Redis 中的数据，以达到释放 Redis 服务器内存的目的。

到此所有的开发代码已经完成，首先是在 Redis 中执行脚本：

```
hmset product_1 id 1 stock 30000 price 5.00
```

然后再次使用代码清单 15-13 的脚本进行测试，在等待定时任务（测试时建议设置每分钟执行一次）执行和执行完成后，可看到数据库的数据如图 15-12 所示。

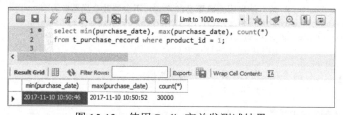

图 15-12　使用 Redis 高并发测试结果

从图 15-12 中可以看到并没有出现超发的现象，从性能的角度来说，它只需要 6 s 的时间，比乐观锁和悲观锁的机制要快上数倍，但是我们不要忘记 Redis 的储存是基于内存，如果操作不当容易引发数据的丢失，所以使用 Redis 时建议使用独立的 Redis 服务器，而且做好备份、容灾等手段也是十分必要的。

第16章

部署、测试和监控

通过前面的学习，关于 Spring Boot 的开发内容基本讨论结束，下面要考虑部署、测试和监控的问题。对于部署，前面的构建是以 Maven 为主，所以本书以 Maven 为主讲述如何部署 Spring Boot 项目。对于测试，主要是基于现在流行的 JUnit 进行讲解，重点是 Mockito 的使用，毕竟在某些测试中对于 HTTP 环境难以模拟，通过它则可以消除这些环境带来的测试困难。对于监控，则是 Spring Boot 所提供的 Actuator，通过它可以监控运行的状态和一些简单的管理。

16.1 部署和运行

这里的部署分为两个步骤，第一步是将项目打包（打成 war 或者 jar 包），第二步是如何运行项目。运行项目又可以选择内嵌服务器和第三方服务器。这里先谈第一步，也就是如何打包的问题。

16.1.1 打包

在实际的开发中使用命令打包的不多，反而是使用 IDE 打包的居多，所以这里以 Eclipse 为例进行讲解。这里先回到第 2 章，在 IDE 新建项目时，采用的是 war 的打包方式，而实际上还可以使用 jar 的方式，只是这种创建方式不是主流，毕竟当前 Java 的开发方向是以 Web 应用为主。使用 war 创建项目后，IDE 会帮助生成关于 Web 应用所需要的目录，例如，放置 JSP 页面的 webapp 目录，与此同时它还会在 Maven 的配置文件 pom.xml 中添加一些内容。下面先来看看 IDE 自动添加的打包内容，如代码清单 16-1 所示。

代码清单 16-1　Maven 打包配置（pom.xml）

```xml
<?xml version="1.0" encoding="UTF-8"?>
<project xmlns="http://maven.apache.org/POM/4.0.0"
xmlns:xsi="http://www.w3.org/2001/XMLSchema-instance"
    xsi:schemaLocation="http://maven.apache.org/POM/4.0.0
http://maven.apache.org/xsd/maven-4.0.0.xsd">
    <modelVersion>4.0.0</modelVersion>
    <groupId>boot</groupId>
    <artifactId>spring</artifactId>
```

```
      <version>0.0.1-SNAPSHOT</version>
      <packaging>war</packaging>

      <name>chapter16</name>
      <description>Demo chapter16 for Spring Boot</description>
      ......
</project>
```

在这些内容中，加粗的部分就指定打包为 war 包（Web 应用压缩包），这些都是 IDE 生成的，并不需要自己操作，如果你需要的是 jar 文件，只需要把 war 修改为 jar 即可，只是这样就不能运行 JSP 的页面了。此时可以选择当前项目的 pom.xml 文件，然后右键单击，弹出菜单后，选择菜单 Run As→Maven build，弹出的对话框如图 16-1 所示。

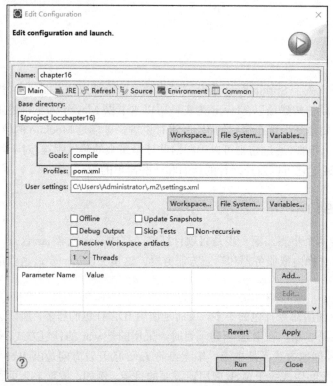

图 16-1　Maven 打包

注意，这里需要将 Goals 配置为 compile，意思为编译。然后点击 Run 按钮，这样 IDE 就会根据 pom.xml 的配置将项目进行编译。然后再次选择 pom.xml 文件，单击鼠标右键，选择菜单 Run As→Maven install，这样 IDE 就会将项目打成 war 包。这个时候打开项目所在文件夹的 target 目录，就可以找到对应的包，如图 16-2 所示。

这样就将项目打包成功了，接下来考虑部署和运行 war 包的问题。如果使用的是命令打包，可以进入工程项目的文件夹，然后使用命令

```
mvm package
```

图 16-2　war 包所在位置

就能够在工程的 target 文件夹下找到对应的包了。

16.1.2　运行项目

运行项目的方式很简单，对于 IDE 打出来的这个包，直接使用 java -jar 命令就可以直接运行。例如，要运行图 16-2 中的 war 文件，在命令行中使用

```
java -jar spring-0.0.1-SNAPSHOT.war
```

就可以启动项目了，Spring Boot 会使用内嵌的服务器运行这个 war 包，并不需要自己去寻找第三方服务器。该命令运行结果如图 16-3 所示。

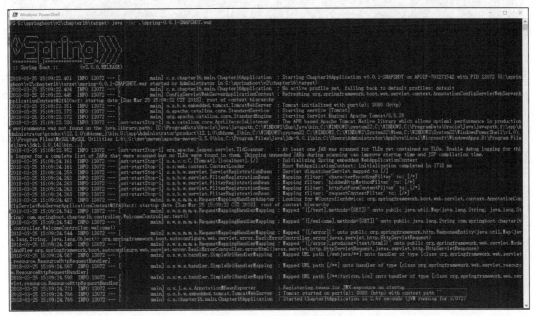

图 16-3　运行 war 包

显然这样就部署成功了。

有时候可能希望使用命令指定参数，这也是没有问题的。比方说，运行的时候发现 8080 端口被其他应用占用，此时希望使用的是 9080 端口，于是可以把运行的命令修改为：

```
java -jar spring-0.0.1-SNAPSHOT.war --server.port=9080
```

这样就可以启用 9080 端口运行服务器。值得注意的是，如果在项目的配置文件中设置了端口的，也会被这个命令行的参数所覆盖。这个命令运行的结果如图 16-4 所示。

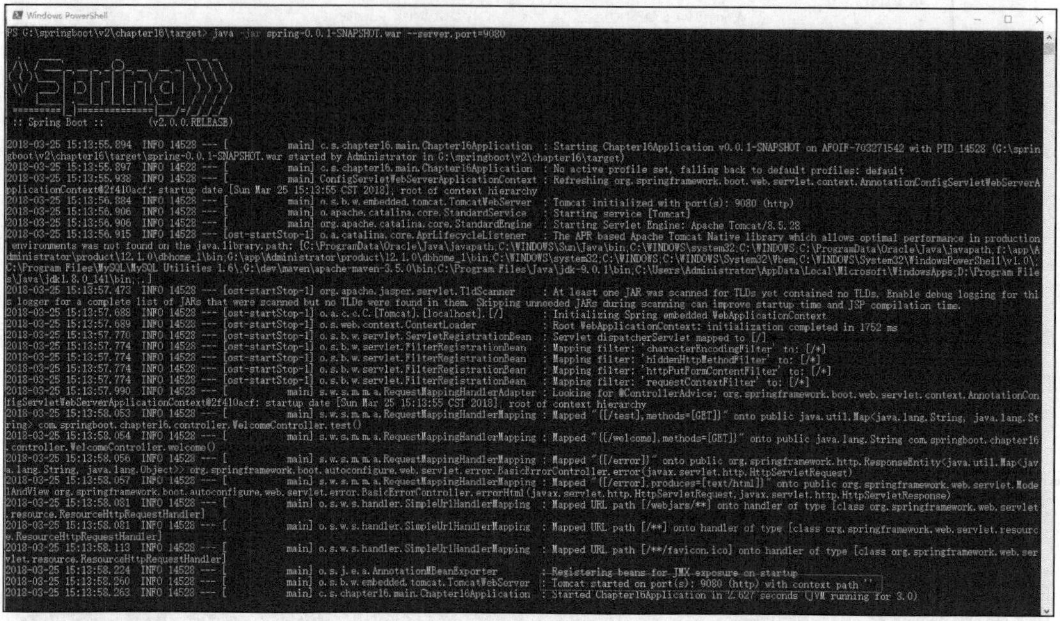

图 16-4   使用参数（9080 端口）运行 war 包

上述是使用 Spring Boot 自身内嵌的服务器部署运行的，显然十分简单。使用外部服务器也不困难，这里以最常用的服务器 Tomcat 为例进行部署。对于部署第三方非内嵌服务器，需要自己初始化 Spring MVC 的 DispatcherServlet，关于这点 IDE 会帮助我们自动完成，在选择使用 war 打包时，它还会生成一个文件 ServletInitializer.java。从名称看，它就是初始化 Servlet 的，它的代码如代码清单 16-2 所示。

代码清单 16-2   ServletInitializer.java 源码

```java
package com.springboot.chapter16.main;
/**** imports ****/
public class ServletInitializer extends SpringBootServletInitializer {
    @Override
    protected SpringApplicationBuilder configure(
            SpringApplicationBuilder application) {
        return application.sources(Chapter16Application.class);
    }
}
```

这里可以看到，它继承了 SpringBootServletInitializer，然后实现了 configure 方法，实现这个方法是为了载入 Spring Boot 的启动类 Chapter16Application，依靠这个启动类来读取配置。那么 Web

容器是如何识别到这个 SpringBootServletInitializer 类的呢？原因是，在 Servlet 3.1 规范之后已经允许
Web 容器不通过 web.xml 配置，只需要实现 ServletContainerInitializer 接口即可。在 Spring MVC 中已
经提供了 ServletContainerInitializer 的实现类 SpringServletContainerInitializer，这个实现类会遍历
WebApplicationInitializer 接口的实现类，加载它所配置的内容。其实，SpringBootServletInitializer 就
是 WebApplicationInitializer 接口的实现类之一。它们之间的关系如图 16-5 所示。

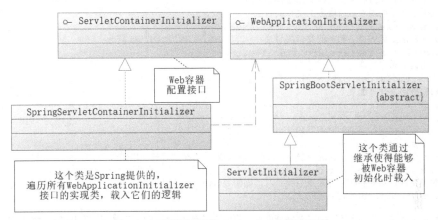

图 16-5　容器初始化 Spring Boot 项目原理

通过图 16-5 中的关系，Web 容器就能够得到 Spring Boot 启动文件的信息，进而初始化相关的
内容，这样就可以启动 Spring Boot 的应用了。

根据这些，只需要将图 16-2 中的文件 spring-0.0.1-SNAPSHOT.war 复制到外部 Tomcat 的 webapps
目录下，即可以完成部署。可见，部署和运行 Spring Boot 项目，无论是使用内嵌服务器还是外部第
三方服务器都是非常简便的。

16.1.3　热部署

热部署，就是在应用正在运行的时候升级软件，却不需要重新启动应用。在 Spring Boot 中使用
热部署也十分简单，通过 Maven 导入 spring-boot-devtools 即可，如代码清单 16-3 所示。

代码清单 16-3　导入 spring-boot-devtools 引入热部署

```
<dependency>
    <groupId>org.springframework.boot</groupId>
    <artifactId>spring-boot-devtools</artifactId>
    <!-- 表示依赖不会传递 -->
    <optional>true</optional>
</dependency>
```

然后重启系统，这样当修改其中的文件时，文件就会即时生效。其中配置了 optional 选项为 true，
代表别的项目依赖于当前项目，这个热部署不会在该项目上生效。热部署是通过 LiveReload 进行支
持的，所以可以在后台日志中看到类似下面的日志：

```
[ restartedMain] o.s.b.d.a.OptionalLiveReloadServer    : LiveReload server is running
on port 35729
```

关于热部署的配置，主要是代码清单 16-4 所示的选项。

代码清单 16-4   热部署配置项

```
# DEVTOOLS (DevToolsProperties)
# 是否启用一个 livereload.com 兼容的服务器
spring.devtools.livereload.enabled=true
# 端口 livereload.com 服务器端口
spring.devtools.livereload.port=35729
# 在原来的基础上新增不重启服务的文件夹目录
spring.devtools.restart.additional-exclude=
# 在原来的基础上新增重启服务的文件夹目录
spring.devtools.restart.additional-paths=
# 是否启用自动重启功能
spring.devtools.restart.enabled=true
# 不重启服务的文件夹配置
spring.devtools.restart.exclude=META-INF/maven/**,META-INF/resources/**,resources/**,
static/**,public/**,templates/**,**/*Test.class,**/*Tests.class,git.properties
# 设置对路径变化进行监测的时间间隔（以毫秒为单位）
spring.devtools.restart.poll-interval=1000
# 在没有改变任何 classpath 的情况下，在重启被触发前的静默时长（以毫秒计）
spring.devtools.restart.quiet-period=400
# 设置触发文件，当需要实际触发重启检查时，则需要修改这个文件
spring.devtools.restart.trigger-file=
```

上面对热部署配置项都给予了注释说明，开发者可以根据自己的需要来改变热部署的监控内容和方式。

16.2 测试

在其他章节中，主要是以 Web 应用去观察结果进行测试。虽然这是一种方式，但是并不严谨。在一些企业的实践中，还会要求开发人员编写测试编码来测试业务逻辑，以提高编码的质量、降低错误的发生概率以及进行性能测试等。这些 IDE 在创建 Spring Boot 应用的时候已经引入了测试包，只需要看到 pom.xml 就可以看到代码清单 16-5 的内容。

代码清单 16-5   引入测试包

```
<dependency>
    <groupId>org.springframework.boot</groupId>
    <artifactId>spring-boot-starter-test</artifactId>
    <scope>test</scope>
</dependency>
```

spring-boot-starter-test 会引入 JUnit 的测试包，这也是现实中使用得最多的方案，所以下面基于它进行讨论。在 Spring Boot 可以支持多种方面的测试，如 JPA、MongoDB、REST 风格和 Redis 等。基于实用原则，这里主要讲解测试业务层类、REST 风格和 Mock 测试。

16.2.1 构建测试类

在创建 Spring Boot 项目的时候，IDE 会同时构建测试环境，这一步不需要自己处理。这里看到 IDE 自动创建的测试包（test），下面会包含一个可运行测试的文件，如本章的项目名称为 Chapter16，那么这个文件名就为 Chapter16ApplicationTests.java，其内容如代码清单 16-6 所示。

代码清单 16-6　IDE 搭建测试类

```
package com.springboot.chapter15.main;
/**** imports ****/
@RunWith(SpringRunner.class)
@SpringBootTest
public class Chapter16ApplicationTests {

    @Test
    public void contextLoads() {
    }
}
```

这里的 contextLoads 是一个空的逻辑，其中注解@RunWith 所载入的类 SpringRunner 是 Spring 结合 JUnit 的运行器，所以这里可以进行 JUnit 测试。注解@SpringBootTest 是可以配置 Spring Boot 的关于测试的相关功能。上述的 contextLoads 是一个空实现，下面举例说明如何进行测试。下面假设已经开发好了 UserService 接口的 Spring Bean，并且这个接口提供了 getUser 方法来获取用户信息。基于这个假设，测试代码如代码清单 16-7 所示。

代码清单 16-7　开发测试代码

```
package com.springboot.chapter16.main;
/**** imports ****/
@RunWith(SpringRunner.class)
@SpringBootTest
public class Chapter16ApplicationTests {

    // 注入用户服务类
    @Autowired
    private UserService userService = null;

    @Test
    public void contextLoads() {
        User user = userService.getUser(1L);
        // 判断用户信息是否为空
        Assert.assertNotNull(user);
    }

}
```

代码中 UserService 可以直接从 IoC 容器中注入，无须再进行任何处理。而在方法中使用了断言来判断用户是否为空，这便是最为主要的测试方式。但并不是所有的方法都能很好地进行测试，例如之前谈到的 RestTemplate 调用其他的微服务得到的数据，可能在进行测试之时，该微服务因为特殊原因没有开发完成，无法为当前项目提供测试数据，导致正常的测试无法进行。这时 Spring 还会给予更多的支持，作为辅助去消除这些因素给测试带来的影响。

16.2.2　使用随机端口和 REST 风格测试

有时候，本机已经启动了 8080 端口，这时进行测试就会占用这个端口。为了克服这个问题，在 Spring Boot 中提供了随机端口的机制。这里假设一个基于 REST 风格的请求

```
GET /user/{id}
```

已经开发好了，而且本地已经开启 8080 端口服务。这里就可以使用随机端口进行测试了，如代码清单 16-8 所示。

代码清单 16-8　随机端口和 REST 测试

```
package com.springboot.chapter16.main;
/**** imports ****/
@RunWith(SpringRunner.class)
// 使用随机端口启动测试服务
@SpringBootTest(webEnvironment = WebEnvironment.RANDOM_PORT)
public class Chapter16ApplicationTests {
    ......
    // REST 测试模板，Spring Boot 自动提供
    @Autowired
    private TestRestTemplate restTemplate = null;

    // 测试获取用户功能
    @Test
    public void testGetUser() {
        // 请求当前启动的服务，请注意 URI 的缩写
        User user = this.restTemplate.getForObject("/user/{id}",
                User.class, 1L);
        Assert.assertNotNull(user);
    }
}
```

首先这里配置了注解@SpringBootTest 的配置项 webEnvironment 为随机端口启动，这样在运行测试的时候就会使用随机端口启动。其次注入了 REST 测试模板（TestRestTemplate），它是由 Spring Boot 的机制自动生成的，它的使用方法在第 11 章中已经阐述，所以这里就不再赘述它的使用方法。在 testGetUser 方法中，标注了@Test，说明它是 JUnit 的测试方法之一，其逻辑是测试 REST 风格的请求（获取用户）。通过这些就能够对控制器的逻辑也进行测试。

16.2.3　Mock 测试

假设当前服务主要是提供用户方面的功能，有时候还希望查看用户购买了哪些产品以及产品的详情，而产品的详情是产品微服务提供的。这时，当前服务就希望通过一个产品服务接口（ProductService），基于 REST 风格调用产品微服务来获取产品的信息。然而当前的产品微服务还未能提供相关的功能，因此当前的测试不能继续进行。

这时，Mock 测试的理念就到来了。Mock 测试是在测试过程中，对于某些不容易构造或者不容易获取的对象，用一个虚拟的对象来创建以便测试的测试方法。简单地说，如果产品服务接口（ProductService）的 getProduct 方法当前无法调度产品微服务，那么 Mock 测试就可以给一个虚拟的产品，让当前测试能够继续。下面举例说明。

这里假设需要获取一个产品的信息，然后产品微服务还没有能提供相关的功能。这时希望能够构建一个虚拟的产品结果来让其他的测试流程能够继续下去。下面用如代码清单 16-9 所示的代码来模拟这个场景。

代码清单 16-9　Mock 测试

```
@MockBean
private ProductService productService = null;
```

```
@Test
public void testGetProduct() {
    // 构建虚拟对象
    Product mockProduct = new Product();
    mockProduct.setId(1L);
    mockProduct.setProductName("product_name_" + 1);
    mockProduct.setNote("note_" + 1);
    // 指定 Mock Bean 方法和参数
    BDDMockito.given(this.productService.getProduct(1L))
            // 指定返回的虚拟对象
            .willReturn(mockProduct);
    // 进行 Mock 测试
    Product product = productService.getProduct(1L);
    Assert.assertTrue(product.getId() == 1L);
}
```

代码中注解@MockBean 代表对哪个 Spring Bean 使用 Mock 测试。所以在测试方法 testGetProduct 中，先是构建虚拟对象，因为按假设 ProductService 并不能提供服务，所以就只能先模拟产品（mockProduct）。模拟对象后，使用 Spring Boot 引入的 Mockito 来指定 Mock Bean、方法和参数，并指定返回的虚拟对象。这样当进行测试产品服务（ProductService）时，在调用 getProduct 方法且参数为 1 的情况下，它就会返回之前构建的虚拟对象。图 16-6 所示是我测试的结果。

图 16-6　Mock 测试截图

从图 16-6 可以看到，产品服务将返回模拟构建的虚拟对象。这样在一些难以模拟和构建的场景下就可以使用模拟对象进行后续的测试。

16.3　Actuator 监控端点

Spring Boot 提供了对项目的监控功能。首先需要引入监控的包，如代码清单 16-10 所示。

代码清单 16-10 引入监控包

```
<dependency>
    <groupId>org.springframework.boot</groupId>
    <artifactId>spring-boot-starter-actuator</artifactId>
</dependency>
<dependency>
    <groupId>org.springframework.hateoas</groupId>
    <artifactId>spring-hateoas</artifactId>
    <version>0.24.0.RELEASE</version>
</dependency>
```

代码中引入了 spring-boot-starter-actuator，它是 Spring Boot 实施监控所必需的包。此外还引入了 spring-hateoas。HATEOAS（Hypermedia as the engine of application state）是 REST 架构风格中复杂的约束，也是构建成熟 REST 服务的依赖，不过这里并不深入讨论它，因为引入它只是为了支持 Spring Boot 的 HTTP 监控端点的需要。下面先了解 Actuator 提供了哪些端点来监控 Spring Boot 的运行状况，如表 16-1 所示。

表 16-1 Actuator 端点说明

ID	描　　述	是否默认启用
auditevents	公开当前应用程序的审查事件信息	是
beans	显示 Spring IoC 容器关于 Bean 的信息	是
conditions	显示自动配置类的评估和配置条件，并且显示他们匹配或者不匹配的原因	是
configprops	显示当前项目的属性配置信息（通过@ConfigurationProperties 配置）	是
env	显示当前 Spring 应用环境配置属性（ConfigurableEnvironment）	是
flyway	显示已经应用于 flyway 数据库迁移的信息	是
health	显示当前应用健康状态	是
httptrace	显示最新追踪信息（默认为最新 100 次 HTTP 请求）	是
info	显示当前应用信息	是
loggers	显示并修改应用程序中记录器的配置	是
liquibase	显示已经应用于 liquibase 数据库迁移的信息	是
metrics	显示当前配置的各项"度量"指标	是
mappings	显示由@RequestMapping（@GetMapping 和@PostMapping 等）配置的映射路径信息	是
scheduledtasks	显示当前应用的任务计划	是
sessions	允许从 Spring 会话支持的会话存储库检索和删除用户会话，只是 Spring 会话对响应式 Web 应用还暂时不能支持	是
shutdown	允许当前应用被优雅地进行关闭（在默认的情况下不启用这个端点）	否
threaddump	显示线程泵	是

Spring Boot 中为这些端点提供了多种监控手段，包括 HTTP 和 JMX 等。本书会详细讨论最常用的 HTTP 的方式，而对 JMX 的方式只会做简单的讨论。下面开始对他们进行论述。

16.4　HTTP 监控

在引入 spring-boot-starter-actuator 和 spring-boot-starter-web 的基础上，启动 Spring Boot，在浏览器地址栏中输入

```
http://localhost:8080/actuator/health
```

就可以看到当前应用的状态，如图 16-7 所示。

这里要注意，在默认情况下，Spring Boot 端点的前缀是“/actuator/”。当然，这可以通过配置来改变，关于这一点后续还会谈到。但是，从表 16-1 中可以看到，端点 health 是默认启用的。但是，对端点 beans 进行访问时，又会是如何呢？在浏览器的地址栏中输入

```
http://localhost:8080/actuator/beans
```

就可以看到图 16-8 所示的界面。

图 16-7　通过 HTTP 协议监控 health 端点

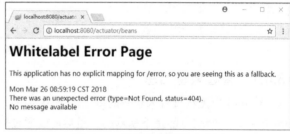

图 16-8　访问非暴露端点失败

可以看到查看失败了。从页面的信息可以看到它给出了 HTTP 的 404 响应码，错误类型为未找到端点，为什么会这样呢？原因是端点往往会显示一些项目的敏感信息，在默认情况下，Spring Boot 只会暴露 info 和 health 这两个端点，其余的是不暴露的。为了让 Actuator 暴露端点，可以在 application.properties 文件中配置

```
management.endpoints.web.exposure.include=info,health,beans
```

这样就能够多暴露 beans 端点，于是就可以访问端点 beans（http://localhost:8080/actuator/beans）了，如图 16-9 所示。

也许你需要访问除 env 端点以外的所有的端点，那么可以在 application.properties 文件中做如下配置：

```
# 暴露所有端点
management.endpoints.web.exposure.include=*
# 不暴露 env 端点
management.endpoints.web.exposure.exclude=env
```

在上述配置中，首先使用 management.endpoints.web.exposure.include 暴露所有的端点，接着使用 management.endpoints.web.exposure.exclude 排除 env 端点，这样就能够暴露除 env 以外的所有 Actuator 端点了。

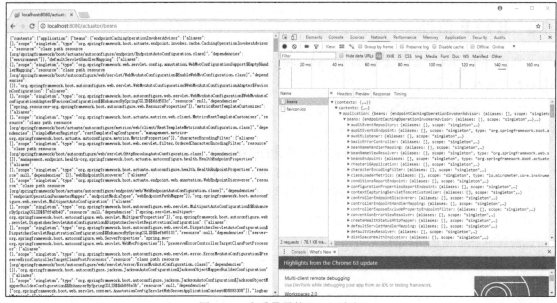

图 16-9　查看暴露的 beans 端点

16.4.1　查看敏感信息

图 16-8 中无法查看未暴露的端点，是因为在默认情况下，Actuator 对敏感信息是除了 health 和 info 端点，其余端点都是不暴露的。虽然前面通过配置 application.properties 这样的方式可以进行访问，但是这样的方式从安全的角度来说是非常不利的。毕竟这些信息的权限应该归于系统的开发者和管理者，而不是每一个人。于是采用第二种方法，使用 Spring Security 配置用户和角色，来解决这些敏感信息的访问权限问题。首先引入 spring-boot-starter-security，然后配置用户和角色，如代码清单 16-11 所示。

代码清单 16-11　配置用户和角色访问敏感信息

```
package com.springboot.chapter16.main;
/**** imports ****/
@SpringBootApplication(scanBasePackages = "com.springboot.chapter16")
public class Chapter16Application extends WebSecurityConfigurerAdapter {

    @Override
    protected void configure(AuthenticationManagerBuilder auth) throws Exception {
        // 密码编码器
        PasswordEncoder passwordEncoder = new BCryptPasswordEncoder();
        // 使用内存存储
    auth.inMemoryAuthentication()
        // 设置密码编码器
        .passwordEncoder(passwordEncoder)
        // 注册用户 admin，密码为 abc，并赋予 USER 和 ADMIN 的角色权限
        .withUser("admin")
        // 可通过 passwordEncoder.encode("abc") 得到加密后的密码
        .password("$2a$10$5OpFvQlTIbM9Bx2pfbKVzurdQXL9zndm1SrAjEkPyIuCcZ7CqR6je")
        // 赋予角色 ROLE_USER 和 ROLE_ADMIN
        .roles("USER", "ADMIN")
```

```
                // 连接方法 and
                .and()
                // 注册用户 myuser，密码为 123456，并赋予 USER 的角色权限
                .withUser("myuser")
                // 可通过 passwordEncoder.encode("123456") 得到加密后的密码
                .password("$2a$10$ezW1uns4ZV63FgCLiFHJqOI6oR6jaaPYn33jNrxnkHZ.ayAFmfzLS")
                // 赋予角色 ROLE_USER
                .roles("USER");
    }

    @Override
    protected void configure(HttpSecurity http) throws Exception {
        // 需要 Spring Security 保护的端点
        String[] endPoints = { "auditevents", "beans", "conditions", "configprops",
"env", "flyway",
                "httptrace", "loggers", "liquibase", "metrics", "mappings", "scheduledtasks",
                "sessions", "shutdown", "threaddump" };
        // 定义需要验证的端点
        http.requestMatcher(EndpointRequest.to(endPoints))
                // 签名登录后
                .authorizeRequests().anyRequest()
                // 要求登录用户拥有 ADMIN 角色
                .hasRole("ADMIN")
                .and()
                // 请求关闭页面需要 ROLE_ADMIN 角色
                .antMatcher("/close").authorizeRequests().anyRequest().hasRole("ADMIN")
                .and()
                // 启动 HTTP 基础验证
                .httpBasic();
    }
    ......
}
```

先看 configure(AuthenticationManagerBuilder)方法，它启用了内存验证的机制。这里只是在内存中加入了用户"admin"，并且其密码设置为"abc"，而更值得注意的是赋予了名称为"ROLE_USER"和"ROLE_ADMIN"的角色（注意，roles 方法会给角色名称加入前缀"ROLE_"），而对于用户"myuser"，其密码设置为"123456"，角色设置为"ROLE_USER"。这样就可以使用这两个用户登录系统了。

有了用户还需要设置权限。这里看到 configure(HttpSecurity)方法，它首先定义了一个端点的数组，这些是敏感信息的端点，需要验证才可以访问。这里使用 requestMatcher 方法进行匹配请求，而 EndpointRequest.to(....)方法是指定对应的端点，后续的 hasRole 是限定角色访问权限。这样对应的敏感信息除 health 和 info 之外，都只有使用拥有角色"ROLE_ADMIN"的用户才能访问。

这个时候可以配置 application.properties：

```
management.endpoints.web.exposure.include=*
```

通过这样的配置就可以把所有的端点都暴露出来，只是在 Spring Security 中，对应保护的端点需要拥有对应的权限才可以进行访问。

16.4.2 shutdown 端点

在所有端点中，有一个端点是很特殊的，那就是 shutdown。事实上，在默认的情况下，Actuator

并不会给开发者启动这个端点，因为请求它是危险的，从名称就可以知道，请求它将关闭服务，这就是 Actuator 在默认的情况下不提供它的原因。为了启用它，需要开发者在 application.properties 中添加配置项：

```
# 配置视图解析器
spring.mvc.view.prefix=/WEB-INF/jsp/
spring.mvc.view.suffix=.jsp
# 启用 shutdown 端点
management.endpoint.shutdown.enabled=true
# 暴露端点
management.endpoints.web.exposure.include=*
```

配置好之后，重启 Spring Boot 应用，shutdown 端点就变为可用了。但它是一个 POST 请求，也就是无法通过浏览器地址栏进行访问。这时，可以使用 JSP 页面进行模拟。为此先提供一个页面，如代码清单 16-12 所示。

代码清单 16-12 /webapp/WEB-INF/jsp/close.jsp

```jsp
<%@ page language="java" contentType="text/html; charset=UTF-8"
    pageEncoding="UTF-8"%>
<!DOCTYPE html PUBLIC "-//W3C//DTD HTML 4.01 Transitional//EN"
"http://www.w3.org/TR/html4/loose.dtd">
<html>
<head>
<meta http-equiv="Content-Type" content="text/html; charset=UTF-8">
<!-- 加载 Query 文件-->
<script src="https://code.jquery.com/jquery-3.2.0.js"></script>
<script type="text/javascript">
$(document).ready(function() {
    $("#submit").click(function() {
        // 请求 shutdown 端点
        $.post({
            url : "./actuator/shutdown",
            // 成功后的方法
            success : function(result) {
                // 检测请求结果
                if (result != null || result.message != null) {
                    // 打印消息
                    alert(result.message);
                    return;
                }
                alert("关闭 Spring Boot 应用失败");
            }
        });
    });
});
</script>
<title>测试关闭请求</title>
</head>
<body>
        <input id="submit" type="button"  value="关闭应用" />
</body>
</html>
```

这里是一个表单，它定义了一个提交的按钮，这个按钮点击的动作是请求 shutdown 端点。在脚本中提交的方式是 post 请求，这样就能够关闭 Spring Boot 应用了。为了请求这个页面，这里还要编写控制器，如代码清单 16-13 所示。

代码清单 16-13　关闭请求控制器
```
package com.springboot.chapter16.controller;
/**** imports ****/
@RestController
public class CloseController {
    @GetMapping("/close")
    public ModelAndView close(ModelAndView mv) {
        // 定义视图名称为close，让其跳转到对应的JSP中去
        mv.setViewName("close");
        return mv;
    }
}
```

这里需要沿用代码清单 16-11，关于 Spring Security 的代码保护请求。启动 Spring Boot 应用并请求这个 close 方法后，使用"admin"用户登录，就会跳转到 close.jsp 上，然后点击关闭按钮就能停止当前的 Spring Boot 应用。

16.4.3　配置端点

上面的内容只是按 Actuator 默认的规则进行使用，除此之外开发者还可以自行定制端点。下面通过实例来学习，首先给出我定义的端点配置，如代码清单 16-14 所示。

代码清单 16-14　自定义端点配置
```
# Actuator 管理端口
management.server.port=8000
# 暴露所有端点
management.endpoints.web.exposure.include=*
# 默认情况下所有端点都不启用，此时需要按需启用端点
management.endpoints.enabled-by-default=false
# 启用端点 info
management.endpoint.info.enabled=true
# 启用端点 beans
management.endpoint.beans.enabled=true
# 启用端点 configprops
management.endpoint.configprops.enabled=true
# 启用端点 env
management.endpoint.env.enabled=true
# 启用端点 health
management.endpoint.health.enabled=true
# 启用端点 mappings
management.endpoint.mappings.enabled=true
# 启用端点 shutdown
management.endpoint.shutdown.enabled=true
# Actuator 端点前缀
management.endpoints.web.base-path=/manage
# 将原来的 mappings 端点的请求路径修改为 urlMappings
management.endpoints.web.path-mapping.mappings=request_mappings
# Spring MVC 视图解析器配置
spring.mvc.view.prefix=/WEB-INF/jsp/
spring.mvc.view.suffix=.jsp
```

代码中对管理的服务器做了新的配置，设置端口为 8000，并且通过配置属性 management.endpoints. web.base-path=/manage 将请求前缀设置为 "/manage"，因此请求 Actuator 的地址就要写为 http:// localhost:8000/manage/{endpoint-pah}。例如，启动 Spring Boot 服务后，请求 Health 端点，在浏览器的地址栏中输入

```
http://localhost:8000/manage/health
```

使用 Spring Security 设定的用户登录后，就可以看到图 16-10 所示的结果。

配置属性 management.endpoints.enabled-by-default=false，其意义是不启用所有的端点，这样就不能对任何端点进行请求了。为了使开发者能够启用端点，这里还按下列格式对需要启用的端点进行了配置：

```
management.endpoint.<endpointId>.enabled=true
```

这样就可以开启对应的端点了。而除开启的端点之外，其他端点都会被禁用。例如，现在请求：

图 16-10   自定义端点的端口和前缀

```
http://localhost:8000/manage/auditevents
```

就可以看到图 16-11 所示的结果。

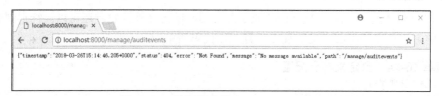

图 16-11   关闭服务端点（auditevents）

这里显然端点已经关闭，因此再也请求不到了。

配置项 management.endpoints.web.path-mapping.mappings=request_mappings 是将原有 mappings 端点的请求路径从 mappings 修改为 request_mappings。这样请求路径也会从 mappings 修改为 request_mappings，所以在浏览器地址栏中输入

```
http://localhost:8000/manage/request_mappings
```

就可以看到图 16-12 所示的结果。

图 16-12   修改端点编号（mappings）

配置项 management.endpoints.web.path-mapping.env=/prj/env 是将原来的端点 env 的请求路径修

改为/prj/env，于是在浏览器地址栏中输入

```
http://localhost:8000/manage/prj/env
```

就可以看到图 16-13 所示的结果。

图 16-13　修改端点请求路径

这样就可以通过 Spring Boot 的配置文件来修改 Actuator 端点原有的配置。

16.4.4　自定义端点

除了使用 Actuator 默认给予的端点外，还可以自定义端点来满足自定义监控的要求。在 Actuator 中加入端点只需要加入注解@Endpoint 即可，这个注解会同时提供 JMX 监控和 Web 监控。如果只想提供 JMX 监控，可以使用注解@JmxEndpoint；如果只想提供 Web 监控，可以使用注解@WebEndpoint。正如上述内容所示，Actuator 还会存在默认的端点，也可以使用@WebEndpointExtension 或者 @EndpointJmxExtension 对已有的端点进行扩展。

下面假设我们需要通过自己开发的端点来监测数据库是否能够连接得上。为此我们需要一个独立的端点，如代码清单 16-15 所示。

代码清单 16-15　自定义数据库监测端点

```java
package com.springboot.chapter16.endpoint;
/**** imports ****/
// 让 Spring 扫描类
@Component
// 定义端点
@Endpoint(
        // 端点 id
        id = "dbcheck",
        // 是否在默认情况下启用端点
        enableByDefault = true)
public class DataBaseConnectionEndpoint {
    private static final String DRIVER = "com.mysql.jdbc.Driver";
    @Value("${spring.datasource.url}")
    private String url = null;
    @Value("${spring.datasource.username}")
    private String username = null;
    @Value("${spring.datasource.password}")
    private String password = null;
```

```
        // 一个端点只能存在一个@ReadOperation 标注的方法
        // 它代表的是 HTTP 的 GET 请求
        @ReadOperation
        public Map<String, Object> test() {
            Connection conn = null;
            Map<String, Object> msgMap = new HashMap<>();
            try {
                Class.forName(DRIVER);
                conn = DriverManager.getConnection(url, username, password);
                msgMap.put("success", true);
                msgMap.put("message", "测试数据库连接成功");
            } catch (Exception ex) {
                msgMap.put("success", false);
                msgMap.put("message", ex.getMessage());
            } finally {
                if (conn != null) {
                    try {
                        conn.close(); // 关闭数据库连接
                    } catch (SQLException e) {
                        e.printStackTrace();
                    }
                }
            }
            return msgMap;
        }
    }
```

注意加粗的两个注解。其中，@Endpoint 代表该类声明为 Actuator 的端点，其中它的 id 属性是配置自定义端点的 id，而 enableByDefault 是是否在默认情况下启用端点；@ReadOperation 是一个读操作，在同一个端点下只能有一个@ReadOperation 标注的方法，否则 Spring 就会抛出异常。因为 @ReadOperation 对应的是 HTTP 的 GET 请求，所以无法通过 POST 请求去访问它，它能够接受所有的请求类型（ContextType）。这里为了让 Spring 能够扫描这个类，在类上标注了@Component，这样 Spring 就能识别它。为了测试这个端点，还需要配置属性文件，如代码清单 16-16 所示。

代码清单 16-16　自定义数据库监测端点
```
# 暴露所有端点
management.endpoints.web.exposure.include=*
# 默认不开启端点
management.endpoints.enabled-by-default=false
# 开启端点 info
management.endpoint.info.enabled=true
# 开启端点 beans、health 和 dbcheck
management.endpoint.beans.enabled=true
management.endpoint.health.enabled=true
management.endpoint.dbcheck.enabled=true
# Actuator 路径前缀
management.endpoints.web.base-path=/manage
# Spring MVC 视图解析器配置
spring.mvc.view.prefix=/WEB-INF/jsp/
spring.mvc.view.suffix=.jsp
# 数据库配置
spring.datasource.url=jdbc:mysql://localhost:3306/spring_boot_chapter16
spring.datasource.username=root
spring.datasource.password=123456
```

上述配置中加粗的代码的作用是开启
dbcheck 端点，这个端点是我们自定义的。我
们启动 Spring Boot 后，可以在地址栏中输入
http://localhost:8080/manage/dbcheck，在登录
Spring Security 后，可以看到图 16-14 所示的
结果。

图 16-14   自定义端点测试数据库连接

在 Actuator 中除了可以使用@ReadOpertaion，还可以使用@WriteOperation 和@DeleteOperation，其
中@WriteOperation 代表 HTTP 的 POST 请求，@DeleteOperation 代表 HTTP 的 DELETE 请求。需要特别
注意的是，@WriteOperation 只能接收请求类型（Consumes）为 application/vnd.spring-boot.actuator.v2+ json、
application/json 类型的请求。它们的返回值在默认情况下都会返回为 application/vnd.spring-boot.
actuator.v2+json、application/json 类型，除非返回的类型定义为 org.springframework.core.io.Resource
类型。如果@ReadOpertaion 响应成功，则会返回状态码 200，如果没有返回内容，则返回状态码 404；
如果@WriteOpertaion 响应成功，也是返回状态码 200，如果没有返回值则是状态码 204；如果请求
发生异常，则会返回状态码 400。

16.4.5   健康指标项

在 Actuator 中会对监控提供一些常用的指标项，如表 16-2 所示。

表 16-2   Actuator 默认提供的监控指标项

指 标 项	描 述
CassandraHealthIndicator	监测 Cassandra 数据库是否可用
DiskSpaceHealthIndicator	监测服务器磁盘使用情况
DataSourceHealthIndicator	监测数据库（DataSource）是否可用
InfluxDbHealthIndicator	监测 InfluxDB 服务器是否可用
ElasticsearchHealthIndicator	监测 Elasticsearch 集群是否可用
JmsHealthIndicator	监测 JSM 渠道是否可用
MailHealthIndicator	监测邮件服务器渠道是否可用
MongoHealthIndicator	监测 MongoDB 服务器是否可用
Neo4jHealthIndicator	监测 Neo4j 服务器是否可用
RabbitHealthIndicator	监测 RabbitMQ 服务器是否可用
RedisHealthIndicator	监测 Redis 服务器是否可用
SolrHealthIndicator	监测 Solr 服务器是否可用

表 16-2 所示的健康指标是 Actuator 会根据开发者配置的项目进行自动开启的。只是它们在默认
情况下，就不会进行展示，要展示这些健康项的时候，需要进行如下配置：

```
# never——从不展示健康项
# when-authorized ——签名认证之后展示
# always —— 每次都展示
management.endpoint.health.show-details=when-authorized
```

这样 Actuator 就会用项目配置的内容，监测所有的配置项。启动 Spring Boot 项目，然后登录验证后，可以看到图 16-15 所示的界面。

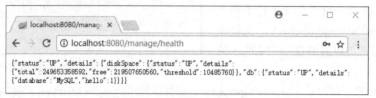

图 16-15   查看所有的健康指标

图 16-15 展示了所有开发者配置内容的健康指标。但是，如果不想开启所有健康指标，可以根据情况关闭对应的健康指标项监测。例如，需要关闭数据库的健康指标可以进行如下配置：

```
management.health.db.enabled=false
```

这样 Actuator 就不会再监测数据库的健康指标了。有时候可以先禁止全部健康指标的监测，再只开放自己感兴趣的健康指标的监测。例如，配置

```
management.health.defaults.enabled=false
management.health.db.enabled=true
```

就会先禁止所有的健康指标的监测，然后根据后续的配置，只开启数据库的健康指标监测。

对于健康指标，除了需要关注如何查看外，还需要关注它们的严重级别，如默认的配置项所示：

```
management.health.status.order=DOWN, OUT_OF_SERVICE, UP, UNKNOWN
```

这里是问题级别从重到轻的排序，它们使用逗号分隔，其配置项含义为：

- DOWN——下线；
- OUT_OF_SERVICE——不再提供服务；
- UP——启动；
- UNKNOW——未知。

有时候这些健康指标可能不够开发者使用，则开发者可以自定义健康指标。例如，我们现在需要监测服务器是否可以访问万维网（World Wide Web，WWW），为了实现这样的功能有必要先了解 Actuator 中健康指标的设计。Actuator 中提供了作为指标项的接口 HealthIndicator，而为了让开发者更容易使用，它还基于这个接口提供了抽象类 AbstractHealthIndicator 和指标项组合 CompositeHealthIndicator，它们之间的关系如图 16-16 所示。

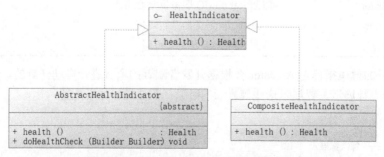

图 16-16   Actuator 关于健康指标的设计

这里不谈 CompositeHealthIndicator，因为它是一个组合指标器，现实中使用得不多。Abstract HealthIndicator 则使用万维网健康指标器 WwwHealthIndicator 进行监测。下面先给出实现的代码，如代码清单 16-17 所示。

代码清单 16-17　自定义万维网健康指标

```java
package com.springboot.chapter16.health;
/**** imports ****/
// 监测服务器是否能够访问万维网
@Component
public class WwwHealthIndicator extends AbstractHealthIndicator {
    // 通过监测百度服务器，看能否访问互联网
    private final static String BAIDU_HOST = "www.baidu.com";
    // 超时时间
    private final static int TIME_OUT = 3000;

    @Override
    protected void doHealthCheck(Builder builder) throws Exception {
        boolean status = ping();
        if (status) {
            // 健康指标为可用状态，并添加一个消息项
            builder.withDetail("message", "当前服务器可以访问万维网。").up();
        } else {
            // 健康指标为不再提供服务，并添加一个消息项
            builder.withDetail("message", "当前无法访问万维网").outOfService();
        }
    }

    // 监测百度服务器能够访问，用以判断能否访问万维网
    private boolean ping() throws Exception {
        try {
            // 当返回值是 true 时，说明 host 是可用的，是 false 则不可用
            return InetAddress.getByName(BAIDU_HOST).isReachable(TIME_OUT);
        } catch (Exception ex) {
            return false;
        }
    }
}
```

定义的指标项类标注了@Component，这样它将被扫描为 Spring Bean。这个指标项继承了 AbstractHealthIndicator，所以需要实现 doHealthCheck 方法。doHealthCheck 方法有个 Builder 参数，这个参数的 withDetail 方法可以添加一些消息项，还可以根据上下文环境来设置监控状态为"可用"（UP）或者"不再提供服务"（OUT_OF_SERVICE）。这里，通过监测百度服务器是否可以访问，来判定万维网是否可以访问，这样就能够定制访问万维网的健康指标项了。图 16-17 所示是我测试的结果。

图 16-17　监测万维网是否可访问

16.5　JMX 监控

对于 Spring Boot，还可以通过 Java 管理扩展（Java Management Extensions，JMX）来让开发人员监控 JVM 的状况。这里可以先进入 JAVA_HOME 目录，然后进入其 bin 目录，里面有一个可运行文件 jconsole.exe。在运行 Spring Boot 的应用后再运行它，可以看到图 16-18 所示的新对话框。

这里选择 Spring Boot 的应用程序，点击"连接"就能够连接到 Spring Boot 运行的环境，从而监控 JVM 的运行状态。这里我们选中 MBean 选项卡，可以看到左边的树形菜单，看到关于 Spring Boot 的菜单 org.springframework.boot，这里点击最下面的 health 操作菜单，就可以看到图 16-19 所示的界面（其中"操作返回值"对话框是点击该界面右上角的 health 按钮后弹出的）。

图 16-18　开启 jconsole 选择监控 Spring Boot 应用

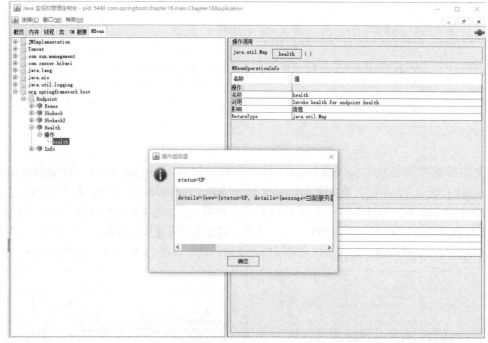

图 16-19　使用 jconsole 监控 Spring Boot 应用

这样就可以使用 JMX 来监测 Spring Boot 项目了。

## 第 17 章

分布式开发——Spring Cloud

按照现今互联网的开发，高并发、大数据、快响应已经是普遍的要求。为了支撑这样的需求，互联网系统也开始引入分布式的开发。为了实现分布式的开发，Spring 推出了一套组件，那就是 Spring Cloud。当前 Spring Cloud 已经成为构建分布式微服务的热门技术。它并不是自己独自造轮子，而是将目前各家公司已经开发好的、经过实践考验较为成熟的技术组合起来，并且通过 Spring Boot 风格进行再次封装，从而屏蔽掉了复杂的配置和实现原理，为开发者提供了一套简单易懂、易部署和维护的分布式系统开发包。

分布式是非常复杂的，在大部分情况下非超大型企业很难开发自己的分布式框架，因为研发成本较高，而且周期很长，这时 Spring Cloud 就为这些企业提供了一个开源并且免费的解决方案。首先，Spring Cloud 是一套组件，可以细分为多种组件，如服务发现、配置中心、消息总线、负载均衡、断路器和数据监控等。限于篇幅，本书只介绍下面的最基础的技术。

- 服务治理和服务发现：在 Spring Cloud 中主要是使用 Netflix Eureka 作为服务治理的，Spring Cloud 对其进行了一次封装，使得开发者可以以 Spring Boot 的风格使用它，这样就为它的使用带来了极大的便利。通过服务注册将单个微服务节点注册给服务治理中心，这样服务治理中心就可以治理单个微服务节点。服务发现则是微服务节点可以对服务治理中心发送消息，使得服务治理中心可以将新的微服务节点纳入管理。

- 客户端负载均衡：在微服务的开发中，会将一个大的系统拆分为多个微服务系统，而各个微服务系统之间需要相互协作才能完成业务需求。每一个微服务系统可能存在多个节点，当一个微服务（服务消费者）调用另外一个微服务（服务提供者）时，服务提供者需要负载均衡算法提供一个节点进行响应。而负载均衡是分布式必须实施的方案，例如，系统在某个时刻存在 3 万笔业务请求，使用单点服务器就很可能出现超负载，导致服务器瘫痪，进而使得服务不可用。而使用 3 台服务节点后，通过负载均衡的算法使得每个节点能够比较平均地分摊请求，这样每个点服务只是需要处理 1 万笔请求，这样就可以分摊服务的压力，及时响应。除此之外，在服务的过程中，可能出现某个节点故障的风险，通过均衡负载的算法就可以将故障节点排除，使后续请求分散到其他可用节点上，这就体现了 Spring Cloud 的高可用。Spring

Cloud 为此提供了 Ribbon 来实现这些功能,主要使用的就是在第 11 章中谈到的 RestTemplate。
- 声明服务调用:对于 REST 风格的调用,如果使用 RestTemplate 会比较烦琐,可读性不高。为了简化多次调用的复杂度,Spring Cloud 提供了接口式的声明服务调用编程,它就是 Feign。通过它请求其他微服务时,就如同调度本地服务的 Java 接口一样,从而在多次调用的情况下可以简化开发者的编程,提高代码的可读性。
- 断路器:在分布式中,因为存在网络延迟或者故障,所以一些服务调用无法及时响应。如果此时服务消费者还在大量地调用这些网络延迟或者故障的服务提供者,那么很快消费者也会因为大量的等待,造成积压,最终导致其自身出现服务瘫痪。为了克服这个问题,Spring Cloud 引入了 Netflix 的开源框架 Hystrix 来处理这些问题。当服务提供者响应延迟或者故障时,就会使得服务消费者长期得不到响应,Hystrix 就会对这些延迟或者故障的服务进行处理。这如同电路负荷过大,保险丝会烧毁从而保障用电安全一样,于是大家就形象地称之为断路器。这样,当服务消费者长期得不到服务提供者响应时,就可以进行降级、服务断路、线程和信号隔离、请求缓存或者合并等处理,这些较为复杂,为了节省篇幅,本书只讨论最常用降级的使用。
- API 网关:在 Spring Cloud 中 API 网关是 Zuul。对于网关而言,存在两个作用:第一个作用是将请求的地址映射为真实服务器的地址,例如,用户请求 http://localhost/user/1 去获取用户 id 为 1 的信息,而真实的服务是 http://localhost:8001/user/1 和 http://localhost:8002/user/1 都可以获取用户的信息,这时就可以通过网关使得 localhost/user 映射为对应真实服务器的地址。显然这个作用就起到路由分发的作用,从而降低单个节点的负载。从这点来说,可以把它称为服务端负载均衡。从高可用的角度来说,则一个请求地址可以映射到多台服务上,如果单点出现故障,则其他节点也能提供服务,这样这就是一个高可用的服务了。Zuul 网关的第二个作用是过滤服务,在互联网中,服务器可能面临各种攻击,Zuul 提供了过滤器,通过它过滤那些恶意或者无效的请求,把它们排除在服务网站之外,这样就可以降低网站服务的风险。

实际上对于分布式,还有很多重要的技术我们还没有进行讨论,如分布式事务、分布式数据一致性、消息总线等内容。关于这些内容,本书不再深入讨论,因为它们需要很大的篇幅,也会涉及一些比较复杂的算法。

为了更好地讨论 Spring Cloud 的组件和内容,假设需要实现一个电商项目,当前团队需要承担两个模块的开发,分别是用户模块和产品模块。根据微服务的特点,将系统拆分为用户服务和产品服务,而两个服务通过 REST 风格请求进行交互。在分布式的环境下,为了提高处理能力、分摊单个系统的压力以及高可用的要求,往往需要一个微服务拥有两个或者以上的节点,如图 17-1 所示的架构。

从图 17-1 可以看出,首先需要将产品和用户这两个服务注册给服务治理中心,让服务治理中心能够管理它们,而且每一个服务包括服务治理中心都存在两个节点,这样在请求量大的时候服务就可以由两个节点共同承担,有效降低每一个节点的负载。从高可用的角度来说,如果其中的一个节点因为某种原因发生故障,那么就可以由服务的另一个节点承担功能提供。但是这里会存在一个弊端,因为业务往往是通过产品和用户两个系统共同协作来完成的,因此对于产品和用户两个服务还需要相互调用才行,为此 Spring Cloud 提供了 Ribbon 和 Feign 给开发者使用。下面我们通过搭建这个系统来认识 Spring Cloud 的各个组件。

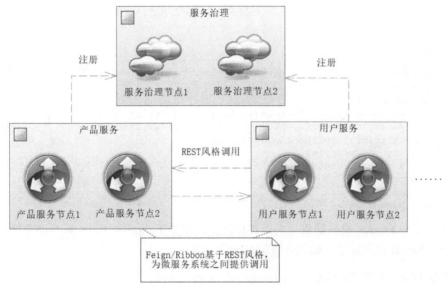

图 17-1　Spring Cloud 微服务结构图

17.1　服务治理和服务发现——Eureka

这节先搭建单个服务治理节点，然后将产品和用户服务的各自两个节点注册到服务治理节点上，再把服务治理节点变为两个，构造成为图 17-1 所描述的分布式架构。下面从服务治理节点开始一步步前行。

17.1.1　配置服务治理节点

Spring Cloud 的服务治理是使用 Netflix 的 Eureka 作为服务治理器的，它是我们构建 Spring Cloud 分布式最为核心和最为基础的模块，它的作用是注册和发现各个 Spring Boot 微服务，并且提供监控和管理的功能。搭建服务治理节点并不是很复杂，甚至可以说十分简单，为此先搭建一个注册中心。首先是新建工程，如 chapter17-server，然后通过 Maven 引入对应的 jar 包，如代码清单 17-1 所示。

代码清单 17-1　引入服务治理模块——Eureka

```
......
<properties>
    <project.build.sourceEncoding>UTF-8</project.build.sourceEncoding>
    <project.reporting.outputEncoding>UTF-8</project.reporting.outputEncoding>
    <java.version>1.8</java.version>
    <spring-cloud.version>Finchley.M7</spring-cloud.version>
</properties>
<dependencies>
    <dependency>
        <groupId>org.springframework.boot</groupId>
        <artifactId>spring-boot-starter-web</artifactId>
    </dependency>
```

```
<dependency>
    <groupId>org.springframework.cloud</groupId>
    <artifactId>spring-cloud-starter-netflix-eureka-server</artifactId>
</dependency>
......
</dependencies>
......
<dependencyManagement>
    <dependencies>
        <dependency>
            <groupId>org.springframework.cloud</groupId>
            <artifactId>spring-cloud-dependencies</artifactId>
            <version>${spring-cloud.version}</version>
            <type>pom</type>
            <scope>import</scope>
        </dependency>
    </dependencies>
</dependencyManagement>
```

这样就引入了 Eureka 模块的包。然而要启用它只需要在 Spring Boot 的启动文件上加入注解 @EnableEurekaServer 便可以了，如代码清单 17-2 所示。

代码清单 17-2　启用 Eureka

```java
package com.springboot.chapter17.server.main;
/**** imports ****/
@SpringBootApplication
@EnableEurekaServer
public class Chapter17Server1Application {

    public static void main(String[] args) {
        SpringApplication.run(Chapter17Server1Application.class, args);
    }
}
```

有了这个注解，就意味着 Spring Boot 会启动 Eureka 模块。我们还需要进一步配置 Eureka 模块的一些基本内容，为此可以使用 application.properties 进行配置（在一些服务可能会使用 yml 文件进行配置），如代码清单 17-3 所示。

代码清单 17-3　配置 Eureka

```
# Spring 项目名称
spring.application.name=server
# 服务器端口
server.port=7001
# Eureka 注册服务器名称
eureka.instance.hostname=localhost
# 是否注册给服务中心
eureka.client.register-with-eureka=false
# 是否检索服务
eureka.client.fetch-registry=false
# 治理客户端服务域
eureka.client.serviceUrl.defaultZone=http://localhost:7001/eureka/
```

这个配置文件需要注意的有 4 点。

- 属性 spring.application.name 配置为 server，这是一个标识，它表示某个微服务的共同标识。

如果有第二个微服务节点启动时，也是将这个配置设为 server，那么 Spring Cloud 就会认为它也是 server 这个微服务的一个节点。

- 属性 eureka.client.register-with-eureka 配置为 false，是因为在默认的情况下，项目会自动地查找服务治理中心去注册。这里项目自身就是服务治理中心，所以取消掉注册服务中心。
- 属性 eureka.client.fetch-registry 配置为 false，它是一个检索服务的功能，因为服务治理中心是维护服务实例的，所以也不需要这个功能，即设置为了 false。
- 属性 eureka.client.serviceUrl.defaultZone 代表服务中心的域，将来可以提供给别的微服务注册。后面的微服务还会使用到它。

配置完这些，就可以运行代码清单 17-2，这样就启动了服务治理的服务。在浏览器地址栏中输入 http://localhost:7001/，可以看到图 17-2。

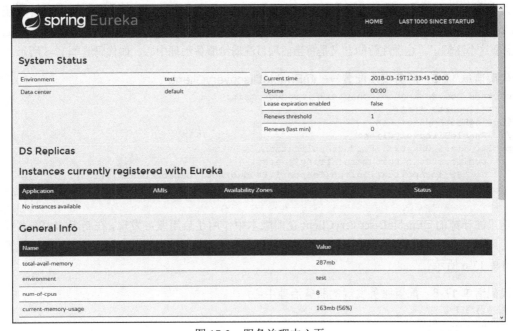

图 17-2　服务治理中心页

看到这个页面就意味着 Eureka 服务治理中心已经启动成功，但是还没有注册服务。下面先来注册产品和用户的微服务。

17.1.2　服务发现

注册服务会用到服务发现。这里新建一个 Spring Boot 的工程，取名 chapter17-product，并且通过 Maven 引入服务发现相关的包，如代码清单 17-4 所示。

代码清单 17-4　引入服务发现

```
<dependencies>
    ......
    <dependency>
```

```
        <groupId>org.springframework.cloud</groupId>
        <artifactId>spring-cloud-starter-netflix-eureka-client</artifactId>
    </dependency>
</dependencies>
<dependencyManagement>
    <dependencies>
        <dependency>
            <groupId>org.springframework.cloud</groupId>
            <artifactId>spring-cloud-dependencies</artifactId>
            <version>${spring-cloud.version}</version>
            <type>pom</type>
            <scope>import</scope>
        </dependency>
    </dependencies>
</dependencyManagement>
```

这里引入的是发现服务的包。然后修改 Spring Boot 的启动文件，在 Spring Cloud 旧版本中启用发现服务的注解@EnableDiscoveryClient，但是在新版本中只需要依赖 spring-cloud-starter-netflix-eureka-client，就不需要这个注解了，这个注解的含义是将当前项目注册给服务治理中心，如代码清单 17-5 所示。

代码清单 17-5　服务发现配置——@EnableDiscoveryClient
```
package com.springboot.chapter17.product.main;
/**** imports ****/
@SpringBootApplication
// @EnableDiscoveryClient
public class Chapter17ProductApplication {
    public static void main(String[] args) {
        SpringApplication.run(Chapter17ProductApplication.class, args);
    }
}
```

这里注释掉的@EnableDiscoveryClient 在旧版本中作用是启用服务发现，在新版本中不需要再使用了。具体注册到哪个服务治理中心则需要自己配置。这里使用 application.properties 进行配置，如代码清单 17-6 所示。

代码清单 17-6　配置服务发现的服务治理中心
```
#服务器端口
server.port=9001
#Spring 服务名称
spring.application.name=product
#治理客户端服务域
eureka.client.serviceUrl.defaultZone=http://localhost:7001/eureka/
```

这里使用了 9001 端口，而应用名称为 product，这个微服务名称将会注册给服务治理中心。而这个应用就会作为这个名称为 PRODUCT（注意大写）服务的一个节点。治理客户端服务域则是通过属性 eureka.client.serviceUrl.defaultZone 进行配置的，它也配置了服务治理中心同样的地址，这样它就能够注册到之前所配置的服务治理中心。假设服务治理中心已经开启，然后启动这个产品微服务，再次看到服务治理中心的网址，就可以看到注册成功的页面，如图 17-3 所示。

看到这个图，就说明产品微服务已经注册给了服务治理中心。或许在分布式服务中需要两个或者以上的产品微服务节点，这在 Spring Cloud 中也非常容易做到，只需要修改代码清单 17-6 中的配置即可。例如，现在来实现这个过程，在启动服务治理中心和原有端口为 9001 的产品微服务后，将产品微服务的端口修改为 9002，然后再启动 Spring Boot 的应用程序。稍等一会儿，再次打开服务治理中心页，如图 17-4 所示。

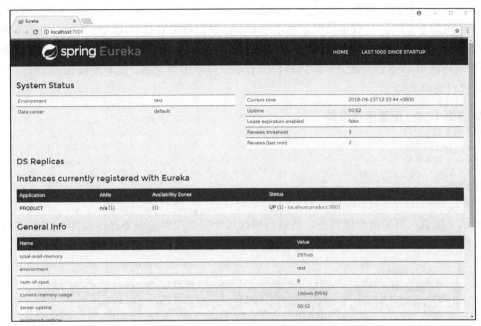

图 17-3　产品微服务注册到服务治理中心

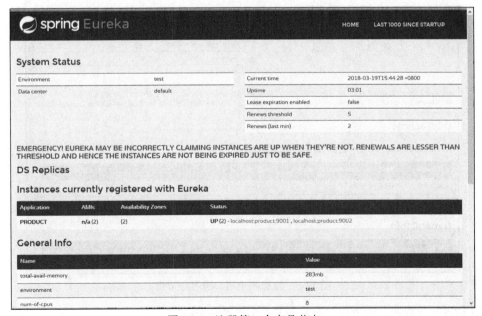

图 17-4　注册第二个产品节点

从图 17-4 可以看到，服务治理中心存在两个产品微服务节点，端口分别为 9001 和 9002。这里需要注意的是，配置文件中的 spring.application.name 属性都必须配置为 product，这样服务治理才会认为它们都是产品微服务的节点。与此同时也可以看到出现的大写的红色英文，它是服务治理中心 Eureka Server 的一种自我保护，它会自己检测自己是否还在活跃状态，它会统计心跳失败的比例是否在 15 min 内低于 85%，一般使用服务治理中心单机模拟就很容易出现这些提示，不需要太在意。

接着再创建一个用户服务工程。例如，名称取为 chapter17-user，然后类似于产品服务代码清单 17-4 和代码清单 17-5 进行配置，因为相似度较高这里就不再给出。接着配置 application.properties 文件，如代码清单 17-7 所示。

代码清单 17-7　配置用户服务

```
# 用户服务器端口
server.port=8001
# Spring 服务名称
spring.application.name=user
# 服务治理中心默认域
eureka.client.serviceUrl.defaultZone=http://localhost:7001/eureka/
```

按照这个配置，启动用户微服务，然后再修改这个配置文件的服务器端口为 8002，再启动第二个节点，稍等一会，再查看服务治理中心页面，如图 17-5 所示。

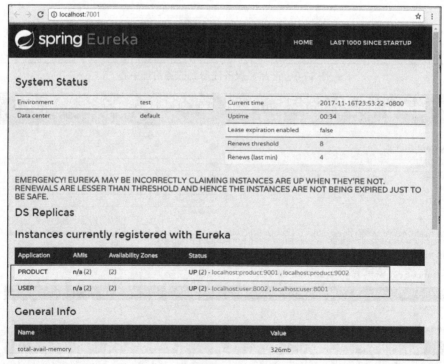

图 17-5　注册两个用户微服务节点

从图 17-5 可以看出，两个用户微服务节点都已经注册成功。

通过上面的操作，已经在服务治理中心注册了两个微服务，它们分别是产品微服务和用户微服务。每一个微服务都对应有两个节点，而对于服务治理中心却只有一个节点，所以在很多时候我们希望服务治理中心也是两个节点，这才能可以满足高可用和负载均衡的要求。我们后面会对此进行讨论。

17.1.3　配置多个服务治理中心节点

上面只是在服务治理中心将两个微服务都分别注册了两个节点，而服务治理中心却只是一个节点。再次看到图 17-1，图中希望的是存在两个服务治理中心节点，因为在服务治理中心也可能单个节点出现故障，导致服务不可用。假如有两个节点，一个不可用后，另外一个节点依旧可用，这样就能保证服务可以继续正常处理业务，这就体现了高可用的特性。从高并发负载的角度而言，多个节点也有助于服务的负载均衡。

因为用到了两个服务治理中心，所以先关闭上述启动的各个微服务。这里并不需要新建工程，只是需要修改服务治理中心的配置文件 application.properties，如代码清单 17-8 所示。

代码清单 17-8　配置新的服务治理中心节点
```
# Spring 应用名称
spring.application.name=server
# 端口
server.port=7001
# 服务治理中心名称
eureka.instance.hostname=localhost
# 将当前服务治理中心注册到 7002 端口的服务治理中心
eureka.client.serviceUrl.defaultZone=http://localhost:7002/eureka/
```

注意加粗的代码。这里依旧使用 7001 端口启用服务治理中心，而微服务名称依旧为 server。对于属性 eureka.client.serviceUrl.defaultZone 则配置了 7002 端口的服务域，这个服务指向的是第二个服务治理中心。然后其他不需要改变，再次启动服务治理中心。然而从后台的日志中可以发现异常信息的出现，那是因为并没有 7002 端口的服务治理中心。为了让 7002 端口也存在服务治理中心，可以在代码清单 17-8 的基础上进行修改，如代码清单 17-9 所示。

代码清单 17-9　配置 7002 端口服务治理中心节点
```
# 微服务名称依旧保持不变
spring.application.name=server
server.port=7002
eureka.instance.hostname=localhost
# 将 7002 端口服务治理中心，注册给 7001 端口服务治理中心
eureka.client.serviceUrl.defaultZone=http://localhost:7001/eureka/
```

这里的关键是 spring.application.name 依旧配置为 server，而端口修改为了 7002。与此同时，配置的注册微服务治理域为 7001 端口，这样就可以使得 7002 端口的服务治理中心被注册到 7001 的服务治理中心。

通过上面的配置，启动 7002 的服务治理中心，7001 的服务治理中心就不会再出现异常信息，因为它会自动地找到 7002 的服务治理中心。这里可以看到两个服务治理中心是通过相互注册来保持相互监控的，关键点是属性 spring.application.name 保持一致都为 server，这样就可以形成两个甚至是多个服务治理中心。此时再打开服务治理中心页面，就可以看到图 17-6。

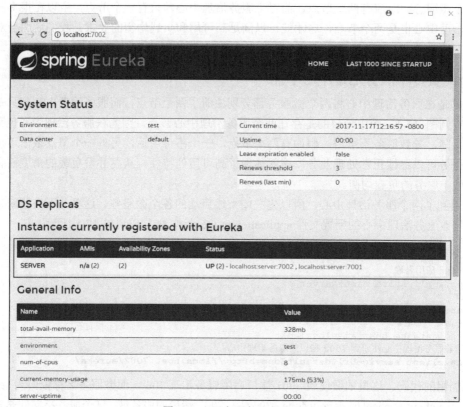

图 17-6　两个服务治理中心

　　现在已经有了两个服务治理中心。接下来，需要考虑的是如何将其他的微服务注册到多个服务治理中心中。其实这也相当简单，上面我们谈到了产品和用户微服务，下面以单个产品微服务为例来修改配置文件，如代码清单 17-10 所示。

代码清单 17-10　将应用注册到多个服务治理中心

```
# 服务器端口
server.port=9001
# Spring 服务名称
spring.application.name=product
# 注册多个治理客户端服务域
eureka.client.serviceUrl.defaultZone=http://localhost:7001/eureka/,http://localhost:7002/eureka/
```

　　这里注意到加粗的代码，加入了两个服务治理中心的域，这样就可以使得应用注册到两个服务中心去。启动这个产品服务后，再修改端口为 9002，然后再启动一次，这样两个产品微服务节点都会被注册到两个服务治理中心去。对于用户而言，也是依葫芦画瓢，修改其服务治理中心注册域，启动后，再修改端口加入第二个服务节点即可。做完这些步骤，再次打开服务治理中心的首页，可以看到图 17-7。

　　从图 17-7 可以看出，多个微服务都已经启动，并且注册成功到两个服务治理中心中进行监控。

此时已经完成图 17-1 中的服务注册功能，但还有另外一个功能没有完成，那就是如何让各个微服务相互交互起来。关于这点，Spring Cloud 提供了另外两个组件进行支持，它们就是 Ribbon 和 Feign。下面将对它们展开讨论。

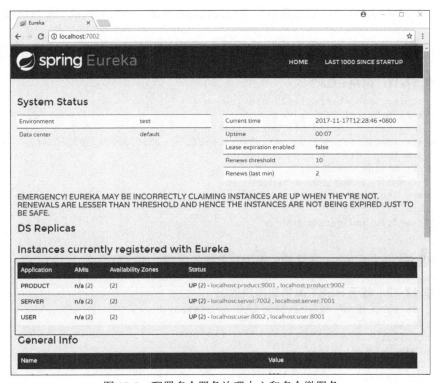

图 17-7　配置多个服务治理中心和多个微服务

17.2　微服务之间的调用

上面已经把产品和用户两个微服务注册到服务治理中心了。对于业务，则往往需要各个微服务之间相互地协助才能完成。例如，可能把产品交易信息放到产品服务中，而在交易时，有时需要根据用户的等级来决定某些商品的折扣，如白银会员是 9 折、黄金会员是 8.5 折、钻石会员是 8 折等。也就是说分布式系统在执行交易逻辑时，还需要使得产品微服务得到用户信息才可以决定产品的折扣，而用户的信息则是放置在用户微服务中的。为了方便从用户微服务中获取用户信息，用户微服务会以 REST 风格提供一个请求 URL。这样对于产品微服务就可以通过 REST 请求获取用户服务。

除了处理获取其他服务的数据外，这里还需要注意服务节点之间的负载均衡。毕竟一个微服务可以由多个节点提供服务。不过这些都不困难，因为 Spring Cloud 提供了 Ribbon 和 Feign 组件来帮助我们完成这些功能。通过它们，各个微服务之间就能够相互调用，并且它会默认实现了负载均衡。

17.2.1　Ribbon 客户端负载均衡

对于 Ribbon，其实也没有什么神秘的，它实际就是一个 RestTemplate 对象。只是上面还讨论了多个节点的问题，例如调度用户微服务时，因为用户微服务存在多个节点，具体会使用哪个节点提供服务呢？关于这点 Spring Cloud 已经屏蔽了一些底层的细节，它只需要一个简单的@LoadBalance注解就可以提供负载均衡的算法。这十分符合 Spring Boot 的原则，提供默认的实现方式，减少开发者的工作量。在默认的情况下，它会提供轮询的负载均衡算法。其他的负载均衡算法比较复杂，本书不再讨论。

下面用实例来说明 Ribbon 的使用。先在用户微服务上加入一个 POJO，如代码清单 17-11 所示。

代码清单 17-11　用户 POJO
```
package com.springboot.chapter17.user.pojo;
import java.io.Serializable;
public class UserPo implements Serializable {
    private static final long serialVersionUID = -2535737897308758054L;
    private Long id;
    private String userName;
    // 1-白银会员，2-黄金会员。3-钻石会员
    private int level;
    private String note;
    /**** setter and getter ****/
}
```

然后我们再给出基于 REST 风格的实现用户返回的代码，如代码清单 17-12 所示。

代码清单 17-12　基于 REST 风格的用户返回
```
package com.springboot.chapter17.user.controller;
/**** imports ****/
@RestController
public class UserController {
    // 日志
    private Logger log = Logger.getLogger(this.getClass());

    // 服务发现客户端
    @Autowired
    private DiscoveryClient discoveryClient = null;

    // 获取用户信息
    @GetMapping("/user/{id}")
    public UserPo getUserPo(@PathVariable("id") Long id) {
        ServiceInstance service = discoveryClient.getInstances("USER").get(0);
        log.info("【" + service.getServiceId() + "】:"
                + service.getHost() + ":" + service.getPort());
        UserPo user = new UserPo();
        user.setId(id);
        int level = (int)(id%3+1);
        user.setLevel(level);
        user.setUserName("user_name_" + id);
        user.setNote("note_" + id);
        return user;
    }
}
```

这里的 DiscoveryClient 对象是 Spring Boot 自动创建的。然后在方法中，会打印出第一个用户微

服务 ID、服务主机和端口，这样就有利于后续的监控和对负载均衡的研究。而后再配置扫描路径增加对该控制器的装配，这样就在用户微服务中完成了简单的用户返回的 REST 风格的请求。

然后在产品微服务上通过 Maven 加入对 Ribbon 的依赖，如代码清单 17-13 所示。

代码清单 17-13　加入对 Ribbon 的依赖

```
<dependency>
    <groupId>org.springframework.cloud</groupId>
    <artifactId>spring-cloud-starter-netflix-ribbon</artifactId>
</dependency>
```

然后，对 RestTemplate 进行初始化，如代码清单 17-14 所示。

代码清单 17-14　负载均衡初始化 RestTemplate

```
package com.springboot.chapter17.product.main;
/**** imports ****/
@SpringBootApplication(scanBasePackages = "com.springboot.chapter17.product")
public class Chapter17ProductApplication {

    // 初始化 RestTemplate
    @LoadBalanced // 多节点负载均衡
    @Bean(name = "restTemplate")
    public RestTemplate initRestTemplate() {
        return new RestTemplate();
    }

    public static void main(String[] args) {
        SpringApplication.run(Chapter17ProductApplication.class, args);
    }
}
```

这段代码中在 RestTemplate 上加入了注解@LoadBalanced。它的作用是让 RestTemplate 实现负载均衡，也就是，通过这个 RestTemplate 对象调用用户微服务请求的时候，Ribbon 会自动给用户微服务节点实现负载均衡，这样请求就会被分摊到微服务的各个节点上，从而降低单点的压力。为了测试在产品微服务中新建产品控制器，通过 RestTemplate 进行调用即可，如代码清单 17-15 所示。

代码清单 17-15　使用 Ribbon 测试用户服务调用

```
package com.springboot.chapter17.product.controller;
/**** imports ****/
@RestController
@RequestMapping("/product")
public class ProductController  {

    // 注入 RestTemplate
    @Autowired
    private RestTemplate restTemplate = null;

    @GetMapping("/ribbon")
    public UserPo testRibbon() {
        UserPo user = null;
        // 循环 10 次，然后可以看到各个用户微服务后台的日志打印
        for (int i=0; i<10; i++) {
            // 注意，这里直接使用了 USER 这个服务 ID，代表用户微服务系统
            // 该 ID 通过属性 spring.application.name 来指定
```

```
                user = restTemplate.getForObject(
                    "http://USER/user/" + (i+1), UserPo.class);
            }
            return user;
        }
    }
```

代码中注入了 RestTemplate 对象，这是自动实现客户端均衡负载的对象。然后在方法中使用 "USER" 这个字符串代替了服务器及其端口，这是一个服务 ID（Service ID），在 Eureka 服务器中可以看到它的各个节点，它是用户微服务通过属性 spring.application.name 来指定的。这里故意地调用了 10 次，这样就能够观察各个用户微服务节点的日志来观察均衡负载的情况。

然后类似于 17.1 节，先后启动服务治理中心、用户微服务、产品微服务的各自两个节点，在浏览器地址栏中输入 http://localhost:9001/product/ribbon，可以看到图 17-8。

跟踪用户微服务的后台日志，就可以看到两个用户微服务后台各有 5 条日志打开，这说明在产品中心通过 Ribbon 调用时已经负载均衡成功。有关 RestTemplate 模板的使用，在第 11 章中有比较多的介绍，它的具体使用方法读者可以参考相关的示例。

图 17-8　测试 Ribbon 微服务之间的调用

17.2.2　Feign 声明式调用

上节中使用了 RestTemplate，但是有时某个微服务 REST 风格请求需要多次调用，如类似上面的通过用户编号（id）查询用户信息的服务。如果多次调用，使用 RestTemplate 并非那么友好。因为除了要编写 URL，还需要注意这些参数的组装和结果的返回等操作。为了克服这些不友好，除了 Ribbon 外，Spring Cloud 还提供了声明式调用组件——Feign。

Feign 是一个基于接口的编程方式，开发者只需要声明接口和配置注解，在调度接口方法时，Spring Cloud 就根据配置来调度对应的 REST 风格的请求，从其他微服务系统中获取数据。使用 Feign，首先需要在产品微服务中使用 Maven 引入依赖包，如代码清单 17-16 所示。

代码清单 17-16　引入 Feign 依赖包

```xml
<dependency>
    <groupId>org.springframework.cloud</groupId>
    <artifactId>spring-cloud-starter-openfeign</artifactId>
</dependency>
```

这样就把 Feign 所需要的依赖包加载进来了。为了启用 Feign，首先需要在 Spring Boot 的启动文件中加入注解@EnableFeignClients，这个注解代表该项目会启动 Feign 客户端。我使用的启动文件如代码清单 17-17 所示。

代码清单 17-17　启用 Feign

```java
package com.springboot.chapter17.product.main;
/**** imports ****/
@SpringBootApplication(scanBasePackages="com.springboot.chapter17.product")
// 启动 Feign
@EnableFeignClients(basePackages = "com.springboot.chapter17.product")
```

```
public class Chapter17ProductApplication {

    .......

    public static void main(String[] args) {
        SpringApplication.run(Chapter17ProductApplication.class, args);
    }
}
```

注意，加粗代码处加入了注解@EnableFeignClients，并制定了扫描的包，这样 Spring Boot 就会启动 Feign 并且到对应的包中进行扫描。然后在产品微服务中加入接口声明，注意这里仅仅是一个接口声明，并不需要实现类，如代码清单 17-18 所示。

代码清单 17-18　定义 Feign 接口
```
package com.springboot.chapter17.product.service;
/**** imports ****/
// 指定服务 ID（Service ID）
@FeignClient("user")
public interface UserService {
    // 指定通过 HTTP 的 GET 方法请求路径
    @GetMapping("/user/{id}")
    // 这里会采用 Spring MVC 的注解配置
    public UserPo getUser(@PathVariable("id") Long id);
}
```

注意代码中加粗地方。首先是@FeignClient("user")，它代表这是一个 Feign 客户端，而配置的 "user" 是一个服务的 ID（Service ID），它指向了用户微服务，这样 Feign 就会知道向用户微服务请求，并会实现负载均衡。这里的注解@GetMapping 代表启用 HTTP 的 GET 请求用户微服务，而方法中的注解@PathVariable 代表从 URL 中获取参数，这显然还是 Spring MVC 的规则，Spring Cloud 之所以选择这样的方式，是为了降低读者的学习成本。通过上面就定义好了用户服务接口，而它在代码清单 17-17 注解@EnableFeignClients 所定义的扫描包里，这样 Spring 就会将这个接口扫描到 IoC 容器中。

下面将在代码清单 17-15 的 ProductController 中加入 UserService 接口对象的注入，并且使用它来调度用户微服务的 REST 端点，如代码清单 17-19 所示。

代码清单 17-19　使用 Feign 带调度用户微服务的 REST 端点
```
// 注入 Feign 接口
@Autowired
private UserService userService = null;

// 测试
@GetMapping("/feign")
public UserPo testFeign() {
    UserPo user = null;
    // 循环 10 次
    for (int i=0; i<10; i++) {
        Long id= (long) (i+1);
        user = userService.getUser(id);
    }
    return user;
}
```

这里先是注入 UserService 接口对象，然后通过循环 10 次，调用声明的接口方法，这样也可以完成对用户微服务的调用。在该请求方法后，你也可以看到两个用户微服务后台均会打出相关的日志，因为 Feign 提供了负载均衡算法。

与 Ribbon 相比，Feign 屏蔽掉了 RestTemplate 的使用，提供了接口声明式的调用，使得程序可读性更高，同时在多次调用中更为方便。只是这个例子还是有点简单，下面在代码清单 17-12 的 UserController 中再加入两个的方法，如代码清单 17-20 所示。

代码清单 17-20　增加用户服务的 REST 端点
```java
// 新增用户，POST 请求，且以请求体(body)形式传递
@PostMapping("/insert")
public Map<String, Object> insertUser(@RequestBody UserPo user) {
    Map<String, Object> map = new HashMap<String, Object>();
    map.put("success", true);
    map.put("message", "插入用户信息【" +user.getUserName() + "】成功");
    return map;
}

// 修改用户名，POST 请求，其中用户编号使用请求头的形式传递
@PostMapping("/update/{userName}")
public Map<String, Object> updateUsername(
        @PathVariable("userName") String userName,
        @RequestHeader("id") Long id) {
    Map<String, Object> map = new HashMap<String, Object>();
    map.put("success", true);
    map.put("message", "更新用户【" +id +"】名称【" +userName + "】成功");
    return map;
}
```

这里增加了一些较为复杂的参数，例如，方法 insertUser 将会以请求体的形式接收参数，而方法 updateUsername 则会以请求头的方式接收参数。那么应该如何使用 Feign 进行声明式调用呢？其实也不是很难，还是 Spring MVC 的那套，返回代码清单 17-18，在代码中加入两个方法定义，如代码清单 17-21 所示。

代码清单 17-21　定义两个 Feign 接口方法
```java
// POST 方法请求用户微服务
@PostMapping("/insert")
public Map<String, Object> addUser(
        // 请求体参数
        @RequestBody UserPo user);

// POST 方法请求用户微服务
@PostMapping("/update/{userName}")
public Map<String, Object> updateName(
        // URL 参数
        @PathVariable("userName") String userName,
        // 请求头参数
        @RequestHeader("id") Long id);
```

与用户微服务定义一致，这里的@PostMapping 代表 HTTP 的 POST 请求，@RequestBody 表示将参数作为请求体传递，@PathVariable 代表以 URL 路径传递参数，@RequestHeader 代表以请求头参数传递给用户微服务。通过这些代码，可以看出 Feign 都是通过 Spring MVC 中的注解来简化其他

微服务数据的使用。为了测试这两个方法定义，可以在代码清单 17-15 中加入新的两个方法，如代码清单 17-22 所示。

代码清单 17-22 测试新定义的 Feign 接口的两个方法

```
@GetMapping("/feign2")
public Map<String, Object> testFeign2() {
    Map<String, Object> result = null;
    UserPo user = null;
    for (int i=1; i<=10; i++) {
        Long id= (long) i;
        user =new UserPo();
        user.setId(id);
        int level = i % 3 + 1;
        user.setUserName("user_name_" + id);
        user.setLevel(level);
        user.setNote("note_" + i);
        result = userService.addUser(user);
    }
    return result;
}

@GetMapping("/feign3")
public Map<String, Object> testFeign3() {
    Map<String, Object> result = null;
    for (int i=0; i<10; i++) {
        Long id= (long) (i+1);
        String userName = "user_name_" + id;
        result = userService.updateName(userName, id);
    }
    return result;
}
```

重启相关服务后，在浏览器地址栏中输入 http://localhost:9001/product/feign2，可以看到图 17-9 所示的结果。

图 17-9 测试 Feign 接口

17.3 断路器——Hystrix

在互联网中，可能存在某一个微服务的某个时刻压力变大导致服务缓慢，甚至出现故障，导致服务不能响应。这里假设用户微服务请求中出现压力过大，服务响应速度变缓，进入瘫痪状态，而这时产品微服务响应还是正常响应。但是如果出现产品微服务大量调用用户微服务，就会出现大量的等待，如果还是持续地调用，则会造成大量请求的积压，导致产品微服务最终也不可用。可见在分布式中，如果一个服务不可用，而其他微服务还大量地调用这个不可用的微服务，也会导致其自身不可用，其自身不可用之后又可能继续蔓延到其他与之相关的微服务上，这样就会使得更多的微服务不可用，最终导致分布式服务瘫痪，如图 17-10 所示。

为了防止这样的蔓延，微服务提出了断路器的概念。断路器就如同电路中的保险丝，如果电器耗电大，导致电流过大，那么保险丝就会熔断，从而保证用电的安全。同样地，在微服务系统之间大量调用可能导致服务消费者自身出现瘫痪的情况下，断路器就会将这些积压的大量请求"熔断"，来保证其自身服务可用，而不会蔓延到其他微服务系统上。通过这样的断路机制可以保持各个微服务持续可用。

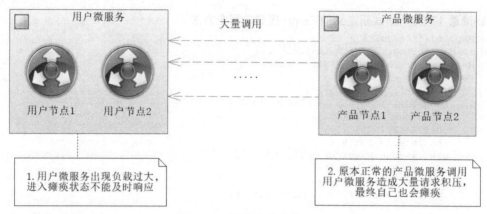

图 17-10 微服务瘫痪蔓延

17.3.1 使用降级服务

应该说，处理限制请求的方式的策略很多，如限流、缓存等。这里限于篇幅，主要介绍最为常用的降级服务。所谓降级服务，就是当请求其他微服务出现超时（timeout）或者发生故障时，就会使用自身服务其他的方法进行响应。下面模拟这样请求超时的场景。在 Spring Cloud 中断路器是由 NetFlix 的 Hystrix 实现的，它默认监控微服务之间的调用超时时间为 2000 ms（2 s），如果超过这个超时时间，它就会根据你的配置使用其他方法进行响应。

这里首先在用户微服务中新增 REST 端点，也就是在代码清单 17-12 中新增代码清单 17-23 所示的方法。

代码清单 17-23 在用户微服务中增加模拟的超时方法

```
@GetMapping("/timeout")
public String timeout() {
    // 生成一个 3000 之内的随机数
    long ms = (long)(3000L*Math.random());
    try {
        // 程序延迟，有一定的概率超过 2000 ms
        Thread.sleep(ms);
    } catch (InterruptedException e) {
        e.printStackTrace();
    }
    return "熔断测试";
}
```

这个方法没有任何业务含义，只是会使用 sleep 方法让当前线程休眠随机的毫秒数。这个毫秒数可能超过 2000 ms，也就是有可能超过 Hystrix 所默认的 2000 ms 的时间，这样就可以出现短路，进入降级方法。

要启动断路器，首先需要在产品微服务中加入引用 Hystrix 的包，因此需要在 Maven 中引入它们，如代码清单 17-24 所示。

代码清单 17-24 引入 Spring Cloud Hystrix

```
<dependency>
    <groupId>org.springframework.cloud</groupId>
    <artifactId>spring-cloud-starter-netflix-hystrix</artifactId>
</dependency>
```

这样就能够引入 Hystrix 的包，但是这样并没有启用断路器。启动它也不难，只需要在产品微服务的启动文件中加入@EnableCircuitBreaker 就可以启动断路机制，如代码清单 17-25 所示。

代码清单 17-25 启动断路器

```
package com.springboot.chapter17.product.main;
/**** imports ****/
@SpringBootApplication(scanBasePackages="com.springboot.chapter17.product")
@EnableFeignClients(basePackages = "com.springboot.chapter17.product")
// 启动断路器
@EnableCircuitBreaker
public class Chapter17ProductApplication {
    ......
}
```

当加入注解@EnableCircuitBreaker 后，Spring Cloud 就会启用断路机制，在后续的代码中使用注解@HystrixCommand 就能指定哪个方法启用断路机制。不过在此之前，先给 Feign 接口（代码清单 17-18）再加入一个方法，如代码清单 17-26 所示。

代码清单 17-26 定义测试断路器的 Fiegn 接口

```
// 调用用户微服务的 timeout 请求
@GetMapping("/timeout")
public String testTimeout();
```

这样就在 Feign 机制中声明了调用用户微服务的接口，下面将使用@HystrixCommand 测试断路器。为此在代码清单 17-16 中加入对应的方法进行测试即可，如代码清单 17-27 所示。

代码清单 17-27 使用断路机制

```
// Ribbon 断路
@GetMapping("/circuitBreaker1")
@HystrixCommand(fallbackMethod = "error")
public String circuitBreaker1() {
    return restTemplate.getForObject("http://USER/timeout", String.class);
}

// Feign 断路测试
@GetMapping("/circuitBreaker2")
@HystrixCommand(fallbackMethod = "error")
public String circuitBreaker2() {
    return userService.testTimeout();
}

// 降级服务方法
public String error() {
    return "超时出错。";
}
```

首先看到@HystrixCommand 注解，它表示将在方法上启用断路机制，而其属性 fallbackMethod

则可以指定降级方法,指定为 error,那么降级方法就是 error。如此指定后,在请求 circuitBreaker1 或者 circuitBreaker2 方法的时候,只要超时过了 2000 ms,服务就会启用 error 方法作用响应请求,从而避免请求的积压,保证微服务的高可用性。其流程如图 17-11 所示。

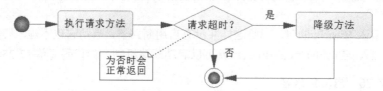

图 17-11 超时和降级方法

所以当请求 circuitBreaker1 或者 circuitBreaker2 方法时,有时候会出现"熔断测试",而有时候会返回"超时出错"。这里可以多次刷新浏览器进行测试,这两个结果会交替出现,因为用户微服务的方法中采用的是生成随机数进行睡眠,不一定会超过这个超时时间。

Hystrix 默认的是 2000 ms 就会超时,但是希望能把这个超时时间进行自定义。这也是没有问题的,在注解@HystrixCommand 中可以配置相关的属性使得这个数字变大或者变小,例如,之前设定了用户微服务的随机数为 0 到 3000 ms,而 Hystrix 默认的是 2000 ms 采用断路机制,于是便可能出现超时断路的场景,如果将断路超时时间限定为 3000 ms,那么就不会出现断路的场景。下面以 circuitBreaker1 方法为例,设置其断路超时时间为 3000 ms,如代码清单 17-28 所示。

代码清单 17-28 设置断路超时时间

```
@GetMapping("/circuitBreaker1")
@HystrixCommand(fallbackMethod = "error",
    commandProperties = {
        @HystrixProperty(
            name = "execution.isolation.thread.timeoutInMilliseconds",
            value = "3000") })
public String circuitBreaker1() {
    return restTemplate.getForObject("http://USER/timeout", String.class);
}
```

代码中配置了 Hystrix 的属性 execution.isolation.thread.timeoutInMilliseconds 为 3000 ms,这样就可以把默认的 2000 ms 修改为 3000 ms,于是在请求 circuitBreaker1 方法就不会再出现断路的现象。而 @HystrixCommand 可以配置的内容还是比较多的,但是也比较复杂,这里就不再深入讨论它的使用了。

17.3.2 启用 Hystrix 仪表盘

对于 Hystrix,Spring Cloud 还提供了一个仪表盘(Dashboard)进行监控断路的情况,从而让开发者监控可能出现的问题。首先新建工程,命名为 chapter17-dashboard,然后引入相关的包,如代码清单 17-29 所示。

代码清单 17-29 引入 Hystrix 仪表盘(Dashboard)

```
<dependency>
    <groupId>org.springframework.cloud</groupId>
    <artifactId>spring-cloud-starter-netflix-hystrix-dashboard</artifactId>
</dependency>
```

这里我们需要的是 Spring Boot 的监控和 Hystrix 仪表盘的引入。有了这些，在主类加入注解
@EnableHystrixDashboard 就能够启动 Hystrix 仪表盘，如代码清单 17-30 所示。

代码清单 17-30　启用 Hystrix 仪表盘

```
package com.springboot.chapter17.dashboard.main;
/****imports****/
@SpringBootApplication
// 启用 Hystrix 仪表盘
@EnableHystrixDashboard
public class Chapter17DashboardApplication {
    public static void main(String[] args) {
        SpringApplication.run(Chapter17DashboardApplication.class, args);
    }
}
```

加入这个注解@EnableHystrixDashboard 后，就可以启用 Hystrix 仪表盘，然后给配置文件
application.properties 添加相应的代码，如代码清单 17-31 所示。

代码清单 17-31　配置 Hystrix 仪表盘

```
server.port=6001
spring.application.name=hystrix_dashboard
```

这里只是把端口转变为了 6001，然后定义 Spring 应用名称。运行代码清单 17-29，在浏览器地
址栏中输入 http://localhost:6001/hystrix，就可以看到图 17-12 所示的结果。

图 17-12　Hystrix 仪表盘首页

从 Hystrix 仪表盘首页可以看出，它支持 3 种监控，前两种是基于 Turbine 的，一种是默认集群，
另一种是指定集群，第三种是单点监控。因为本书不讨论 Turbine，所以这里就简单地讨论一下单点
监控。这里还有两个框，一个是轮询时间，也就是隔多少时间轮询一次；另一个是标题，也就是仪

表盘页面的标题是什么。

从单点监控的说明可以看出，只需要给出 http://hystrix-app:port/hystrix.stream 格式的 URL 给仪表盘即可。上面已经在产品微服务中使用了 Hystrix，只是还需要引入 Spring Boot 的监控才可以，所以在产品微服务中先引入 spring-boot-starter-actuator 的依赖。但是，这样还不够，因为对于 Actuator 端点是不暴露的，为了使端点暴露，需要在产品微服务的 application.properties 上添加属性：

```
management.endpoints.web.exposure.include=health,info,hystrix.stream
```

这里的 management.endpoints.web.exposure.include 代表 Actuator 监控对外暴露的端点，在默认情况下，它只会暴露 health 和 info 端点，这里增加了 hystrix.stream 端点，这样仪表盘才能读到 HTTP 协议下的 hystrix 信息流。

然后重启产品服务，就可以像图 17-13 所示那样输入对应的链接（http://localhost:9001/actuator/hystrix.stream）和其他内容，将产品微服务的断路机制注册给仪表盘进行监测了。

图 17-13　注册产品单点服务给仪表盘监控

输入完对应的信息后，点击"Monitor Stream"按钮，它就会跳转到监控页面。这个时候还不会出现仪表盘的面板，只会显示"loading..."这样的信息，此时可以在浏览器其他标签页的地址栏输入：

```
http://localhost:9001/product/circuitBreaker2
```

然后刷新几次页面，让它出现断路的情况，此时再观察仪表盘，就可以看到与图 17-14 所示类似的界面了。

至此，已经完成了让仪表盘监控断路机制的任务。当发生断路的时候，监控就会给予具体的统计和分析。

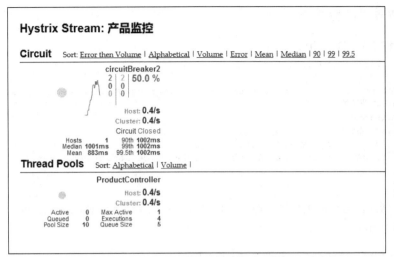

图 17-14　仪表盘监控断路机制

17.4　路由网关——Zuul

通过上面的内容，已经可以搭建一个基于 Spring Cloud 分布式的应用。在传统的网站中，我们还会引入如 Nginx、F5 的网关功能。网关的功能对于分布式网站是十分重要的，首先它可以将请求路由到真实的服务器上，进而保护真实服务器的 IP 地址，避免直接地攻击真实服务器；其次它也可以作为一种负载均衡的手段，使得请求按照一定的算法平摊到多个节点上，减缓单点的压力；最后它还能提供过滤器，过滤器的使用可以判定请求是否为有效请求，一旦判定失败，就可以将请求阻止，避免发送到真实的服务器，这样就能降低真实服务器的压力。

17.4.1　构建 Zuul 网关

在 Spring Cloud 的组件中，Zuul 是支持 API 网关开发的组件。Zuul 来自 NetFlix 的开源网关，它的使用十分简单，下面给予举例说明。首先新建工程，取名为 chapter17-zuul，然后引入关于 Zuul 的包，如代码清单 17-32 所示。

代码清单 17-32　引入 Zuul 依赖包

```
<!--引入服务发现 -->
<dependency>
    <groupId>org.springframework.cloud</groupId>
    <artifactId>spring-cloud-starter-netflix-eureka-client</artifactId>
</dependency>
<!--引入 Zuul 的依赖包-->
<dependency>
    <groupId>org.springframework.cloud</groupId>
    <artifactId>spring-cloud-starter-netflix-zuul</artifactId>
</dependency>
```

这里引入了服务发现的包，所以我们也可以参照之前的论述将 Zuul 网关服务注册到服务治理中心去。启用 Zuul 十分简单，它只需要一个注解@EnableZuulProxy 就可以。下面在工程主类中加入这个注解，如代码清单 17-33 所示。

代码清单 17-33　启用 Zuul 网关
```
package com.springboot.chapter17.zuul.main;
/****import ****/
@SpringBootApplication(scanBasePackages="com.springboot.chapter17.zuul")
// 启动 Zuul 代理功能
@EnableZuulProxy
public class Chapter17ZuulApplication {
    public static void main(String[] args) {
        SpringApplication.run(Chapter17ZuulApplication.class, args);
    }
}
```

这样就能够启用 Zuul 网关代理功能了。这里再深入地看一下注解@EnableZuulProxy 的源码，如代码清单 17-34 所示。

代码清单 17-34　注解@EnableZuulProxy 源码
```
package org.springframework.cloud.netflix.zuul;
/****imports ****/
// 启用断路机制
@EnableCircuitBreaker
@Target(ElementType.TYPE)
@Retention(RetentionPolicy.RUNTIME)
@Import(ZuulProxyMarkerConfiguration.class)
public @interface EnableZuulProxy {
}
```

从注解中可以看到，Zuul 已经引入了断路机制，之所以引入断路机制，是因为在请求不到的时候，会进行断路，以避免网关发生请求无法释放的场景，导致微服务瘫痪。

假设已经构建了图 17-1 所示的微服务系统，我们先简单地配置 application.properties 文件，如代码清单 17-35 所示。

代码清单 17-35　原始使用路由网关
```
# 端口
server.port=80
# Spring 应用名称
spring.application.name=zuul

# 注册给服务治理中心
eureka.client.serviceUrl.defaultZone=http://localhost:7001/eureka/,http://localhost:7
002/eureka/
```

上述代码中，使用了 80 端口启动 Zuul，在浏览器中这个端口是默认端口，因此在地址栏中不需要显示输入，而 Spring 应用名称则为 zuul。如果我们启动了图 17-1 所示的微服务系统，然后运行代码清单 17-33 启动 Zuul 服务网关，在浏览器地址栏输入 http://localhost/user/timeout，就可以看到图 17-15 所示的结果。

留意 URL，localhost 代表的是请求 Zuul 服务，因为采用的是默认的 80 端口，所以浏览器地址栏可以不给出端口，而在"/user/timeout"中，user 代表用户微服务 ID（Service ID），而 timeout 是请求路径，这样 Zuul 就会将请求转发到用户微服务。同理，我们也可以请求产品服务，例如，在浏览器地址栏输入 http://localhost/product/product/ribbon。

图 17-15　测试传统网关功能

除此之外，Zuul 也允许配置请求映射，在 Zuul 中有面向传统网关的配置方式，也有面向服务的配置方式。为了演示这两种方式，我们在 application.properties 中增加代码清单 17-36 所示的配置。

代码清单 17-36　使用面向服务配置转发
```
# 服务端口
server.port=80
# Spring 应用名称
spring.application.name=zuul

# 用户微服务映射规则
# 指定 ANT 风格的 URL 匹配
zuul.routes.user-service.path=/u/**
# 指定映射的服务用户地址，这样 Zuul 就会将请求转发到用户微服务上了
zuul.routes.user-service.url=http://localhost:8001/

# 产品微服务映射规则
zuul.routes.product-service.path=/p/**
# 映射产品服务中心服务 ID，Zuul 会自动使用服务端负载均衡，分摊请求
zuul.routes.product-service.serviceId=product

# 注册给服务治理中心
eureka.client.serviceUrl.defaultZone=http://localhost:7001/eureka/,http://localhost:7
002/eureka/
```

先看最后一个配置，这个配置是将 Zuul 网关注册给服务治理中心，这样它就能够获取各个微服务的服务 ID 了。看到用户微服务映射的配置，这里采用 zuul.routes.\<key\>.path 和 zuul.routes.\<key\>.url 进配置，其中 path 是请求路径，这里使用了 ANT 风格的通配 "/u/**"，而 url 代表转发地址，也就是满足 path 通配的时候，请求就会转发给端口为 8001 的用户微服务。但是，这样配置有一个弊端，因为我们的用户微服务有两个节点，一个是 8001 端口，另一个是 8002 端口，这里只能映射到 8001 端口的微服务，而映射不到 8002 端口的微服务。为了解决这个问题，Zuul 还提供了面向服务的配置。再看到代码中的产品微服务映射配置，这里使用了 zuul.routes.\<key\>.path 和 zuul.routes.\<key\>.serviceId 进行配置，其中 path 的配置可参考用户微服务，而 serviceId 这里配置为 "product"，这是一个产品微服务的名称，由产品微服务的属性 spring.application.name 配置。这样配置后，Zuul 会自动实现负载均衡，也就是，会将请求转发到某个服务的节点上。再次重启 Zuul 网关，在浏览器地址输入 http://localhost/p/product/ribbon，就可以看到图 17-16 所示的结果。

从图 17-16 可以看出，请求 Zuul 网关后，它已经自动把请求转发给了产品微服务的节点，显然

面向服务的配置也已经成功了。当然我们也可以请求 http://localhost/user/timeout，这样就可以看到图 17-15 所示的结果。

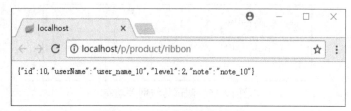

图 17-16   转发给产品微服务

17.4.2   使用过滤器

上面只是将请求转发到具体的服务器或者具体的微服务上，但是有时候还希望网关功能更强大一些。例如，监测用户登录、黑名单用户、购物验证码、恶意刷请求攻击等场景。如果这些在过滤器内判断失败，那么就不要再把请求转发到其他微服务上，以保护微服务的稳定。

下面模拟这样的一个场景。假设当前需要提交一个表单，而每一个表单都存在一个序列号（serialNumber），并且这个序列号对应一个验证码（verificationCode），在提交表单的时候，这两个参数都会一并提交到 Zuul 网关。对于 Redis 服务器会以序列号（serialNumber）为键（key），而以验证码（verificationCode）为值（value）进行存储。当路由网关过滤器判定用户提交的验证码与 Redis 服务器保存不一致的时候，则不再转发请求到微服务。这里验证码使用 Redis 进行存储，所以会比使用数据库快得多，这有助于性能的提高，避免造成瓶颈。由于使用了 Redis，因此需要在 Zuul 网关中引入 Redis 的依赖，如代码清单 17-37 所示。

代码清单 17-37   引入 Redis 依赖

```
<dependency>
    <groupId>org.springframework.boot</groupId>
    <artifactId>spring-boot-starter-data-redis</artifactId>
    <exclusions>
        <!--不依赖 Redis 的异步客户端 lettuce -->
        <exclusion>
            <groupId>io.lettuce</groupId>
            <artifactId>lettuce-core</artifactId>
        </exclusion>
    </exclusions>
</dependency>
<!--引入 Redis 的客户端驱动 jedis -->
<dependency>
    <groupId>redis.clients</groupId>
    <artifactId>jedis</artifactId>
</dependency>
```

这样就引入了关于 Redis 的依赖包，然后在 application.properties 文件中配置 Redis 服务器的相关内容，如代码清单 17-38 所示。

代码清单 17-38　配置 Redis

```
spring.redis.jedis.pool.min-idle=5
spring.redis.jedis.pool.max-active=10
spring.redis.jedis.pool.max-idle=10
spring.redis.jedis.pool.max-wait=2000
spring.redis.port=6379
spring.redis.host=192.168.11.131
spring.redis.password=123456
spring.redis.timeout=1000
```

这样就配置好了 Redis。然后 Spring Boot 会通过自动配置的机制为我们生成 StringRedisTemplate 对象，通过它就可以从 Redis 服务器中读取数据了。

在 Zuul 中存在一个抽象类，它便是 ZuulFilter，它的定义如图 17-17 所示。

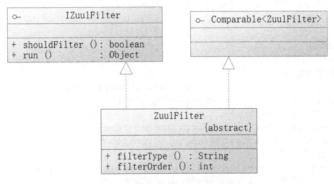

图 17-17　ZuulFilter 的定义

这里需要注意的是，只是画出了抽象类 ZuulFilter 自定义的抽象方法和接口 IZuulFilter 定义的抽象类，也就是说，当需要定义一个非抽象的 Zuul 过滤器的时候，需要实现这 4 个抽象方法，在重写这 4 个抽象方法前，我们很有必要知道它们的作用。

- shouldFilter：返回 boolean 值，如果为 true，则执行这个过滤器的 run 方法。
- run：运行过滤逻辑，这是过滤器的核心方法。
- filterType：过滤器类型，它是一个字符串，可以配置为以下 4 种。
  - ◆ pre：请求执行之前 filter。
  - ◆ route：处理请求，进行路由。
  - ◆ post：请求处理完成后执行的 filter。
  - ◆ error：出现错误时执行的 filter。
- filterOrder：指定过滤器顺序，值越小则越优先。

有了这些知识，我们就来实现功能所需的过滤器，如代码清单 17-39 所示。

代码清单 17-39　使用过滤器判定验证码

```
package com.springboot.chapter17.zuul.filter;
/**** imports ****/
@Component
```

```java
public class MyZuulFilter extends ZuulFilter {

    // 注入 StringRedisTemplate
    @Autowired
    private StringRedisTemplate residTemplate = null;

    // 是否过滤
    @Override
    public boolean shouldFilter() {
        // 请求上下文
        RequestContext ctx = RequestContext.getCurrentContext();
        // 获取 HttpServletRequest 对象
        HttpServletRequest req = ctx.getRequest();
        // 取出表单序列号
        String serialNumber = req.getParameter("serialNumber");
        // 如果存在验证码，则返回 true，启用过滤器
        return !StringUtils.isEmpty(serialNumber);
    }

    // 过滤器逻辑方法
    @Override
    public Object run() {
        RequestContext ctx = RequestContext.getCurrentContext();
        HttpServletRequest req = ctx.getRequest();
        // 取出表单序列号和请求验证码
        String serialNumber = req.getParameter("serialNumber");
        String reqCode = req.getParameter("verificationCode");
        // 从 Redis 中取出验证码
        String verifCode = residTemplate.opsForValue().get(serialNumber);
        // Redis 验证码为空或者与请求不一致，拦截请求报出错误
        if (verifCode == null  || !verifCode.equals(reqCode)) {
            // 不再转发请求
            ctx.setSendZuulResponse(false);
            // 设置 HTTP 响应码为 401（未授权）
            ctx.setResponseStatusCode(401);
            // 设置响应类型为 JSON 数据集
            ctx.getResponse().setContentType(
                    MediaType.APPLICATION_JSON_UTF8.getType());
            // 设置响应体
            ctx.setResponseBody("{'success': false, "
                    + "'message':'Verification Code Error'}");
        }
        // 一致放过
        return null;
    }

    // 过滤器类型为请求前
    @Override
    public String filterType() {
        return "pre";
    }

    // 过滤器排序，数字越小优先级越高
    @Override
    public int filterOrder() {
```

```
        return 0;
    }
}
```

上述代码中在类上标注了@Component，这样 Spring 就会扫描它，将其装配到 IoC 容器中。因为继承了抽象类 ZuulFilter，所以 Zuul 会自动将它识别为过滤器。filterType 方法返回了"pre"，则过滤器会在路由之前执行。filterOrder 返回为 0，这个方法在指定多个过滤器顺序才有意义，数字越小，则越优先，这里只有一个过滤器，所以就返回 0。然后在 shouldFilter 中判断是否存在序列号参数，如果存在，则返回 true，这就意味着将启用这个过滤器，否则就不再启用这个过滤器。run 方法是过滤器的核心，它首先获取请求中的序列号和验证码，跟着使用 StringRedisTemplate 通过序列号获取 Redis 服务器上的验证码。然后将 Redis 的验证码与请求的验证码进行比较，如果匹配不一致，则设置不再转发请求到微服务系统，并且将响应码设置为 401，响应类型为 JSON 数据集，最后还会设置响应体的内容；如果一致，则返回 null，放行服务。这样用户提交的验证码与 Redis 保存的不一致时，请求就会在 Zuul 网关中被过滤器拦截，而不会转发到微服务中。图 17-18 给出的是我的测试结果。

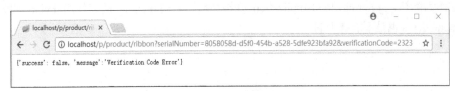

图 17-18　测试过滤器

从图 17-18 可以看出过滤器已经启动，并且将错误的验证码请求拦截在产品微服务之外。在实际的工作中，过滤器可以使用在安全验证、过滤黑名单请求等场景，有效地保护分布式的微服务系统。

17.5　使用@SpringCloudApplication

上面的内容中，对于启动文件采用了很多注解，如@SpringBootApplication、@EnableDiscoveryClient 和@EnableCircuitBreaker 等。这些注解有时候会让人觉得比较冗余，为了简化开发，Spring Cloud 还提供了自己的注解@SpringCloudApplication 来简化使用 Spring Cloud 的开发。下面研究代码清单 17-40 所示的这个注解的源码。

代码清单 17-40　@SpringCloudApplication 源码

```
package org.springframework.cloud.client;
/**** imports ****/
@Target(ElementType.TYPE)
@Retention(RetentionPolicy.RUNTIME)
@Documented
@Inherited
@SpringBootApplication
@EnableDiscoveryClient
@EnableCircuitBreaker
public @interface SpringCloudApplication {
}
```

加粗的注解说明@SpringCloudApplication 会启用 Spring Boot 的应用，以及开发服务发现和断路器的功能。而它目前还缺乏配置扫描包的配置项，所以往往需要配合注解@ComponentScan 来定义扫描的包。例如，下面改写产品微服务的启动类，如代码清单 17-41 所示。

代码清单 17-41　在产品微服务中使用@SpringCloudApplication

```
package com.springboot.chapter17.product.main;
/**** imports ****/
// 启动 Feign, @SpringCloudApplication 并不会启动 Feign 功能
@EnableFeignClients(basePackages = "com.springboot.chapter17.product")
// 自定义扫描包
@ComponentScan(basePackages = "com.springboot.chapter17.product")
// 开启 Spring Boot 应用、服务发现和断路器功能
@SpringCloudApplication
public class Chapter17ProductApplication {
    ......
}
```

在上述代码中，因为@SpringCloudApplication 并不提供配置包的功能，所以使用@ComponentScan 进行包扫描作为弥补。@SpringCloudApplication 并不会自动启用 Feign，所以使用 Feign 的时候，注解 @EnableFeignClients 也是不能缺少的。

附录

Spring Boot 知识点补充

本附录主要讲述在 Spring Boot 中比较常用但又分散的知识点，以满足开发者的一些定制要求。

A.1 选择内嵌服务器

Spring Boot 除了可以选择 Tomcat 服务器，还可以选择其他服务器，如选 Jetty 或者 Undertow 作为内嵌服务器。在 Spring Boot 中，因为 spring-boot-starter-web 中已经默认地依赖了内嵌的 Tomcat，所以需要将其引入先排除。处理它们十分简单，只需要在 Maven 依赖中排除它们即可，如代码清单 A-1 所示。

代码清单 A-1 使用 Undertow 或者 Jetty

```
<dependency>
    <groupId>org.springframework.boot</groupId>
    <artifactId>spring-boot-starter-web</artifactId>
    <!-- 排除 tomcat 的引入 -->
    <exclusions>
        <exclusion>
            <groupId>org.springframework.boot</groupId>
            <artifactId>spring-boot-starter-tomcat</artifactId>
        </exclusion>
    </exclusions>
</dependency>
<dependency>
    <groupId>org.springframework.boot</groupId>
    <!-- 使用内嵌的 undertow -->
    <artifactId>spring-boot-starter-undertow</artifactId>
    <!-- 使用内嵌的 jetty -->
    <!--
    <artifactId>spring-boot-starter-jetty</artifactId>
    -->
</dependency>
```

代码中先将 Tomcat 的引入排除，然后通过<dependency>元素引入对应的 Jetty 或者 Undertow 服务器即可。

A.2　修改商标

默认的情况下，在启动 Spring Boot 应用时，可以在后台日志中看到如图 A-1 所示的标志。

```
  .   ____          _            __ _ _
 /\\ / ___'_ __ _ _(_)_ __  __ _ \ \ \ \
( ( )\___ | '_ | '_| | '_ \/ _` | \ \ \ \
 \\/  ___)| |_)| | | | | || (_| |  ) ) ) )
  '  |____| .__|_| |_|_| |_\__, | / / / /
 =========|_|==============|___/=/_/_/_/
 :: Spring Boot ::        (v1.5.9.RELEASE)

2017-12-29 23:39:35.972  INFO 18604 --- [          main] c.s.chapter11.main.Chapter11Application
2017-12-29 23:39:35.974  INFO 18604 --- [          main] c.s.chapter11.main.Chapter11Application
2017-12-29 23:39:36.009  INFO 18604 --- [          main] ationConfigEmbeddedWebApplicationContext
2017-12-29 23:39:36.543  INFO 18604 --- [          main] o.s.b.f.s.DefaultListableBeanFactory
2017-12-29 23:39:36.601  INFO 18604 --- [          main] .s.d.r.c.RepositoryConfigurationDelegate
```

图 A-1　Spring Boot 默认商标图

有时候，在企业的实际中可能需要修改这个默认的商标图。如果只是需要替换简单文字，可以打开网址 http://patorjk.com/software/taag/，录入自己需要的文字，例如，录入"Hello World"，将其复制到文本文件中，然后以文件名 banner.txt 保存到 Spring Boot 项目的 resources 目录中。启动 Spring Boot 应用后，就可以在日志中看到如图 A-2 所示的商标。

```
 _   _      _ _        __        __         _     _ 
| | | | ___| | | ___   \ \      / /__  _ __| | __| |
| |_| |/ _ \ | |/ _ \   \ \ /\ / / _ \| '__| |/ _` |
|  _  |  __/ | | (_) |   \ V  V / (_) | |  | | (_| |
|_| |_|\___|_|_|\___/     \_/\_/ \___/|_|  |_|\__,_|

2017-12-29 23:49:31.843  INFO 13600 --- [          main] c.s.chapter11.main.Chapter11Application
2017-12-29 23:49:31.846  INFO 13600 --- [          main] c.s.chapter11.main.Chapter11Application
2017-12-29 23:49:31.886  INFO 13600 --- [          main] ationConfigEmbeddedWebApplicationContext
```

图 A-2　修改的商标

上述只是使用了文字，但是有时候企业会存在自己的图片商标。使用图片商标也十分简单，这里删除之前保存的文件 banner.txt，然后将企业商标图片以 banner.jpg 保存到工程的 resources 目录中，这里假设使用图 A-3 作为商标。

图 A-3　企业商标

然后启动 Spring Boot 的应用，再次查看日志，就可以看到新的商标的出现，如图 A-4 所示。

```
##&#####888888@@888#@@@@@@@@@@@@@@@@@@@@@@@@@@@@@@@#@@@@@#@@@##8&&o:..
#&###&&8888888@@@#88@@@@@@@@@@@@@@@@@@@@@@@@@@@#@@@@@@@@@@#####80*.
#####&8&8888##@@@88@@@@@@@@@@@@@@@@@@@@@@@@#@#@#@@@@@@@@@@@######80*
##&######888&88@@@@#######@@@@@@@@@@@@@#@@@@@@###@@@@@@@@###########
##o#8###&888888@@@@#########:**...***@@@@@@@@@@#@@@@@@@#@@##########
&##8####888&888@@@@@@#######..........**:@@@@@@@@@@@@@##@@##@###8##@
##8#&#8###88&&#@@@@@@###@#........**:@@@#@@@@@@@@@@@@@@@@######@@@
###&8####8###@@@8#####@.*........***:@@@@@@@@@@@@@@@@@#@@@@@
###&#####88&#88*.........8##.**********:.*******o@@@@#@@@@#@@@@@@@@
##&8########8880.........*.&.*********.***...****:@@####@@@@@@@@@@@
#88#####&8@#88#...........***:****#..:**........***@@###@@@@@@@@#@
###88######@@8#88&........*********...****8@@######@#@@@#@@@@,
88#88#######@@##8##8#&***...***:*::*:*****.....***@@######@@@@@@@@@
####8#####8&8@#88####8#@##&****..:o:o:***...:*****:#######@@@@@@@@@
####8######88@@##8#8#:*******::o8*o:*****...*:::::*########@@###@@@
######@###8######@@@8#:..........****.*..*....**:&o@##@@######@@@@
###############@@@#.............*.......*:o@@@@####@@@####@@@@@@@@
###############@@......**.............*o#@@@@#@@####@@@#@@@@@
###############@:............*::*......:@@###@@####@@@@@@@@
#@@@###########@@@@##@.........:@@@***........:@###@#####@@@@####888#@
8####888#########@@@##......:88#@@#@&...........@@#@@#8888##@##88888#
8888888888&&&8888#@@#@@#@@@@@#####@@@@@0#@@@@@@#88888888#####88888888#
#############888888###@@@###@@@@@@####@@@@@@@0#@@@@@@#888888888888&&&&&8
############88##888#@@@####8@@@@@@##@@@@@@@@@##@@@@@#8888&&&&&&&ooooooo
88888888888888888888888#@@@@@@@@@@@#@@@@@@@@@@@@@@@@8&&oooooooo:::::::::
######88###############@###@@@@##@@@@@@@@@@@@@@@@@@@8&ooo::::::::::::*
```

图 A-4　将图片转换为后台的商标

可以看到，Spring Boot 会将图片中的内容转换为文字予以表达。除此之外，Spring Boot 还提供了以下属性供开发者自行定制商标，如代码清单 A-2 所示。

代码清单 A-2　商标（banner）属性

```
# Spring 主函数商标选项：
#      console：System.out 输出，默认值
#      log：将商标打印到日志中
#      off：关闭
spring.main.banner-mode=console

#### BANNER 属性配置 ####
# 商标文件编码
banner.charset=UTF-8
# 商标文件路径
banner.location=classpath:banner.txt
# 商标文件路径，文件名也可以是 banner.jpg,banner.png
banner.image.location=classpath:banner.gif
# 商标文字宽度（默认是 76 个字符）
banner.image.width=
# 商标高度（默认是商标图片默认的高度）
banner.image.height=
# 左手边图片商标的页边距（默认为 2）
banner.image.margin=
# 布尔值，是否将图像反转为黑色主题，即白色转换为黑色，黑色转换为白色(默认值 false)
banner.image.invert=false
```

所以关闭商标的功能只需要设置 spring.main.banner-mode=off 即可。当然还有其他的方式，只是

相对没有那么简便，所以这里不再介绍了。

A.3 深入 Spring Boot 自动装配

在大部分的情况下，Spring Boot 允许通过配置文件自动装配 Bean。那是因为它依赖 spring-boot-starter-web 包，于是会引入 spring-boot-starters 包，进而引入 spring-boot-autoconfigure 包。这个包会提供自动配置的功能，有关自动配置的类很多，这里无法一一论述，读者可以到 https://docs.spring.io/spring-boot/docs/1.5.9.RELEASE/reference/htmlsingle/#auto-configuration-classes-from-autoconfigure-module 查看相关信息，如图 A-5 所示。

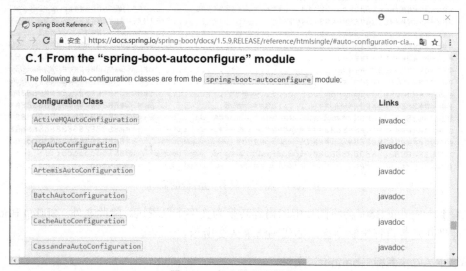

图 A-5 自动装配配置类

从网页中可以看出，一共存在几十个配置类，所以不可能对所有的类都进行说明。不过不要紧，这里截取两个典型的配置类来说明它大概的原理，例如，使用 Redis 常用 RedisAutoConfiguration 和 RedisRepositoriesAutoConfiguration 两个配置类进行说明。RedisAutoConfiguration 的源码如代码清单 A-3 所示。

代码清单 A-3 RedisAutoConfiguration 源码

```
package org.springframework.boot.autoconfigure.data.redis;
/**** imports ****/
@Configuration
@ConditionalOnClass({ JedisConnection.class, RedisOperations.class, Jedis.class })
@EnableConfigurationProperties(RedisProperties.class)
public class RedisAutoConfiguration {

    @Configuration
    @ConditionalOnClass(GenericObjectPool.class)
    protected static class RedisConnectionConfiguration {
        ......
    }
```

```
/**
 * Standard Redis configuration.
 */
@Configuration
protected static class RedisConfiguration {

    @Bean
    @ConditionalOnMissingBean(name = "redisTemplate")
    public RedisTemplate<Object, Object> redisTemplate(
            RedisConnectionFactory redisConnectionFactory)
                throws UnknownHostException {
        RedisTemplate<Object, Object> template
            = new RedisTemplate<Object, Object>();
        template.setConnectionFactory(redisConnectionFactory);
        return template;
    }

    @Bean
    @ConditionalOnMissingBean(StringRedisTemplate.class)
    public StringRedisTemplate stringRedisTemplate(
            RedisConnectionFactory redisConnectionFactory)
                throws UnknownHostException {
        StringRedisTemplate template = new StringRedisTemplate();
        template.setConnectionFactory(redisConnectionFactory);
        return template;
    }

}

}
```

　　代码中最核心的内容是加粗的注解。首先是@Configuration，它代表这是一个配置类。但是很快可以看到@ConditionalOnClass 的使用，这个注解是常见的注解之一，它可以配置存在哪些类，这里配置了 JedisConnection、RedisOperations 和 Jedis。在存在这 3 个类后，Spring IoC 容器才去装配 RedisAuto Configuration 这个类。注解@EnableConfigurationProperties 则是使得哪个类可以通过配置文件装配，这里指定为 RedisProperties，这样就可以通过文件配置了，这就是可以在 application.properties 文件中配置它的原因。

　　接下来看到内部类 RedisConfiguration，它的方法标注了@ConditionalOnMissingBean，这也是一个条件 Bean，含义是，在缺失某些类型的 Bean 的时候，才将方法返回的 Bean 装配到 IoC 容器中。redisTemplate 方法标注为@ConditionalOnMissingBean(name = "redisTemplate")，这说明在不存在命名为 redisTemplate 的类的时候，才会装配这个类。而 stringRedisTemplate 方法则标注为@ConditionalOnMissingBean (StringRedisTemplate.class)，这说明在 Spring IoC 容器不存在 StringRedisTemplate 类型的 Bean 的时候才会使用这个方法装配 Bean。于是，在使用时，开发者都可以自动地通过配置后得到 RedisTemplate 和 StringRedisTemplate，就是这里所提供的。如果通过自定义 StringRedisTemplate 或者名称为"redisTemplate"的 RedisTemplate 类时，则 Spring Boot 不再自动生成对应的 Bean，而只是使用开发者自己定制的 Bean。

　　这里再看到 RedisRepositoriesAutoConfiguration，这是关于 JPA 接口的配置类，如代码清单 A-4 所示。

代码清单 A-4   RedisRepositoriesAutoConfiguration 源码

```
package org.springframework.boot.autoconfigure.data.redis;
/**** imports ****/
@Configuration
@ConditionalOnClass({ Jedis.class, EnableRedisRepositories.class })
@ConditionalOnProperty(prefix = "spring.data.redis.repositories",
    name = "enabled", havingValue = "true", matchIfMissing = true)
@ConditionalOnMissingBean(RedisRepositoryFactoryBean.class)
@Import(RedisRepositoriesAutoConfigureRegistrar.class)
@AutoConfigureAfter(RedisAutoConfiguration.class)
public class RedisRepositoriesAutoConfiguration {

}
```

代码中最核心的内容还是注解，这里存在之前讲解过的注解@ConditionalOnClass 和@ConditionalOn MissingBean，就不再赘述。也存在没有讲解过的注解，如@ConditionalOnProperty，这是一个检测属性配置的注解，代码中的配置也就是当存在属性 spring.data.redis.repositories.*配置后，才会启动这个类作为配置文件。@Import 则是加载其他的类到当前的环境中来。@AutoConfigureAfter 表示在完成 RedisAuto Configuration 的装配后才执行，因为有些类存在先后的逻辑关系。此外，还存在@AutoConfigureBefore 来定制在哪些类之前初始化，这样就可以定制 Spring IoC 容器装配 Bean 的先后顺序。

通过这里的分析，可以更好地探索 Spring Boot 的自动生成机制，来确定 Spring Boot 会自动装配什么，如果需要自定义修改，需要做什么，从而让 Spring Boot 更好地服务于开发实践。